Architectural Experiments and Lessons

toward Innovative Designs

창의적 디자인을 위한

건축적 실험과 교훈

박진호 / Jin-Ho Park

Design Research and Innovation Laboratory

시공문화사

서문 / PREFACE

대부분의 건축학과에서는 5년제 건축학교육 인증제도의 틀 내에서 건축교육을 실시하고 있다. 건축설계를 축으로 역사, 이론, 실무, 기술, 법규 등의 기본 교과과정을 통해 학생들은 건축가로서의 기본적인 능력을 함양하는 동시에, 졸업 이후의 활동에도 지속적으로 활용하게 될 기본 지식을 습득하게 된다.

현재의 건축학 인증제도의 틀은 실무 건축가를 양성하려는데 초점이 맞추어져 있다. 하지만 대학의 건축교육에서 현대 우리 사회에 꼭 필요한 전문 직업인, 기능인 혹은 실무 건축가를 양성하는 것만이 본연의 의무인가를 묻게 된다. 그렇지 않다면, 교육이 미래 건축가의 사고력과 디자인 능력을 향상시킬 수 있는 창의적이고 혁신적인 교육인지 되묻지 않을 수 없다. 건축설계 시장의 개방과 해당 업계의 국제적 경쟁력 확보라는 미명하에 시작된 5년제 건축학교육인증제의 도입으로 우리 건축설계 시장이 국제경쟁력을 얻었으며 우리의 설계교육이 더 나아졌는가를 신랄히 비판해 볼 시점이다.

대학이 고등교육(higher education)기관으로서 학문을 통한 진리 탐구라는 본연의 자세에서 벗어나 취업을 위한 도구로서 혹은 직업 교육(vocational education)을 위한 장으로 변질되는 건축교육의 현실이 깊이 우려된다. 불행히도 작금의 우리 학생들이 이러한 전문 기능인 양성을 위한 건축 교육으로 내몰리고 있다는 현실을 부정할 수 없다. 창의적 교육과정이 반드시 필요한 건축교육을 실무 건축가만을 양성하려는 교육으로 이해하는 일부 건축 집단의 일면적 이해는 결국 우리의 건축 교육을 한계 지우고 창의적 교육을 평준화 교육의 나락으로 내리는 형태로 드러나지 않을까 우려된다.

건축 교육의 현장에서 느끼는 대학 내의 창의성 교육 프로그램 개발의 필요성은 절실하다. 각 대학의 교과목 이수체계에 따른 빡빡한 필수과목들 그리고 건축학교육인증원의 딱딱한 학생수행평가기준 등등 어디를 둘러봐도 학생들에게 자유로운 생각을 공유하거나 토론하며 사고의 폭을 넓힐 기회의 장은 부족해 보인다. 각 학교에서 기껏해야 특강이라는 이름으로 행해지는 '유명' 건축가들의 강의 정도가 메마른 우리의 교육현장에 약간의 활력제 같은 역할을 한다. 하지만 초대된 강사의 두 시간 정도 강의는 학생들의 교육에는 근본적으로 큰 도움이 되질 않는다. 언론이나 책에서만 접하던 건축가를 만나는 '기쁨' 혹은 건축가의 작품집에 사인이나 받는 '이벤트' 정도가 될 뿐이다.

대학들의 교육프로그램은 어느 학교나 다를 바 없다. 교육방식과 교육내용들이 일률 편향적이다. 창의적 사고를 요구하는 분야에서의 평준화된 교육으로부터 큰 무엇을 기대한다는 것은 어불성설이다. 창의적 건축가를 벽돌공장에서 벽돌 찍어내듯 교육시킬 수는 없기 때문이다. 이는 교육자의 연구 부재와 연관되어 있음을 또한 간과해서는 안 된다. 서구사회의 교육과는 달리 우리 건축교육에선 "연구를 통한 교육"이 일상화되어 있지 않은 것도 이러한 교육현실의 비관론에 일조하고 있다. 소위 "창작 활동"이라는 이름하에 건축교육 전반에 만연해 있는 여러 교육자들의 꼼수들로 인해 학문 부재 및 취약 현상이 심화되고 있다고 생각된다. 이는 건축교육뿐 아니라, 건축이라는 학문 발전의 최대 걸림돌이 될 수 있다.

이러한 상황에서 교수나 학생들에게 창의력을 기대하기는 역부족이고, 이는 곧 대학 내 건축이라는 학문적 이념을 올바르게 발전시키지 못하는 원인이 되기도 한다. 교수나 학생이 함께 고민하고 연구하며 창의적 아이디어를 발전시켜 나갈 수 있는 유연하며 융통성 있는 교과과정과 대학 내의 연구 풍토가 절실히 필요하다. 각 대학들이 독창적 프로그램을 개발하여야 하고 동시에 창의적 인재 육성을 위한 맞춤 교육을 실시해야 한다.

현행 건축설계 교육체계를 완전히 바꾸자는 이야기가 아니다. 대학 내의 건축교육이 교과과정의 원칙과 자율성을 희생하지 않고서도 창의적 건축교육에 크게 이바지할 수 있는 방법이 있다면 찾아야 한다. 현재의 교육방식과 제도라는 정해진 틀에 갇혀 교육을 받고 공부를 해야만 한다면, 학생들에겐 좀 더 실험적이고 창의적인 주제를 경험하고 상상하며 새로운 개념과 디자인의 방법론을 탐구하거나 디자인에 적용할 기회를 가질 수 있는 창의적 워크숍 같은 정규 교과과정 이외의 학습 수단을 제공하는 것이 중요하다. 우리의 교육 현실을 감안해 볼 때, 정규 교과과목 이외의 선택과목 혹은 학생들의 관심에 따라 선택할 수 있는 다양한 창의적 수업을 부가하여 현재의 부족함을 채워야 한다.

교수들과 학생들이 함께 일정 시간 동안 여러 실험적이고 창의적인 주제를 고민하고 논의하며 디자인으로 발전시킴으로써 학생들에게도 생각의 전환과 더불어 새로운 디자인의 가능성을 실험할 수 있는 계기가 필요하다. 이러한 디자인 실험에서 얻은 지식과 경험은 새로운 건축을 재창조하기 위한 밑거름이 될 것이라 확신한다. 아마도 이러한 창의적 실험들을 학기의 수업으로 진행된다면 더할 나위 없겠지만, 그렇지 않다면 단 며칠이라도 집중적으로 진행할 수 있는 교과 외 수업이 반드시 필요하다. 그런 측면에서 본다면 단기간의 다양한 워크숍의 기회는 학생들에게 단비와도 같은 프로그램이 될 수 있다.

이 책의 첫 장에서는 건축 설계교육의 현장에서 느꼈던 건축교육의 문제점에 대하여 "건축교육에 관한 소고"라는 에세이로 시작한다. 여기서는 건축교육의 역사적 맥락과 교육과정, 건축가로서 가져야 할 소질, 교육, 그리고 경험적 측면에 대한 생각, 디자인 연구와 실험 그리고 교육 사이에서 상관관계, 정규 디자인 교육과 비정규 교과과정으로서의 워크숍에 관한 생각 등을 여러 관점에서 정리하였다.

그 다음으로는 현행 교과 과정의 보완책으로 고려될 수 있는 건축 워크숍의 몇 본보기들을 정리하였다. 이 책에 포함된 내용은 인하대학교 건축학과에서 지난 수년간 실시하였던 하계 국제 건축워크숍의 일부에 해당된다. 인하대학교 건축학과에서 매년 실시되고 있는 이 워크숍은 이틀 이라는 짧은 시간 내에 학생들이 팀을 구성하여 작업을 진행하게 된다. 주로 해외에서 초청된 건축가나 교수들은 학생들에게 주제와 개념, 디자인 접근방식을 명확히 설명하고, 학생들과 함께 직접 디자인 실험 및 발전에 동참하게 된다.

워크숍의 진행과정을 보면 학생들은 주어진 주제에 관한 서로의 견해를 교환하고, 아이디어를 토론하고 발전시키면서 다양한 대안을 만들어 내는 작업으로 진행된다. 초대된 건축가들은 학생들과 서로 의견을 교환해 가면서 함께 작업을 진행한다. 이 과정은 여러 학생들이 주어진 주제에 대한 서로의 의견이나 아이디어를 교환하면서, 그리고 영감을 주고 경쟁하면서 짧은 시간 동안 최선의 안을 제안하도록 한다. 이러한 교육적 환경은 우리 학생들에겐 낯설 수도 있으나 학생들 서로간의 건축적 생각과 다양한 아이디어들을 교환하면서 하나의 결과물로 이끄는 독특한 장을 형성하게 된다.

이 책에 담긴 여섯 번의 워크숍은 서로 다른 주제이나 동일한 설계과정으로 진행되었다. 각 워크숍은 건축이론 및 디자인 방법론, 재료, 시공방법, 환경, 심리 등 다양한 내용들이 건축을 만드는 프로세스로, 나아가 창의적 설계를 위한 개념으로서 이용될 수 있는 가능성을 증명해 주고 있다. 이 책에는 각 워크숍의 주제와 더불어 학생들의 작품을 일목요연하게 정리하고 있다. 각 작품에 소개된 다양한 관점, 협업작업, 주제 등은 창의적 건축 작업을 이끌 수 있는 하나의 창조적 집단사고와도 같은 건축디자인 과정들을 보여주고 있다. 이 책이 창의적 건축설계 교육에 참고할 수 있는 좋은 자료가 될 것으로 내심 기대하는 이유가 바로 이 때문이다.

이 책을 발간함에 앞서 방대한 작업들을 정리하는데 도움을 준 인하대학교 건축학과 학생들과 D-lab(Design Research and Innovation Lab) 연구원들에게 고마움을 전한다.

인하대학교 공과대학 건축학과 교수

박 진 호

Contents

건축교육에 관한 소고

전문직으로서 건축은 오랜 전통을 이어오고 있다. 그러나 유사 이전과 고대 시대에 건축가들이 학교에서 이루어지는 전문 교육을 받았는지에 대한 특별한 단서는 없는 것으로 알고 있다. 만약에 그들이 건축 전문교육을 받았다면, 누구에게 어떤 교육과 훈련을 받았는지 의문이 든다. 짐작하건대 건축에 필요한 기술이나 방법들은 정규 교육보다 장인들에게서 여러 세대를 거쳐 전수 되었을 것으로 추론 된다.

아마도 로마제국시대에는 건축교육이 행하여 졌던 것 같다. 비트루비우스의 책 'De Architectura'에서 당시 건축 교육에 관한 단서를 찾아 볼 수가 있다. 비트루비우스는 건축가들이 기하학에서 천문학 그리고 의학에서 철학에 이르는 여러 분야에 관한 지식을 갖춰야 할 필요가 있음을 그의 책에 기록하고 있다. 또한 그는 건축교육과 관련하여 건축가들이 이론과 실무에 모두 능해야 함을 강조하고 있다. 비록 작금의 건축교육이 과거와는 다른 방식으로 이루어지고 있지만, 비트루비우스식의 전통은 현대 건축교육에서도 이어져 내려오고 있다.

서구 건축교육의 전통은 중세시대에서도 엿볼 수 있다. 이 시기의 건축교육은 주로 공방 내에서 숙련된 장인과 제자의 관계로 이루어졌다. 공방 내에서 이루어지는 교육 방식으로 인하여 건축기술과 방법은 비밀스럽게 계승되었다. 오랜 기간 동안 공방들 사이에서의 기술적 교류가 없었기 때문에 공방들은 제각기 다른 규칙과 기술을 보유하게 되었고, 역시나 그 기술은 비밀리에 전수되었다. 이 후 제 각각의 기술들은 공방 밖으로 서서히 알려지게 되었고, 더 나아가서는 통합되게 되었다. 이러한 전통은 르네상스 기간 동안에도 지속되었다. 숙련된 건축가 아래에서, 건축교육은 고대의 서적과 유물들에 기초를 둔 형태로 이루어졌다. 당시 건축교육은 중세와 유사한, 즉 숙련된 실무 건축가의 주도하에 전문분야로 나뉘어져 이루어진 것으로 알려져 있다. 특히, 르네상스 기간 동안에는 비트루비우스 책의 재발견으로 인하여 건축 이론에 대한 새로운 불이 밝혀지게 되었다.

건축교육은 17세기에 이르러 비로소 프랑스에서 정규 교육으로 채택되었다. 군사공학의 일환으로 건축가를 교육하기 위한 왕립건축 아카데미가 만들어지게 되었으며 교육과정에는 인문교육 분야와 과학 분야가 포함

THOUGHTS ON ARCHITECTURAL EDUCATION

Architecture as a profession has a long-standing tradition. However, no specific evidence has been presented on whether architects were professionally trained in schools in the prehistoric and ancient periods. If they were professionally trained, the type of the discipline of architectural education was taught by who would be questionable. Methods and techniques are inferred to have been handed down to generations through their families of artisans instead of formal education.

Architectural education might have been established in the Roman Empire. In his treatise De Architectura, Vitruvius provides evidence on architectural education during that time. According to his treatise, architects should be equipped with knowledge of many branches of study, ranging from geometry and astronomy to medicine and philosophy. In the training of architects, he emphasizes that architects should be adept at both practice and theory. Although architectural education in contemporary design institutions differs from that in olden times, Vitruvius's view on architectural education remains today.

Let us study the early tradition of architectural education in Western countries in the medieval period. At that time, architectural education was carried out under the guidance of experienced masters in guilds. It was conducted in guild shops with a master-and-pupil arrangement. Accordingly, as no mutual information was exchanged, each guild had different rules and systems of techniques. The succession of skills and techniques was initiated in secret. Hereafter, these techniques were gradually known outside the guilds and unified later on. Architectural education continued to develop during the Renaissance. Under the guidance of experienced masters, architectural education was based on ancient literature and classical antiquities. Architectural education at that time was implemented with the emphasis on areas of expertise by apprenticing to become a more experienced practicing architect. Vitruvius's book was rediscovered and shed new light on the architectural profession during the Renaissance.

Architectural education was adapted to formal education in France in the 17th century. As a

되었다. 그 이후 건축교육은 점차적으로 고등교육의 형태를 띠게 되었으며 수학, 공학, 축성술 등과 같은 다양한 과목들이 수업과정에 포함되었다. 이 학교는 18세기 말까지 지속되다가 이후 에꼴 폴리테크닉과 에꼴 보자르 두 학교로 분리되어 발전하였다. 에콜 폴리테크닉은 다소 기술적이고 과학적인 교육에 중점을 두고 있는 반면에 에꼴 보자르는 디자인에 중점을 두었다. 이후 건축교육의 전통은 베를린의 바우아카데미(1832), 런던의 AA(1847), 취리히의 스위스연방공예학교(1855), 보스턴의 MIT(1865) 등으로 이어졌고, 20세기 초에는 독일의 바우하우스(1919), 모스크바의 인학(1918)과 박투머스(1920) 등의 건축전문학교들이 생기면서 유럽과 미국 전역에서는 현재의 건축교육기관과 유사한 정규 교육과정을 지닌 교육체계가 정착되기 시작하였다. 현재는 세계적으로 많은 대학들이 건축 전문교육과 건축 내 여러 전문분야의 학위를 제공하고 있다.

대부분의 건축교육과정에서 학생들은 설계 교육과 연관된 다양한 인문분야와 기술 분야의 수업들을 받게 된다. 이 과정에서 건축설계 교육은 그것의 핵심이 되고, 학생들은 여기에서 배운 지식들을 건축 디자인 문제를 해결하는데 적용하게 된다. 학교마다 다양한 목적과 기술에 따른 여러 설계 수업들이 제공된다. 그리고 이곳에서 학생들은 건축사무실에서처럼 설계 강사들과 밀접한 관계를 형성하며 작업을 진행하게 된다.

학사 과정 중, 학생들은 문화와 소통, 기술과 실무교육에 이르는 다양한 분야들을 배우게 된다. 그들은 역사적이고 훈육적이며 인식론적인 관점에서 모형을 만들고, 공간적 경험을 통해 디자인 능력을 배양 할 수 있는 기회를 얻는다. 각 학교들은 건축학 인증프로그램에 의거한 기본 교육과정과 전문분야를 갖추게 되며, 학생 개개인은 자격을 갖춘 건축사가 되기 위해 인증을 획득한 교육기관으로부터 정규 교과과정에 따른 체계적인 교육을 받게 된다.

Figure 1. The École des Beaux-Arts, architectural studio

건축교육기관은 학생들에게 건축물의 개념화와 이를 표현하는 방법, 건축물을 도면화하는 방법, 그리고 디자인의 진행과정 등을 가르친다. 학사과정에는 다양한 건축물의 역사적, 문화적 맥락 그리고 그것들의 구성방법, 건축물과 자연환경과의 관계, 사람을 위한 지속 가능한 환경, 건설과 법규 등과 같은 건축의 기본적 요소들이 구비된다. 시각화, 소통, 그리고 기술 및 실무와 관련된 수업들은 건축가들을 현장에서 발생하는 문제를 창의적으로 해결 할 수 있는 실무 건축가로 변모시키기 위한 기초교육으로서의 역할을 한다.

Figure 2. Student exhibition in the VKhUTEMAS lecture hall, (1927-1928)

비록 오늘날의 건축교육과정이 대학이라는 범주 아래에서 다소 복잡하고 광범위한 체계로 형성되었지만, 건축교육은 여전히 비트루비우스식 관점 하에서 전개되고 있다. 즉, 건축가는 이론과 실무에 관한 균형잡힌 지식을 갖추어야 한다는 것이다. 비트루비우스에게 있어서 이론과 실무는 건축가들에 똑같은 비중을 차지하는 요소인 것이다.

military institution of engineering, the Academie Royale de l'Architecture in France was established to train architects. The curriculum included liberal arts and sciences. Since then, architectural education gradually became embedded as a formal system of higher education. The curriculum of the academy included a broad spectrum of courses, such as mathematics, mechanics, and military architecture, among others. It continued until the end of 18th century. Subsequently, the academy further developed into two schools, namely, the École Polytechnique and the École des Beaux-Arts. The former focused on practical and scientific education, and the latter supported design education. The academic tradition continued in Bauakademie (1832) in Berlin, the Architectural Association (1847) in London, Swiss Federal Polytechnic School (1855) in Zurich, and Massachusetts Institute of Technology (1865) in Boston. Later on, Bauhaus in Germany (1919) and INHUK (1918) and VKhUTEMAS (1920) in Moscow, among others, were formed to educate architects throughout Europe and the United States in the early 20th century. These educational institutes were developed as formal models in architecture similar to the current academic institutions. Currently, many universities and colleges worldwide offer various professional and post-professional degrees in architecture.

Most architectural curricula enable students to receive a broad liberal arts and technical education in conjunction with studio courses. Design studios rest at the core of the curriculum, and they enable students to apply the knowledge they learned in the courses to architectural design problems. Different studios have different objectives, emphases, and technologies. Architecture students work closely with the faculty in a studio setting similar to a professional design office.

In their coursework, students learn various disciplines from culture and communication to technology and professional practice. They develop their design skills by elaborating the historical, pedagogical, and epistemological perspectives and exploring the physical, virtual, and spatial studies. Different schools similarly teach basic and professional courses of study according to the accreditation program in architecture. Students receive proper education to become certified architects from a certified educational institution according to the accredited programs in architecture.

Architectural institutions improve students' ability to conceptualize, visualize the notion of building, draw up floor plans, and handle the design process of the project. The coursework includes a variety of basic elements in relation to the built environment, such as the composition and construction of a building, the historical and cultural context, the relationship between the built and the natural environment, sustainable environments for people, and construction and building codes, among others. Visualization and communications skills as well as strong technical and practical components provide the basis for the education of architects who will become creative problem solvers and professional practitioners in the field.

Although the current architectural curricula seem to be more complex and comprehensive under the umbrella of universities than those in the past, they have been developed with the perspective of Vitruvius. That is, architects should be armed with a balanced knowledge of theory and practice.

그럼에도 불구하고, 현재 건축교육은 상당한 '걱정거리'들을 내포하고 있다. 비아트리스 콜로미나가 주장하듯이 "건축교육에는 더 이상 신선미가 존재하지 않는다. 학교에서는 마치 무슨 일이라도 일어나는 마냥 예전의 수레바퀴를 돌리고 있지만, 실제로 학교교육에서 발생하고 있는 일은 극히 드물다. 학생들조차도 급변하는 세상에 적극적으로 동참하기를 고대하지만, 어떤 새로운 교육이 발생하기도 전에 그들은 졸업하게 된다."

오랜 기간 동안 건축교육에서는 실무연수와 교과과정에 관한 문제, 이론적 교육과 연구 그리고 실무수련 사이의 차이, 연구를 바탕으로 한 교육과 실무를 바탕으로 한 교육 사이의 관계 등에 관한 다양한 훈육적 논쟁들이 존재하여 왔다. 몇몇 교육자들은 건축교육에서 이론적 지식보다는 실무적이고 기술적인 지식에 더 커다란 가치를 부여하기도 한다. 또한 그들은 중세의 공방 제도와 수습기간의 중요성을 강조하기도 한다. 그들에게 전문 건축가는 자격증을 지닌 건축가의 문하에서 몸소 실무 지식을 얻어야 한다는 것이다. 그들에게 실무경험은 책에서는 배울 수 없는 것이다.

다른 이들은 건축에서의 고등교육의 역할이 단순 노동자나 기술자들을 양산하기 위한 교육이라는 것에 의문을 제기한다. 이들은 일정 기간의 직업 훈련이 단순 전문직으로서의 건축가를 양산시키기에는 충분할 수 있겠지만, 불행하게도 이러한 것들이 오히려 건축 전문 분야의 지식을 발전시키는데 방해가 된다고 주장한다. 그리고 그 결과, 건축분야의 학문이 다른 분야의 학문에 비해서 취약 할 수밖에 없는 현재의 상황에 놓이게 되었다는 것이다. 실제로 대학 내 분야별 학문 간의 경쟁으로 인해 건축학 분야의 위상이 많이 추락해 있는 것은 사실이다. 이는 대학 내에서의 학문의 역할이 많은 연구와 지식을 생산하는 것이기 때문이다.

일련의 건축교육자들은 건축지식 습득에 있어서 실습수련의 역할에도 의문을 제기 하기도 한다. 학생들이 전문 건축가가 되기 전에 실무건축가의 감독 하에 행해지는 수련과정에 참여하는 것이 대단히 중요한 것임에도 불구하고, 실무 건축가에 의해 행해지는 현장 실무교육은 많은 부분에 있어서 형식이 갖추어져 있지 않고 체계적이지 못하다는 것이다. 어떤 경험자는 수련과정이라는 명목으로 고등교육을 받는 이들을 저임금의 설계현장으로 내몰고, 노동의 권리도 조작한다고 주장한다. 실제로 원하지 않는 현장에서의 단순 노무 경험과 지식은 쉽게 머릿속에서 그 존재감이 사라져 버린다. 이것은 시간낭비에 불과하다는 것이다.

설상가상으로 몇몇 학교의 교육 프로그램들은 최근의 화려하고 몽환적 유행에 민감하게 반응하며 학생들을 교육하려는 경향을 보이고 있다. 이 프로그램들은 학생들에게 건축에 관한 근본적인 지식을 교육하기 보다는 새로운 이론이나 즉흥적인 형태 논리에 따르는 교육을 한다. 만약에 학생들이 최근의 경향이나 또는 어떤 이데올로기를 맹목적으로 믿게 된다면 그것은 분명 불행일 것이다. 이러한 맹신은 그들의 이성을 마비시키는 성향을 지니고 있고, 이는 곧 건축교육의 본질과도 어긋나는 것이다.

바람직한 교육은 건축과 학생들이 통합적 학습의 형식으로서 여러 이론 및 실무와 관련된 문제들을 접하는 것

For Vitruvius, both theory and practice are equally important in the education of architects. Nevertheless, a number of issues trouble the current architectural education. As Beatriz Colomina argues, "Architectural pedagogy has become stale. Schools spin old wheels as if something is happening but so little is going on. Students wait for a sense of activist engagement with a rapidly evolving world but graduate before it happens …"

Age-long didactical debates have hounded architectural education, such as issues on pedagogy and apprenticeship in architectural education, gaps between theoretical research and professional practice, and relationships between research-based and practice-oriented teaching in higher education. Some instructors value more practical and technical knowledge than theoretical knowledge in architectural education. They overemphasize the significance of apprenticeship similar to the guilds of the medieval times. For them, to become a professional architect is to acquire practical knowledge through hands-on experience under the supervision of an experienced or licensed architect. They believe that practical experience cannot be learned from textbooks.

Some instructors doubt whether the role of higher education in architecture lies in educating students to become menial workers or skilled architects. They argue that, although vocational training with a period of practical experience is sufficient to qualify students to become professional architects, it hinders the development of a professional field of knowledge in the field. Consequently, the academic scholarship and foundation have become weak and less rigorous so that the academic status of architecture in the university has become vulnerable compared with that of other academic fields. In fact, its academic status has nosedived because of the fierce competition among different programs even in the university, as its role is to carry out research and knowledge production.

Some instructors in architectural schools are unsure about the role of apprenticeship training in the acquisition of architectural knowledge. Although apprenticeship under the supervision of an architect to become a professional architect is extremely significant in the field, much of the on-the-job training provided by professional architects is informal and unsystematic. Some experienced apprentices insist that certain professionals manipulate the rights of highly educated workers by giving them the lowest possible wages under the excuse of on-the-job training. These unwanted on-the-job training experiences and learned lessons easily faded into the background and are a waste of time.

Moreover, some programs only follow popular movements so that students tend to pursue the latest and dream-like trends. Rather than teaching the fundamentals of architecture, these programs teach students lessons that are beyond the conventional and foundational pedagogy that follows new theories or ad hoc formalisms. Students having blind faith in certain contemporary trends or ideologies would be unfortunate. A leap of faith tends to paralyze their reasons, and this is far from the essence of architectural education.

Architecture students are better off being exposed to a balanced education, combining many

이다. 그렇게 함으로써 기초교육 이후에, 학생들은 자신의 예술적 표현, 새로운 논점들과 실무, 그리고 건축적 개념과 이념, 더 나아가 기술적인 문제들에 대한 정교하고 수준 높은 전문가 수준의 지식을 그들 스스로 찾게 될 것이다. 따라서 학사과정에서의 건축교육은 학생들의 개인적인 학습과 실무에서의 현재 그리고 미래의 요구를 만족시키고 지도력을 증진시킬 수 있는 기초 교육에 더욱더 초점을 두어야 한다.

소질, 교육, 경험

각 개인의 타고난 능력에는 다름 혹은 차별이 존재한다. 각 개인은 서로 다른 직업과 관련한 지적 능력을 보유한다. 그리고 그들의 능력은 상황에 따라 달라진다고 판단된다. 우리는 종종 학생들이 짧은 스튜디오 경험 후 자신이 디자인에 소질이 없음을 토로하는 경우를 접하게 된다. 짧은 전공수업과 설계교육의 경험만으로 그들은 전공을 쉽게 포기하거나 또는 다른 직업을 찾게 된다. 이는 경주를 시작하기도 전에 출발선에 갇혀 아무런 진전도 이루지 못하는 상황과 비슷하다. 전문직에서 능수능란하다는 것이 타고난 능력의 결과인가 아니면 교육의 결과인가? 만약 유전자적 요소가 건축가의 역량에 영향을 미친다면 교육의 가치는 위험에 빠질 것이다. 하지만 일정 부분 유전적인 요소가 중요하다는 사실 자체를 부정 할 수는 없다. 이는 프랭크 로이드 라이트나 르 꼬르뷔제 처럼 정식교육을 받지 않고서도 성공한 많은 건축가들이 있기 때문이다.

높은 지적 능력을 지닌 사람이 반드시 높은 창의성을 가진 사람인지 사실 의문이 든다. 일반적으로 창의성과 지적 능력 사이에는 강한 관계가 있다고 믿어왔다. 그러나 여러 연구에서 이 둘 사이에는 직접적인 관계가 없음

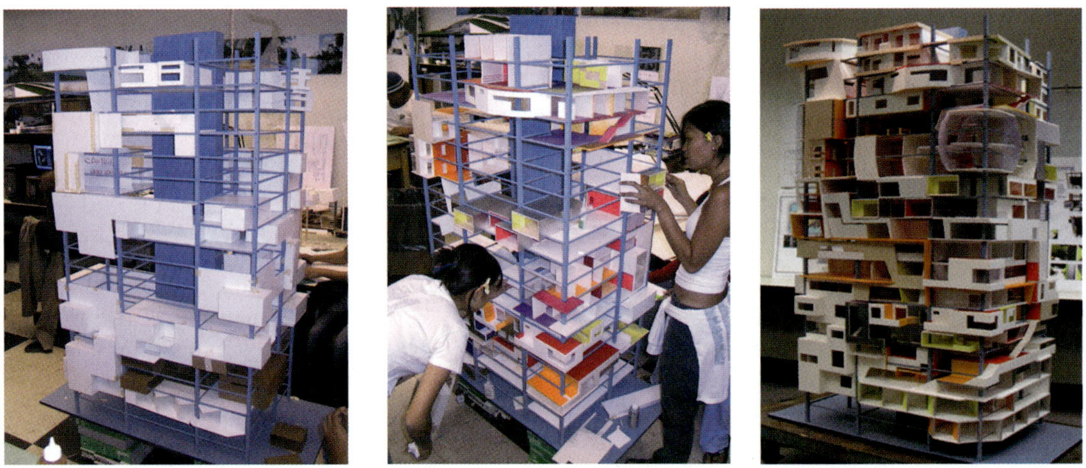

Figure 3. An experimental study on 'Vertical Village' in Honolulu, 2002

theoretical and practical subjects. Then, after their basic education, students themselves will search for their own artistic expressions, issues and practices, concepts and ideology, and technologies to have the skills and advanced knowledge in the field. Accordingly, the coursework of architectural education must meet the requirements to advance students' personal learning, present and future demands of professional practice, and leadership.

TALENT, EDUCATION, AND EXPERIENCE

Each individual's innate ability is different, and he/she has different kinds of intelligences. Intellectual performance varies depending on the situation. Too often, some students feel that they do not have the innate talent in design after obtaining some experience in design studios. They easily give up their architectural profession and look for another one after a short period of theoretic coursework and design studio experience. That is, they get trapped in the starting blocks and never get any farther. Is professional supremacy a result of innate talent or education? If genetic factors predispose the competence of an architect, then the value of education will be put at risk. The fact that genetic endowment is significant is indisputable. Some successful architects, such as Frank L. Wright and Le Corbusier, do not have formal education in architecture.

Moreover, whether a highly intelligent individual is a highly creative person is questionable. A strong relationship is commonly believed to exist between intelligence and creativity, but many studies have revealed that no direct relationship exists between the two. Both are considered independent objects as they have different roles to play. Nevertheless, intelligence plays a part in creative thinking.

Intelligence quotient (IQ) is a mere indicator of a person's capability to gain knowledge and use information. Typically, an individual with a low IQ level may have a low level of creativity. However, an individual with a high IQ may not necessarily possess a high level of creativity. One may have either a low or a high level of creativity among people with a high IQ level. Yet, an individual with a high level of creativity may have a high IQ level.

Intelligence is associated with academic achievements. A highly intelligent person may have a better chance of having higher academic achievement than someone who is not. Creative people are not always better in routine learning than people of lesser intelligence. Cases abound in which people do not excel in traditional schools but have extraordinary creativity. Creativity has been associated with the achievements of extraordinary people such as Albert Einstein. Nevertheless, an intelligent person can also gather knowledge quickly and use it to solve problems effectively. Being intelligent is simply not a matter of solving problems as they are given but of having the ability to solve unfamiliar problems in unfamiliar surroundings.

Creativity is the ability to propose extraordinary ideas or invent new things beyond the imagination of common people. A creative person uses existing knowledge in a new situation and quickly sorts

이 드러났다. 이 둘은 각자의 역할에 따라 서로 다르게 독립적으로 존재한다. 그럼에도 불구하고, 지적 능력은 창의적 생각에 중요한 부분을 차지 할 것이다.

아이큐는 지식을 얻거나 정보를 활용하는 개인 능력의 단순한 지표이다. 상식적으로, 낮은 아이큐를 지닌 사람은 낮은 수준의 창의성을 가지고 있을 것 같다. 하지만, 그렇다고 해서 높은 아이큐를 가진 사람이 반드시 높은 수준의 창의성을 지니고 있는 것은 아니다. 높은 아이큐의 소유자들도 높거나 또는 낮은 창의성을 지닌 사람들로 나뉠 것이다. 그러나 높은 수준의 창의성을 가지고 있는 사람은 높은 수준의 아이큐 능력을 지니고 있다고 알려져 있다.

지적 능력은 학문적 성취와 관련이 있다. 지적 능력이 높은 사람은 높은 수준의 학업성취를 이룰 수 있는 보다 나은 기회들을 가지게 된다. 하지만 창의적인 사람들이 낮은 지적 능력을 지닌 사람들보다 배움에 있어 항상 빠른 것은 아니다. 몇몇 사람들은 전통적인 지식을 가르치는 학교에서 다른 사람들에 비해 앞서지 못하는 경우도 있다. 비록 전통적인 지식이 결여되어 있는 사람일지라도 엄청나게 창의적인 능력을 가지고 있을 가능성도 있다. 알버트 아인슈타인의 예와 같이 창의성은 비범한 사람들의 성취도와 관련이 있다. 하지만 영리한 사람은 지식을 빨리 습득할 수 있고, 그것을 활용하여 효과적으로 문제를 풀 수도 있다. 지능은 주어진 문제를 단순히 해결하는 것이 아니라, 익숙하지 않은 상황에 직면했을 때 이를 해결 할 수 있는 능력이다.

창의성은 비범한 생각을 제안하거나 또는 일반인의 상상력을 초월하여 새로운 것을 발명할 수 있는 능력이다. 창의적인 사람은 새롭게 맞닥뜨리는 상황 속에서도 기존 지식을 활용할 수 있으며 또한 잠재적인 결과를 빠르고 자세하게 살펴 볼 수 있다. 기본적으로 창의성은 일반지식과 관습적 지혜를 초월할 수 있는 능력이다. 그것은 어떤 문제에 상응하는 단순히 새로운 아이디어를 찾아내는 것만이 아닌, 기존의 여러 개념들을 연계한 사고로부터 실질적인 해결책을 제안할 수 있는 능력도 포함한다. 그것은 상상력과도 깊은 관련이 있으며 깊은 사고를 통하여 형성된다. 아인슈타인의 언급처럼, 상상력은 지식보다도 중요하다. 왜냐하면 지식은 단순히 우리가 아는 것, 즉 과거에 일어났던 것들인 반면, 상상력은 미래에도 일어날 수 있는 어떤 것들에 관한 것이기 때문이다.

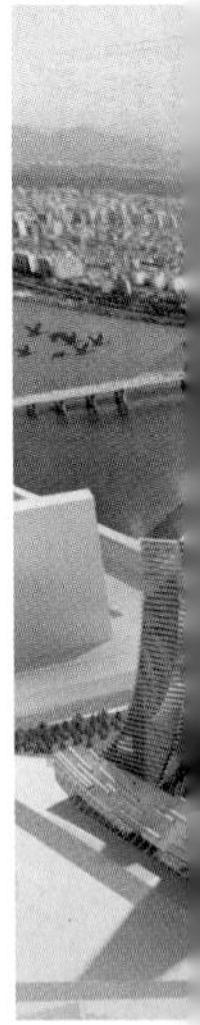

창의적이기 위해서 개인은 일반적이고 관습적인 것으로부터 탈피하면서 예기치 않은 일들에 관여해야 한다. 새로운 생각을 가지는 것에 익숙해져야 하고, 어떤 주제에 대해서 엄청난 호기심을 가지고 적극적으로 임해야 한다. 현 실태의 것을 있는 그대로 받아들여서는 안 된다는 것이 중요하다. 개인은 항상 모든 것에 질문을 던져야 하고 정형화된 지식을 극복 할 수 있는 비평적 사고를 가지고 주어진 문제에 도전해야 한다.

라이오넬 마치 교수가 언급했듯이, 과학은 현존하는 형태를 탐구하는 것이고, 디자인은 새로운 형태를 만드는 것이다. 건축가는 그의 생각과 상상력을 동원해서 독창적인 디자인을 찾는 역할을 수행하는 사람으로서, 과학

through potential outcomes. Typically, creativity is the ability to go beyond general knowledge and conventional wisdom. It is not simply about coming up with new ideas but with practical solutions to problems through a mental process of connecting existing concepts. It is deeply rooted in the imagination and is shaped by our ideas. As Albert Einstein stated, “Imagination is more important than knowledge.” The reason is that knowledge is only something we know and what happened in the past. However, imagination has something to do with what could happen in the future.

To be creative, a person should be distant from the normal and cliché but involved with the unexpected. One should play with new ideas and be enthusiastic and curious about issues. Being discontent with the present situation is important to be creative. One should always question and challenge the given problems with a critical mind and overcome stereotypical knowledge.

According to Lionel March, “Science investigates extant forms. Design initiates novel forms.” An architect’s job is different from that of a scientist, as architects search for unique and original designs with an architect’s mindset. The value of the architectural design is related to the architect’s creativity. Creative architecture can be an abstract form devised through the architect’s creative mind. Architectural designs based on creative endeavor can be considered an art form. Therefore, architectural creation has to do with the architect’s entire mental process. Great architects must have the balance of creativity, reasoning, and imagination. Architects are also responsible for creating designs required by their clients.

Figure 4. Serial studies on eco-friendly high-rise buildings in Seoul, 2011

자와는 다른 일을 한다. 건축 디자인의 가치는 건축가의 창의성과 관련을 맺고 있다. 창의적 건축은 건축가의 정신작용을 통해서 고안된 추상적 형태이다. 건축가의 창의적 노력에 기초한 디자인은 예술적인 형태로 고려될 수도 있다. 따라서 건축창조는 건축가의 이성적, 창의적 영역 그리고 창조를 위한 이성적 활동과 관련이 있다. 좋은 건축가가 되기 위해서는, 창의성과 이성적 사고 그리고 상상력이 서로 균형을 맞춰야 한다. 게다가 건축가는 건축주의 요구에 순응하는 디자인을 창조 할 책임을 지니고 있다.

많은 사람들이 창의적 태도 발달과 창의적 습관 보유의 중요성에 관하여 거론한다. 학생들은 창의성을 개발하기 위하여 본인들 스스로가 많은 노력을 기울여야 하며, 교육자들은 학생들이 창의적인 습관을 보유할 수 있는 환경을 조성해 주어야 한다. 노력의 끝은 없다. 시드니 오페라하우스의 건축가인 욘 웃존의 말처럼, 항상 최고의 결과물이 나오기 위해서는 벼랑 끝까지 자신을 내몰며 노력해야 한다고 한다.

교육은 창의성을 배양하는데 있어 중요한 역할을 한다. 교육의 목적은 단순히 지식만을 전달하는 것이 아니다. 무엇보다도 중요한 교육의 목적은, 각 개인이 가지고 있는 모든 잠재적 본능들을 일깨우거나, 혹은 잠자고 있는 개인의 본능을 일깨우는 것에 있다. 그리고 학생들이 그들의 잠재력을 최대로 키울 수 있도록 안내해 주어야 한다. 개개인의 경쟁력을 키우기 위해 창의적 교육방법은 표준화된 교육위에 자리해야 한다.

많은 사람들이 교육은 사람을 변화시키고 이로 인해 변화된 사람은 세상을 바꾼다고 믿는다. 다시 말해서, 좋은 교육은 좋은 건축가를 만들고, 그 건축가는 좋은 건조 환경을 만든다는 것이다. 개인은 각자 다양한 능력들을 타고난다. 때때로 개인은 자신의 독특한 능력을 깨닫지 못하기도 한다. 교육의 역할은 사람들이 자신의 잠재된 능력과 재능을 일깨우는데 일조하는 것이다. 교육 받지 못한 개인들은 그들이 가지고 있는 능력을 제대로 이해하지 못한다. 따라서 좋은 교육은 교육을 받는 대상자가 특정 분야에 관한 일깨움을 발전시킬 수 있는 첫걸음마의 역할을 해야 한다. 교육과 함께 이들의 잠재적 능력은 배양된다. 물론 오직 교육만으로 개인의 능력을 변화시킬 수 없다는 것은 너무나 자명한 사실이다.

대학교육은 학생들에게 전문 지식을 가르치고, 다양한 직업선택의 기회를 제공한다. 그러나 고등교육의 목적은 단순히 학생들의 실무적 역량을 발전시키는 것이 아니라 그들에게 지식을 전수하는 것이다. 직업과 관련된 기술을 가르치는 것이 건축교육의 최우선 과제가 되어서는 안 된다. 교육은 학생들이 전문분야에 대한 지식의 습득, 비평적인 사고와 글쓰기 그리고 추론 능력들을 훈련하고, 동시에 그들이 미래를 예측하고 이에 맞추어 끊임없이 자신들의 가치를 개발 할 수 있는 기반을 조성해야 한다. 다시 말해 건축교육이 건설 산업 종사 또는 현장실무 능력 및 관련 직업을 획득하기 위한 수단으로 머물러서는 안 된다.

대학교육은 학생들이 사회에서나 직업분야에서 완전한 잠재성을 발휘 할 수 있는 지렛대 역할을 한다. 고등교육의 가치는 학생들이 단순히 많은 정보를 얻는 것이 아니라 사고할 수 있는 자세를 가다듬는 것이다. 따라서

The significance of being able to develop a creative attitude and fostering creative habits has been a popular topic of discussion. To develop students' creativity, professors must foster their students' creative habits. Of course, the students themselves have to make great effort. Putting in effort never ceases. When it comes to designing, the Sydney Opera House architect Jorn Utzon always pushes the edge to produce the finest possible output.

Education plays a vital role in nurturing a creative mind. The purpose of education is not only to transfer knowledge but also to awaken every potential instinct, or one that is lying dormant, that an individual possesses. It works for reaching the full potential of students. Education must use creative teaching methods aside from standardized learning to cultivate individuals who can improve the competitiveness of subjects.

Education changes people, and the people eventually change the world. In other words, good education makes good architects, and then the architects make the built environment better. Each individual has varying degrees of gifts. At times, a person is not aware of his/her own particular gift or talent. Education enables a person to be aware of his/her own potential gifts. Untrained individuals have little understanding of their own abilities. Therefore, good education is the first step in helping one to be aware of one's abilities. With training, these latent abilities can be nurtured by the individual. Of course, education alone cannot substantially change one's capability.

Figure 5. Creativity is about thinking outside of the box (Illustrated by Im, Hyeji)

University education helps students to gain practical knowledge and be open to many career options. However, the focus of higher education must remain on imparting knowledge rather than on developing practical competencies. To gain vocational skills in the field of architecture may not be the priority in higher education. Throughout academic education, students must prepare a broad foundation of their profession for their consistent and long-term self-development while gaining knowledge across disciplines and subject areas as well as gaining the ability to critically think, write, and reason. In another words, architectural education should remain neither only as a means to architectural practice nor a path toward a career in the building industry.

University education is a strong leverage students need to realize their full potential in the society and their chosen profession. The value of higher education is not in obtaining more information but in cultivating the mind to think. Accordingly, bringing balanced teaching of both design theory and practice into architectural

건축교육에서 이론과 실무의 균형 잡힌 교육을 이행하는 것이 중요하고 학생들로 하여금 비평적 사고를 갖추도록 자극하는 것이 중요하다. 무엇보다도, 학생들이 자신들의 비평적 사고능력을 각성 할 수 있는 기회를 얻지 못한다면, 그들은 무엇인가를 바르게 볼 수 있는 능력을 잃게 될 것이다.

혹자들은 여전히 직업을 얻기 위해서는 무엇보다도 전문적 기술이나 실무 경험이 중요하다고 주장한다. 그들에게 실무적 능력의 결여는 실업을 의미하는 것이기 때문이다. 노련한 숙련공은 상당 기간 동안 특정 분야에서 다양한 경험과 훈련을 겪으면서 도달 할 수 있는 기술을 습득한 사람으로 정의 할 수 있다. 하지만 어떤 이들은 다양한 실무훈련 유형에도 불구하고 단순 숙련공은 높은 수준의 교육을 받을 필요가 없다고 주장한다. 숙련공들의 경력에는 실무와 관련한 직업교육만으로도 충분하다는 것이 그들의 주장이다.

현장 경험과 실무 수련의 과정은 개인의 학문적 교육을 대체하는 것이 아니고 이를 보완하는 것으로서 고려되어야 한다. 경험은 전문가로서 성공할 수 있는 중요한 요소이다. 현실적으로 실무 수련과 현장 경험은 직장에서의 성공 그리고 전문적 지식과 기술을 습득하고 발전시키는데 커다란 기여를 한다. 따라서 교육 과정 상에서 교육자들은 학생들이 특정 직업에서 요구하는 기술적 능력을 파악하고 변화하는 건축 산업의 요구를 이해하며 교실 밖 세상의 최신 동향들을 파악함으로써 그들이 마주하게 될 도전에 잘 준비할 수 있도록 안내해야 한다. 교육기관 내에서 가능한 일련의 실무적 기술 습득은 워크숍이나 실험실에서도 충분히 이루어질 수 있다.

뛰어난 건축가를 양성하기 위해서는 이론적 지식과 실무적인 숙달, 두 요소가 균형 있게 자리 잡은 교육 과정이 중요하다. 게다가 건축학, 즉 학문 분야의 눈에 뛰는 발전이 없이는 전문분야로서의 미래 또한 밝지 않다고 본다. 전문분야에서의 성공에 목마른 사람들은 항상 눈을 커다랗게 부릅뜬 상태로, 스스로가 깊이 사고 할 줄 아는 능력을 지녀야 하며 교육에서 배운 지식을 실무에 적용할 줄 아는 역량을 갖추어야 한다.

타고난 능력과 교육, 그리고 실무적 경험에서 획득한 지식은 전문 영역에서 성공하기 위한 필수 복합요소 들이다. 이러한 덕목들은 서로 연관관계를 가지는데, 만약 개인이 타고난 능력을 소유하고 있지 않다면, 그 개인은 교육 또는 실무 경험으로부터 자신의 능력을 향상시키기 위해 많은 노력을 해야 한다. 만약 개인이 선천적인 능력을 보유하고 있다면, 그 개인은 전문분야에서 보다 나은 실무경험을 쌓을 필요가 있다. 여기에 강한 노력과 열정이 부가될 경우, 이것은 그 개인이 전문 분야에서 엄청난 성공을 이룩하는 가장 빠른 방법이 될 것이다. 열정적인 노력이 보태어지지 않은 성공에 진정한 가치나 의미가 부여되지는 않을 것이다. 정열이 존재하지 않는 노력은 성가신 노력일 뿐이고, 정열의 부재로 인해 위대한 상상력은 이루어질 수 없는 큰 꿈으로 남겨질 것이다.

education and stimulating students to think critically are important. Above all, if no attempt is made to awaken the critical abilities of students, the students may not be able to see something in perspective.

Nevertheless, some people are stubborn about technical skills and professional experience being more valuable than anything else in getting a job, as the lack of practical skills means unemployment for them. Skilled workers are those who possess certain skills usually attained through training and job experience in the field for some years. They believe that the type of training varies. However, a mere skilled worker does not have to be highly educated to make a practice-oriented and work-focused vocational education work to have a better career.

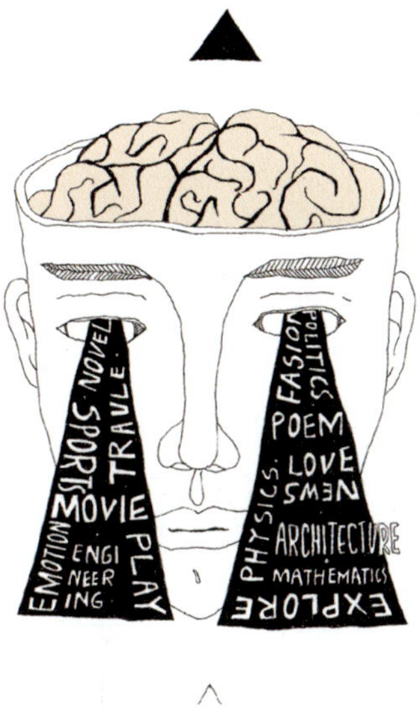

Figure 6. Creativity thrives on curiosity, quality input, and vast realms of knowledge (Illustrated by Im, Hyeji)

Practical experience and apprenticeship in the field should be considered to complement, not substitute for, an individual's academic education. Experience is an essential part of professional success. In reality, practical experience and apprenticeship significantly contribute to the development and acquisition of knowledge and skills at work. Accordingly, in the educational curriculum, instructors must know what technical skills are required in key jobs to understand the demands of an evolving building industry, to stay up to date on developments in the world outside the classroom, and to be better positioned to equip their students to meet the challenges. In an educational institution, the learning of practical skills can be conducted using workshops and laboratories.

To educate a better architect, the learning process must be balanced in gaining both theoretical knowledge and practical proficiency. Without the prior development of the academic field, expecting practical competence and prowess in the field is difficult. People who pursue professional success must always open their eyes, have the ability to think critically, and apply the lessons learned to practice.

Innate talent and knowledge based on education and pragmatic experience cannot be separated from each other if an individual would like to become successful in a professional field. These two virtues are interrelated so that if one is born without innate talent, then the individual will put in a great deal of effort to obtain better academic education and practical experience. If one has talent, then the individual may need to obtain better practical experience in the field. Being motivated by one's strong effort and passion is the fastest way to spur one to great success in a field. Nothing truly valuable and meaningful can be accomplished without passionate effort. Without passion, all effort is tiresome, and a great vision will remain an unfulfilled dream.

디자인 그리고 연구

건축교육에서 디자인의 역할은 디자인 실험과 연구 사이에서 상관적 관계를 지닌 탐구의 도구로서 고려되어야 한다. 디자인 실험과 연구는 상호 이익적 관계를 내포하고 있다. 연구를 통해서 개발된 디자인은 건축가에게 무한한 영감을 제공함과 동시에 건축가를 독특한 창조의 발전으로 이끈다. 또한 실험을 통한 디자인 혁신은 디자인의 흐름을 선도한다. 나아가서 선구적 디자인은 건축가들의 디자인 사고를 자극한다.

불행히도 건축분야에서는 소수의 디자인 교수들만이 연구를 한다. 일반적으로 설계교수들은 그들의 실무 경험에 기초한 수업을 진행한다. 그들의 교습 자료는 그들이 알고 있는 건축물이나 작업에 참여한 건축물들에 관한 정보를 참조하여 작성된다. 이들 중 상당수는 연구를 하거나 또는 논문을 저술하는 일이 본인들의 학문적 활동과는 관련이 없는 것이라고 간주한다. 결과적으로, 극소수의 교수들만이 다른 학문 분야에서와 유사한 기준의 학문적 결과물을 만들어 낸다. 학문적 연구에 관한 경험도 없이, 건축분야 내에서 독창적 연구의 가능성을 회의적으로 반문하는 이들도 있다. 설령 가능성이 있다고 하더라도, 대부분의 연구는 역사나 이론, 환경 또는 공학과 같은 특정분야에서 이루어진다고 그들은 주장한다.

Figure 7. Frank Lloyd Wright's testing of the load bearing pylons for the Johnson Wax Building, 1937

어떤 이들은 대학 종사자, 즉 교수나 학자 그리고 연구자의 일은 자신이 속한, 즉 전문직 종사자의 일과는 그것의 성격이 다르다고 믿는다. 그 말인즉슨, 학계에서의 교수는 학생들을 가르치는 교육과 건축분야에서의 창의적 연구 수행에 초점을 맞추어야 하는 반면에 실무 건축사는 건축 현장에서의 건축기획, 디자인, 예산편성, 건설, 관리와 같은 실제적이고 실무적인 사항을 다루고, 또 그것들에 능통해야 함을 의미한다. 더불어 대학 내에서 이들의 역할은 전문분야별로 부족한 현장 및 실무교육에 관한 보조 역할을 산학협동을 통해서 수행 하여야 한다는 것이다. 그 이유는 고등 교육기관인 대학에서 교수의 본업은 학문을 연구하고 이를 후학에게 전수하는 것이라는 믿음에서부터 생겨났다. 분명한 것은, 한 분야는 학문에 집중하고, 또 다른 분야는 실무에만 집중해야 한다는, 즉 두 분야 사이에 강한 편견이 존재한다는 주지의 사실이다.

또 어떤 이들은 건축분야가 대부분 전문학교에 소속되어 있기 때문에,

DESIGN AND RESEARCH

In architectural design education, the role of design as an exploratory tool should be reinforced, and the important correlation between research and design should be emphasized. Research and design are mutually beneficial. Design through research leads to the development of novel innovations, and it offers endless inspiration to architects. Design innovation also leads to design trends. Moreover, a pioneering design spurs a design concept.

Unfortunately, not many studio professors conduct research in the field of architecture. In general, design studio instructors teach design based on their practical experience. They refer to built buildings that they are familiar with or worked with as source materials for teaching. Many instructors do not consider research and writing academic papers as relevant academic activities. Consequently, very few produce scholarly works that can be considered standard for other academic disciplines. Some instructors do not produce academic works at all, arguing that no original research exists in architecture. Most studies are conducted in particular areas such as history and theory, environment, and engineering.

The job of professors, scholars, and researchers in a university is different from that of professional practitioners. That is, professors in the academic field focus on teaching architecture and conducting original research in the field of architecture. Conversely, professional practitioners deal with real and practical issues in the field of architecture, such as programming, designing, budgeting, construction, and management, among others. In the university, practitioners should be faithful to their assistant role in filling the lack of on-site practice-based education by cooperating with the building industry. The reason is that the main goal of university professors in higher education is to conduct research and foster students. Clearly, a strong prejudice exists between the two, with one focusing on professional practice and the other on academic research.

Some argue that the field of architecture belongs to professional schools so that professors in the field are supposed to focus on teaching professional practice and imparting practice-oriented knowledge. In another words, practicing architects in the field should stand at the forefront of professional education. If this is true, then whether other professional schools, such as medical, law, and business schools, only deal with professional practice and practice-oriented knowledge in their teaching is questionable. Are they not producing scholarly works or creative research while they work in the field in universities? This issue has been a long-lasting one or a stale argument in the field of architecture.

Other related questions have also arisen. For example, does anyone believe architecture, without any frontier or original research, can be advanced academically? Until now, has architecture been successful in the academic field? Will it continue to survive in the academe? Is architectural scholarship so deeply influenced by professional practices that professors in the academe teach the students the way professional architects work in the office?

When students enter the university, they are expected not only to learn the basic knowledge

이 분야의 교수들은 전문적 실무 교육과 실무를 기초한 지식에 초점을 맞춘 교육을 실시해야 함을 주장한다. 다시 말하자면, 전문 교육을 위해서 현직 실무 건축가가 교육의 선두에 서야 한다는 것이다. 이 주장이 참이라면, 의학, 법학, 경영대학과 같은 다른 전문분야의 학교에서 종사하는 교수들 역시도 오직 실무적 훈련과 실무를 위한 지식만 가르치고 있는 것인지 의문이 든다. 그들은 대학이라는 기관에 소속되어 있으면서 그들의 전문분야에 관한 학문적 활동이나 창의적 연구를 진행하지 않는가? 아마도 이러한 논의는 건축분야에 있어 오랜 기간 지속되어온 케케묵은 논쟁일 것이다.

이 논의와 관련하여 몇몇 질문들이 머릿속에 떠오른다. 예를 들자면, 선구적이거나 독창적인 연구 없이, 학문적으로 건축이 발전 할 수 있을 것이라고 믿는가? 지금까지 건축이 다른 학문과 비교하여 성공을 거두어 왔고, 앞으로도 대학 내에서 지속적으로 학문적 생존을 유지 할 수 있을까? 건축이라는 학문이 실무에 의해 많은 영향을 받기 때문에 대학 교수들은 실무 건축사들이 사무실에서 일을 하는 것과 같은 방식으로 학생들을 가르쳐야 하는 것인가? 등등.

학생들은 대학에 입문 할 때, 건축환경에 대한 기본적인 지식의 습득뿐만 아니라, 그 분야의 새롭고 진보적인 지식과 최신 기술들을 탐구 할 수 있기를 기대한다. 그들은 선구자의 입장에서 그들의 미래의 직업에 대해 꿈꾼다. 만약 이런 모습들이 아니라면, 학생들은 곧 실망 할 것이고, 이는 전공 변경으로도 이어 질 수 있다. 사실 많은 학생들이 건축대학에서 무엇을 배울 수 있는지 궁금해 한다. 그들이 배우게 될 것이 오직 건축가가 되기 위한 혹은 건축이라는 분야에서 직업을 얻기 위한 기초과정이라는 것을 깨닫게 되고, 졸업 후 수년간의 박봉 그리고 정식 건축가로 탈바꿈하기까지의 험난한 실무 수련 과정에 관한 상황까지 지각하게 되면 그들은 과연 어떤 반응을 보일까? 그리고 곧 그들은 대학의 학위가 미래의 직업을 보장하지 않는다는 사실 까지 알게 된다. 만약 대학의 교과 과목들이 건축에서의 실무적 문제점들과 그 활용에 관한 것들이라면, 왜 학생들은 약간의 기술만 익힌 후 현장으로 바로 나가거나 또는 직업능력의 향상을 위해 직업학교 또는 사설기관의 문턱을 넘지 않고 대학으로 오는 것인가?

일반적으로 전문 학술지나 관련 출판물에 연구물을 개제함으로써 증명되는 연구의 질과 양은 대학, 학과 그리고 교수의 평가를 위한 주요 척도로 활용되고 있다. 대부분의 대학들은 학문적 프로그램의 질과 중요성을 평가하고, 학과의 등급과 실적을 평가하는데 비슷한 기준을 적용해 오고 있다.

많은 대학들이 건축학 분야에서의 연구물이 부족하다는 점을 인식하고 있다. 근본적으로는 건축학이 전문 서비스 산업의 일부로 포함되어야 하는지, 인문학에 포함되어야 하는지, 공학에 포함되어야 하는지, 아니면 예술분야에 포함되어야 하는지에 관한 의견에도 많은 이견들이 존재한다. 건축학 평가 기준의 잣대를 설정하는 것에도 의견이 분분하다. 현재 대부분의 대학들은 건축분야에서의 연구가 이공계열 보다는 인문 계열과 더욱 유사하다는 것을 인정하고 있으며, 창의적인 건축 작품 창작, 전시회, 그리고 디자인 공모전 같은 건축 활동을 교

Figure 8. Students learn with hands-on experience, Department of Architecture, Inha University, 2010

of built environment but also to explore new and advanced knowledge and state-of-the-art technologies in the field. They dream of their future career as a pioneer. When they feel unsatisfied with the curriculum, the students become disappointed and may change their major. In fact, many students in architecture wonder what they are learning in the university. Is what they learn associated only with getting a job as an architect? How would they react when they realize that becoming a certified architect after graduation would mean years of training with poor salary and difficult apprenticeship? Furthermore, a university degree is not a guarantee of their future career. If their education is focused on practical issues and applications in architecture, why then would they go to the university when they could go directly to the field to learn some skills or go to a vocational school or a private institution that only teaches professional practice?

In general, the quality and quantity of research output, usually manifested by articles published in research journals and other academic publications, are two of the primary indicators of institutional quality for universities, departments, and professors in all disciplines. Most universities adopt similar criteria for evaluating the quality and the significance of academic programs and rating the academic rank and performance.

Many universities have come to terms with the lack of research product in the field of architecture. Some dissent even exists in the academe on whether architecture belongs to the service industry, humanities, engineering, or arts. Some even they wonder what kinds of evaluation criteria should be applied for the evaluation of architecture. Most universities include creative building works, exhibitions, and design competition awards as part of the performance record. They also concede that the field of research in architecture is equivalent to that of arts and humanities rather than

수 업적평가 범위로 포함시키고 있다. 다른 한편으로 대학들은 건축과 다른 학문영역간의 균형을 맞추기 위해 지속적으로 평가기준을 수정하고 보완한다. 하지만, 이와 같은 노력에도 불구하고 일정량의 실적을 유지하기 위한 평가기준의 남용이 현재에도 이루어지기도 한다.

지난 수십 년간 대학들은 연구비를 마련해오고, 그에 따른 연구결과물이나 논문을 만들어내도록 건축 학교와 학과 그리고 개개의 교수들을 압박해왔다. 학문적 특이성을 인정하지 않은 채로 다른 학문분야와 비슷한 교직원 승직 기준에 맞추어 교수들의 업적을 평가해 왔다. 그들은 적절한 학문적 기준과 가치가 없이 건축학과를 압박하는데 많은 노력을 해왔다. 대학의 학문적 이상을 따르라는 대학이나 교육기관의 압박과 요구는 점점 더 커지고 있는 것이 현재의 상황이다.

건축교육에서 대학 교수들이 학술적 연구와 실험적 작업의 상호보완적인 관계를 유지하는 것은 매우 중요한 일이다. 나아가, 건축교육은 창의적 사고와 실험, 그리고 연구에서 비롯되어야 한다. 건축의 연구 영역은 다른 학문과의 융합으로 넓혀져야 한다. 다른 분야와 연계한 다양한 각도의 학문적 관심은 건축교육 과정의 발전에도 커다란 영향을 끼칠 수 있다. 또한 연구와 관련한 지식을 교육 과정에 적용시키기 위한 교육 전략을 세우는 것도 중요하다. 연구적 접근 방식, 결과물이나 방법론은 건축의 이론적 접근과 실무적 적용 방법을 보정 할 수 있을 것으로 판단한다. 이는 건축의 이론적 식견을 더욱더 포괄적으로 확대하고 견고하게 만들 뿐만 아니라, 실무 지식의 강화, 기술적 진보, 그리고 건축교육 방법론의 변화 등에 관한 새로운 비전을 제시하는데 커다란 기여를 하게 된다. 연구 기반의 교육은 학생들이 창의적으로 건축을 만들어 나가는 과정을 장려한다. 이러한 맥락에서, 학생들은 연구를 기초로 건축물을 만드는 전략적 방법을 발전시키고, 나아가 연구과정에서 형성된 가설은 향후 연구에 다시 활용된다.

프로그램 인증

대부분의 건축프로그램들은 건축교육의 질을 적절하게 관장하도록 권한을 부여 받은 기관으로부터 인증을 받은 건축학 전문 학위교육과정을 갖춘다. 이것은 건축실무를 행하기 위해 필요한 정식 자격증 획득의 첫 단계이다. 건축학 인증을 받은 프로그램과 그 교과과정은 학생수행평가기준(SPC)을 만족시켜야 한다. SPC는 졸업자가 필수적으로 습득해야 하는 최소한의 지식과 기술을 나열하고 있다. 인증을 받은 학교는 졸업생들이 건축학 인증원에서 요구하는 교과과정의 각 기준을 만족시켰다는 증거를 반드시 제공해야 한다.

건축학 인증프로그램은 능숙한 실무 활동을 위해 요구되는 디자인과 전문적인 기술 및 실무 교육 교과과정에 관한 기준을 보장하기 위해 고안되었다. 건축교육과정 인가를 위한 타당한 기준과 조건들은 대부분 규제기관들에 의해 수립되었다. 이 기준과 조건들은 변하는 건조 환경에 적절하게 대응 할 수 있는 건축가를 양성하기 위한 전문 교육의 개발을 목표로 하고 있기 때문에, 그것의 주안점은 건축 디자인 분야의 전문가 육성이 아닌 일

to that of science and engineering. Universities continue to amend the evaluation criteria because they like balance architecture with the other academic disciplines. However, the evaluation criteria are increasingly abused to obtain better record performance.

Over the past decades, universities have pressured schools, departments, and individual professors of architecture to bring in research funding and to produce research output and papers. Without considering academic uniqueness, they evaluate the professors' work according to the faculty promotion criteria in accordance with other disciplines. They push the architecture department to accommodate academic norms and values. Currently, pressure and demands from universities or academic institutions are getting heavier to conform to the university ideals of academics.

Maintaining a complementary relationship between architectural research and experimental practice in architectural education is significant for university professors. Furthermore, teaching architecture should be based on creative thinking, experiments, and research. Architectural research should be broadened by a collaborative effort with other academic disciplines as well. Varying degrees of academic interests in other fields are vital in the core activities of architecture programs. Moreover, building teaching strategies by applying research-based knowledge to courses is crucial. Research methods and results are considered to calibrate theoretical approaches and practical applications. They not only comprehensively reinforce theoretical insights in the field of architecture but also contribute to a new vision of design practice, technological innovation, and a renewal of pedagogical methodologies for architectural education. Research-based teaching stimulates students' creative process in architecture. In this context, students develop a deliberate strategy that facilitates the formation of hypotheses for further research.

PROGRAM ACCREDITATION

Most architectural programs are supposed to obtain accreditation in architecture from a proper accrediting authority that oversees the quality of architectural education. Seeking accreditation is the very first step toward obtaining an official license to practice architecture. The accredited program and coursework are required to meet the Student Performance Criteria (SPC). The SPC sets out the minimum knowledge and skills that graduates must possess. An accredited school must provide evidence that its graduates have satisfied each criterion through the required coursework according to the criteria of the certification board.

Accredited architectural programs are devised to ensure the standards for the design and professional skills required for competent practice. The conditions and validation criteria for the curriculum accreditation are established by regulatory bodies. As the conditions and criteria aim to develop professional education to respond to a changing built environment, the emphasis is often placed not on the specialist but on the generalist role of architectural design education.

Many conditions and validation criteria control the entry into the architectural profession. In

반적인 건축지식의 전수에 있다.

건축이 전문영역으로 진입하는데 걸림돌이 되는 많은 조건과 인증 기준들이 있다. 긍정적으로 인증은 건축교육과정의 발전을 위한 표준과 기준을 발달시키는데 중요한 역할을 한다. 이런 기준들은 학생들이 창의적인 능력과 기술적인 능력 사이에서 효율적인 균형을 유지 할 수 있도록 규정하는 도구의 역할을 종종 한다. 반면에, 인증은 교육기관들에게 규제기준을 준수한 건축 프로그램이 탄생하도록 강요하는 경향이 있다. 이는 때때로 창의적 연구나 디자인 실험이 결여된, 균질한 건축교육의 발생을 야기하기도 한다. 다시 말하자면, 대부분의 건축 교과과정이 인정기관의 승인을 받기 위해서 각각의 프로그램이 가지고 있는 독특함이나 특화와는 무관하게, 타 기관과 유사한 프로그램 또는 유사한 기초, 핵심, 전문수련과 같은 과정 등을 채택하기도 한다. 이렇게 탄생한 일반적 교과과정은 간혹 학문적 자유를 제한한다.

인증 기준들은 실무 건축가를 교육함에 있어 가장 필요한 교육이 무엇인지를 정의해야 한다. 동시에 이러한 기준들은 독특한 지역적 맥락, 문화유산, 환경문제와 각 프로그램의 강령에 따라 구조적으로 잘 짜이면서 다양하고 풍성한 건축프로그램을 만들 수 있도록 도움이 되어야 한다. 그리고 각 프로그램들은 각자의 상황에 맞추어 이러한 기준들을 유연하게 운영 할 필요가 있다. 기준들이 각 교과과정의 프로그램을 지시하거나 구속하기 위해 만들어진 것이 아니라, 교육 프로그램의 질을 평가하고 개선 할 수 있는 기준 지침을 제공하기 위해 만들어 졌음을 명심해야 한다.

근본적으로 교과과정 인증은 교육의 창의력과 상상력을 억제하거나 또는 교육을 위한 혁신적인 노력들을 제한하려는 의도로 계획된 것이 아니다. 인증기준이 창의력과 기술혁신의 족쇄가 되어서는 안 된다. 또한 모든 건축 프로그램이 절대로 교육 기간이나 내용물 그리고 교과과정의 측면에서 동일해서는 안 된다. 즉, 대학에서의 건축교육은 그것의 창의적 특성상 표준화된 형식을 띠어서는 안 된다. 건축학 인증원은 이와 같은 관점으로 다양한 교육프로그램의 교과과정을 지원하는 것에 관한 중추적인 역할을 담당해야 한다.

정규 디자인 교육

통상적으로 건축에서 교육이란 정식교육체계 내에서 특정 교과과정을 가르치는 것을 의미한다. 건축 교육은 자연 환경 및 건조 환경의 문제, 이와 관련된 사람들의 안위 그리고 보다 나은 삶의 질 확보를 위하여 필히 갖추어야 하는 건축 관련의 실무, 기술 능력 등의 배양을 위한 다양한 분야들을 두루 포함한다. 따라서 이 교육과정은 설계과목과 구조, 설비, 시공 등을 포함하는 기술과목 그리고 실무 관련 과목 등을 다루는 기초 교육에서부터 전문교육에 이르는 폭넓은 교과영역을 제공하고 있다. 건축과 학생들이 전문 건축사 자격을 취득하기 위해서는 기초 교육 단계들을 거쳐야 한다. 학부 단계에서는 건축에서의 가장 기본적인 사항들을 배운다. 대학원의 단계에서는 향후 각자의 진로에 적합한 전문 분야를 선택하고 이에 따라 심도 있는 연구를 진행하면서 연구 활

a positive sense, accreditation plays a significant role in developing standards and criteria for the development of the architectural curriculum. These standards and criteria usually serve as a prescribing tool to effectively balance creative and technical abilities. Conversely, accreditation tends to force architectural programs to follow the given regulatory criteria. At times, it may result in the homogeneity of architectural education that lacks innovative research and design experiments. Accordingly, most architectural curricula adopt similar programs or share similar introductory and core courses as well as internship programs regardless of their uniqueness and program specialty to be validated by the accreditation board. Such generic curriculum may constrain academic freedom.

The accreditation criteria should be defined according to what is essential in the education of a professional architect. The criteria should allow for the diversity and richness of architectural programs that are highly structured within a unique regional context, culture, heritage, environmental issue, and program mission. A curriculum is required to run more flexibly according to the uniqueness of its program. It should be bear in mind that the criteria are not intended to dictate a curriculum for each academic program but to provide guidelines on which the quality of each program will be evaluated and improved.

Curriculum accreditation is not intended to restrain creative and imaginative education or to limit the innovative endeavor of education. The accreditation criteria should not be shackled by creativity and innovation. Moreover, architectural programs should not necessarily be identical in terms of educational length, content, and curriculum. That is, architectural programs in the university should not be a standardized curriculum because of their creative nature. Here, the accreditation board should play a significant role in guiding and supporting the basic curriculum of such diverse educational programs.

FORMAL DESIGN EDUCATION

Generally, formal education in architecture refers to a study on a particular curriculum under an educational system. The architectural pedagogy has to embrace extensive areas that combine various practical issues and technical competences together with the need to secure people' s comfort and quality of life along with environmental issues. For this reason, the architecture curriculum should offer a full range of subject areas in design, structure, facilities, construction, and professional practice. Architectural students should pass through each level of coursework toward professional qualification. At the undergraduate level, students learn the fundamentals of architecture. At the graduate level, students specialize in their areas of expertise toward their careers. Then, they are encouraged to develop academic autonomy and to raise questions regarding their research areas.

Comprehensive learning has become extremely important because of its inherent multidisciplinary and interdisciplinary nature in academics. Technical and practical knowledge and experience,

동의 자율성을 발전시키고 연구 분야의 쟁점들에 몰두하게 된다.

건축은 다분야간의 밀접한 관계를 맺는 그것의 본질적인 특성으로 인해, 종합적인 학습이 매우 중요하다. 기술적이고 실무적인 지식과 경험, 전체적인 통찰력, 핵심 개념의 인지, 그리고 다양한 종류의 정보를 모아 일체화된 하나의 결과물을 만드는 능력의 성취는 학습의 결과로서 필수적 항목이 된다. 이상적으로는 학생들이 건축실무에 들어서기 전에 최근의 논점이나 경향을 포함한 수많은 기술적, 실질적, 개념적, 이론적, 사회적, 지역적, 역사적, 문화적 지식을 갖추고 있어야 한다. 그러하기 위해서 교육 프로그램들은 각각 학생들의 지적 호기심을 만족시키기 위한 종합적인 교과과정과 전문 분야에 대한 프로그램을 제공해야 한다. 강의 과목들은 특정 주안점과 전문 분야의 흐름에 따라 달라질 수 있기 때문에, 학생들이 그들의 관심분야를 전문화 하도록 권장 할 필요가 있다.

건축교육은 학생들로 하여금 최근의 건축경향을 이해하고, 이론과 디자인 방법론에 대한 각자의 접근방법을 가지며 수업에서 배운 지식을 건축 설계에 적응해 봄과 동시에 디자인 사안에 관한 비판적 통찰력을 기를 수 있도록 하는 것에 관한 근본적인 역할을 담당한다. 실무에서는 수업을 통해서 배운 지식을 디자인 실무에 적용시키는 것에 중점을 두어야 한다. 학생들은 디자인 프로젝트를 진행하는 과정에 있어서 건축 개념과 원리의 시각화에 관한 탐구와 함께 실무적 탐구를 동시에 실시해야 한다. 따라서 교실에서의 수업은 교육기관의 교과 과정에 따른 이론적 교과목들과 여러 다른 수준의 디자인 수업들이 서로 상하 좌우의 상관관계를 맺고 체계화되어야 한다.

지식의 습득과 그것의 적용은 순차적인 과정이 아니기 때문에, 학생들이 디자인 계획 시, 이를 발전시키는데 도움이 되는 능력을 제공받을 수 있는 일종의 장의 형태로 강의가 꾸며져야 한다는 것이 매우 중요하다. 그러나 교육과정의 구성 체계가 잘 잡혀 있다고 하더라도, 수업에서 얻은 지식과 그것의 디자인적 적용 방법 간의 상호 관련성에는 여전히 큰 간극이 존재한다. 디자인 프로젝트의 시작점에서부터, 학생들은 수업시간에 배운 지식을 완전하게 소화해 내기가 쉽지 않다는 것을 인식하게 되고, 또한 그 지식을 디자인 프로젝트에 적용 할 수 없음을 깨닫게 됩니다. 이러한 이유로 인해, 간혹 학생들은 단순히 기존 디자인을 흉내 내기에 급급해 하기도 한다. 이와 같은 학생 시절의 어려움이 학생들의 비평적 사고의 발전을 방해하기도 하고 또는 그들의 성향을 오직 단순한 정보의 습득만을 선호하는 방향으로 변질시키기도 한다. 이것은 학생들로 하여금 전공에 대한 무관심과 좌절에 빠져들게 하며 결국에는 그들이 전공을 바꾸는 결과를 초래할 수도 있다.

보편적으로 건축 교육은 크게 전공 이론수업과 설계수업으로 구성되어 있다. 전공 이론수업과 설계수업의 목적에는 비평적이고 창의적인 사고, 문제 해결, 효과적인 의사 결정과 갈등 해결을 장려함으로써 창의적이고 혁신적인 건축을 만들려는 의도가 내포되어 있다. 많은 지식이 이론 수업에서 얻어지고, 이 지식은 디자인 스튜디오에서 진행되는 프로젝트에 적용되거나 또는 더 연구된다.

holistic insight, critical awareness of key concepts, and ability to organize diverse types of information into a coherent whole are essential to the achievement of learning outcomes. Ideally, students must be aware of the many technical and practical, conceptual and theoretical, social and regional, historical and cultural, and other issues, along with critical cognizance of contemporary issues and trends, before they conduct architectural practice. To do so, academic programs must provide their own areas of specialty programs and a comprehensive coursework to satisfy students' interest in learning. Courses may differ according to their specific emphases and streaming of specialization so that students are motivated to specialize in their areas of interest.

Architectural education can play a fundamental role in the way students raise critical questions on design issues, nurture design theories and methods, and grasp contemporary design trends. In practice, students should emphasize on applying the learned lessons in courses to design practice. Students are allowed to coherently facilitate the practical exploration and visualization of the concepts and principles in their design projects. The courses taught in classes should be mutually inter-related and systematically organized along with theoretical courses and different levels of design studios according to the learning matrix of academic institutions.

The acquisition and the application of the learned lessons are not a sequential process. Therefore, lectures as a forum for delivering the capacities that assist in the development of the design schemata become important. However, even if a matrix of teaching courses is systematically structured, huge gaps remain in its reciprocal links between coursework and design applications. From the beginning of the design project, students are confronted with a struggle in which they

Figure 9. Students conduct a design experiment to test how well a structure is self sustained

수업에서 얻은 이론적, 기술적, 실무적 지식은 치밀한 디자인 전략을 거쳐 세세하게 해석되고 적용되어야 한다. 창의적 디자인 개념과 기술적 지식의 통합적 접근이 건축설계에서는 상당히 중요하다. 또한 건축물이 윤리적, 문화적, 사회적 그리고 기술적으로 실행 가능한 디자인이어야 함과 더불어 건축가의 독특한 디자인 사고가 건축물에 통합, 즉 스며들어야 하기 때문에 건축가는 여러 지식을 아우를 줄 아는 포괄적인 능력을 갖추어야 한다.

일반적으로 설계 수업에서 학생들은 한정된 지식만으로 복잡한 건축적 문제를 해결하는 작업에 착수하게 된다. 그들은 수업에서 배운 지식이나 자신들의 경험의 범주 내에서 어떠한 개념적 틀이나 근거를 구상하게 된다. 이러한 노력의 과정 속에서 그들은 그들 스스로의 한계에 직면하게 될 뿐만 아니라 직관적으로 제안된 자신의 작품을 다이어그램이나 평면으로 설명하는 과정에서 자신의 사고를 논리적이고 체계적으로 설명하지 못하는 상황에 봉착하기도 한다.

대부분의 건축설계 교육은 한 한기 동안 학생이 설계 강사와 함께 디자인 작업을 진행하는 형식으로 이루어진다. 대다수의 설계 강사들이 경험이 많은 실무 건축가들로 구성되어 있고 그들은 그들의 실무 경험에 기초하여 수업을 진행한다. 학생들은 주어진 프로젝트 주제에 대한 그들의 디자인 아이디어를 제안하고 그 아이디어를 시각적인 형태로 발전시킨다. 설계 강사와의 수업과 학생들 서로간의 토론을 통해, 그들은 자신의 디자인을 더욱 더 발전시키고 구체화시켜 나간다. 작업과정 상에서 설계 강사는 학생들에게 그들의 아이디와 관련된 공간적, 기능적, 구조적, 기술적 그리고 실무적 문제에 관한 조언을 하게 된다. 일반적으로, 이 단계에서는 예산이나 건설 그리고 지나친 법규와 같은 건축적 제약들은 심각하게 고려되지 않는다.

설계 강사들은 학생들에게 주어진 문제들에 대한 보다 나은 해결책을 제공하기 위해 수업시간 중에 지속적인 조언과 가르침을 전수한다. 대부분 객관적인 관점에서 대화가 이루어지고 서로의 아이디어를 공유하기도 하지만, 그들의 조언이 학생들에게 특정 디자인 경향에 대한 편견을 심어주기도 하고 때로는 압력이 되기도 하며, 특정 접근 방식에 대한 잘못된 인식이나 태도를 전달하게 되기도 한다. 이와 같이 특정 양식의 디자인을 수용해야 하는 그럴듯한 조언은 결국 설계 강사의 개인적 취향으로 학생들을 조정하는 결과를 낳게 된다. 불행하게도 설계 강사들은 수업시간 중에 본인들이 제안하는 방식이나 대안에 대해서 자신들조차도 확실한 해결책을 제공하지 못하는 경우가 가끔 있다.

대학 내 설계 강사들의 수업은 종종 그들이 다녔던 대학이나 대학원에서 받았던 수업을 모델로 삼아 진행되는 경우도 있다. 상당부분의 설계 수업에서 창의적 실험이나 건축 교육에 대한 건설적인 비판 없이 단순히 자신들의 개인적 경험을 기저로 학생들을 가르치기도 한다. 이와 같은 교육 구조는 설계 교육을 위한 최선의 훈육 모델이 아니다.

find assimilating the learned lessons in class almost impossible. They are also unable to apply themselves in the design project. Consequently, students become busy mimicking the existing professional works. This struggle hinders the development of critical thinking and only tends to degenerate into the mere acquisition of information during their academic years. It may lead toward student's academic apathy and frustration, which eventually cause them to change their area of studies.

Typically, teaching architecture consists of theoretical lectures and design studios. The objective of integrating theoretical lectures with design studios is to encourage critical and creative thinking, problem solving, effective decision making, and conflict resolution to make creative and innovative architecture. Much knowledge is acquired from lectures, and these lessons learned are applied and further tested by combining them in design studios.

The knowledge so acquired should be interpreted to elaborate to appropriate design strategies. An integrated approach to technical knowledge along with creative design ideas should be adopted. As architectural designs should integrate unique design ideas in an ethically, culturally, socially, and technically viable design process, a comprehensive stand to architectural practice has to be taken.

In general, students of design studios are expected to undertake complicated problems with limited knowledge. They attempt to organize the basis of the conceptual framework within which knowledge is learned in class or from their experience. In the process of such an effort, they face their own limits and encounter difficult situations in explaining logically and systematically why plans and conceptual diagrams of their intuitive projects are formed.

Most architectural design courses take place in design studios where students and instructors work together to develop the design project throughout the semester. Instructors are composed of experienced practitioners who run a studio class based on their professional experience. Students propose their design ideas of the given project to instructors and then develop these ideas into visual form of output. They continue to develop their designs through desk critique, design review with the instructors, and discussion among students. In this process, instructors advise students on their proposal with regard to spatial, functional, structural, technical, and practical issues. At this stage, the architectural constraints, such as budget, construction, and strict codes, are not seriously considered.

Studio instructors continuously guide students to offer better solutions to the given problems. Mostly, they give advice to students from an informative and objective perspective as well as share ideas and information. However, such guidance provides a biased opinion and at times causes pressure to follow a particular design trend or deliver wrong cognition and attitude against a particular design approach. The suggestion to adopt certain stylish designs may steer students down the route of the instructors' personal tastes. Unfortunately, even instructors cannot surely provide a clear answer to the approaches and suggestions that they give regarding the students'

건축 설계에는 주어진 디자인 문제에 대한 일반적인 해결책도 있을 뿐만 아니라 그 외의 수많은 해결책들도 존재한다. 설계 강사들은 자신들이 관심을 두고 있는 특정한 하나의 방식을 주장하기 보다는 학생들의 창의적 사고를 고무시키고, 그들 스스로가 디자인의 방법론을 찾아가는 방식을 일깨워 주며, 자신들이 실무 경험에서 얻은 산지식을 가르쳐야 한다. 특히 학부 교육에 있어서는 개인의 취향이나 특정 양식에 대한 교육 보다는 기본에 충실한 교육을 우선시하여야 한다.

한 학기 동안 진행되는 설계 수업은 학생들에게 그들이 앞으로 진행하게 될 프로젝트의 문제점과 주안점을 설명하면서 시작된다. 우선 학생들에게 프로젝트와 관련된 기본 지식과 설계 과정을 소개하고 프로젝트의 필수요건, 학생수행평가기준(SPC) 그리고 프로젝트의 과제관리 기술, 시간 조절과 발표, 매체사용에 관한 정보들을 제공한다. 설계 수업의 진행 과정은 학생들이 졸업 후 실무에서 겪게 될 프로젝트의 과정과 유사하게 진행된다. 그러나 이 과정에서는 건축주의 요구사항이나 협의 그리고 건축허가 등과 같은 법적 기준이나 심의 과정 등은 제외된다.

주어진 문제에 대하여, 학생들은 새로운 아이디어나 개념을 구상 한 후, 프로그램에 맞는 자신만의 독특한 건축적 형태나 공간을 정의하기 위한 창의적 사고를 발전시킨다. 그 후 여러 매체를 사용하여 그들만의 디자인 접근법으로 디자인을 제안하게 된다. 각 프로젝트들은 건물의 기준 법규나 규정, 그에 따른 설계기준, 사용상의 어려움이나 쉬운 문제들을 만족시키면서 그리고 기능이나 사용상의 문제들, 도면표기법 등을 검토해 가면서 발전된다.

대지분석, 사례연구, 주어진 과제의 역사적, 문화적 문맥 등을 포함하는 기본 연구는 프로젝트에 다양하고 새로운 사고를 안겨 줄 수 있다. 특히 학생들은 선례연구를 통하여 많은 교훈을 얻을 수 있는데, 이러한 연구에는 건축물의 사용자와 건물의 물리적 요건, 건물 이용에 관련된 문제들 등을 비교 분석하고 나아가 새로운 건물을 디자인하기 위해 필요한 아이디어를 얻기 위하여 기존건물의 공간적, 형태적 분석과 프로그래밍, 전략적 방법론, 개념 등에 관한 연구가 포함된다.

정규교육체계 내에서 이루어지는 대부분의 건축 설계수업들은 학생들의 개인 작업에 가깝다. 반면 현장에서의 설계 실무 작업들은 여러 분야의 전문가들이 공동으로 노력한 결과 결실이 맺어진다. 작은 프로젝트들은 개인이 수행 할 수 있지만 대규모 프로젝트들은 혼자 감당하는 것이 불가능하다. 따라서 복잡하고 큰 프로젝트를 공동 수행하는 능력을 길러야 한다. 나아가 프로젝트를 진행하면서 학생들은 기술적이고 변화하는 산업 상황과 관련된 광범위한 실무위주의 문제들을 다루게 된다. 건축 설계수업에서 학생들은 주변 맥락의 인식 방법을 탐구하고 세부 설계 방법을 훈련하기 위한 목적으로 여러 종류와 다양한 규모의 건축 작업을 진행한다.

간혹 정규교육은 구체적으로 명시된 교육과정을 따르기 때문에 정해진 주제나 기준에 따라 잘 짜인 체계적 교

projects.

University studio instructors usually model their teaching methods from the courses they attended as undergraduates and graduates. They mostly teach studio courses based on their personal experience without constructive criticism on design challenges and architectural education. Such an educational framework is not the best pedagogical model for teaching architectural design.

Although general solutions exist to the given design problem, specific solutions also exist. Instead of insisting their preferred topics and ideas, studio instructors are supposed to encourage students' creative thought to promote their awareness of design approaches and methods as well as to teach practical knowledge gained by experience. Specifically, the priority of undergraduate education is to focus on the fundamentals of architecture rather than to adopt certain stylish designs or personal tastes.

The studio instructor begins the semester by assigning a project for students to work on throughout the semester. This project addresses issues and problems. The studio instructor introduces students to the basic knowledge and the design process related to the project and provides the project requirements, SPC, and information on project management techniques and time control, presentation, and media use. This process is an overture for professional practice, which involves the problems that will be elaborated upon and used in the students' on-the-job training later on. The client requirements and the legal process for building permits, among others, are ruled out in the process.

After coming up with new ideas about the given theme of the project, students develop their own creative thinking to define the idiosyncratic modes of architectural form and space. Then, each student addresses the different themes using their own design approaches with different media (materials). Each project should be developed satisfying the building code, regulations, and design standards, and the drawing notations and problems with function and usage should be checked.

Basic research, including site analysis, precedent studies, and historical and cultural context on the given theme, brings brainstorming ideas to the projects. In particular, the case study involves the formal and spatial analysis, programming, strategic methods, and concepts of existing buildings to compare and contrast users, their physical requirements, and problems related to usage, among others, and to obtain ideas on designing new buildings.

Most architectural design studios in the formal educational system involve personal works. Most works in practice are the result of a collaborative effort with professional experts in various areas. An architect can manage a small, simple project alone but not a large project. Therefore, students should develop management skills for a collaborative project with a large size and complexity. While developing their projects, students deal with comprehensive practical and technological problems that concern the changing professional realities of architectural practice. In the studios,

육을 제공하기도 한다. 따라서 정규교육체계에서 부족한 부분들을 보완하기 위하여, 워크숍과 같은 비정규교육 프로그램들이 기존체계를 보완하거나 강화시키기 위해 부가되어야 한다. 이러한 비정규교육은 종종 비계획적일 수도 있으나 직감적이고 창의적인 활동의 장이 되기도 한다.

왜 워크숍을 진행하나?

일반적으로 디자인 워크숍은 정규 교육과정과는 다르게 학생들이 자유의지로 참여할 수 있는 비정규 교육이다. 워크숍의 목적은 한정된 시간 속에서 학생들에게 영감을 불어넣어 그들이 창의적인 관점에서 현대 디자인의 문제점들을 살펴보고, 디자인 과정에서의 비평적 인식을 고취시키며, 나아가서는 디자인 작업과정에서 맞닥뜨리게 되는 수많은, 상호 연관하는 문제들에 대하여 고민하게 하는 것이다. 이러하듯 워크숍은 자유로운 생각의 교류가 가능하며 이것으로 인해 축적되는 다양한 디자인적 생각을 실험해 볼 수 있는 효과적이고 특별한 배움의 과정이라는 것이다. 건축학 인증기준에 규제 받지 않는 정규교과 이외의 프로그램으로 간주되고 있지만, 비평적 사고를 통한 창의적인 디자인 실험을 탐구 할 수 있는, 즉 학생들에게는 극도로 중요한 자발적 교육과정이라는 것이다.

기본적으로 워크숍의 주제는 얽매임이 없고 실험할 수 있는 주제에 대한 한계도 없기 때문에 학생들은 관습적인 사고나 실험적 디자인을 본보기 삼아 도전하기도 한다. 이처럼 정규 설계수업과 달리 워크숍은 일상적이고 판에 박힌 작업과정이나 평범한 결과물로부터 벗어나 학생들의 잠재적인 창의성을 일깨우게 된다. 따라서 워크숍의 목적은 건축적 지식이나 기술을 가르치는데 초점을 맞추는 것이 아니라, 다양한 예술적 매체를 사용하여 새로운 개념을 실험하고, 제한된 시간 안에 신선한 방법들로 창의적 결과물을 도출하는데 있다. 창의력이 결과물 형성에 핵심적인 역할을 차지한다는 점에서 이러한 워크숍은 디자인 교육에 있어 극히 중요한 부분을 차지한다. 그러나 형식적 교육의 틀에 익숙한 참여자들에게는 짧은 시간 안에 특정 주제에 맞는 디자인 도출을 위한 순발력을 필요로 하는 워크숍이 익숙지 않을 수도 있다. 이러한 과정 속에서 학생들은 한계와 좌절을 경험하기도 한다.

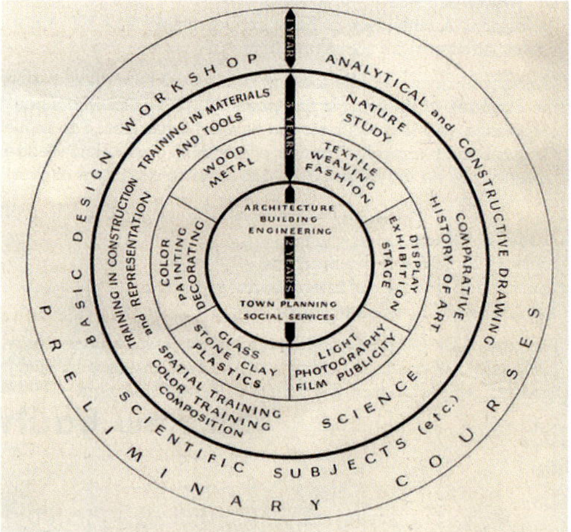

Figure 10. Diagram of the Bauhaus Curriculum, Laszlo Moholy-Nagy

워크숍의 주요 장점은 기존의 정규 수업과 비교하여 짧은 시간 속에서 압축되고 빠른 학습 능력을 발휘하여 디자인 결과물을 창출하는 과정에 참여함으로써 학생들이 직관적, 개념적, 혹은 지적 과정들에 집중 할 수 있는 기회를 얻는다는 것이다. 따라서 워크숍은 결과

students work at a variety of scales and types of buildings to develop context awareness and to experience creating detailed designs.

At times, formal education follows a specific curriculum that offers a well-knit and systematic education according to fixed subjects and criteria. To compensate for the lack of a formal education system, informal educational programs such as workshops should be added to reinforce the existing system. It can be spontaneous and unplanned as well as an act of intuition and creativity.

WHY CONDUCT A WORKSHOP?

Unlike formal design education, a design workshop is generally regarded as an informal study in which students can participate and contribute voluntarily. The aim of a workshop is to inspire students, rigorously and creatively address contemporary design challenges, encourage critical awareness, and understand the reflections of the many interdependencies in the design process. Accordingly, it is an effective and distinctive learning process in which a free exchange of ideas is allowed, and various design ideas are cultivated and tested. Although a workshop is considered an extra-curricular program that is not controlled by the accreditation criteria, it attracts crucial voluntary participation from students to explore creative design experiments through critical thinking.

As the theme of the workshop is generally unbounded and the subjects to be experimented have no limit, students challenge conventional ideas and experimental designs on a dare. What makes such a design workshop unique or different from a typical design course is the awakening of students' potential creativity that is unlike ordinary and routine processes. It is an extremely significant point because creativity forms the fundamental part of design education. Accordingly, a workshop does not aim to teach architectural knowledge and skills but rather to experiment with creative ideas and new concepts by using a variety of artistic media and fresh ways of creating architecture in a limited time. A workshop is an important part of the design education as creativity forms its core activity. However, students who are used to the formal curriculum may be unfamiliar with the workshop strategy, which requires quick thinking about a particular theme within a short timeframe. Students may be limited by and experience frustration in the process.

The main advantage of a design workshop is to produce design projects within the given timeframe in a condensed and rapid learning so that students focus more on intuitive, conceptual, or intellectual processes. Accordingly, a workshop should emphasize on the design process rather than the output itself. In the beginning of a workshop, students usually discuss and share with other participants, collect ideas, and repeatedly start the design. When the theme of the workshops is given, participants work either independently or in collaborative groups to develop alternative design strategies for the given theme.

물 자체보다는 디자인 과정에 초점을 맞춰야 한다. 워크숍의 시작점에서부터 학생들은 다른 참가자들과 건축적 생각을 토론하고 공유하면서 디자인을 만들어 나간다. 참가자들은 워크숍 주제에 대한 디자인 전략을 발전시키기 위해 독자적으로 혹은 공동으로 작업하기 시작한다.

Figure 11. Students make a conceptual model to show their design ideas

학생들의 지속적인 노력은 워크숍의 분위기를 활기차게 만들 뿐만 아니라 실제로 효과적인 결과물을 만들어 낸다. 이렇듯 디자인 워크숍은 학생들이 디자인 문제에 관한 최상의, 실현 가능한 해결책을 제시하기 위해 함께 모여 서로에게 영감을 주고 또 서로를 가르치면서 다른 사람들과 함께 경쟁하는 완벽한 무대로 탈바꿈 한다. 워크숍 과정 중에 생기는 이런 변화로 인해, 빠른 시간 안에 총체적이고 적절한 디자인 해결책을 제시하기 위해 다른 구성원들과 경쟁의 상황에 놓여 있음에도 불구하고, 학생들이 서로 간에 협동하게 되는 굉장히 흥미롭고 생산적인 분위기가 형성된다.

디자인 발전 단계에서 참가자들은 서로 논의하면서 최종 디자인 아이디어를 선택하게 되고 또 그것을 최종 결과물로 발전시킨다. 마지막 단계는 학생들이 주어진 문제에 대한 최선의 창의적인 해결책을 제시해야만 하는 단계이다. 따라서 학생들은 한정된 시간 내에 최선의 결과물을 만들기 위해 그들 자신을 벼랑 끝까지 몰아붙인다. 제안된 해법들은 종종 예상치 않은 결과를 만들어 내기도 하고, 새로운 영역을 받아들이기도 하며, 더욱 더 탐구해야 할 영역을 만들어내기도 한다. 간혹 일련의 디자인 실험 후에 창출되는 최종 결과물은 놀라움으로 다가오기도 한다.

워크숍은 학생들로 하여금 디자인에 대한 태도를 바꾸기도 한다. 현재의 건축적 쟁점들에 능동적으로 대응하면서 가장 주된 사유방식으로서 디자인을 할 수 있다는 점이 워크숍의 특전 중 하나이다. 정규 설계교육에서 특정 디자인 문제와 관련하여 최상의, 잠재적이지만 실현 가능한 해결책을 짧은 시간 안에 모색하기 위한 방편으로 서로 자극하고 경쟁하기 위해 모이는 경우는 극히 드물다.

디자인 워크숍은 학생들이 건축적 생각이나 새롭게 등장하는 디자인 또는 실무적 문제들을 공유 할 수 있는 특

Continuous works and effort from the students make workshops lively, resulting in effective product designs. Design workshops become the perfect setting for students to come together and inspire, teach, and compete with one another to produce the best possible answers to a design problem. In this way, they create an exciting and productive atmosphere for collaboration between members of different student groups that compete to create holistic and appropriate design solutions.

In the phase of design development, students discuss and select a final design idea and then develop it into an artifact. At the final stage, students are instructed to produce the most creative solutions for the given problems. Students always push themselves to create the final output. The proposed solutions carry qualities that are unforeseeable and unexpected, enabling new venues and territories to be explored. After a series of design experiments, the final output may come as a surprise.

Workshops change the design attitude. The act of designing as a primary mode of thinking and positively responding to relevant contemporary issues in architecture is privileged. Under no other circumstances would these students be likely to have the opportunity to come together to motivate and compete with each other to produce the best possible answers to particular design problems within the given short time.

Figure 12. Professional architects and students share creative ideas for the given theme during the workshop

별한 장을 제공한다. 단시간 내에 많은 새로운 생각들이 생겨나기도 한다. 워크숍 기간 동안 제안된 디자인들은 완성된 결과물이 아닌, 워크숍 이후 추가 작업을 통한 발전 가능성이 내포되어 있는, 일종의 발판과도 같은 역할을 한다. 다시 말해서, 워크숍에서 창출된 디자인이나 개념들은 추후에 발생할 발전의 출발점이라는 점에서 끝이 아닌 시작의 의미가 담겨있다.

이와 같이 디자인 워크숍은 정규 설계 교육의 부족한 부분을 보완하는 역할을 할 수 있다. 정규와 비정규 디자인 교육의 상호보완적 협력은 현재 건축교육이 지니고 있는 단점들을 보완 할 수 있는 기회가 될 것이다.

참고문헌

01. Vitruvius, De Architectura, Cambridge: The Harvard University Press, 1931.
02. Paul Frankl, "The Secret of the Mediaeval Mason," The Art Bulletin, Vol 27, 1945: pp.46-60.
03. Lon R. Shelby, "Mediaeval Masons' Templates," The Journal of the Society of Architectural Historians, Vol. 30, No. 2, 1971: pp.140-154.
04. Donald Draw Egbert, The Beaux-Arts Tradition in French Architecture, Princeton: Princeton University Press, 1980.
05. Jean-Nicholas-Louis Durand, Pracis of the Lectures on Architecture, Santa Monica: Getty, 2000.
06. Beatriz Colomina, et al "Radical Pedagogies in Architectural Education" The Architectural Review, 28 September 2012
07. Lionel March, Eds. Architecture of Form, Cambridge: Cambridge University Press, 1976.
08. Selim O. Kahn-Magomedov, Pioneers of Soviet Architecture, New York: Rizzoli, 1987.
09. Hans M. Wingler, The Bauhaus, Cambridge: The MIT Press, 1969.
10. Aristotle, Metaphysics, Translated by Richard Hope, Ann Arbor: The University of Michigan Press, 1960.
11. Jin-Ho Park, Expired Housing: Mark Mack Workshop, Seoul: Spacetime, 2008.
12. Jin-Ho Park and Eric Owen Moss, Seoul Fortress Wall: Boundary and beyond, Seoul: Spacetime, 2010.
13. Jin-Ho Park, "A Highrise Urban Village: A Framework for Tectonic Mutation," Open House International, 32(1), 2007: pp.32-42.
14. Jin-Ho Park, Graft in Architecture: Recreating Spaces, Mulgrave, Vic.: Images Publishing Group, 2013.
15. Jin-Ho Park, Designing the Ecocity-in-the-Sky, Mulgrave, Vic.: Images Publishing, 2014.

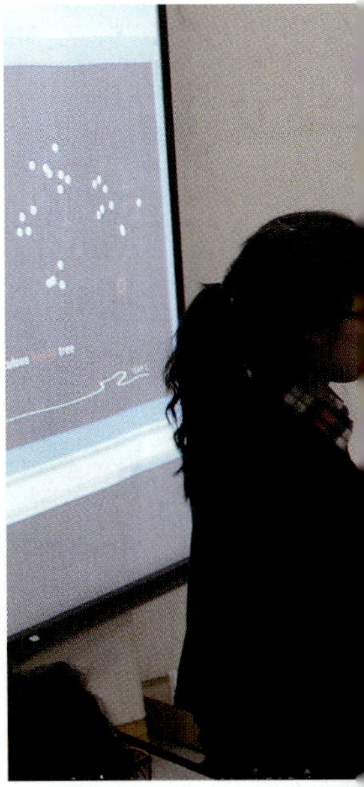

Design workshops provide a unique forum for the exchange of architectural ideas and emerging designs and practices. Despite the short time allowed, many new ideas can emerge. The designs produced during workshops should not be considered complete as they serve as platforms for later development. That is, these designs and concepts are only beginnings, not endings, in that they serve as points of departure for further work.

Therefore, design workshops can compensate for the shortcomings of formal design education. The collaboration between formal and informal design education is an opportunity to overcome the weak points in the current architectural education.

Figure 13. Students at the workshop present their works into critics and other students

세라믹의 미래

건축화 작업에서의 새로운 개척적 시도들

CERAMIC FUTRUES

NEW FRONTIERS IN MATERIALIZING ARCHITECTURE

세라믹의 미래 : 건축화 작업에서의 새로운 개척적 시도들

이번 주제는 새로운 점토 기반의 제품 디자인 개발이라는 연구를 통하여 새로운 건축적 표현방법, 성능, 시공방식에 대해 연구하기로 한다. 최근의 세라믹 디자인과 시공기술의 발전은 건축분야에 새롭고 유례를 찾기 어려울 정도의 기회를 열어주고 있다. 지금까지 주변에 흔한 표피 재료로서 사용되던 한계에서 벗어나, 디자이너들은 기성품만을 사용하는 수준이 아니라, 그들 스스로 세라믹 부품 디자인에 관여함으로써 새로운 디자인을 만들 수 있는 여지를 가지게 되었다.

오늘날 대부분의 세라믹 제품의 생산방식은 찍어내기, 주물, 압출성형 같은 기법을 포함한 산업화된 대량생산 기술에 기반을 두고 있다. 표면처리나 패턴을 넣는 방식들은 세라믹 기반의 형태 맞춤 제작에 잘 다듬어진 기술들이다. 비록 대부분이 특수 제작품이기는 하지만, 침체성형이나 또 다른 성형방식 등을 포함한 전통적 공예기반의 제작방식들도 여전히 존재한다. 3D인쇄, 거품분사형식 등과 같은 고급 소재 변형기술이 적극적으로 개발되고 있다. 새로이 등장하고 있는 이러한 세라믹 기술들은 최근 산업용 로봇의 발전과 결합되어 주문 제작 성형 방식이나 새로운 성형 방식과 제품에 흥미로운 기회를 열어주고 있다.

개 요

혁신적인 세라믹 기술의 소개와 더불어, 워크숍 참가자들은 제품과 적용이라는 두 부류의 연구 방향으로 디자인을 발전시킬 것을 요구한다.

1. 제 품

참가자들은 새롭고 독특한 방식으로 다공성 I 투명성, 구축성 I 구조체계 또는 유연성 I 융통성이라는 개념을 설명하는 새로운 세라믹 제품이나 제품 생산라인을 제안해야 한다. 제안된 세라믹은 실현 가능한 생산 과정, 주문 생산방식(해당되는 경우), 조립, 상세한 전략 등을 구체적으로 기록에 남겨야 한다. 이 워크숍의 초점은 기술적 세라믹을 이용하기 보다는 점토기반의 세라믹에 있다.

CERAMIC FUTURES : NEW FRONTIERS IN MATERIALIZING ARCHITECTURE

Martin Bechthold

The workshop speculates on new architectural expressions, performances, constructions, investigated through the design development of new clay-based ceramic products. Recent advancements in ceramic design and fabrication technology have opened up new and unprecedented opportunities in architecture. Previously dismissed as a ubiquitous material solely useful as a surface cover, new design space can be occupied when designers re-engage with the design of ceramic components themselves, rather than solely relying on the use of existing products.

The dominating production methods for ceramic products today are based on industrial, high-volume technologies that include a wide range of techniques such as stamping, molding, extrusion, as well as others. Surface treatments and patterns are well-developed strategies for customization of the ceramic base form. Traditional craft-based fabrication methods still exist, albeit mostly for specialty products. These include slump-forming and other forming methods. Advanced material manipulation techniques such as 3-D printing, foaming and others are being actively developed. When combined with recent developments in industrial robotics, these emerging ceramic technologies have opened up exciting opportunities for new and customized ceramic forms and products.

BRIEF

Based on the introduction of innovative ceramic technologies workshop participants are asked to develop design proposals at two scales of investigation:

1. PRODUCT

Participants will propose a new ceramic product or product line that addresses, in new and unique ways, the notions of POROSITY | TRANSPARENCY, TECTONICS | STRUCTURE or SOFTNESS | FLEX.

The product should be documented in a highly detailed manner, with a proposal of possible production processes, ways of customization (if applicable), assembly and detailing strategies. Rather than employing technical ceramics the focus should be on clay-based ceramics.

2. 적 용

새롭게 제안되는 제품과 제품 생산라인을 적용한 작품은 주변 문맥을 고려한 부지이든 아니든 간에 가로, 세로, 높이가 10미터인 정육면체 내의 명상공간이어야 한다. 이 디자인은 새로이 개발된 제품의 장점과 혁신적 잠재력을 극대화하여 평면, 단면, 3D 모델링과 컴퓨터 이미지로 표현되어야 한다. 최소 10명을 동시에 수용할 수 있어야 하며, 평평한 지형이거나 경사지 등의 선택된 대지에 구조 시스템을 포함해야만 한다. 정육면체의 50%는 최소한 대지면 위에 있어야 한다. 공간을 둘러싸는 외피는 물리적으로 연속되거나(실제적 외피) 불연속(제안된 외피)될 수 있다.

주제

제품 개발과 명상공간의 디자인을 위해 제안된 주제들은 다음과 같다.

다공성 | 투명성

세라믹은 물이 스며들지 않거나 불투명하다. 은유적이던, 물리적이던, 암시적이던, 혹은 그 밖의 방식에서든 간에, 제품 개발 및 적용 단계에서 어떤 디자인 전략들이 이와 같은 오래된 한계를 극복할 수 있을까? 어떤 특정 적용방안이 다공성과 투명성과 관련된 세라믹의 독특한 디자인 가능성을 증명하는데 가장 적절할까?

구축성 | 구조체계

건축물에 사용된 세라믹은 대부분 비구조재로 생각되었다. 그러나 세라믹은 단순 표면 보호 이상의 재료적인 특성을 가진다. 특히 내구성과 내화성과 같은 세라믹의 전통적 장점들을 고려해 볼 때, 구조적 실험은 적어도 보통 규모의 건물에서 구축 중심의 디자인 연구에 새로운 길을 열 수 있다. 디자인 연구는, 깨지기 쉬운 성질, 양호한 압축 강도, 하부 인장 및 굽힘 강도와 같은 세라믹의 기계적 특성을 설명하기 위하여, 보강물, 포스트텐션 방식 혹은 그 외 다른 전략들을 고려하면서, 세라믹과 비세라믹 재료들이 결합될 수 있는 가능성을 포함해야 한다.

유연성 | 융통성

세라믹은 딱딱하고 견고하며 뻣뻣하다. 세라믹의 소재로 유연성이 도입될 수는 없을까? 그리고 유연성이 어떻게 건물 크기의 디자인 실험에 유용될 수 있을까? 하이브리드 재료의 조합 전략 또는 새로운 조립 개념이 이번 워크숍의 기본적 주제이다. 어떻게 하면 전력적인 제품과 디자인 개입을 통해 재료에 대한 이미지와 인식을 근본적으로 바꿀 수 있을까? 유연성에 대한 순수한 형태적인 제안들이 감각적이고 물리적인 측면을 포함하도록 확장 될 수 있을까?

2. APPLICATION

The application context for the newly proposed product / product line is a meditation space in the form of a cube with a given edge length of 10 m, placed in a context (or no context) of choice. The design of the mediation cube needs to maximize the advantages and innovation potential of the newly developed product. The design of the cube should be documented through plans, sections, as well as with 3-D models and renderings. The cube has to be able to accommodate at least 10 people at the same time and should include a structural system based on a chosen ground plane (horizontal, inclined etc.). At least 50 % of the cube has to be above ground. Enclosures can be physically continuous (actual enclosure) or physically discontinuous (suggested enclosure).

THEME

The suggested themes for product development and for the design of the meditation cube are one of the following:

POROSITY | TRANSPARENCY

Ceramic products are traditionally impermeable and opaque. What design strategies on the product level, and on the level of product applications, can overcome this long-standing limitation, in metaphorical, literal, physical, suggestive or other ways? What specific application would be most suitable to demonstrate a unique design opportunity for ceramics as it comes to porosity and transparency?

TECTONICS | STRUCTURE

Ceramics in the context of buildings are mostly thought of as non-structural materials. But ceramics feature material properties that allow, in principle, uses beyond mere surface coverage. Considering the traditional advantages of ceramic - especially durability and fire resistance - structural experiments might enable new avenues in tectonically centered design investigations, at least on a modest scale. Design studies should include the possibility of combining ceramics with non-ceramic materials, considering reinforcement, post-tensioning strategies, as well as other strategies to address ceramic's mechanical properties of brittleness, good compressive strength, and lower tensile and bending strength.

SOFTNESS | FLEX

Ceramics are hard, rigid, and stiff. Can softness be introduced as an element of ceramic products, and how can softness inform design explorations on the building scale? Strategies of hybrid material combinations or new assembly concepts are encouraged as a basis of these thematic studies. How can the perception and image of the material be radically altered, even reversed, through strategic product and design intervention? Can purely formal suggestions of softness be expanded to include sensual and physical aspects?

Ceramic Forest

Light / Forest / Meditation of Forest

Different types of trees filter and affect light as it reaches the forest floor, creating a unique forest atmosphere. The forest also offers a variety of outdoor recreational opportunities for the forest visitor looking to explore the surroundings, seek out new adventures, or revisit the past.

We propose a pavilion design that is reminiscent of the forest. The outer skin of the pavilion features varying hole sizes so that sunlight trickles in and lights up the internal space with bright rays of light. Just like the rays of light beaming into the rainforest, the outer skin design illuminates us, stimulates our imagination, and enlivens us with wonder, infinite potential, and curiosity. We hope to share this experience with pavilion visitors.

Ceramics

The pavilion is made of ceramic tiles. Ceramics are hard, relatively lightweight, and chemically stable. They create less friction than metals and thus require less lubrication. Ceramics also have a unique ability to regulate temperature and can withstand very high temperatures, which is why ceramic tiles are used as heat shields to protect space shuttles during re-entry into the Earth's atmosphere. Ceramic tiles are durable, easy to maintain, and water-resistant.

Tree column

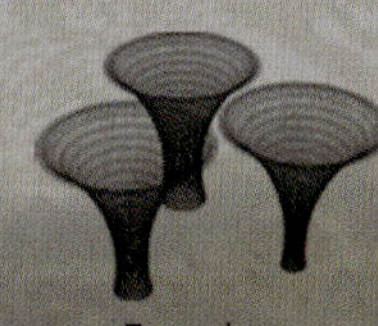

Tree columns

Twisting

Wrapping

Funnel - Shaped Columns

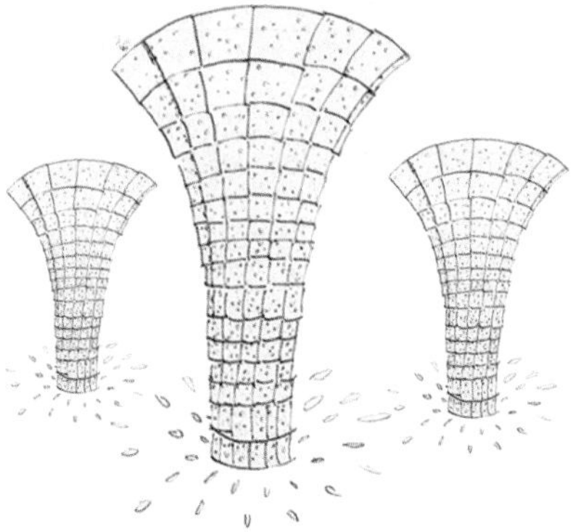

Pavilion Skin & Activity Effects

The entire structure is characterized by three funnel-shaped transparent columns that not only support the structure but also allow filtered light to illuminate the inner space. The structure is wrapped with a huge, curvaceous ceramic enclosure supported by the three columns, producing a large open space. The columns are hollow inside and open up at the roof level to serve as openings for natural light and ventilation. Below, they narrow down to stand on the platform. When it rains, rainwater is drained from the funnel-shaped membrane and through the column into the floor drain.

Openings

The amount of light reaching the pavilion depends on the size of the circular openings, which vary from small to medium to large. When the larger openings are grouped together, the area becomes brighter, allowing for more daytime activities within the pavilion.

Conversely, when the openings are smaller, less light can pass through. Various combinations of different opening sizes produce various levels of illumination.

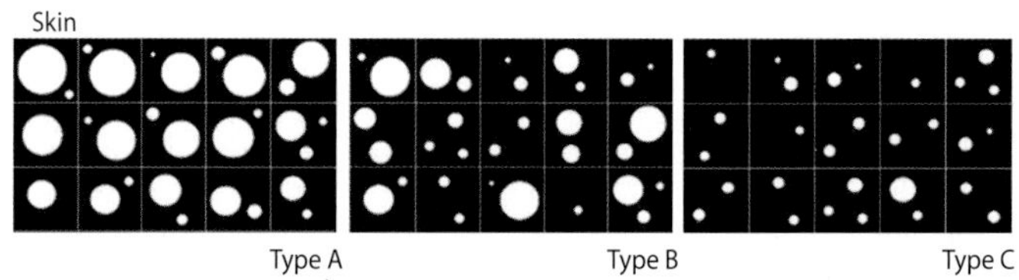

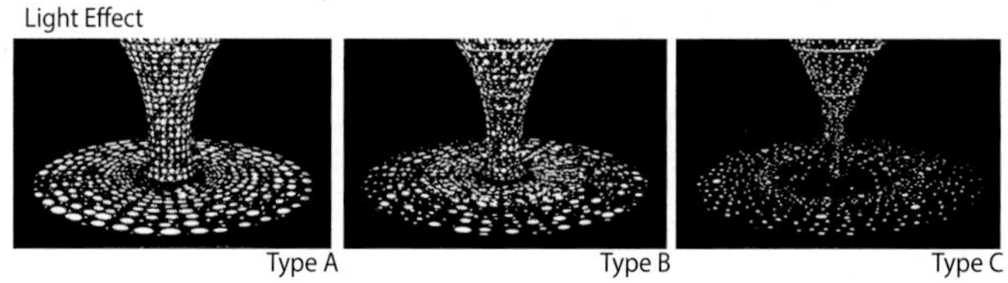

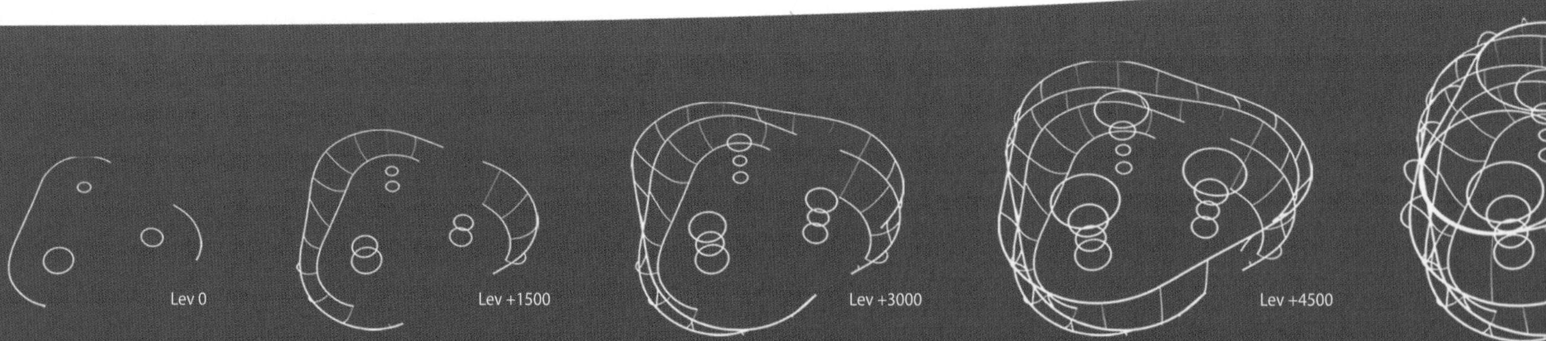

Program

The amount of light reaching the forest floor varies greatly depending on the tree species present, the density of the canopy, and local solar radiation levels. Various activity spaces within the artificially built forest can be freely assembled to resemble a natural forest, thus making nature a key area of interest. Three programs are assigned within the large pavilion: a darker area for relaxation and meditation, a brighter area for sports or socialization, and a medium-bright area for reading and eating.

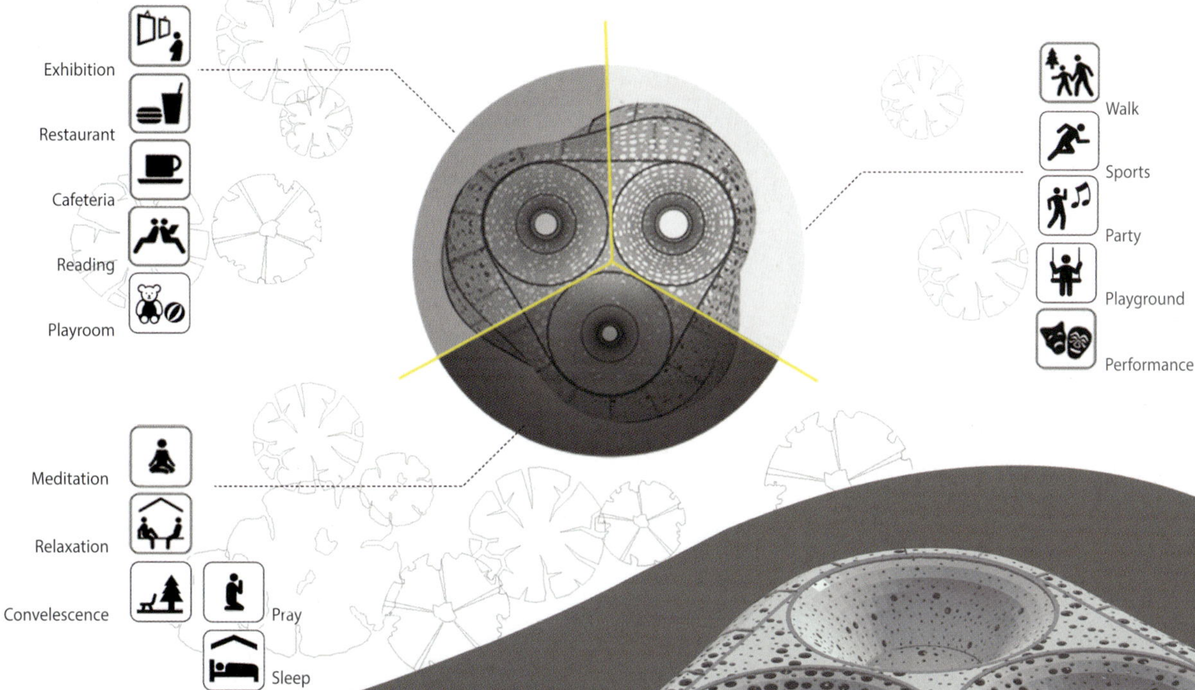

Lev +6000

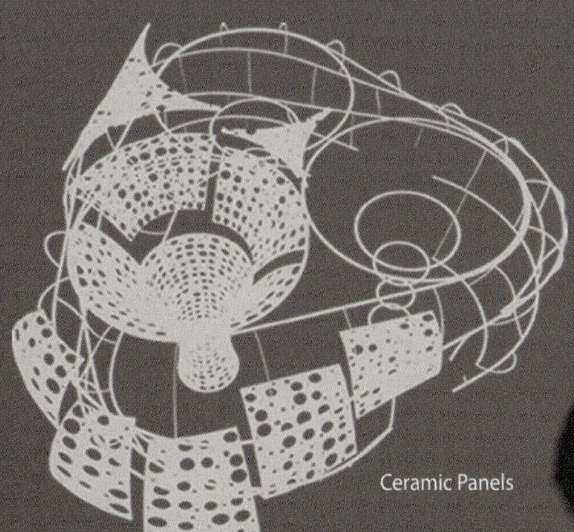

Ceramic Panels

Final Model

Details

The entire structure is composed of steel frames and ceramic tiles.
Horizontal and vertical frames are interconnected with a t-shaped joint.
The metal frame and the ceramic tiles are connected by spider joints.

3D View

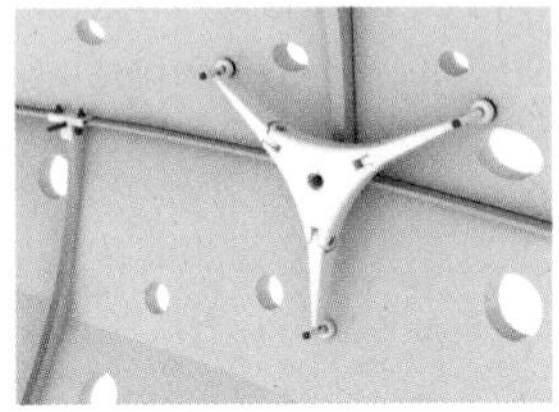

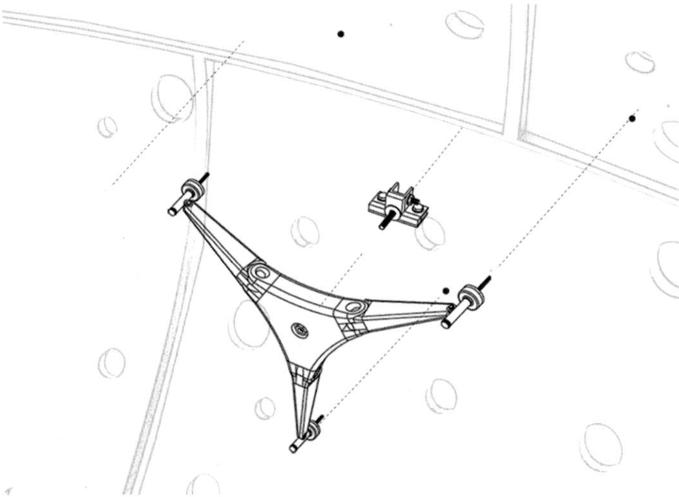

T-shaped Joint

A T-shaped joint connects the steel frames perpendicularly to one another and hooks up the spider joints

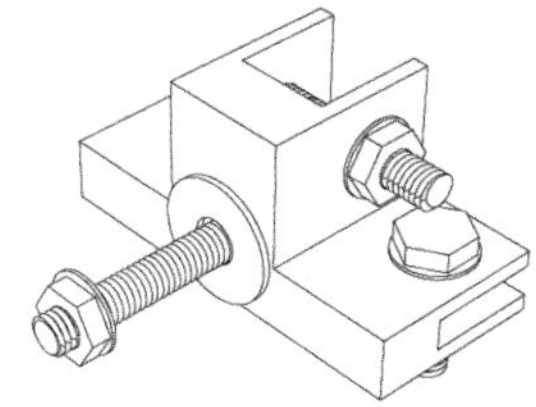

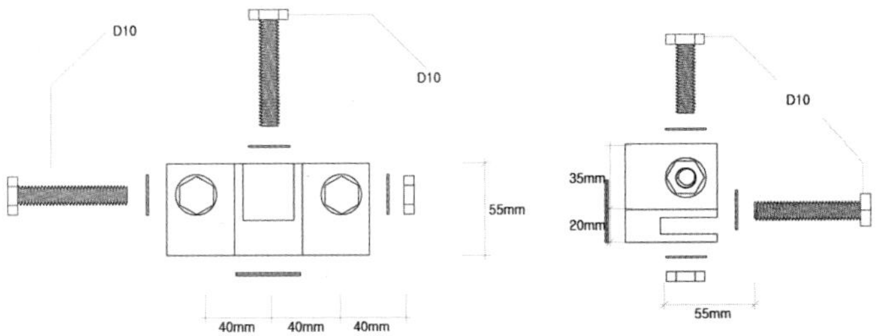

Spider Joint

Spider joints allow for easy positioning of the ceramic tiles.

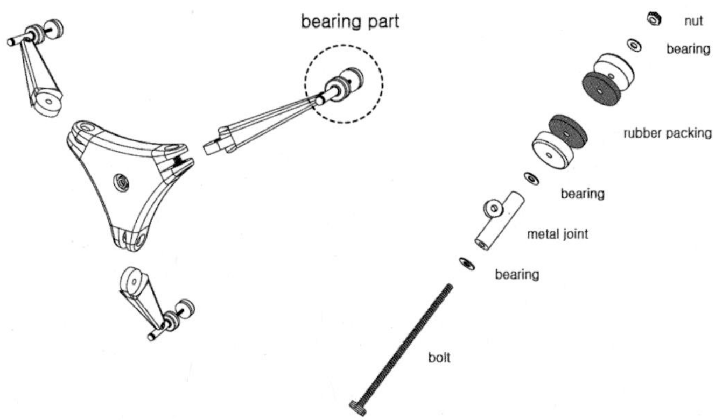

Spider Joint (Top View)

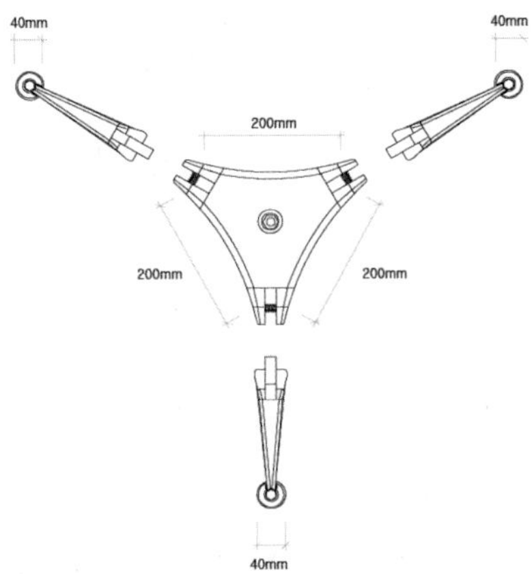

Spider Joint (Side View)

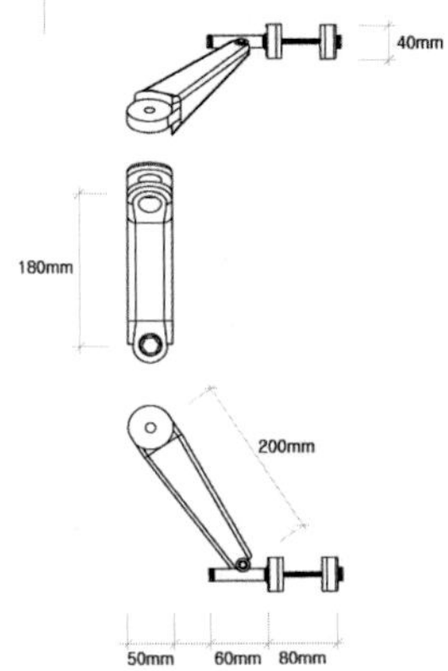

Interior View

Night View

City Creeper

Concept

We have witnessed vast devastation of our city because of rapid urbanization. The natural environment has become crowded with Aman-made concrete buildings; fresh air and peace of mind are replaced by ever-increasing pollution of all kinds.

In this project, we propose a pavilion that symbolizes a balance between natural and artificial environments. This concept is reflected in the pavilion design, which integrates entangled checkerboard panels that, combined with the structure, are to resemble a vine crawling across the building and twining up columns, signifying the building's blending in with the natural environment.

Shape Composition

concept > seperation > twist

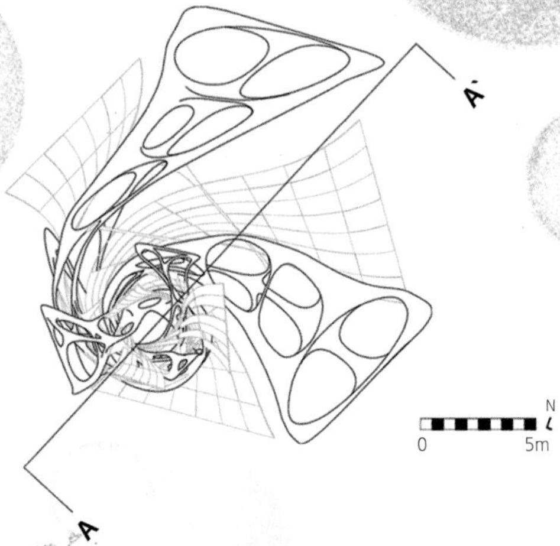

Plot Plan

The unusual pliability of ceramic materials allows all types of designs to be freely and firmly fabricated. The proposed structure is composed of ceramic components of various shapes, thus ensuring maximum amount of natural light to pass through and providing free access to the pavilion.
Plenty of natural light and good airflow set a relaxing ambiance favorable to meditation.

Section A-A`

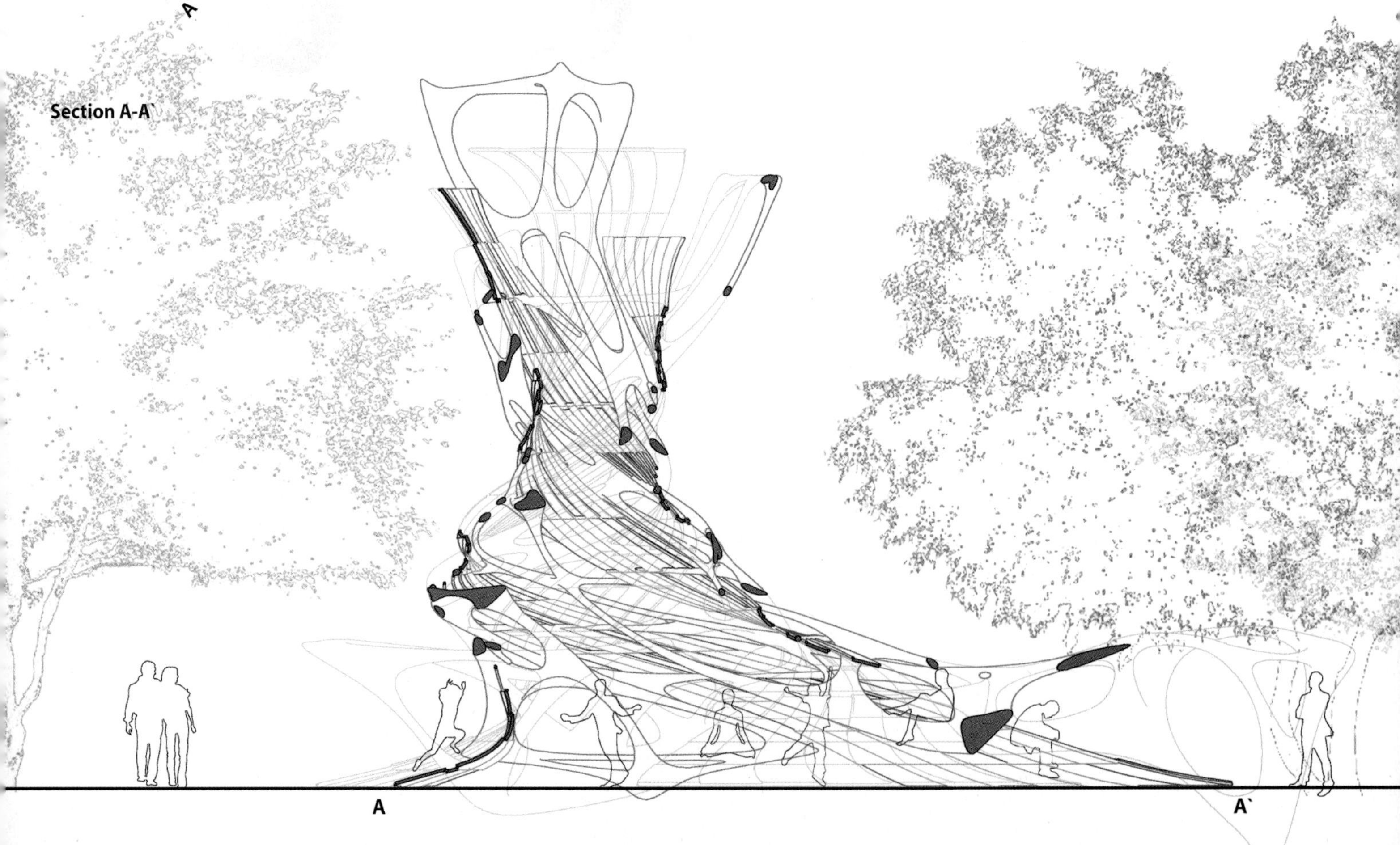

Perspective View

Behavior Activities

Meditation Effects

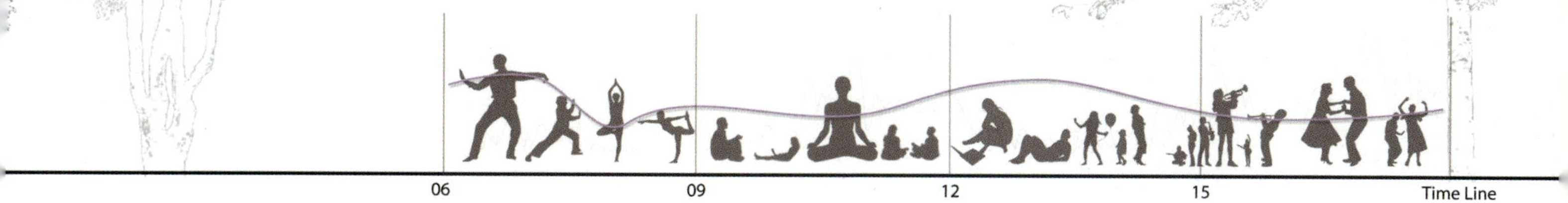

Detail Plans

The prototype structure requires a massive number of components that are not only unique but also extremely different morphologically. Ceramic is used for the composite part molding process to generate components of radically different morphologies. Individual components are then assembled to make up the final homogeneous structure. The entire structure is connected by a steel substructure with tension cables.

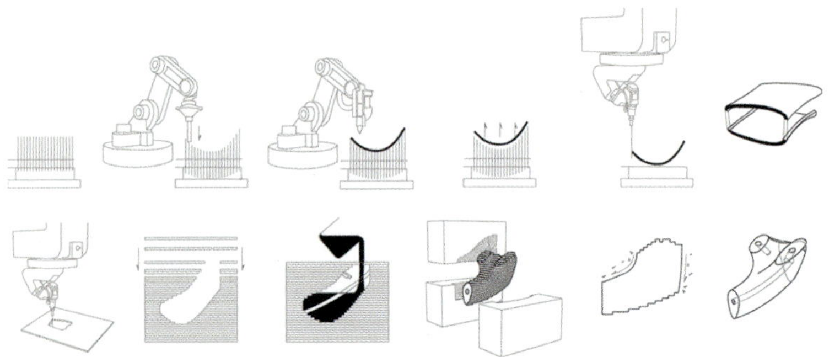

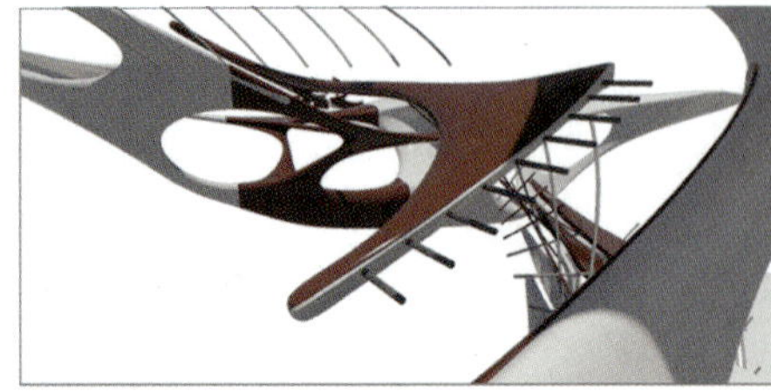

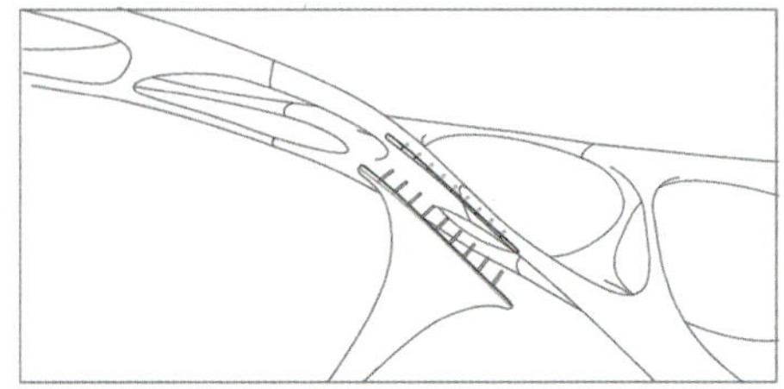

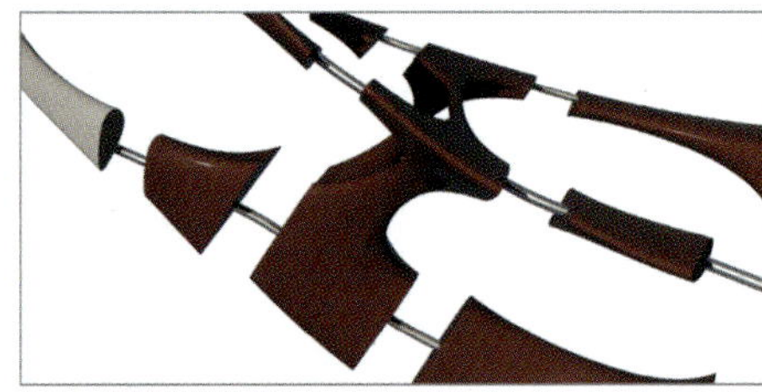

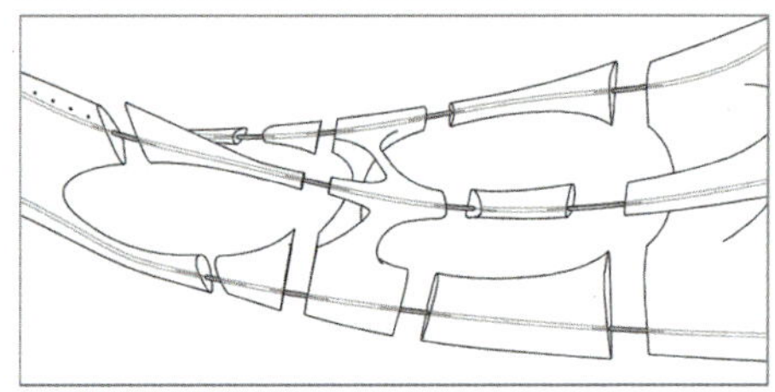

Interior Views

3D Printing Production

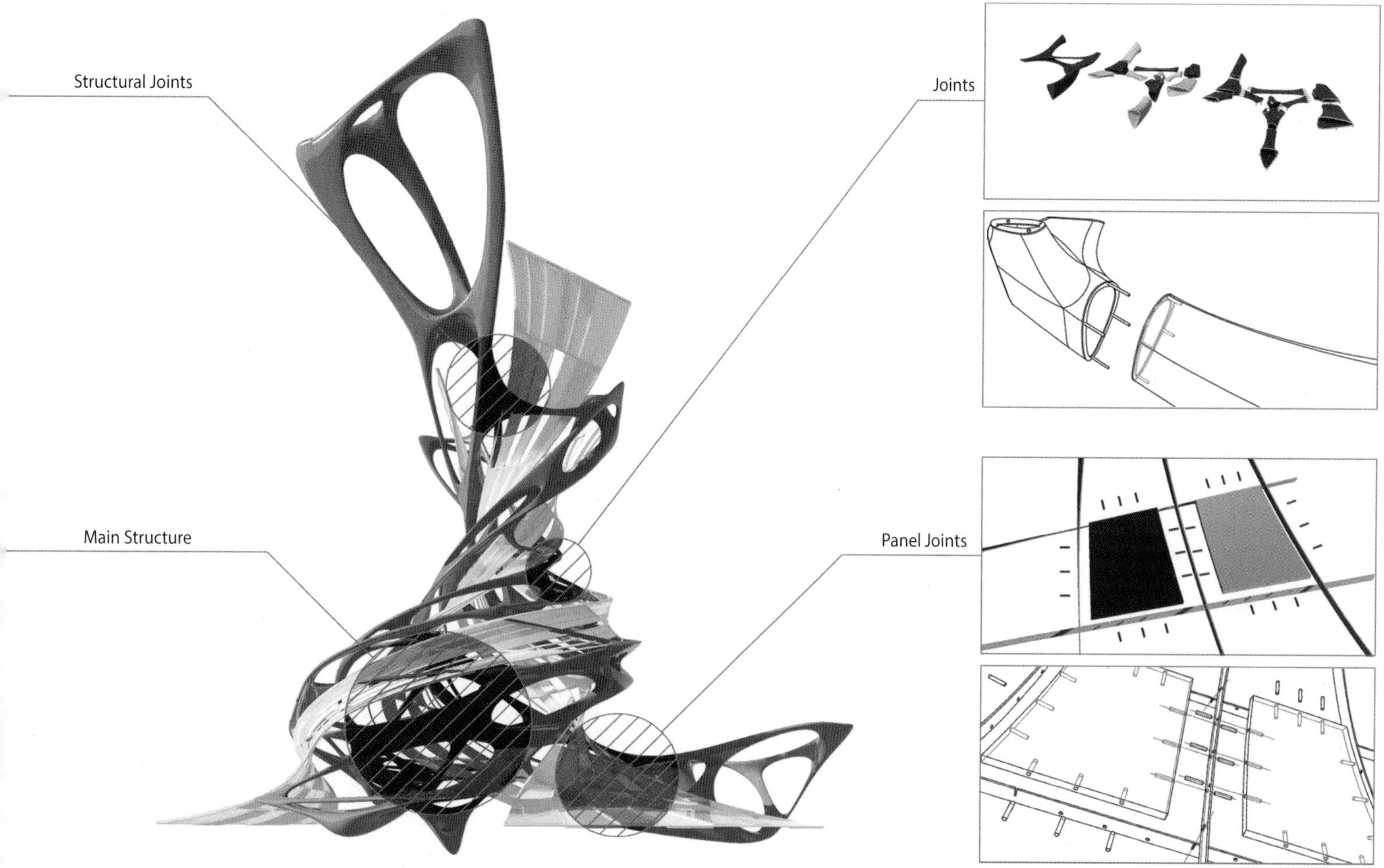

Unit Compositon Using 3D Printer

Diverse-shaped components are made using a 3D printer and then assembled to create a mockup model.
This model demonstrates the step-by-step assembly of its components, including its structural details and joints.

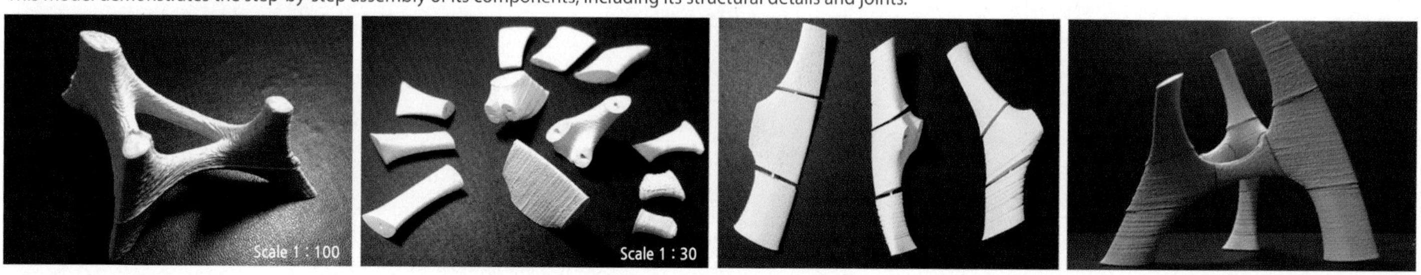

Deep Pivot

Tree to Architecture

Human beings are psychologically and physiologically affected by the various spectra provided by natural light. Despite this, the benefits of daylight are easily overlooked by building occupants. Daylight is associated with improved mood, enhanced morale, and lower fatigue, among other benefits. Studies reveal that natural light is beneficial for the health, productivity, and safety of building occupants. The pleasant environment created by natural light decreases stress levels for workers in general.

One of the key psychological benefits of daylight is meeting the need for contact with the outside living environment. In this project, we intend to create a pavilion in a campus park exposed to different types of natural light at daytime during meditation.

The pavilion, approximately 12 meters high, long, and wide, is designed as an open-air structure. It consists of four identical structures arrayed in a pinwheel formation, thus creating an elongated space that provides various experiences for visitors. The pavilion is a freestanding structure and is accessible from all sides.

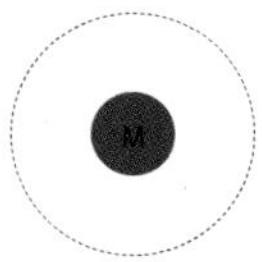

M = Meditation Center

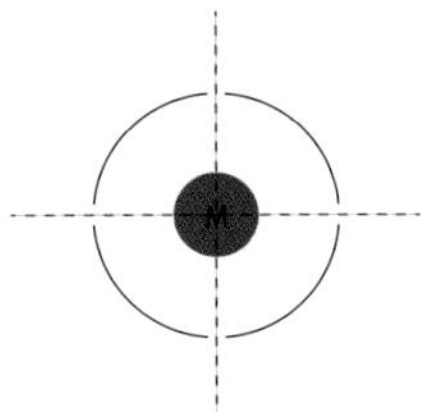

1_Split

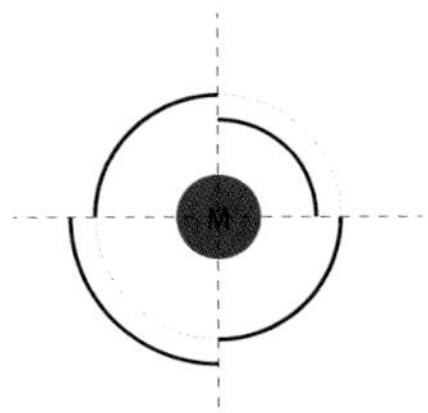

2_Deployment

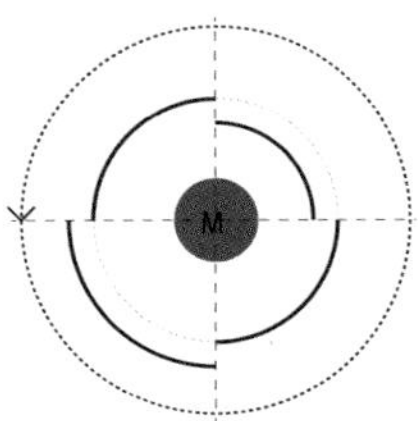

3_Wrap

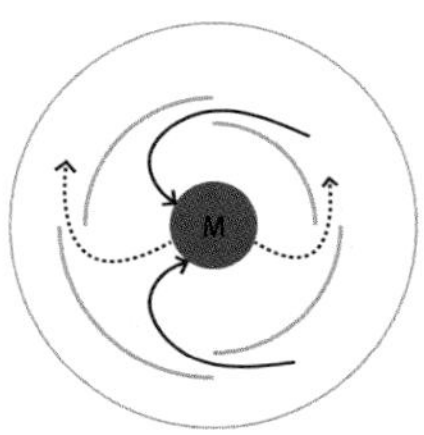

4_Circulation

Roof Surfaces

The basic steps for forming the structural surface of the pavilion start with splitting a circle into four parts. Each surface is raised at one end, and the midpoint of the other end is raised to create entryways. This procedure is repeated four times around the central point.

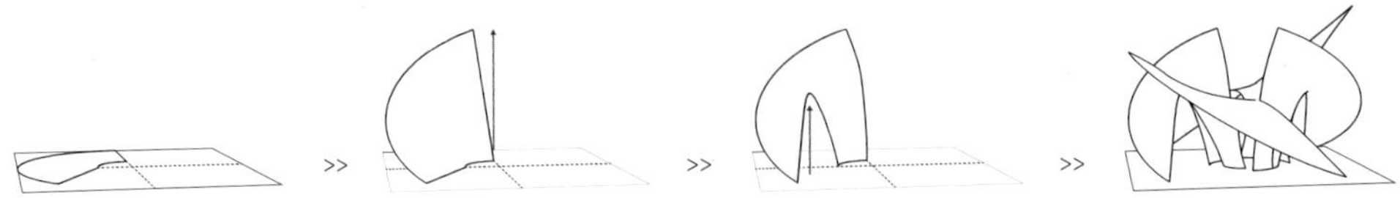

Basic surface on grid

Lift up an end point

Lift up the center

Rotate and control its scale

Ceramic Components

Each sculptural surface is developed from the articulated components. The ceramic component units come in two types: flat and folded. Various combinations of the two basic units form a large cantilevered curvature roof.

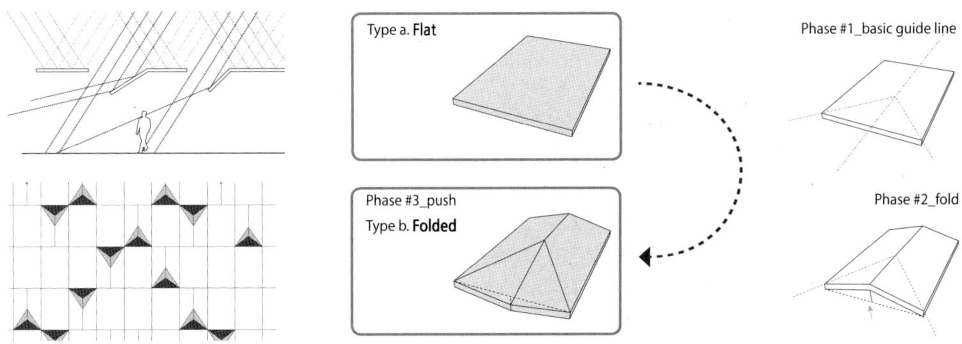

Sequence

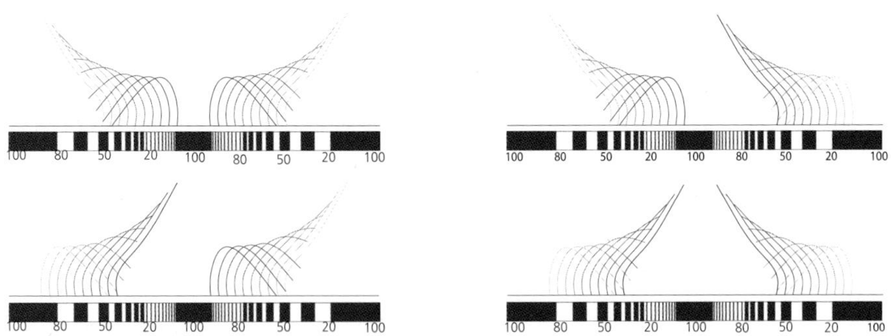

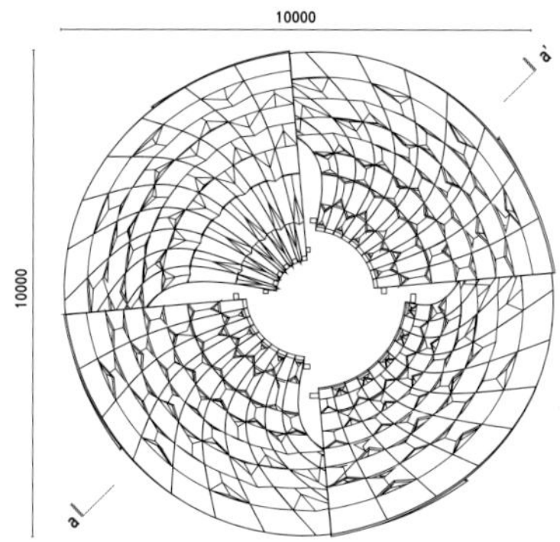

Top View

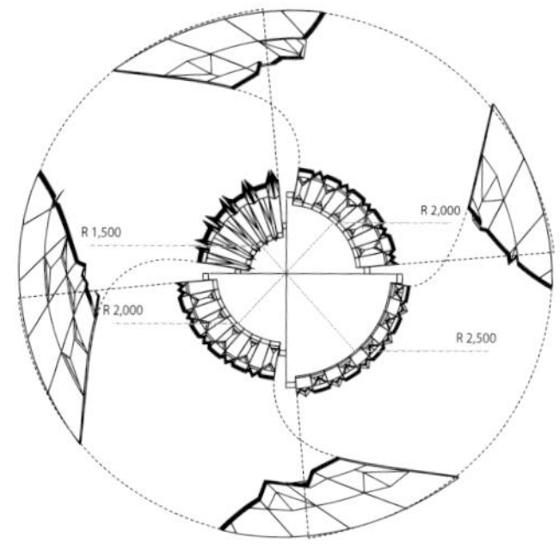

Plan A _ +2,500

Elevations

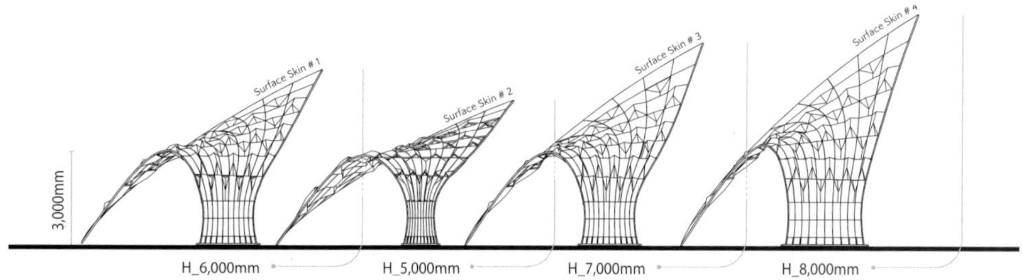

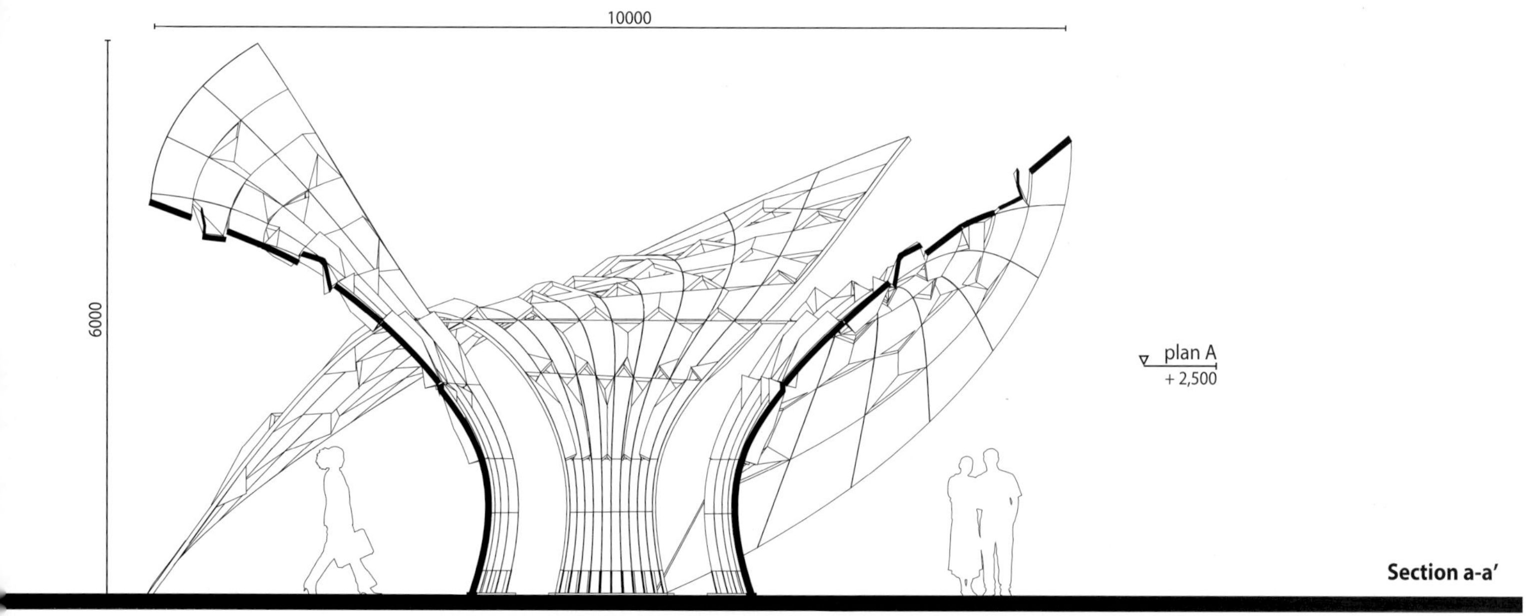

Section a-a'

Structural Details

Each roof surface consists of 100 ceramic unit components fixed securely to steel frames by pins. The ceramic components are then fastened with the metal frame held securely by four metal pins, with two pins on each side(a.Frame).
The main steel frame is firmly fixed in place on the concrete floor slab footing with an L-shaped base plate, sleeve anchor, and screw bolts(b.Foundation).

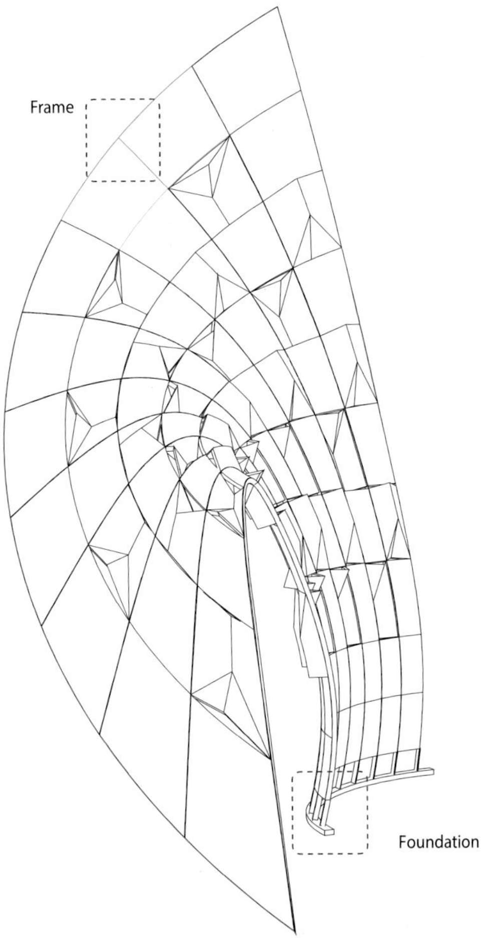

Four Elements

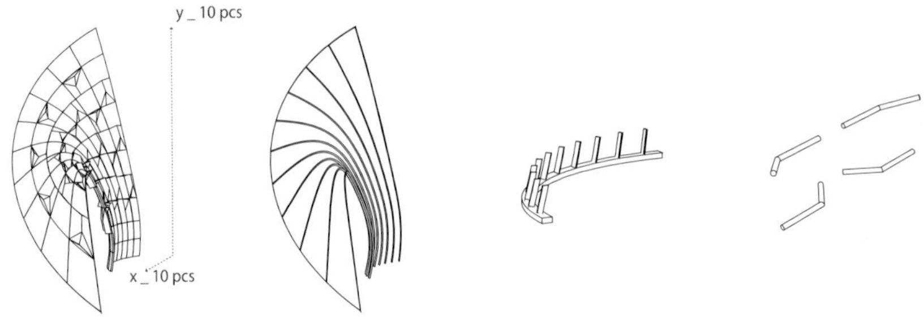

A _ Ceramic Units = 100 pcs   B _ Steel Frame   C _ Foundation   D _ Pins

Frame _ A + B + D

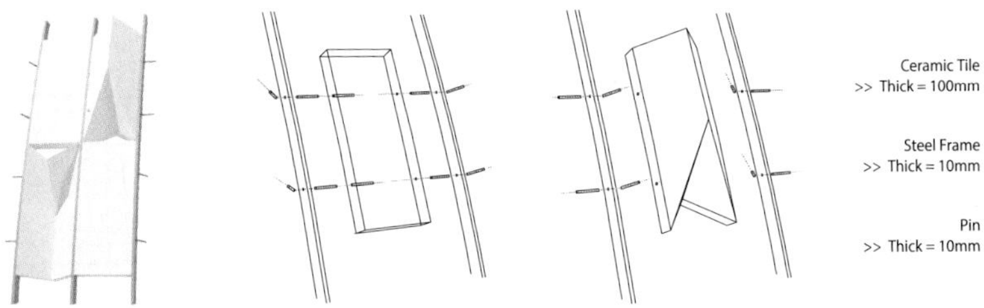

Ceramic Tile _ Type A.   Ceramic Tile _ Type B.

Foundation _ B + C

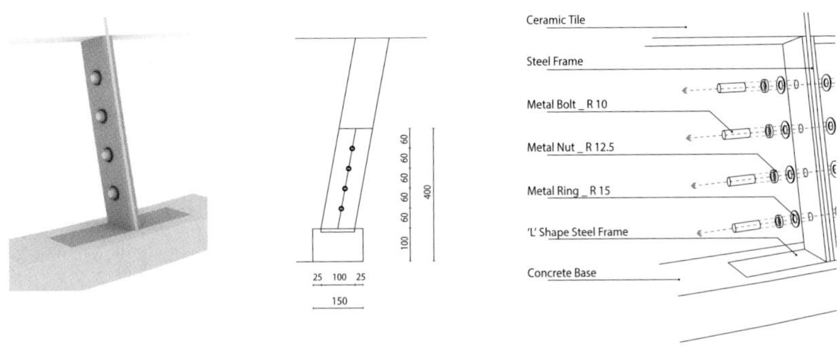

Perspective Views

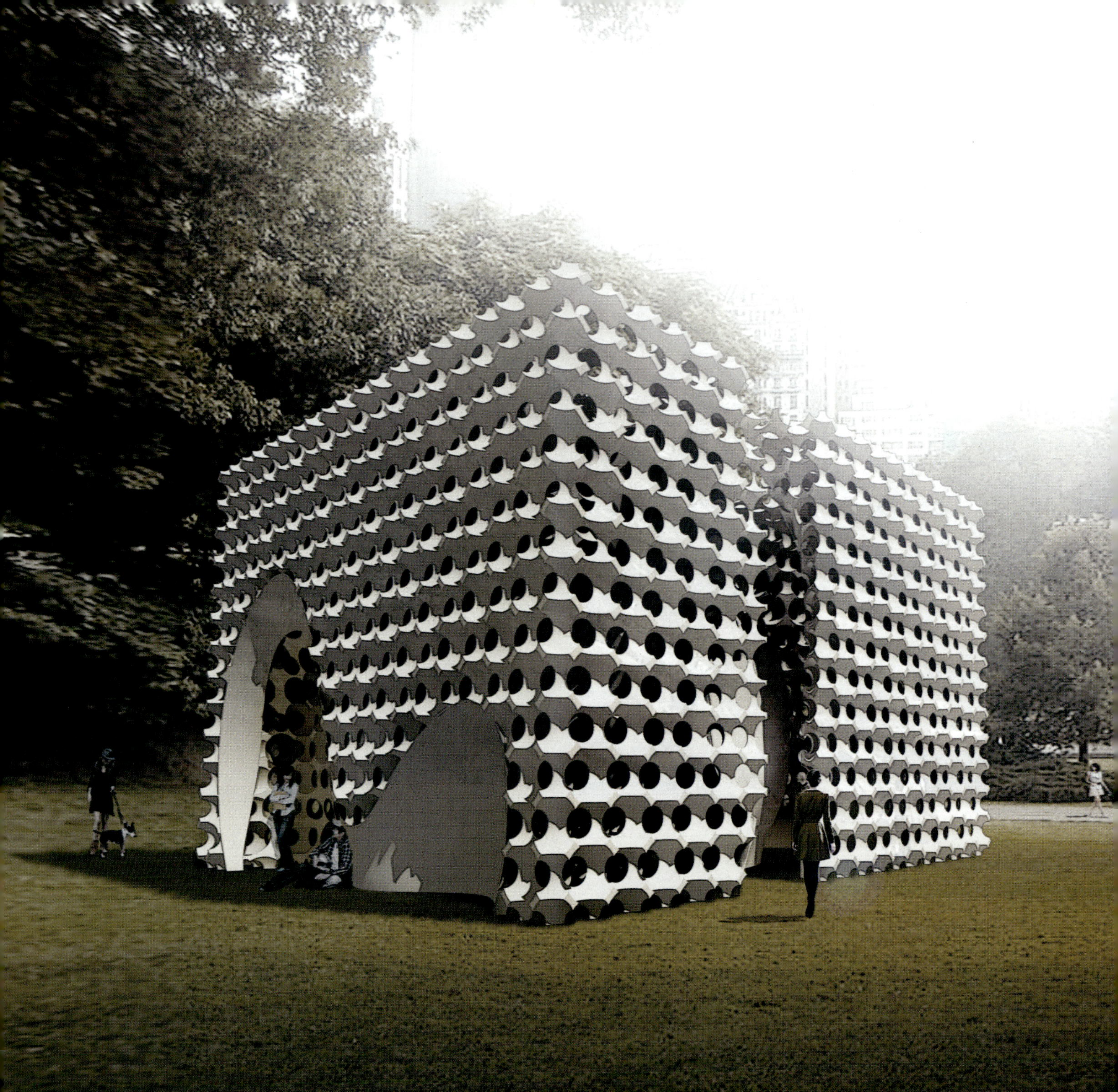

Healing Promenade

Nature and ... Meditation

Nature provides us with the essentials of life, including clean air and water, which enable us to produce and gather food, fuel, and raw materials. Nature also helps improve our health and sense of well-being. Our being resonates with the sight of a flower, the sound of birds, and the touch of a breeze.

These experiences stimulate something inside us, and help set our lives to a more natural rhythm.
Meditation in a natural setting enhances our awareness of nature. By meditating, we focus our awareness on experiencing nature, including its sights, sounds, textures, and smells.

Behavior Activities

Various activities in natural surroundings and minimal space for meditation are considered.

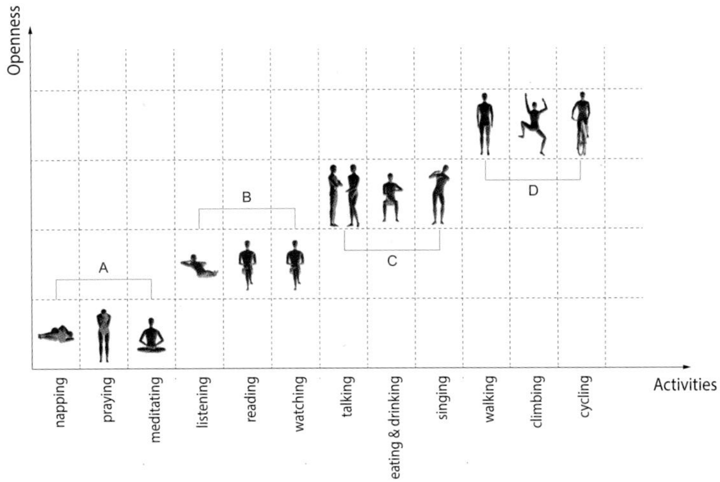

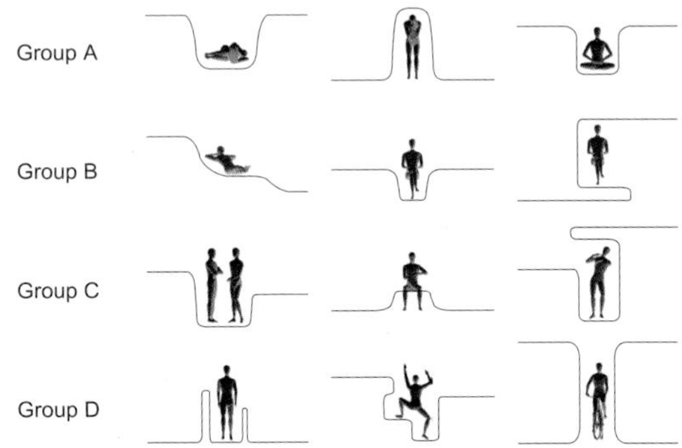

Conceptual Sketches

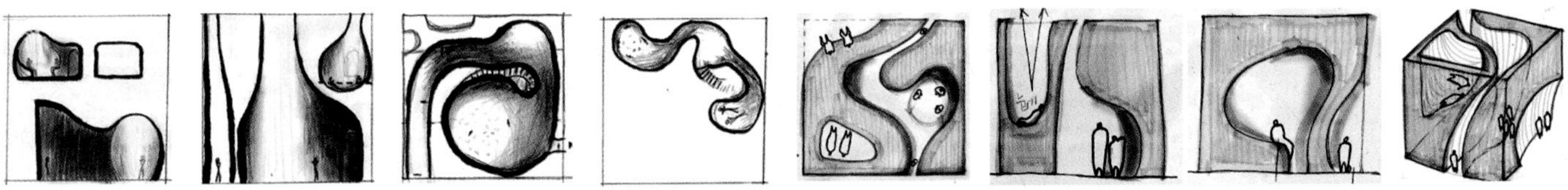

Spatial Sequences

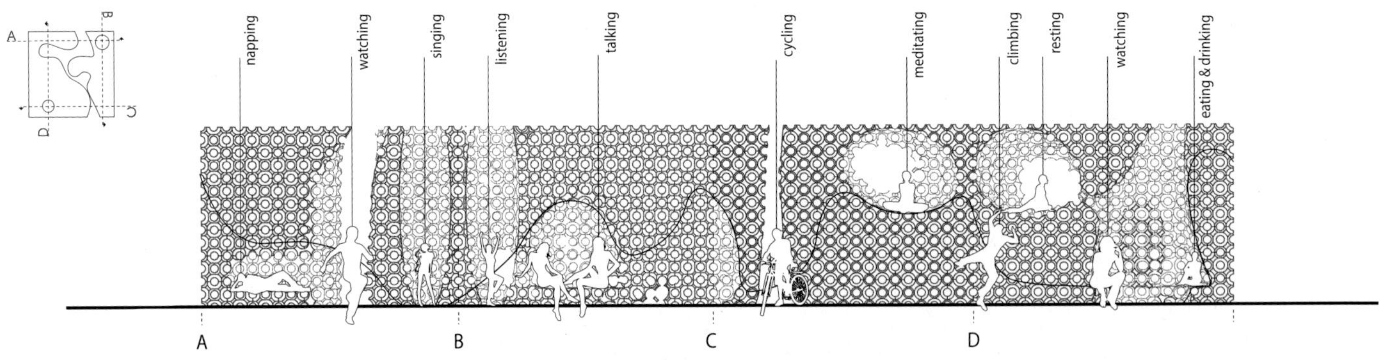

Plans

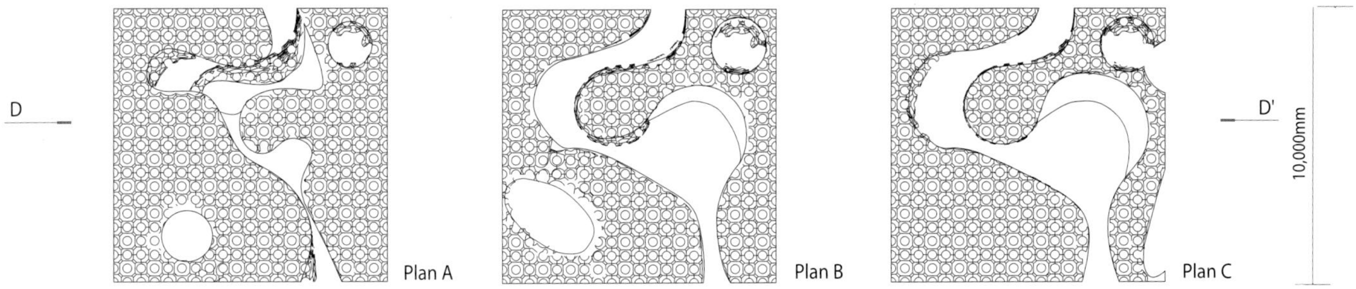

Section

Ceramic Unit

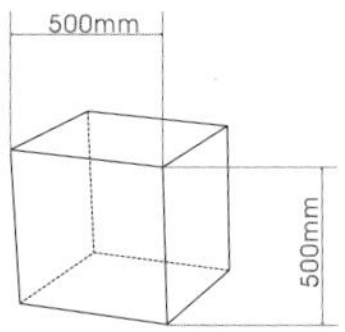

Step #1. standard cube

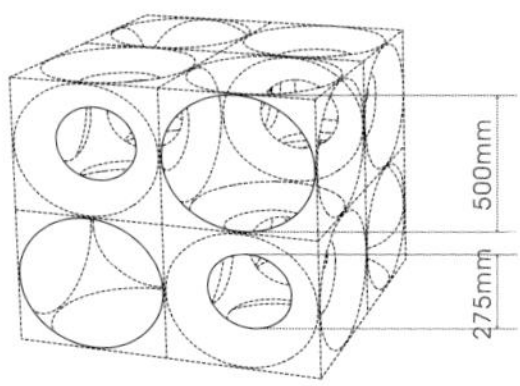

Step #2. empty sphere

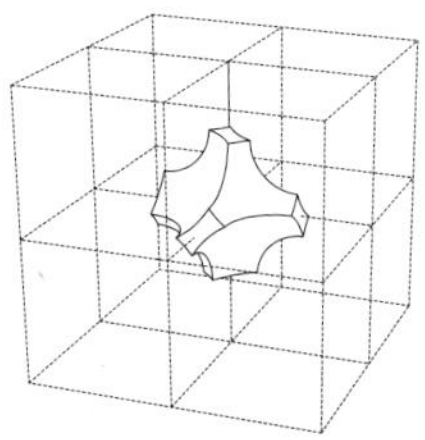

Step #3. basic module

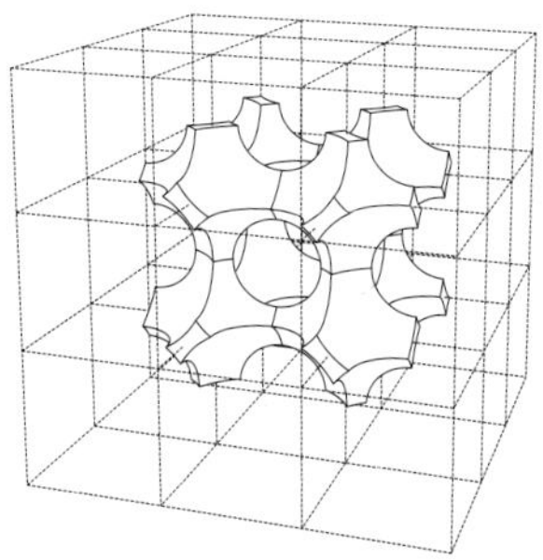

Step #4. module composition

Eight ceramic units are assembled into a basic module. More complex designs are created from different units.

Joint Detail_1 Ceramic Module

The ceramic modules are connected to one another using steel pipe bolts in X, Y, and Z directions.

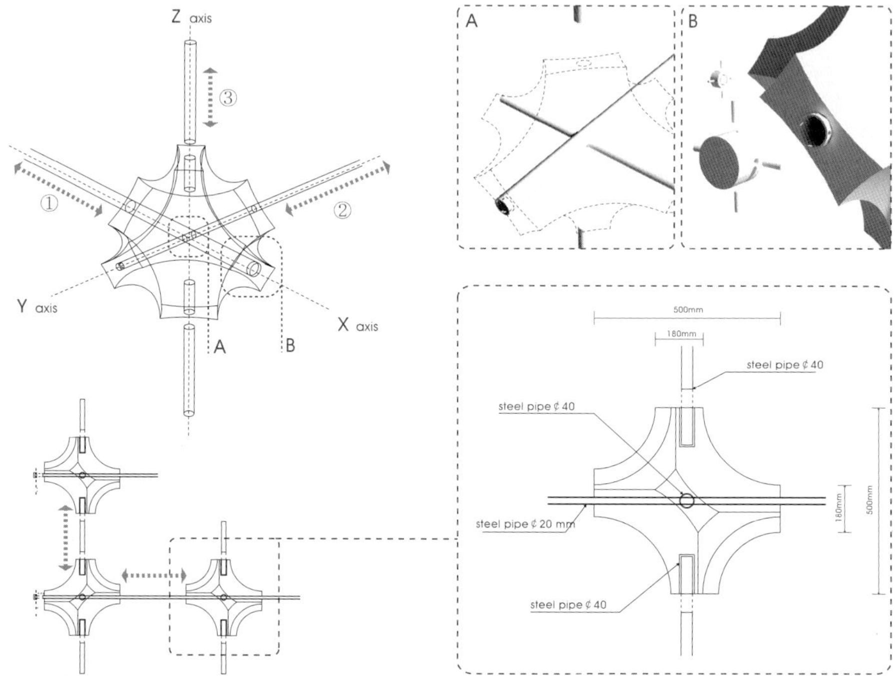

Joint Detail_2 Ceramic Skin

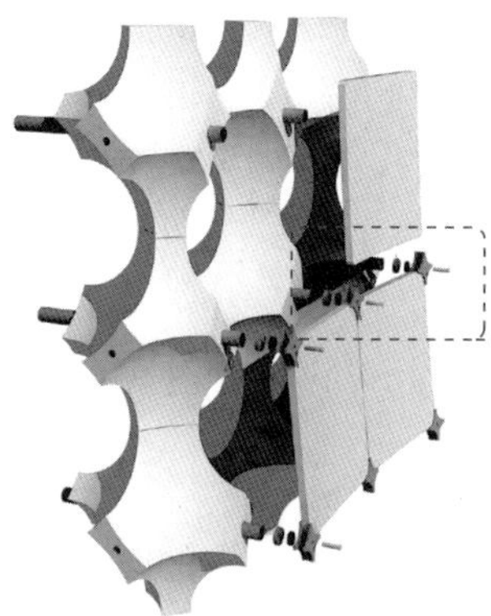

Each custom-made ceramic panel is installed in the assembled structure. Typically, each panel has dimensions of about 500 mm × 500mm. The panels can be cut to fit unusual designs.

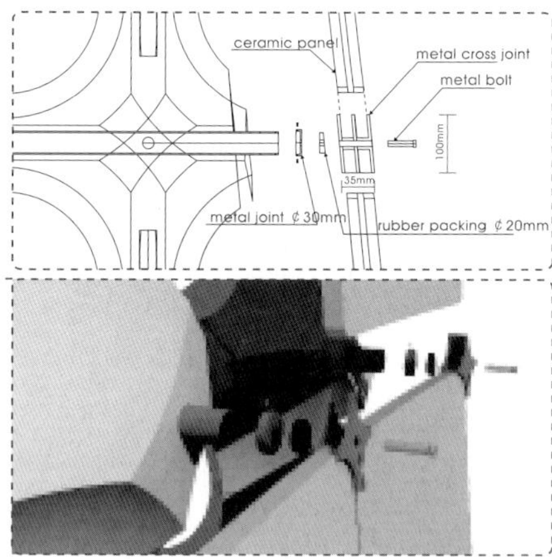

Mock-up

A 1:30 scale mock-up model is constructed to demonstrate mold casting

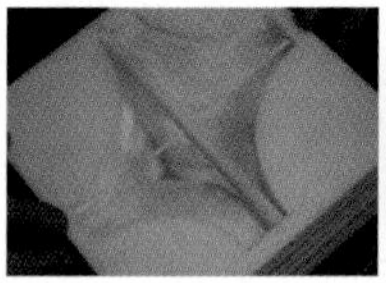
Molding Process Test

Mold Making

Filling with Clay

Hardening

Mold Removed

Unit Composition Using 3D Printer

The 3D printer is used to make the actual 3D unit components.
Thereafter, the units are tested to show the assembly of parts.

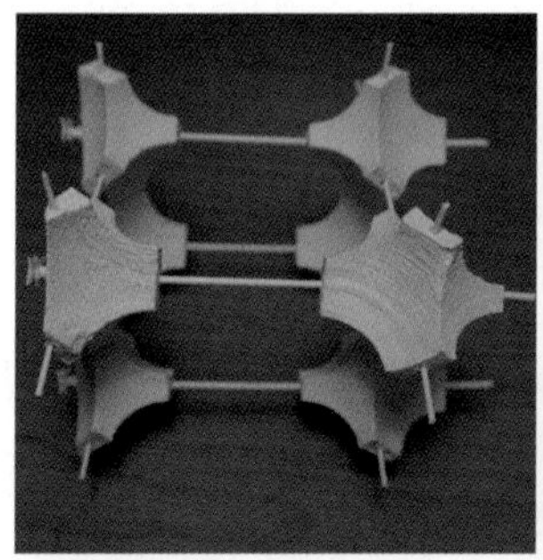

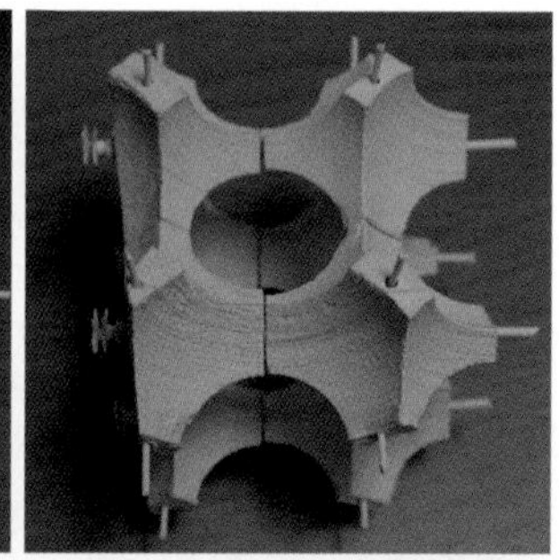

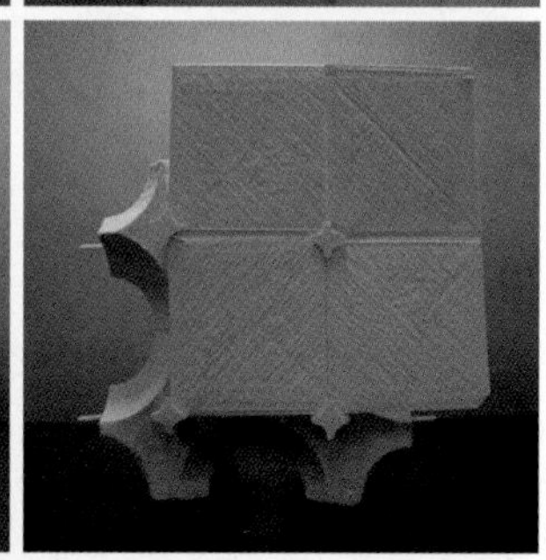

3D Printer Production

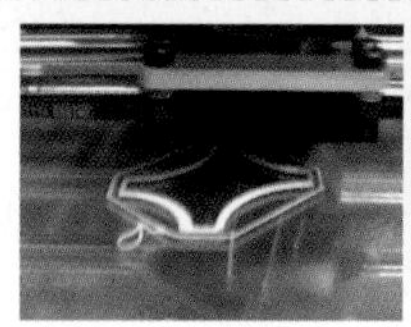

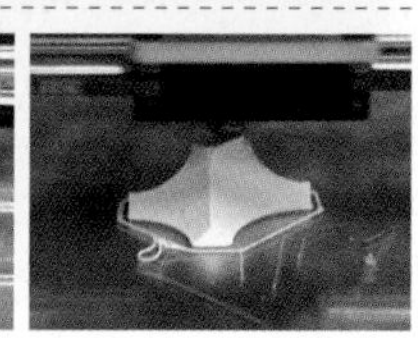

Interior View_1

Interior View_2

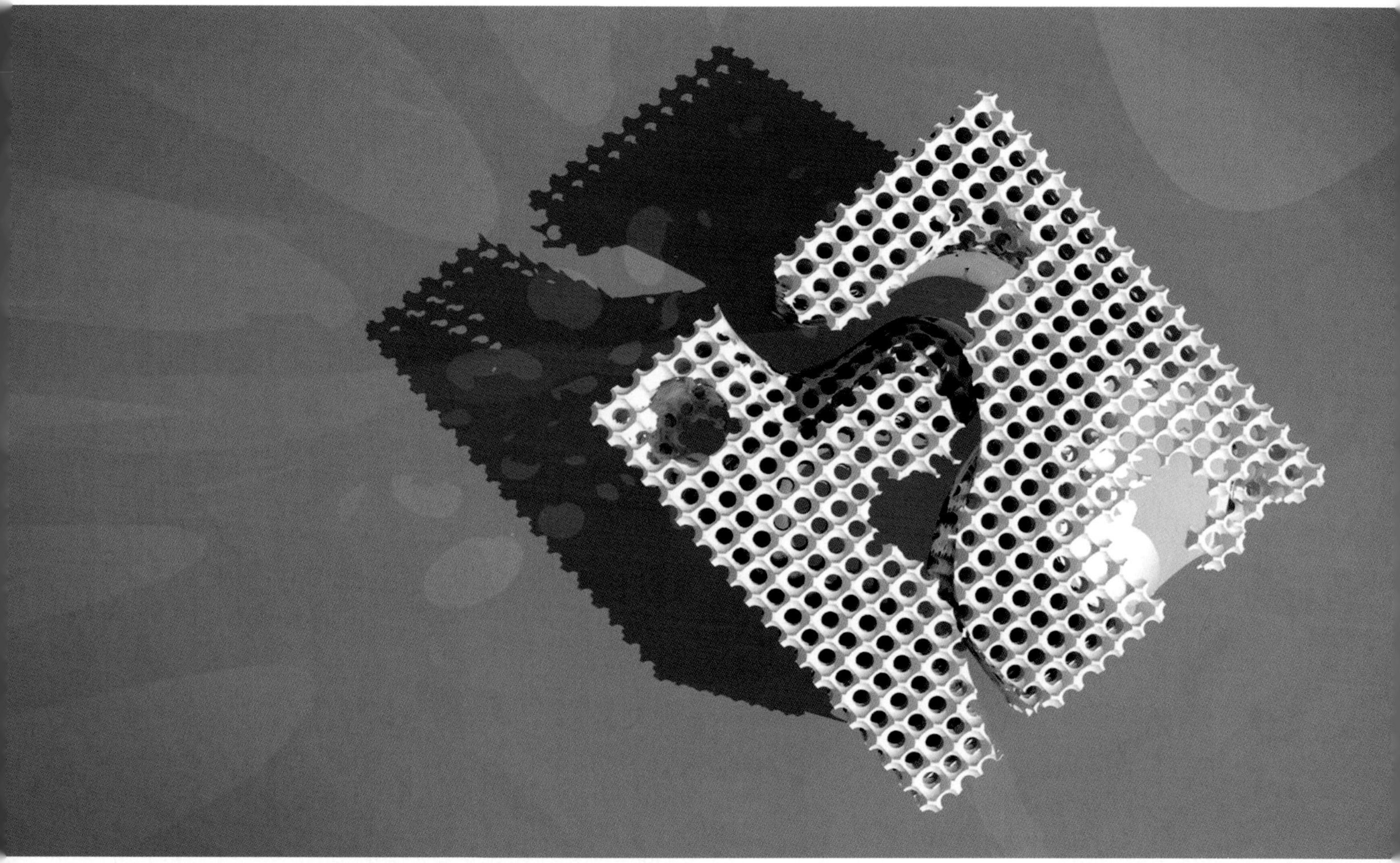

Top View

Architectural Experiments and Lessons

Coral Shelter

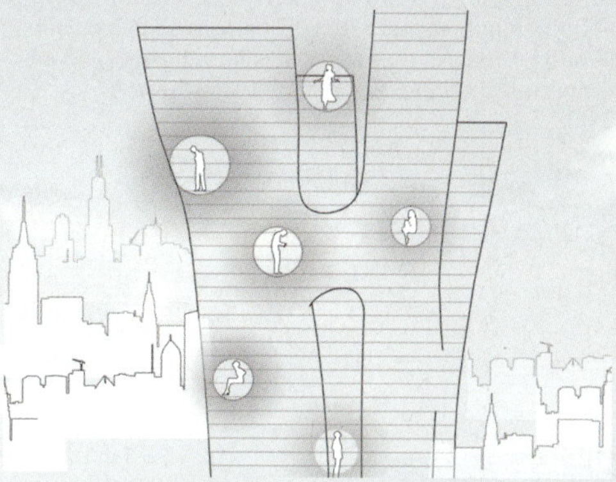

Concept

Corals play an essential role in sustaining life in the sea. They support and provide shelter for an enormous variety of sea life. We intend to provide a coral-like pavilion for meditation where practitioners can revitalize themselves.

The pavilion structure is based on a coral model, which serves as its basic representation.
The shape has tremendous visual appeal, even from a distance. The narrow, tower-like space allows one to concentrate during meditation.

The pavilion has four meditation towers with three basic sizes: 2.5m×2m, 3m×2.5m, and 5m×4m. Each tower serves as an independent meditation space for one person. All four towers are interlinked by connecting bridges at various heights and are visually connected through the openings of each tower.

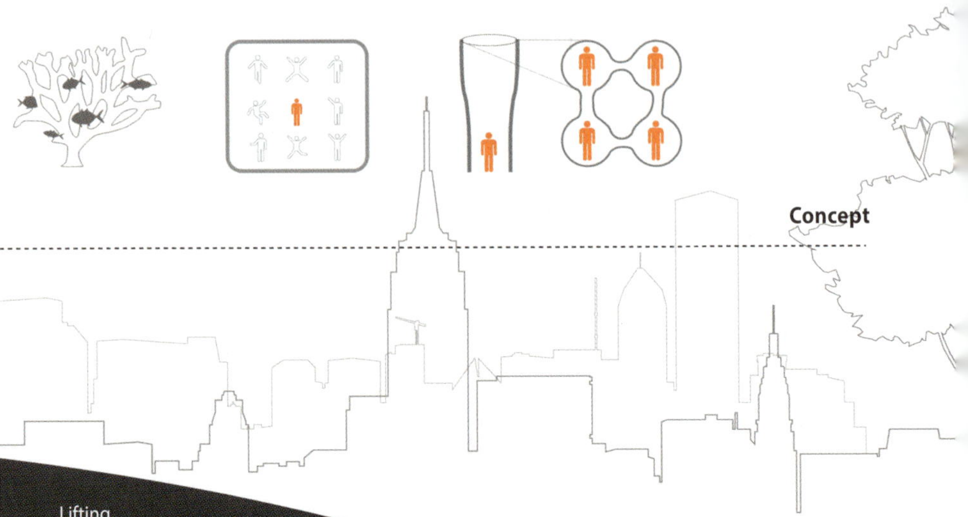

Concept

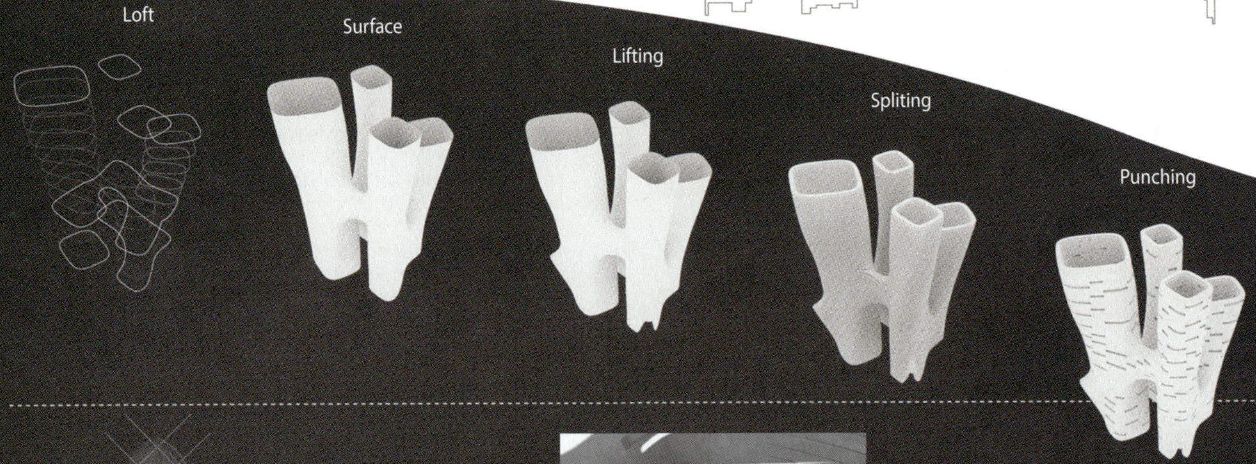

Design Process

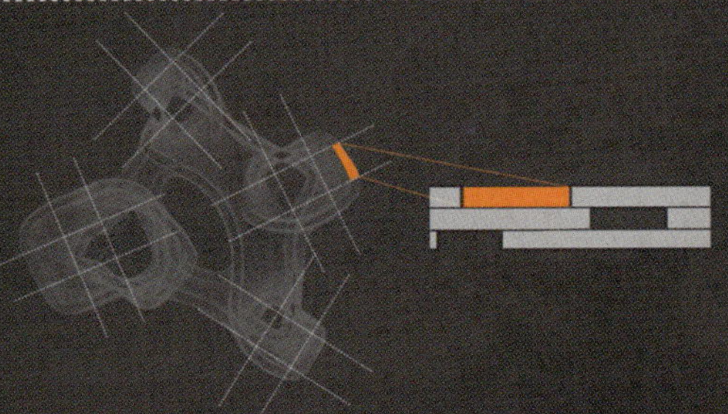

These towers are made by laying between 60 and 80 rounded rectangular layers of ceramic units in a neat pile. Each layer of ceramic unit is 20 cm in height, but the wall thickness varies from top to bottom. Different-sized ceramic components are precisely cut in specific sizes and stacked up to form the hollow cylindrical pipe towers.

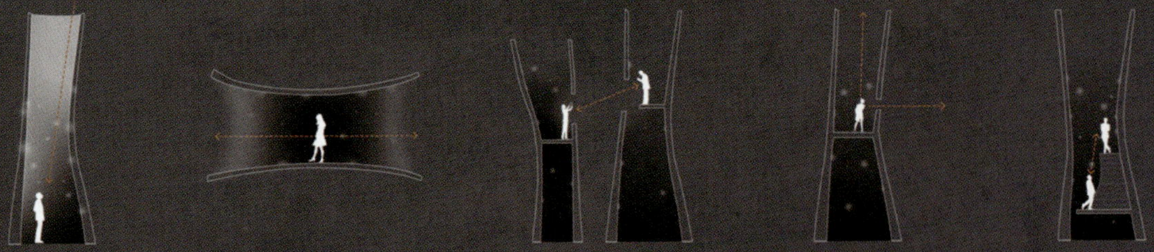

Light Effects and Activities

3D Section

Plans

+3000 Level Plan　+7000 Level Plan　+8500 Level Plan

Sectioning

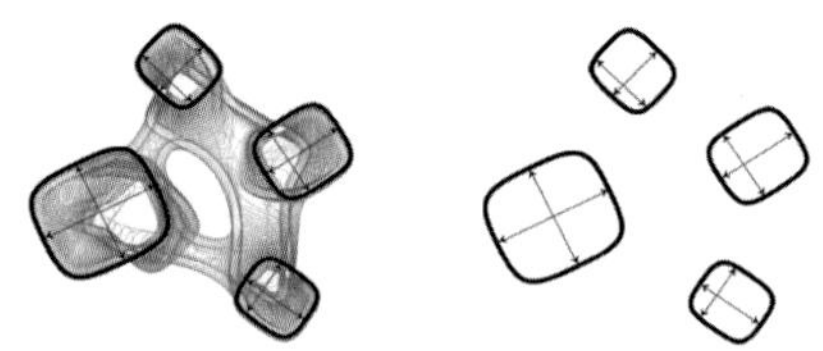

Unit Making Process

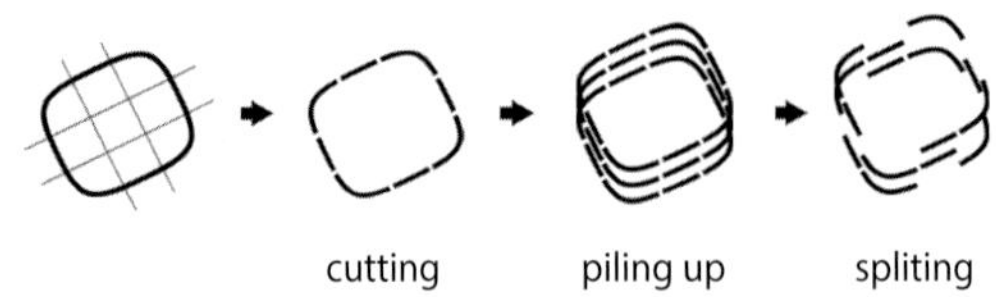

Stair Unit

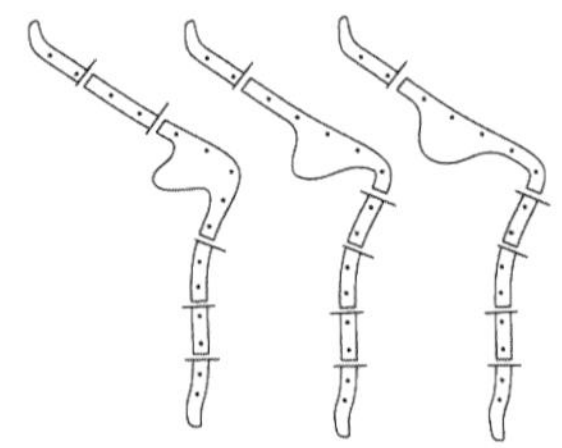

Section Details

The stacked components are connected to each other using wire bolts are drilled or reamed and assembled to ensure accurate hole alignment and clearance over the entire component.

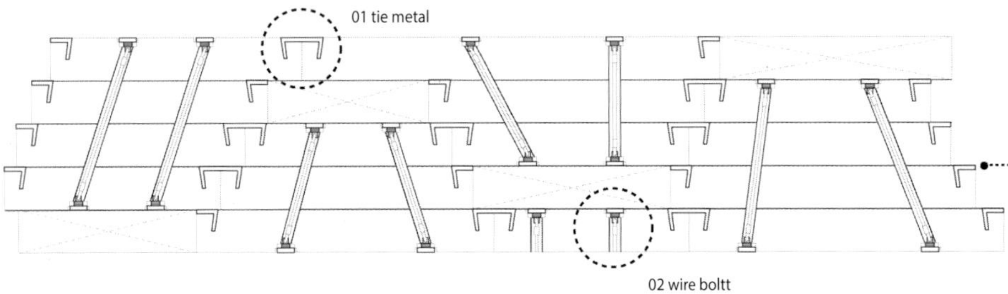

1mm metal plates

Properly designed metal plates are inserted between the vertical components to improve the structural performance of the tower as a whole.

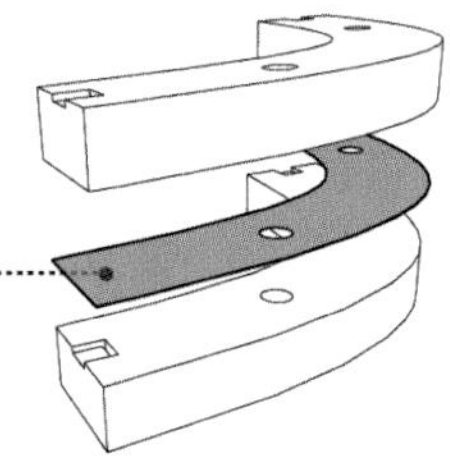

Joint Details

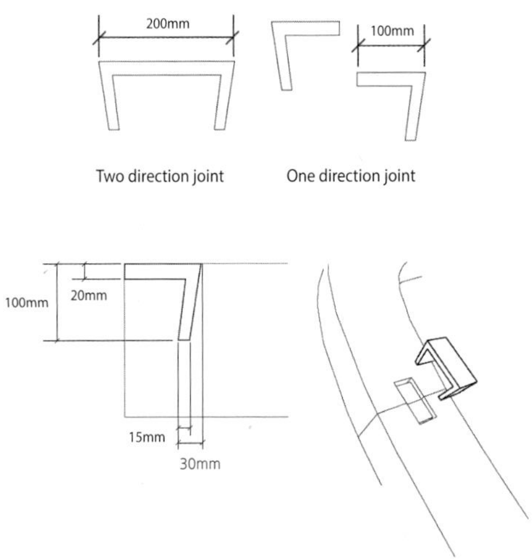

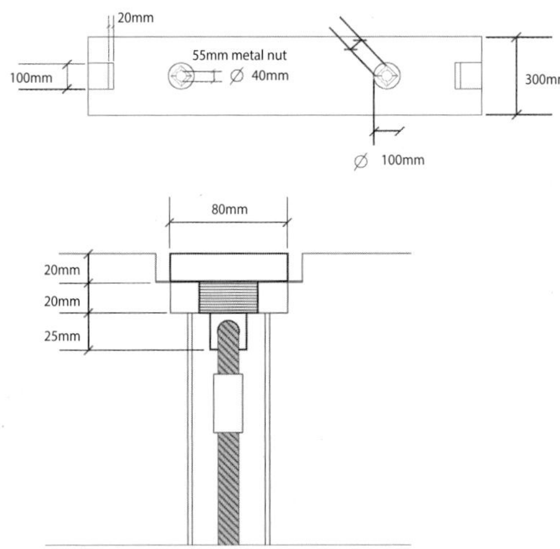

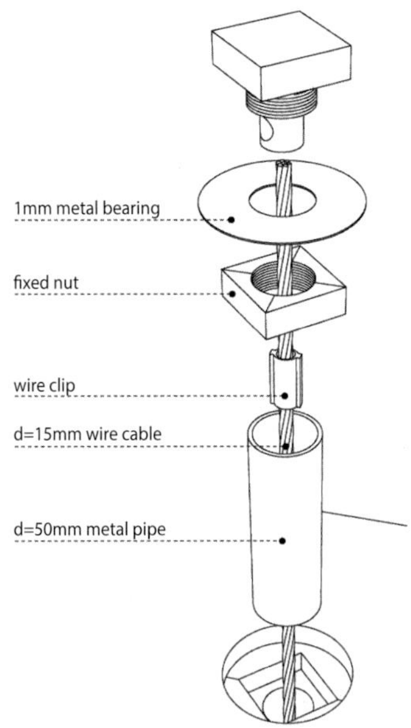

01 Metal Fasteners

Metal fasteners tie the tower components securely together and hold them in place to prevent any component from shifting, sliding, or breaking away.

02 Wire Bolts

Wire bolts attached at various heights along the structure provide resistance against wind force, converting the lateral force applied on the tower into a downward compression force onto the base.

3D Printer

A 1:100 scale model is constructed using a 3D printer for an enhanced visualization of the pavilion structure.

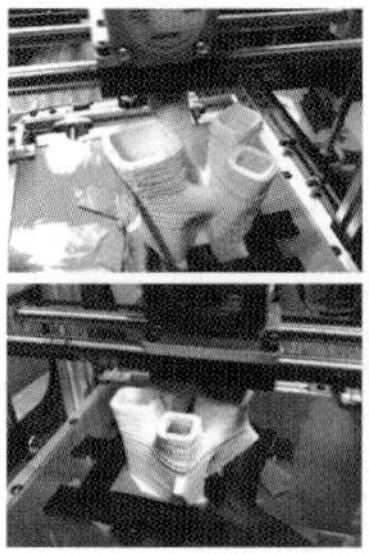

3D Printing

Upper Unit

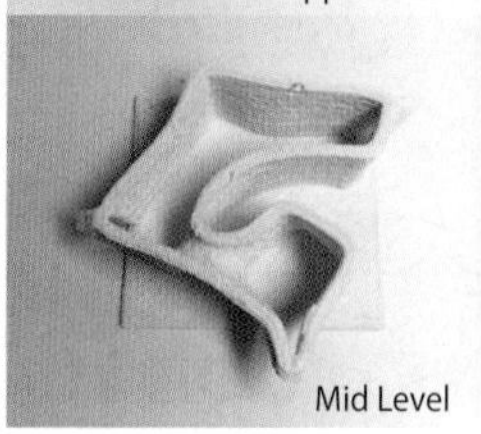

Mid Level

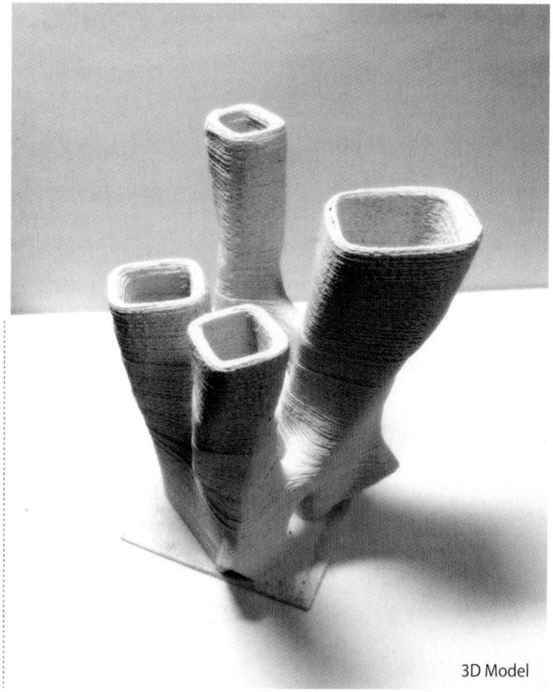

3D Model

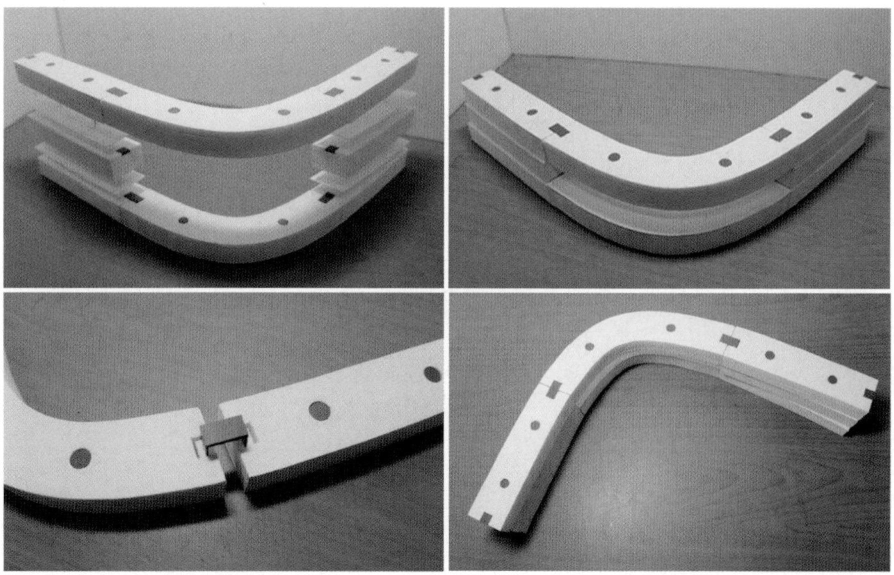

Unit Composition

A 1:10 scale partial model is designed with attention to detail to demonstrate how the components are assembled. The 3D model is expected to provide more insight into the composition and construction of the pavilion compared with a two-dimensional representation.

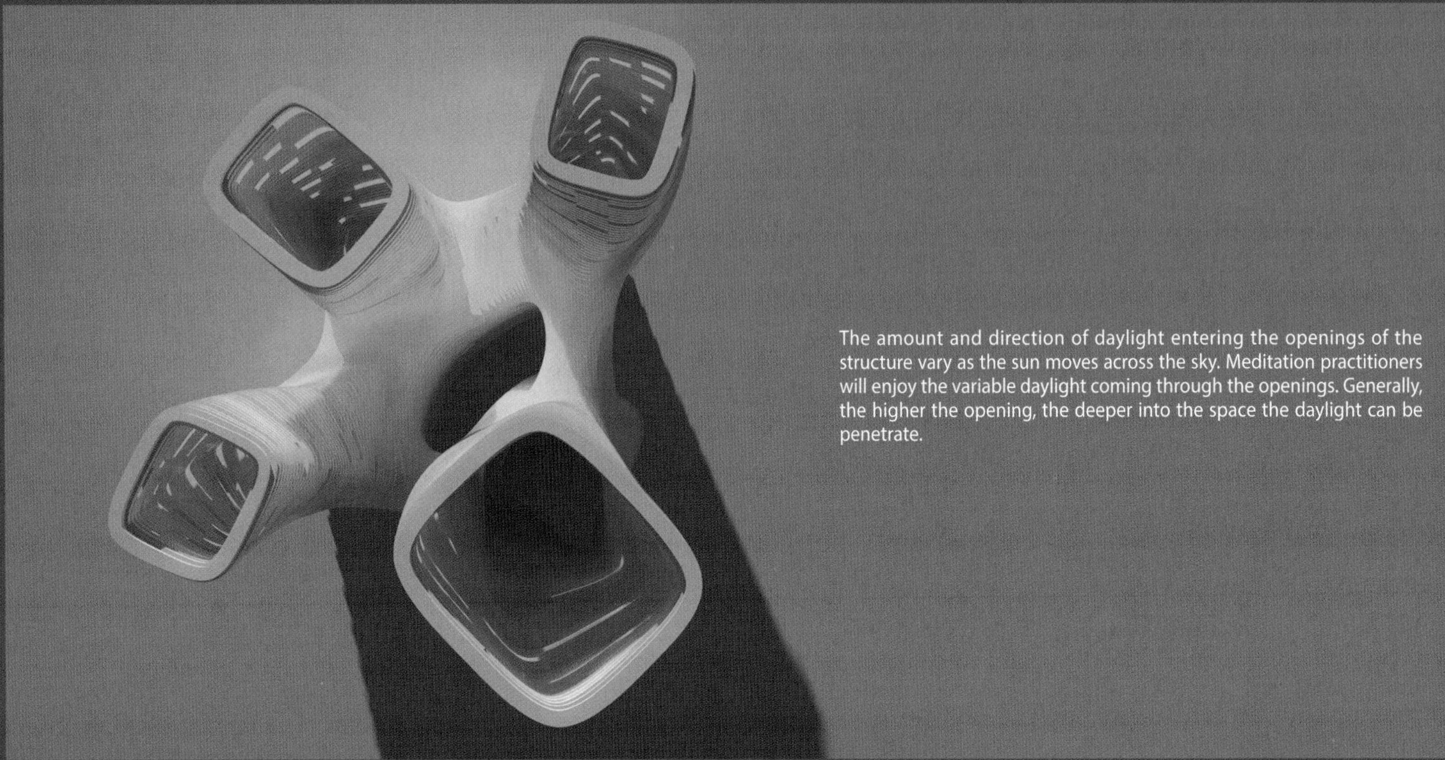

The amount and direction of daylight entering the openings of the structure vary as the sun moves across the sky. Meditation practitioners will enjoy the variable daylight coming through the openings. Generally, the higher the opening, the deeper into the space the daylight can be penetrate.

Part of the structure's ceramic components becomes the internal spiral stairs. While ascending or descending these stairs, a meditation practitioner enjoys a connection with the natural environment.

The high ceiling and narrow internal space gives an airy and intimate atmosphere.
The space evokes a sacred area that is relaxing and free from loud noises, where practitioners can meditate with the least interruption.

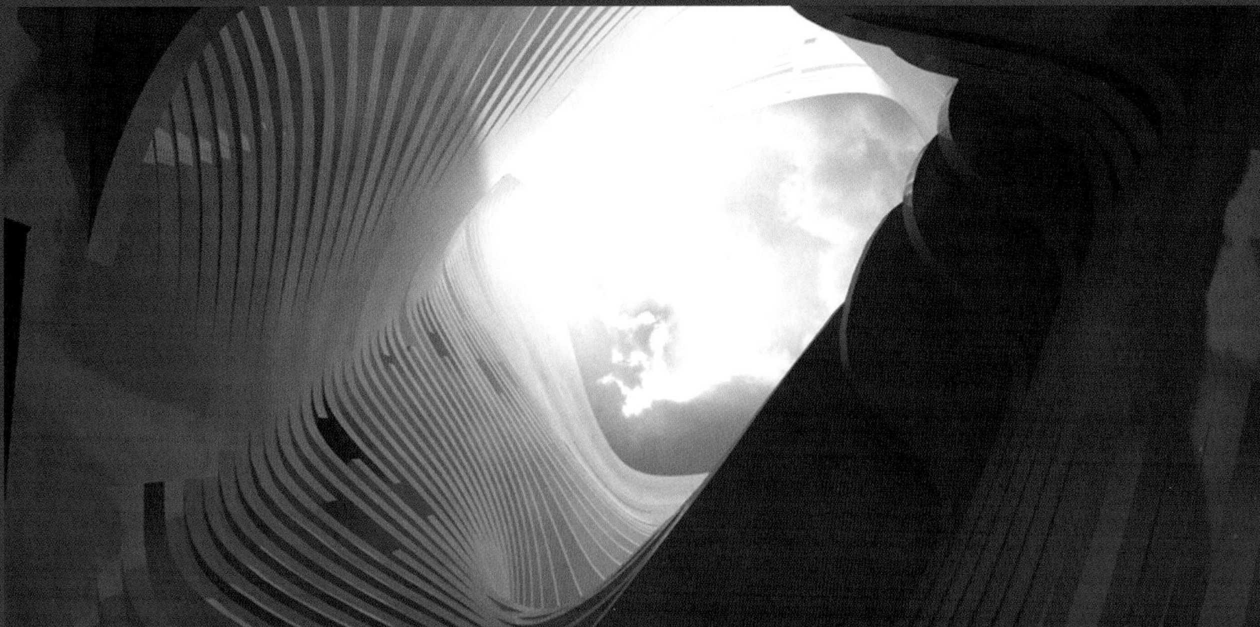

Cave Pavilion

Cave and Light

A cave is a natural opening in the ground,at times extending beyond the zone of light. Caves vary in size, from small, single rooms to interconnecting passages several miles long.At times, holes are the only access points and the only source of natural light. When one catches a glimpse of natural light flooding in from a natural hole in the roof of the cave like a light well, the immediate effect of the light against the darkness captivates one's attention.

The meditation room's dark and cave-like interior seems to possessan energy that promotes deep meditation. In this project, we propose an alternative interpretation of a cave-like pavilion that can be used as a public place for meditation.

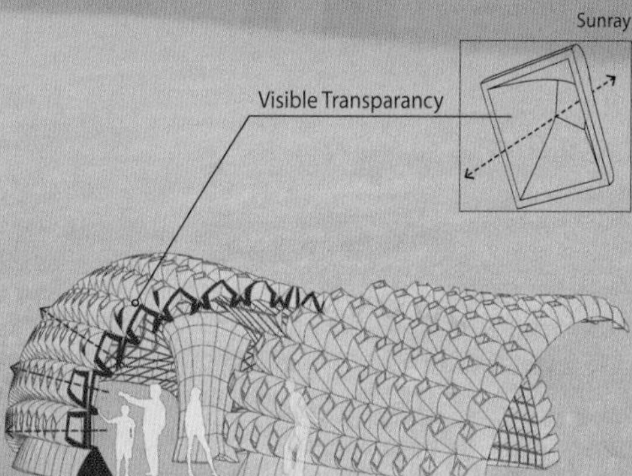

Conceptual Sketches

Different morphogenetic cave types have been studied for the spatial exploration of the pavilion

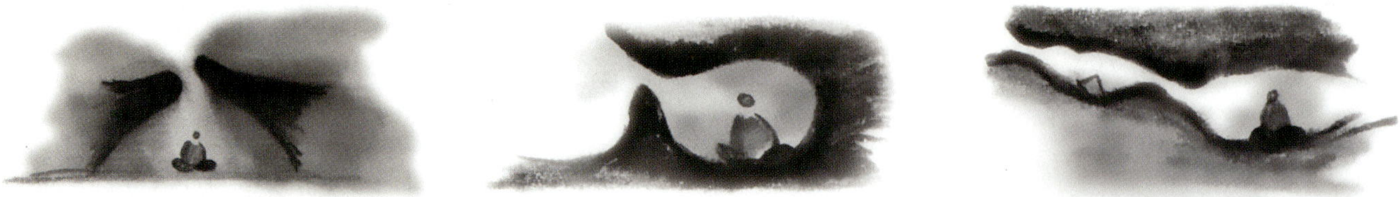

Natural Light

Like Le Corbusier's Ronchamp Church, the pavilion gives an overall effect of diffused light. A flood of daylight percolates to the interior through numerous openings, creating a speckled pattern of sparse openings. The locations andangles of the deep openings allow sunlight to penetrate directly into the dark interior space, creating a spiritualambience.

Ceramic Unit

The intensity of light depends on the total amount of light passing through the openings in a given direction,and on the sizes and shapes of the conical openings from which it is emitted. Installing 15-degree rotating unitsof different sizesat each opening varies the amountof lightpassingthrough the roof structure, creating an infinite combination of lighting effects within the pavilion.

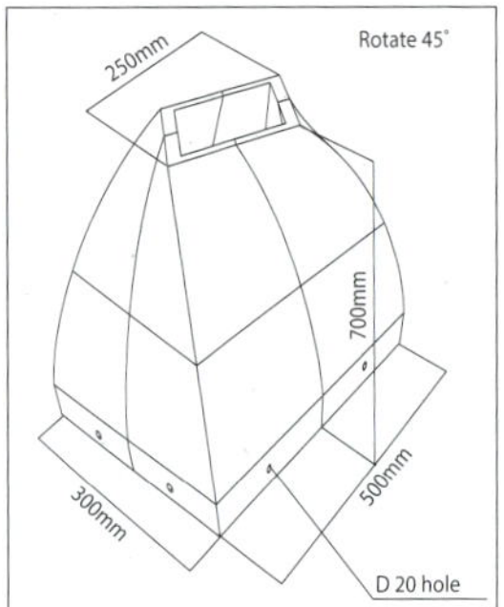

Standard Ceramic Module

Diffraction of Light

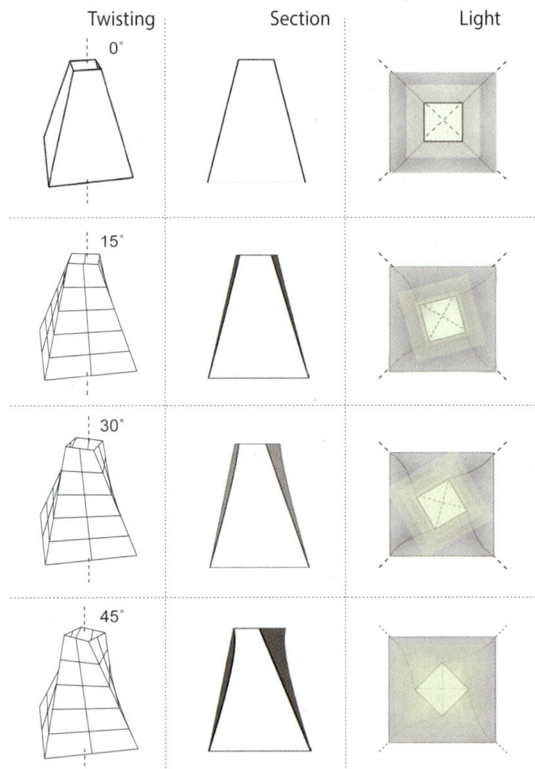

Shaping

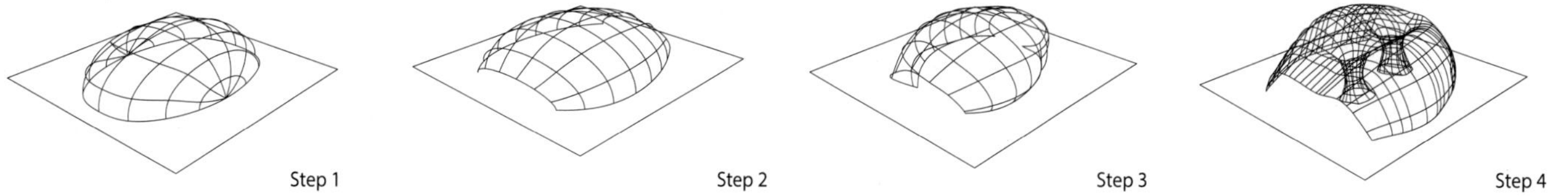

Drawings

+1400 PLAN

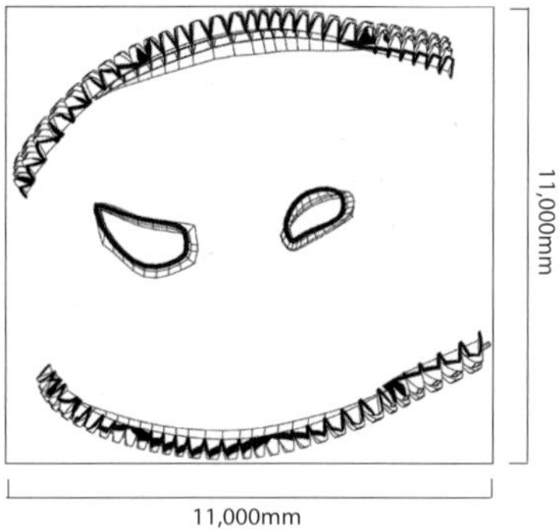

A-A' Section

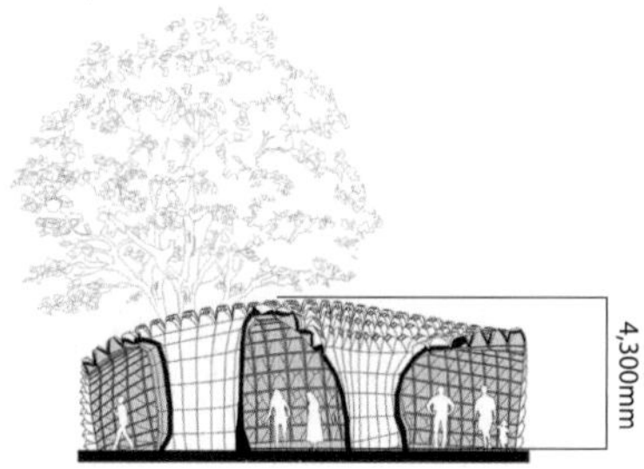

Site Plan

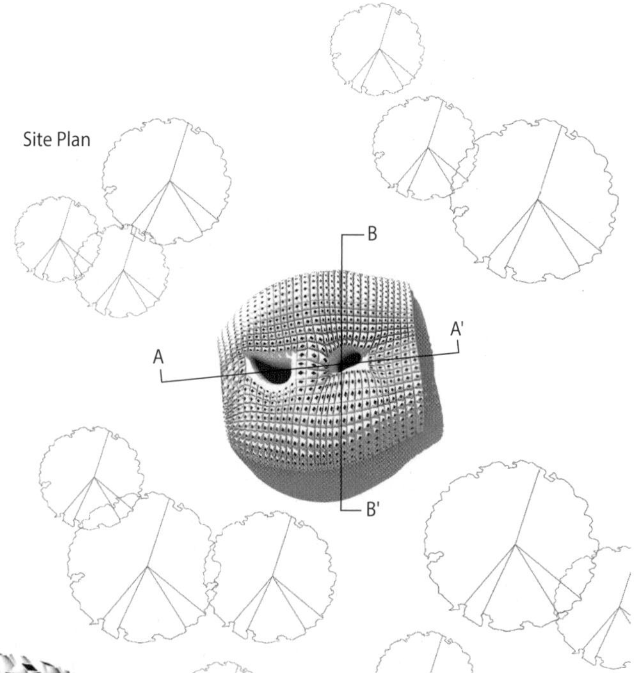

Programs

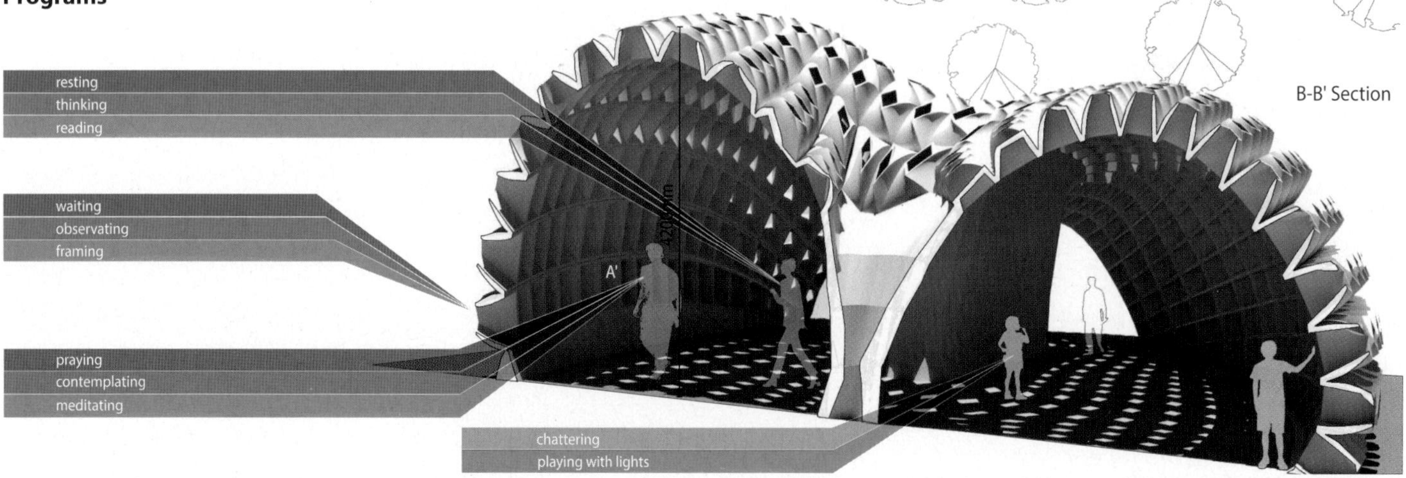

Construction Process

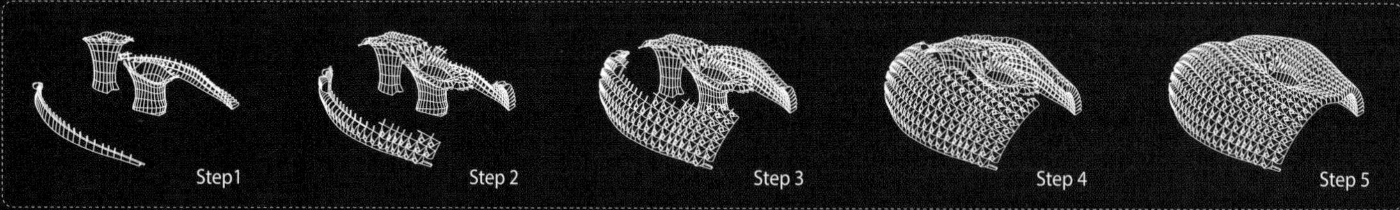

Although the form of the pavilion depends on the assembly of its components, its slope, size, and organic shape harmonizes with the prevailing landscape of its surroundings. The meshed structure supported by two funnel-shaped columns allows for the open positioning and expansion of the sculptural roof.

Any number of individual pre-fabricated ceramic units can be joined horizontally and vertically to develop an overall configuration. This versatility provides a great amount of flexibility in developing an overall pavilion system.

Joint Detail_1

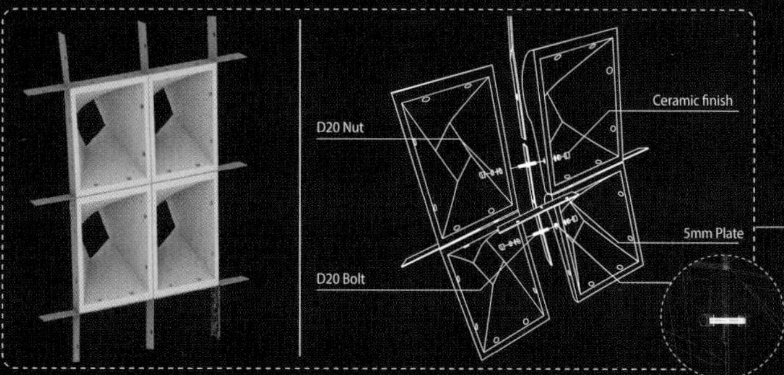

Metal plate fastener secure the units together with bolts, washers, nuts, and so on.

Joint Detail_2

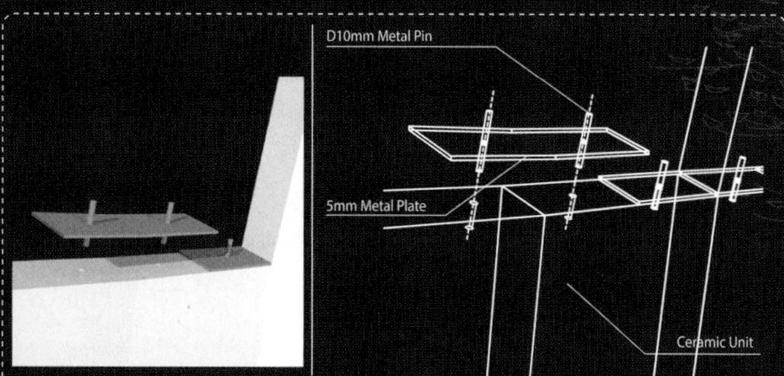

The funnel-shaped column components are assembled using 5-mm thick metal plates with 10- mm diameter pins to fasten the components.

Interior views

The interior is richly decorated with various natural light patterns at daytime.

Section

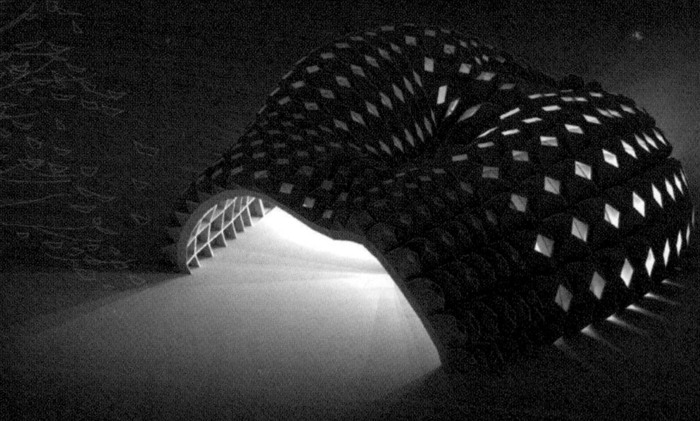

Night View

Waving Pottery

Ceramic Pottery and Transperancy

A meditation space is a dedicated area where one can temporarily escape from work or any source of stress. One's chosen meditation space must be free from clutter, as clutter can break one's concentration and trigger negative feelings that disrupt one's daily practices. Quiet, tranquil spaces, typically enclosed or semi-enclosed, are frequently used and always suitable for meditation. The light should not be too bright because high levels of illumination can irritate the optic nerves.

The structure's most obvious and characteristic trademark is its undulating skin, which appears to hover in the air like a flying carpet.

Visual Transparency by View Points

Meditation Grouping

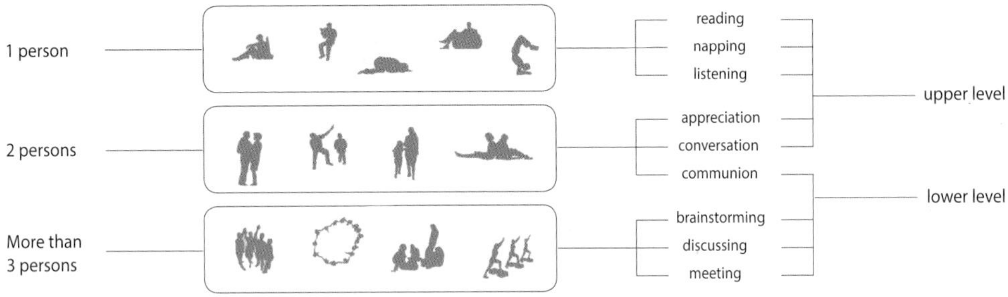

Plans

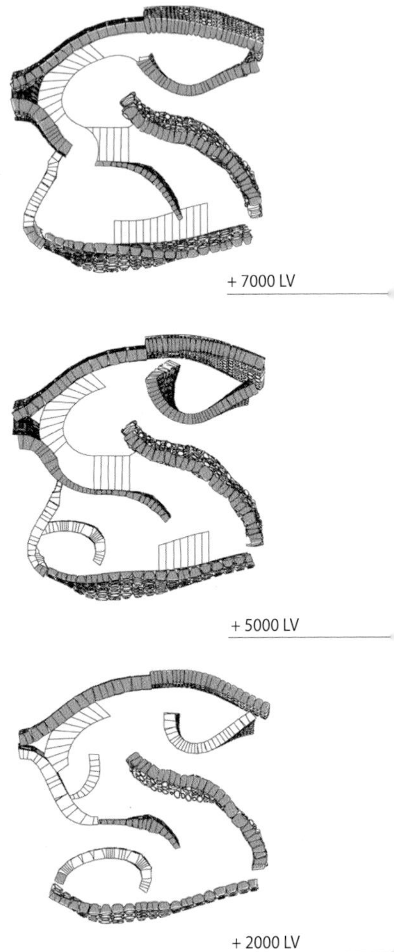

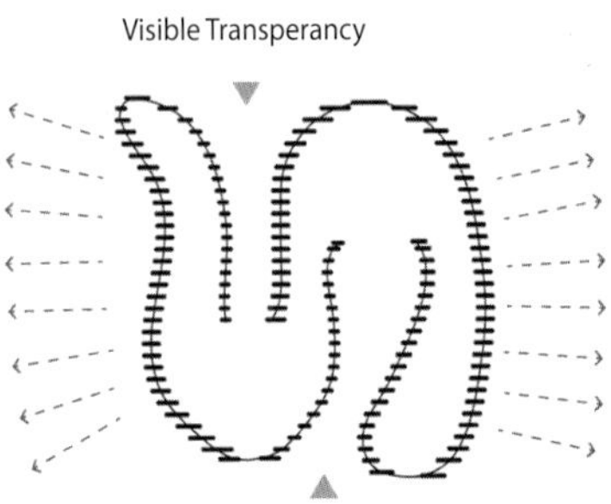

Site

The pavilion is located in a university pocket park where a splash of greenery and a place to sit outdoors are provided. Students, staff, and faculty members have easy access to the pavilion.

The pavilion is design to obstruct views from the surrounding while being juxtaposed to open up to the forest park, thus bending in with its natural surroundings. This juxtaposition allows natural light to penetrate deep into the pavilion. The users of the pavilion receive enormous amounts of light textures from the vertical assembly of cylindrical pottery. During meditation, one feels a profound connection with nature.

Layering

The freestanding walls are arranged to enclose a 12 feet × 12 feet meditation space. Depending on the location of the users, the wall can partly block the outside view during meditation to maintain privacy in the pavilion's meditation area. Natural light passes through multiple walls of cylindrical pottery.

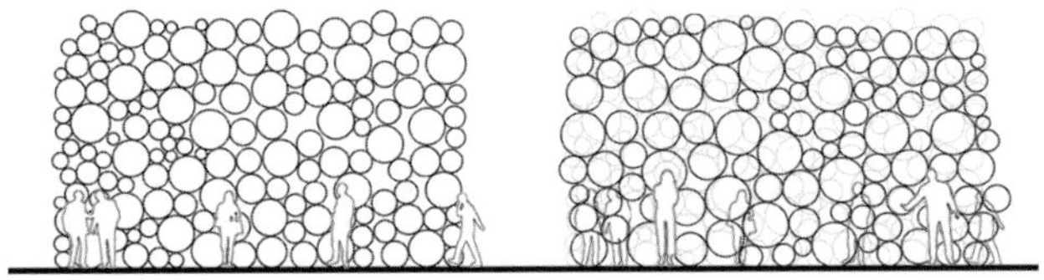

Single Layer　Layers Superimposed

Visual Field

acoording to the position

view from the front　12° angle of view　18° angle of view

3D Section View

The pavilion features a pottery assembly consisting of cylindrical ceramic pottery. These basic elements occupy all of the surface walls. Multiple layers of wave-like and curved walls are assembled for the pavilion, with a space separating each wall. The cylindrical potteries are made to blend with each other by adjusting their size, form and position. The elements combine in harmony to enhance the overall stability, shape, illumination, views, and spatial quality of the structure, while maintaining their unique individual qualities.

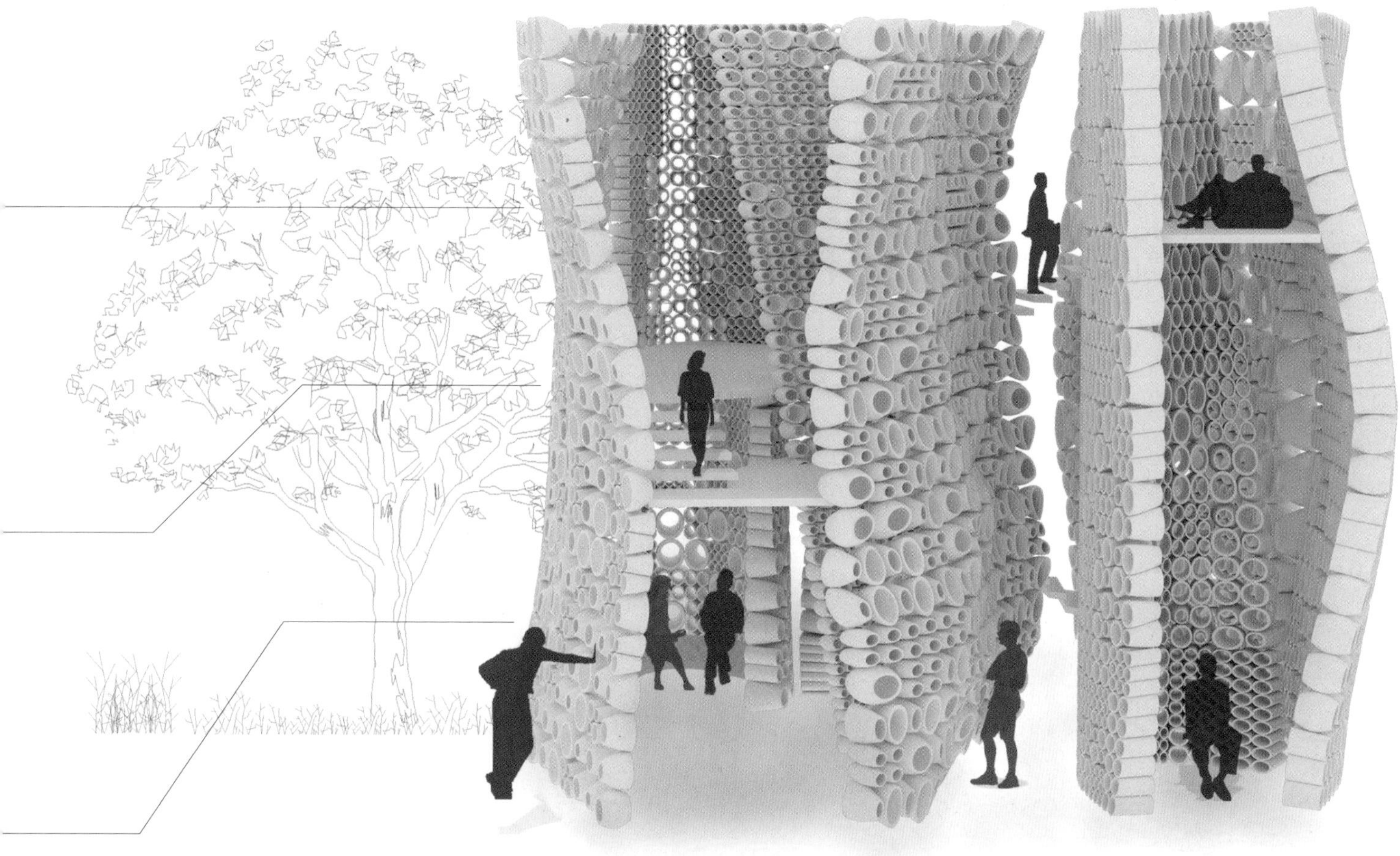

Spatial Flows

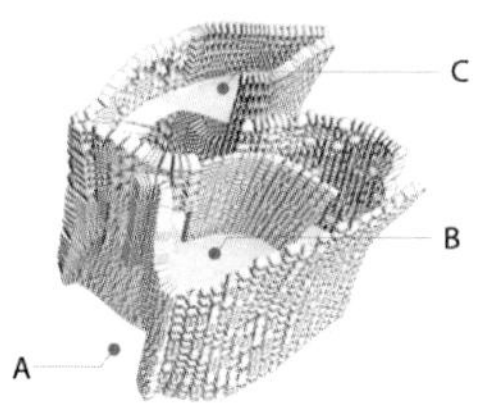

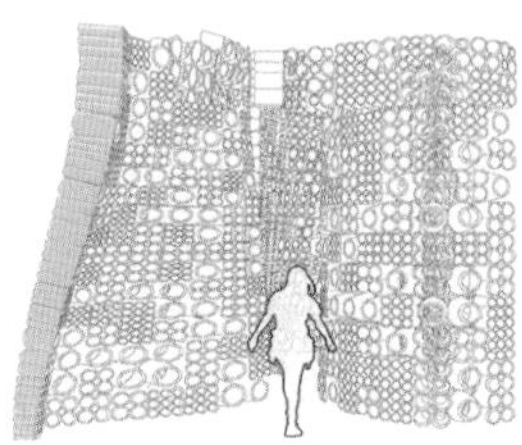

View A

View B

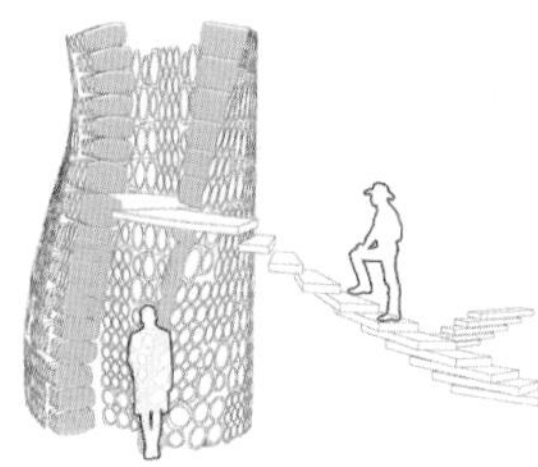

View C

Assembly

Type A - Potbelly

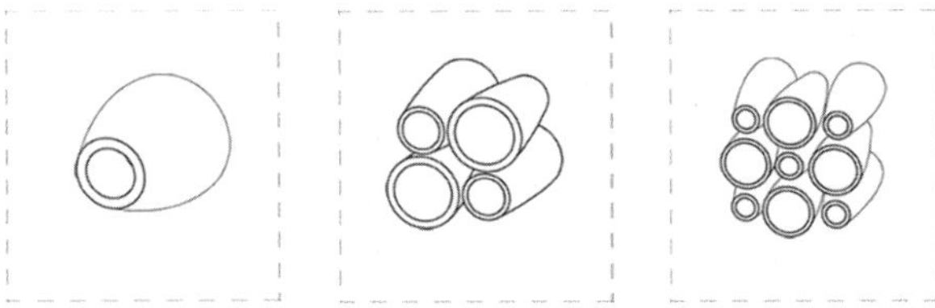

Type B - Truncated cone

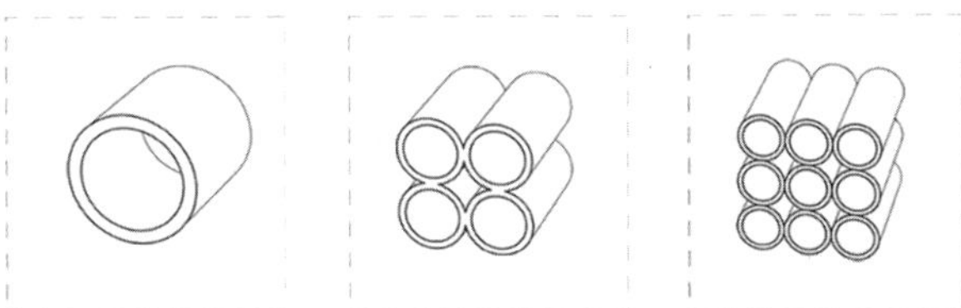

Type C - Cylindricality

Joint

Four Way

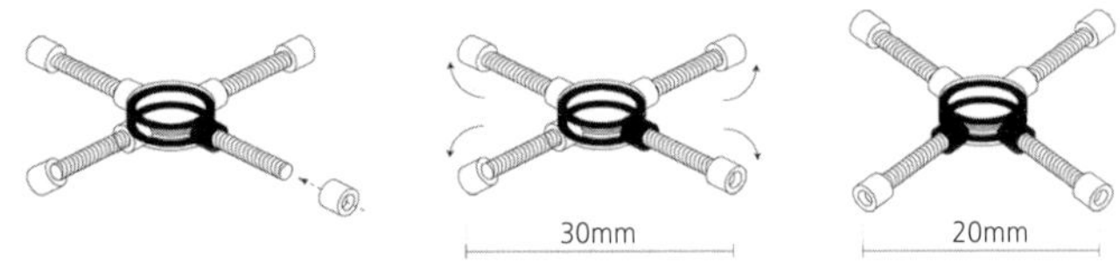

Three Way Joint

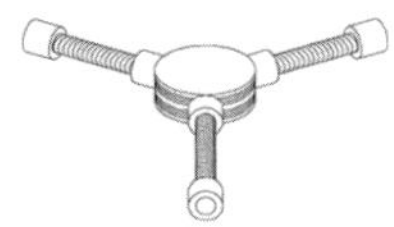

Joint Details

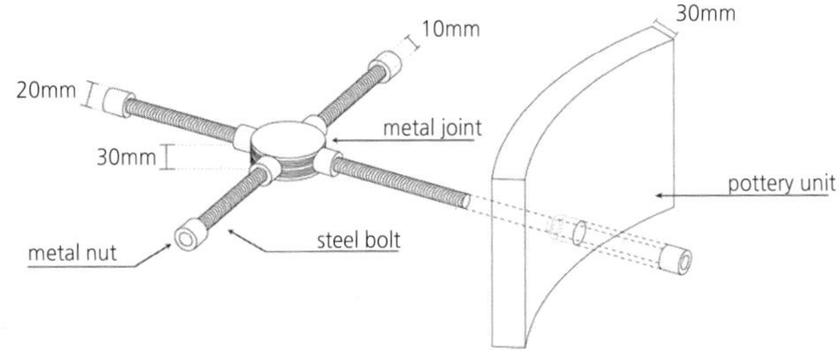

Ceramic pottery with three different shapes is used: potbelly, cylindrical, and truncated cone. The sizes of these potteries vary, with lengths ranging from 20 cm to 40 cm, and diameters ranging from 10 cm to 30 cm. The top and bottom of each pottery assembly is open to allow natural light to pass through. Each ceramic pottery is crafted without undergoing a molding process, so that eachceramicitem is unique.

Joint Process

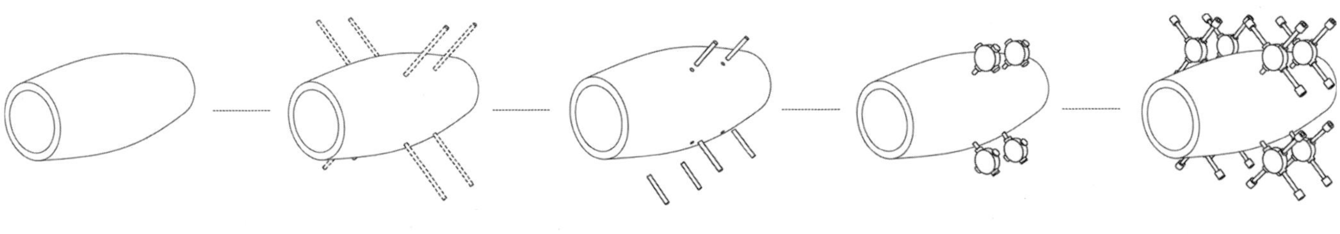

Drilling Holes

Inserting Bolts & Nuts

Assemblng Joint Details

Basic Grid and Wall Assembly

The manners in which the components are assembled vary because the wall thicknesses are manifold and the wall shapes are irregular. Basically, an underlying grid is used to guide the assembly of the components. Each grid consists of a 30 cm × 30 cm square. One large piece, of four or nine smaller pieces, of pottery can occupy agrid. The components are then joined and threaded together using spider-type eye ring bolts and nuts to form a variety of curving surface configurations.

Surface

Warped

Unit Grid

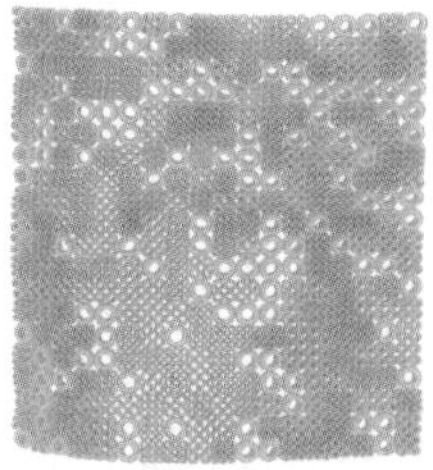

Unit Assembly Example

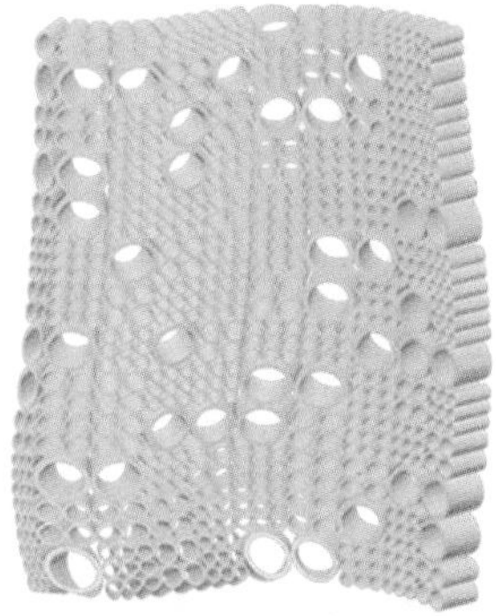

Type A - Potbelly

Unit Composition Using 3D Printer

The 3D printer is used to make the actual 3D unit components. Thereafter, the units are tested to show the assembly of parts.

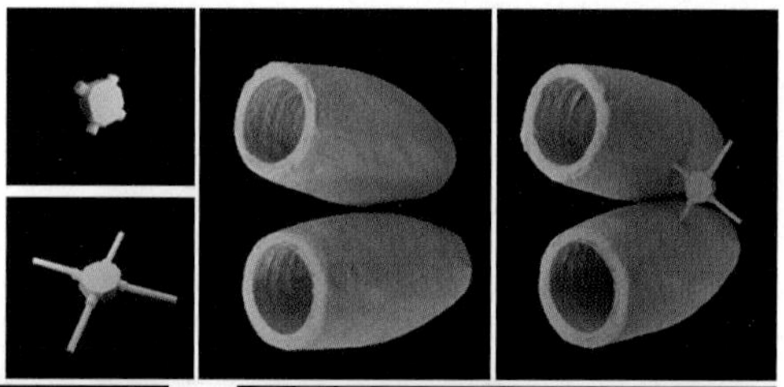

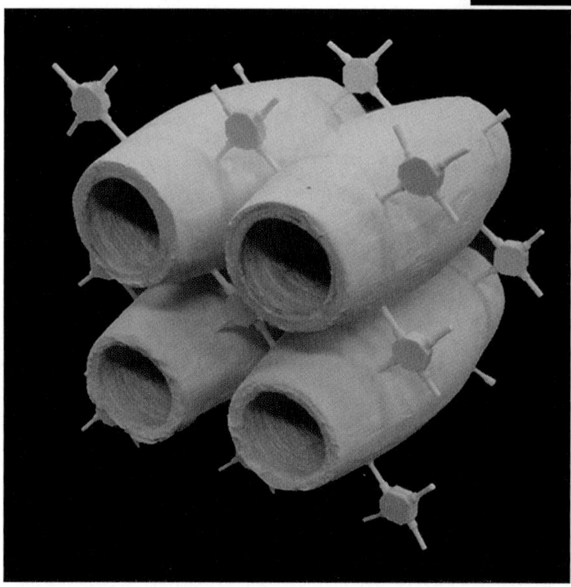

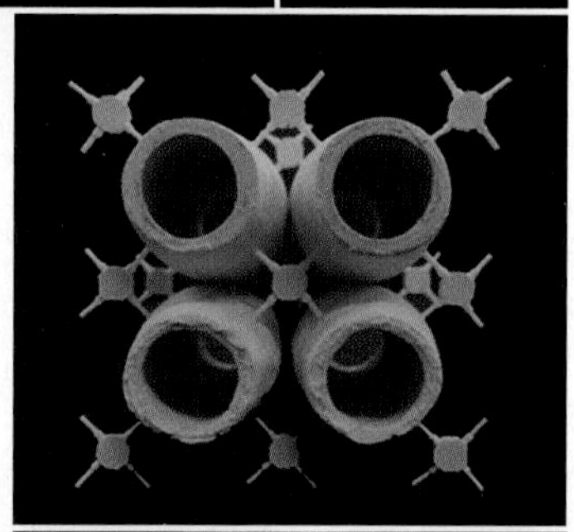

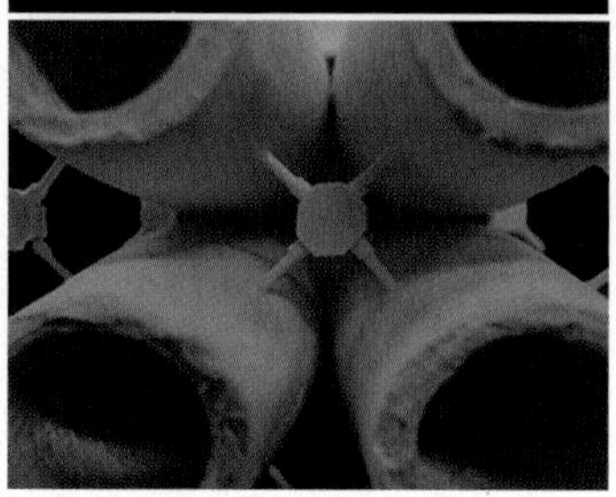

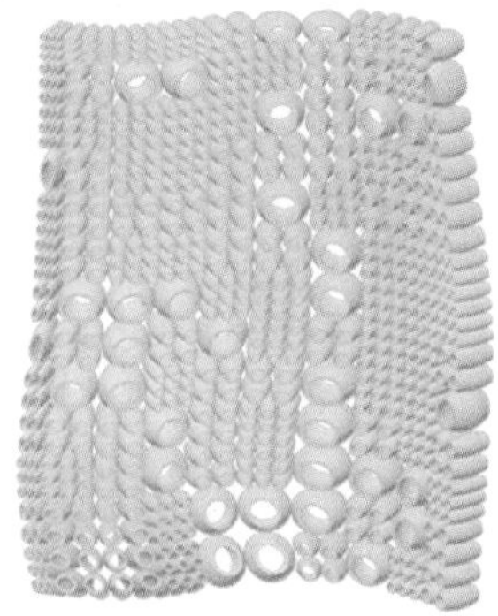

Type B - Truncated cone

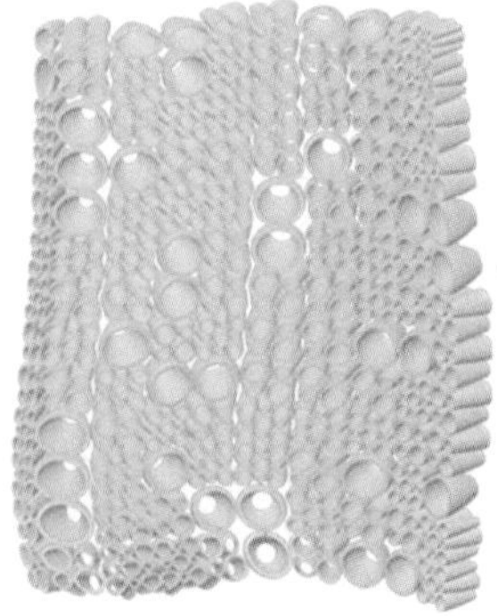

Type C - Cylindricality

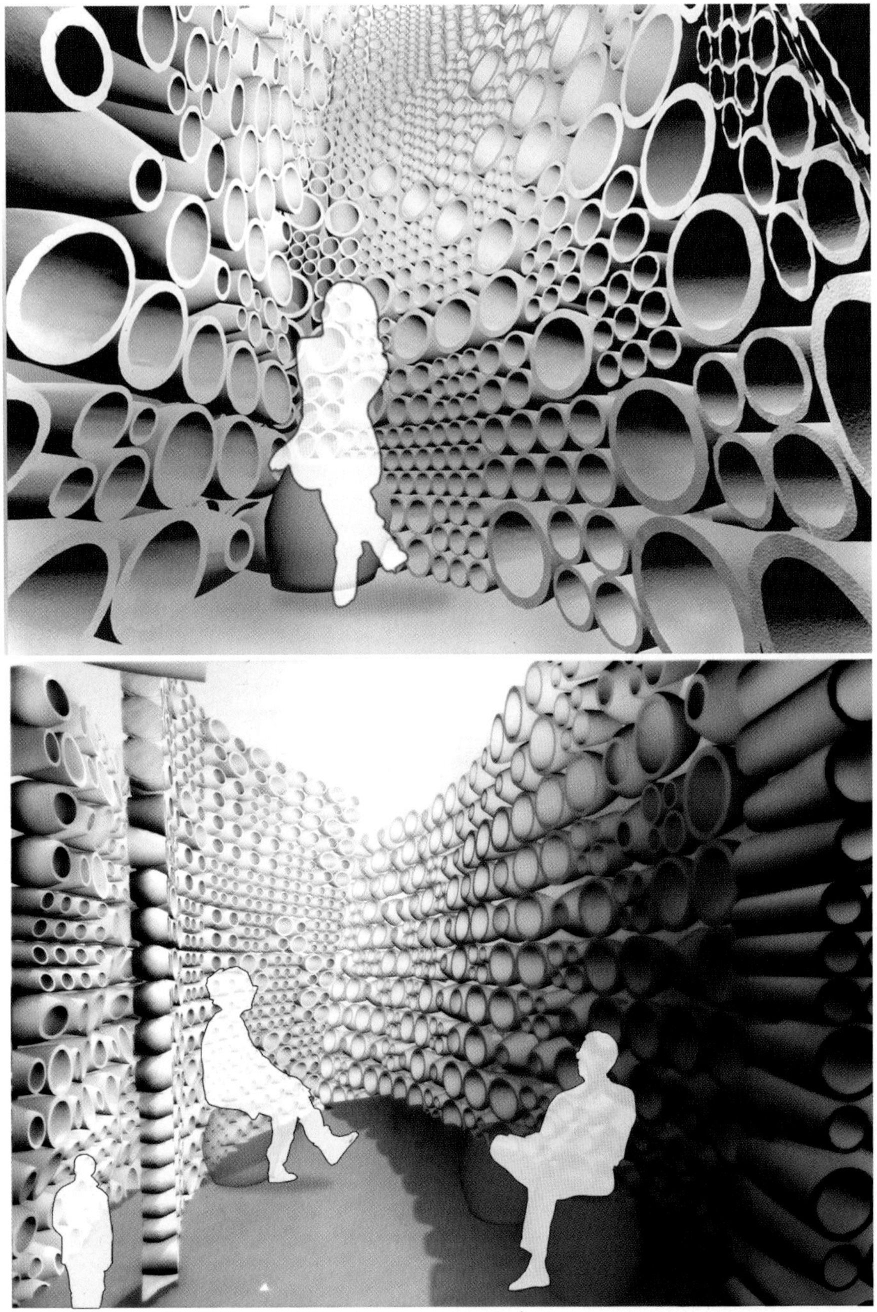

Interior Views

Perspective View

세라믹 재료 시스템

디지털 기술의 출현과 더불어 저가 산업용 로봇의 점진적 확산은 인류의 가장 오래된 건축 재료인 점토를 기반으로 하는 세라믹에 새로운 디자인 기회를 제공하고 있다. 고대 이집트의 장식적인 테라코타 소재들에서 시작되어 수천 년 동안 사용된 이 세라믹 타일은 건축물 내 외부 표피의 중요한 부분으로 자리 잡아 왔다. 시간이 지남에 따라 이 제품의 생산 방법은 수작업에서 오늘날의 대량 산업 생산 방식으로 바뀌어오고 있다. 이러한 변화는 제품의 생산 효율성을 높였고, 세라믹 타일이라는 완성품을 저렴하게 만들었지만, 산업 생산의 논리는 건축가로 하여금 직접적으로 세라믹 소재에 관여하지 못하도록 그 능력을 배제하였다. 어떻게 디자이너들이 세라믹 타일과 같은 규격화된 소재들의 디자인에 다시 연계될 수 있을까? 새로운 세라믹 소재들은 새로운 건축적 형태와 기능들을 만들어 가는데 사용될 수 있을까? 이것이 이번 인하대학교의 워크숍뿐만 아니라 하버드대학교에서의 지난 2년간의 질문들이었다.

2009년 저자는 디자인에 초점을 맞춘 산업용 로봇의 사용 가능성을 연구하기 위해 하버드대학교, GSD내에 디자인 로봇 그룹 (DRG[1])을 만들었다. 우리는 여러 프로젝트들을 진행하면서 다양한 부류의 디자인과 연구 결과물들을 만들고 발표해 오고 있다. 스페인 타일 제작자들을 대표하는 산업조합인 스페인 ASCER 타일에 의해 자금 지원을 받아, 2009년부터 세라믹을 이용한 디자인 작업들을 진행하고 있다. 이 작업에는 프로젝트 매니저인 나단 킹, 연구원인 앤서니 케인, 그리고 많은 하버드대학교 디자인대학원 학생들을 포함하여 크리스토프 라인하르트와 파나기오티스 미찰라토스 교수 등이 참여하고 있다.

Industirial Process 1 & 2

CERAMIC MATERIAL SYSTEM

The emergence of digital technologies and the increasing availability and affordability of industrial robotics is presenting new design opportunities for one of mankind's oldest construction material - clay-based ceramics. Used for thousands of years starting with the decorative terracotta elements of Ancient Egypt, ceramic tiles have become an integral part of interior and exterior architectural surfaces. Over time the production methods have shifted from manual fabrication to today's high-volume industrial production methods. This shift has made production highly efficient and the end product - ceramic tile - inexpensive, but the logic of industrial production has practically eliminated the ability of architects to directly engage with the conception of ceramic elements. How can designers reconnect with the design of modular elements such as ceramic tiles and others? Can novel ceramic elements be used to create new architectural forms and performances? These were the questions that guided the 2011 INHA international workshop as well as work at Harvard over two years leading up to the INHA studio.

In 2009 the Design Robotics Group (DRG[1]) at the Graduate School of Design at Harvard University was set up by the author to investigate opportunities for the use of industrial robots with a focus on design. Along with many other projects the group has produced a range of design and research studies that have been published extensively. Work in ceramics has been ongoing since 2009, primarily funded by ASCER Tile of Spain, an industry association that represents the majority of Spanish tile producers. Work on ceramics involved, among others, Nathan King (project manager), Anthony Kane (research associate), as well as numerous GSD students. Faculty collaborators include Christoph Reinhart and Panagiotis Michalatos.

Industrialization in tile production has left little if any room for the design of individualized and customized ceramic elements that are needed to support today's architectural design paradigms. The majority of tiles today are dry-pressed on large hydraulic presses, and surface finishes as well as other post-processing steps are taking place in rigid, high-volume production settings (Figures 'industrial process 1 and 2). Robots are used almost exclusively for packaging at the end

오늘날의 건축 디자인 패러다임을 뒷받침하는데 필요한 개별적이고 맞춤형 세라믹 소재 생산을 위한 타일 제품의 산업화는 거의 이루어지지 않고 있다. 오늘날 대부분의 타일은 대형 유압 프레스에서 건식으로 압축되고 있으며, 표면 마감뿐만 아니라 다른 사후 처리 단계는 엄격한, 대량생산 방식으로 이루어진다. (그림. '산업 공정' 1, 2). 로봇은 거의 대부분 생산라인의 끝부분에서 포장용으로 사용되고, 타일 생산 설비의 어디에선가 정해진 자동제어 방식을 따르게 된다. 다른 산업에서는 오랫동안 시장 동향에 쉽게 대응하는 보다 개별화된 제품 생산이어도, 더 다양하고 민첩한 생산 설비시스템을 만들기 위하여 산업용 로봇을 사용해 왔다.

DRF의 첫 연구 프로젝트는 에너지 효율적 관점에 최적화된 세라믹 차광 소재를 삼차원으로 인쇄하기 위하여 로봇을 이용한 모형 개발에 착수하는 것이었다. (그림. 세라믹 인쇄 1) DRG 팀은 "전문 교육과 상당한 연간 투자가 필요한 여러 독점적인 소프트웨어 기반을 사용하지 않는, 로봇 제작 운용체계를 위한 하나의 새로이 통합된 디자인을 개발했다. 저렴하고 일반적으로 사용되는 CAD(라이노 4.0)를 기반으로 하기 때문에, 설계 및 제작 모델은 같은 데이터 자료를 참조한다. 파라메트릭 도구들은 환경 설계 과정에 도움이 되고 산업표준 성능평가 기반에 직접 연계된다. 설정된 형틀과 관련 세라믹 적층 체계를 통해, 다양한 세라믹 차광 루버의 생산을 지원하는 독창적인 제작 방식을 사용하여 최적화된 차광막들이 생산될 수 있다."[2] 이 도구와 기술들은 하버드대학교 GSD 건물의 세라믹 차광 스크린을 만들기 위해 개발되었다. (그림. 세라믹 인쇄 2.) 개별적인 형태의 타일을 만드는 데 기존의 과정으로는 과도한 비용이 예상됨에 따라, 로봇을 이용한 3D 인쇄 기술이 실용 가능한 대안임이 증명될 것이다.

다른 연구 프로젝트로는 로봇 타일 배치 시스템의 설계와 실험이 있다. 이 프로젝트는 *"로봇 타일 배치를 위한 통합적인 디지털 공정도, 공사현장에서의 타일 표면작업을 위한 산업용 로봇들의 원격 사용을 고려한 기발한 공사 방법, 그리고 타일 산업에서 이와 같은 방식을 구현하기 위한 타당성 연구 등을 개발한다. 제안 된 방법은 경제적으로 수작업이 불가능한 독특하고, 일회성적이고, 매우 복잡한 타일 패턴 설치를 가능하게 함으로써 효율성에 초점을 맞춘 기존 방식의 한계를 극복하는 것이다. 이 연구는 로봇 및 연산 기술을 개발하기 위하여 디자인 실험을 이용한다. 여러 디자인 실험들이 개념의 증거로서 견본화 되었다. 공사 통합이나 산업 구현의 주제들은 각 분야의 전문가와의 인터뷰, 현장조사, 그리고 미국 타일 설치기준의 검토를 포함한 광범위한 문헌 조사를 통해 진행 및 발전되었다. 이 독특한 공정도는 비용 효율이 높은 라이노 프로그램을 사용하여 매우 복잡한 타일 패턴을 만들기 위한 여러 연산 방법을 포함하게 된다. 패턴 생성에는 두 가지 방법이 개발되었다. 첫째는 가중치 임의성을 도입하고, 둘째는 이미지 기반의 패턴을 생성하기 위한 비트맵 분석의 사용이다. 로봇을 사용하기 위한 로봇 암호는 통합 코드 생성기에 의해 자동 생성되고, 도구 경로(Tool path, 작업을 수행하는 데 필요한 실제 동작)의 시각화뿐만 아니라 시간과 비용 견적을 가능케 하는 새로운 통합도구를 통해 모의실험 될 수 있다.*

Ceramic Printing 2

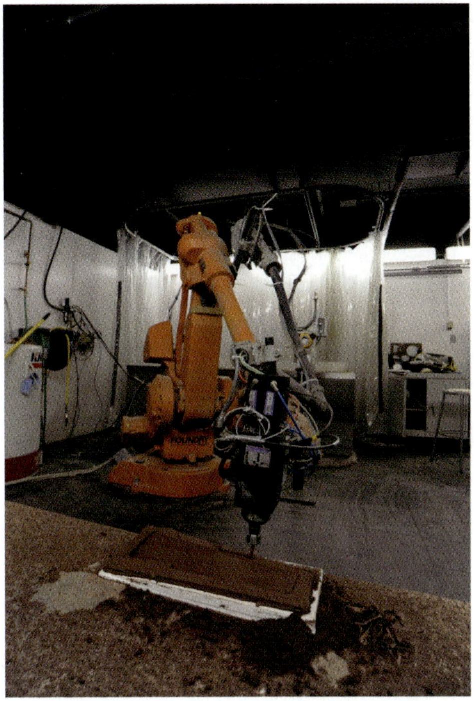

Ceramic Printing 1

of production lines, thus continuing the fixed automation approach present elsewhere in tile production facilities. Other industries have long embraced the use of industrial robots to create more versatile, agile production settings, allowing for the production of more individualized items that readily respond to market trends.

A first DRF research project created a prototypical robotic work cell geared towards 3-D printing ceramic shading elements optimized for energy efficiency and views. (figure ceramic printing 1) The DRG team "developed a newly integrated design to robotic fabrication workflow that bypasses several proprietary software platforms, each of which requires specialized training and significant annual investments. Based on a low-cost, commonly used CAD environment (Rhinoceros 4.0), design and fabrication models refer to the same data set. Parametric tools facilitate the environmental design process and tie directly into industry-standard performance evaluation platforms. Optimized shading lamellas can be produced using a novel ceramic fabrication process that supports the production of varied ceramic shading louvers via a configurable mold and the associated ceramic deposition system."[2] The tools and techniques were developed in the context of the production of a ceramic shading screen for the Graduate School of Design (figure ceramic printing 2). Traditional processes for making individually shaped tiles would be cost prohibitive. Robotic 3-D printing technologies may prove to be a viable alternative.

Other research projects include the design and testing of a robotic tile placement system. The project *"develops an integrated digital workflow for robotic tile placement, a novel construction method that allows for off-site use of industrial robotics for on-site tiled surfaces, and a feasibility study for implementing the approach in the context of the tile industry. The proposed approach overcomes the limitations of existing methods that focus merely on efficiency by enabling the installation of unique, one-off, and highly complex tile patterns impossible to install economically by hand. The research uses a design experiment to develop computational and robotic technologies. Several design studies were prototyped as a proof of concept. Issues of construction integration and industry implementation were researched and advanced through interviews with experts in the field, field studies, and an extensive literature research that includes a review of U.S. tile installation standards. The novel workflow includes several computational approaches to the generation of highly complex tile patterns using the cost-effective RhinocerosTM platform. Two methods of pattern generation were developed. The first introduces weighted randomness and the second is uses bitmap analysis to generate image-based patterns. Robotic code for the running of a robotic work cell is created automatically by the integrated code generator and can be simulated through a newly integrated tool that permits tool path visualization as well as cost and time estimates.*

이 논문은 특정 재료의 조합을 제시하면서, 미리 타일로 제작된 패널에 대한 수송과 공사 전략을 설명하고 있다. 초기 타당성 조사는 기본 매개 변수, 예를 들면 설치, 배치 회수, 그리고 접착제 사용과 같은 사항들을 식별한다. 이 연구는 상당히 복잡한 패턴을 가진 틈새 타일 상품의 추정가를 근간으로 특정 시공 현장의 상황에 맞춘 기초적인 비용의 한도를 추산한다. 로봇에 의한 타일의 배치는 궁극적으로 타일 생산 장소에서 특수한 타일 패턴들을 이동 설치함으로써 타일 생산자의 부가 가치를 증대한다."[3] (그림. 로봇 타일 설치)

타일 업계와 공동으로 이 연구를 진행하는 동안, 저자는 세라믹 소재의 개별 생산에 산업용 로봇을 접목하기 위해 새로운 전략의 필요성을 역설하면서 하버드대학교 GSD에서 몇 가지 수업을 진행하였다. 다음 프로젝트들은 2011년 가을 나탄 킹과의 공동 수업에서 만들어 낸 것들이다. 여기서 학생들은 특히, 재료와 관련된 물리적, 미적 성질, 제작 및 조립 방법 등과 같은 측면을 포함한, 재료 시스템으로써 세라믹에 대해 구체적으로 생각해 보았다. 생산측면에서 로봇의 전략적 활용을 통해서 세라믹 제품들을 개별화하려는 한 학기 동안의 연구 프로젝트였다. 강의의 개요는 아래 계획서와 같다: "이 수업은 혁신적인 건물 부품과 구성 체계를 추구하며, 재료의 속성과 관련 공정을 가진 디자인 및 연구전략을 탐구한다. 혁신적인 시공기술의 사용을 강조하면서, 이 세미나는 선례들을 이해하고, 목표를 정의하고, 재료의 원리와 제작 중심의 연구를 이해하기 위한 방법으로써 실험적인 디자인을 발전시키는 하나의 유도된 학생 연구로써 구성된다. 일련의 과정 중에서 첫 번째로, 이번 학기 강의에 중점이 된 재료 및 프로세스는 점토 기반의 세라믹이다.

다른 여러 요소들과 더불어, 재료들은 오랫동안 건물 부재 디자인에서, 궁극적으로는 건축의 개념 안에서, 하나의 핵심적 고려 사항이었다. 많은 재료들이 오랜 기간 동안 변한 것이 없는 반면, 어떤 재료들은 최근에야 이용 가능하거나 혹은 새로이 막 등장하고 있다. 재료 자체 및 재료를 끊임없이 진화하게 만들어준 이용 가능한 공정들과 더불어 새로운 공정들과 기술들이 등장하고 있다. 재료와 다른 관련 시공 공정의 진화는 개선되거나 혹은 완전히 새로운 응용을 추구하며 디자인 접근방식의 지속적인 재고를 요구한다.

Robotic Tile Placement

세라믹은 건축 재료로써 오랜 역사를 가지고 있다. 어디에서나 흔히 볼 수 있는 이러한 세라믹 타일의 우월성은 로봇을 이용한 시공 그리고 조립 공정이라는 새롭게 등장한 방식에 의해 새로운 도전에 직면하고 있다.

세라믹은 특히 혁신적인 제작 기술이 반영된 다양한 생산방식이 이용 가능하게 됨에 따라, 아주 다양한 형태로 구현될 수 있다. 공예기반의 제조과정과 점토 기반의 세라믹 대량 생산체계는 컴퓨터와 로봇을 이용한 생산 기술에 영향을 받아오고 있다."[4] 학생들의 과제는 두 단계로 구분된다. 첫 단계에서 학생들은 구축성, 살아있는 벽,

The paper describes the logistics and installation strategies for pre-tiled panels along with recommending specific material combinations. An initial feasibility study identifies fundamental parameters, for example set up and placement times, and adhesive application. The study allows an estimation of basic cost parameters in the context of specific construction markets, based on an assumed value of a niche tile product that employs highly complex patterns. Robotic tile placement ultimately adds value for tile producers by moving installation of specialty tile patterns to the place of tile production." [3] (Figure robotic tile placement)

While conducting funded research in collaboration with the tile industry, the author also offered several courses at Harvard GSD, addressing the need to devise new strategies for integrating industrial robotics in the individualized production of ceramic elements. The following projects were produced in a class co-taught with Nathan King in the fall of 2011. Here, students were specifically challenged to think about ceramics as material system, thus include all relevant aspects of the material - its physical and aesthetic properties, the means of production and assembly - in a semester-long research project on individualizing ceramic products through a strategic robotic intervention on the production side. The syllabus outlines the approach as follows: "This class explores design and research strategies that forefront materials - their properties and associated processes - in the quest for innovative building components and systems. Emphasizing the use of innovative fabrication technologies, the seminar is structured as a guided student research exploration that understands precedents, defines objectives, and develops an experimental design as a way to understand the principles of material and fabrication focused research. As a first in a series of courses, the material and process focus for this semester's course is clay-based ceramics.

Materials, along with other factors, have long been a key consideration in the design of building components and, ultimately, in the conception of architecture. While many materials have changed little over their long history, others have become recently available, or are just emerging. Along with materials themselves, the available processes to shape them evolve constantly, and new processes and technologies emerge. The evolution of materials and their related fabrication processes require a constant re-thinking of design approaches in the quest for improved or even completely new applications.

Ceramics have a long history as material in architecture. The dominance of the ubiquitous ceramic tile is now challenged by newly emerging ways of robotically manipulating the fabrication as well as the assembly process.

Ceramics offers a great diversity of forms and shapes due to the availability of different production methods and, most importantly, in reflection of innovative fabrication technologies. Craft-based manufacturing and high-volume industrial production of clay-based ceramics are both affected by digital and robotic fabrication techniques."[4] Student's assignments were structured in two phases: "In a first phase students are asked to conduct background and precedent research on case studies in ceramics that explore the themes of tectonics, living walls, printing ceramics, as well as hybrids. Associated with these research studies will be hands-on experiments in the ceramics lab and at

세라믹 인쇄, 혼용 등의 주제를 탐구하기 위하여 세라믹에 대한 선행연구와 배경 연구를 진행해야 한다. 이러한 연구와 관련한 것이 GSD 세라믹 연구실에서의 실질적 실험들일 것이다. 이 연구들은 제품과 관련 공정의 맥락에서 재료의 특수성을 연구하고 실험적 디자인 제안을 위한 준비 단계이다. 이러한 실험들은 창의적인 방법으로 디지털 제작 기술과 물성간의 관계성을 조사하기 위한 것이다. 실험적 작품들은 학생들의 연구 주제에 답하는 방식으로 만들어질 수 있다."[5]

프로젝트의 도입부 다음에 나오는 5개의 작품은 이러한 도전에 대한 다양한 반응들을 기록하고 있다. 일부는 과정을 중시하고, 일부는 제품을 만드는데 중점을 둔다. 그러나 모든 도전들은 세라믹 부품의 디자인을 위한 개념들로 설정된다. 어떤 방법이든 간에, 모든 프로젝트는 디자인 혁신의 큰 견인차로써의 그 성과를 다룬다.

이번 인하대학교에서의 워크숍은 제품 개발보다는 건축적 측면에 더 초점을 맞춘 접근을 시도했다. 저자는 참가자들에게 세라믹 모듈의 가능성, 한계들, 표현 잠재성에 대한 이해를 통해 건축적 공간과 형태를 재창조하도록 하면서, 문제에 대한 접근방식을 상당히 개념적 수준에서 작업하도록 독려하였다. 학생들이 가지고 있는 디자인적 의문을 설명하는데 물리적 모형을 사용할 것을 권장하였다. 컴퓨터를 사용하거나 혹은 구체적 모형을 통한 실험을 하든지 간에 모두 이번 설계수업의 가장 기본적인 부분이며, 건축적 발명을 하는데 있어 중요한 수단이 된다.

the GSD. These studies serve as preparations for experimental design proposals that study the particularities of the material in the context of its related processes and productions - the material systems context. These experiments are to investigate the intersection of materiality with digital fabrication technology in creative ways. Projects and contexts can be crafted to respond to and inform student's research agenda."[5]

The five projects following this introduction document different responses to this challenge. Some are processed based, some are product based, but all challenge established notions for the design of ceramic pieces. All projects deal, in one way or other, with performance as a major driver of design innovation.

The INHA workshop took a slightly different approach, focusing more on the architectural scale than on product development. Again the author encouraged the participants to think in a bottom-up way, thus reinventing architectural space and form from the understanding of the ceramic module - its abilities, limitations, and expressive potential. Students were encouraged to use physical prototypes to inform their design inquiry. Experimentation - digital or physical - was a fundamental part of the studio experience, and instrumental in the pursuit of architectural invention.

Martin Bechthold

주

01. http://research.gsd.harvard.edu/drg/
02. M. Bechthold et al: "Integrated Environmental Design and Robotic Fabrication Workflow for Ceramic Shading Systems" in.: Proceedings of 28th International Symposium on Automation and Robotics in Construction (ISARC2011). Seoul. 2011.
03. King, N. et al: "Robotic tile placement: Tools, techniques, and feasibility" in ISARC 2012 Proceedings, Eindhoven, June 2012.
04. Syllabus for GSD 6429 Material Processes and Systems, Martin Bechthold and Nathan King, 2011.
See note (3)

WORK 01

: Tectonics Tessellation: Ceramic Shell

Project Authors
Matias IMBERN, Felix RASPALL, Qi SU

Structural surfaces are extremely efficient in the use of materials and have a unique expressive quality. However, complicated manufacturing involving expensive formworks, excessive waste and intensive hand-labor, turned into major limitation as labor cost augmented, environmental issues became evident and craft skills diminished. Today, digital tools for design and fabrication require a revision of these limitations, taking advantage of fast and precise study of complex-form structures and automation of construction and assembly.

This research proposes a construction process for ceramic shells that reduces the requirements for formworks, on-site work and waste production. The process involves a two-step fabrication approach including off-site panel manufacturing and on-site assembly.

The construction system consists of two interlocking triangular pieces embedded in a thin reinforced concrete layer. The ceramic elements form a smooth inner surface finish and provide compression resistance. The construction of panels, produced in a shop environment, follows the following sequence: use of an adjustable and reusable formwork system to receive the triangular pieces, robotic placement of the pieces and casting of the first layer of reinforced concrete between the pieces. The panels are then delivered and placed on site, interlocked and connected with a second layer of concrete, continuous throughout the shell.

The research methodology included precedents study, design and prototyping of pieces and assembly sequence and a final full-scale prototype of two panels to test the panel connection. The results of this study show the feasibility of this approach to shell fabrication, and sets the ground for further development which will include structural analysis, concrete-casting automation and reusable formwork development.

Large Scale

The proposed system aims to create structural surfaces including compression only and shells.

Compression Only Structures

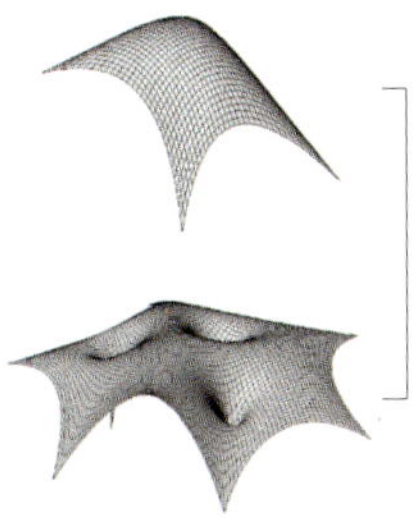

Shell Structures

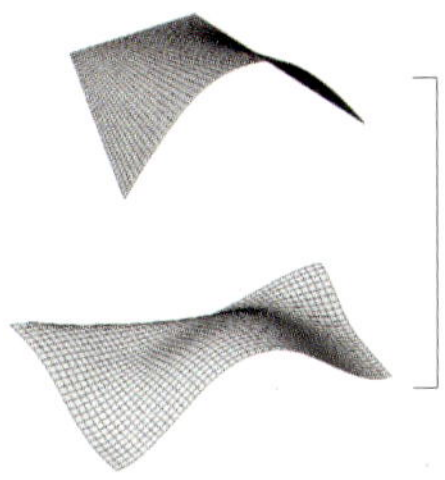

Panel Scale

The structure is subdivided in parts that are fabricated and mounted on-site.

Panelization of the Structure

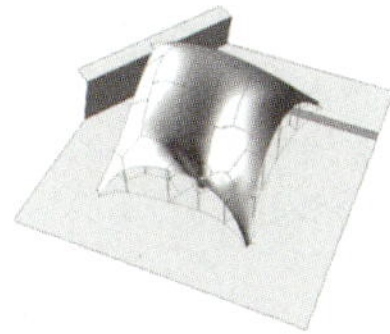

Simple Scaffolding

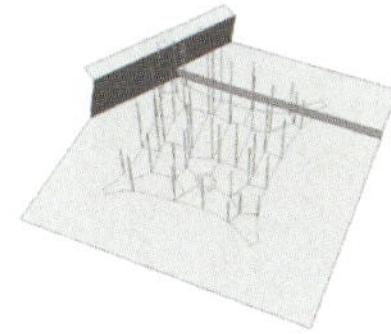

Self-supporting Panels

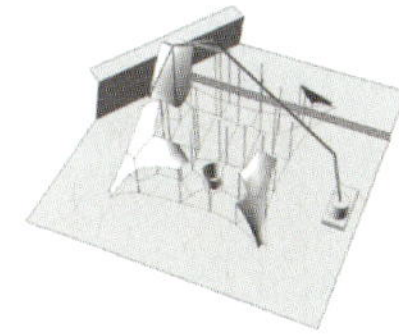

Module Scale

The proposed system aims to create structural surfaces including compression only and shells.

Module Geometry

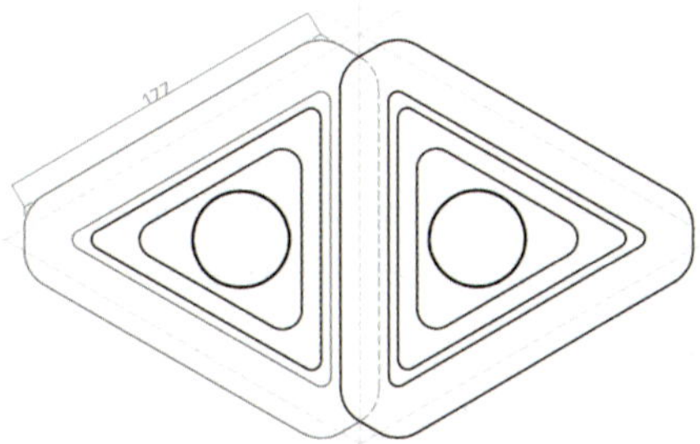

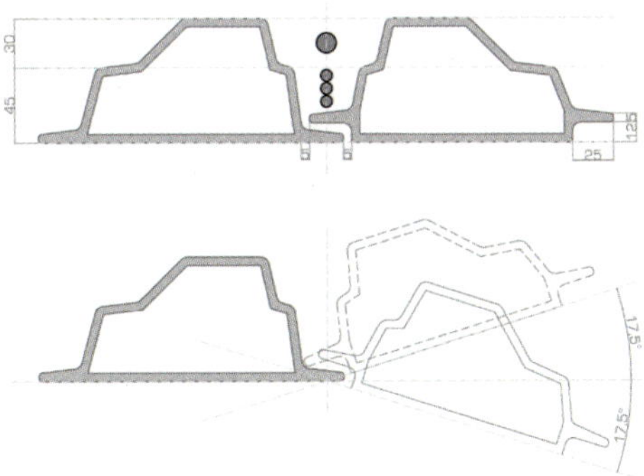

Modules - Sizes and Overlapping

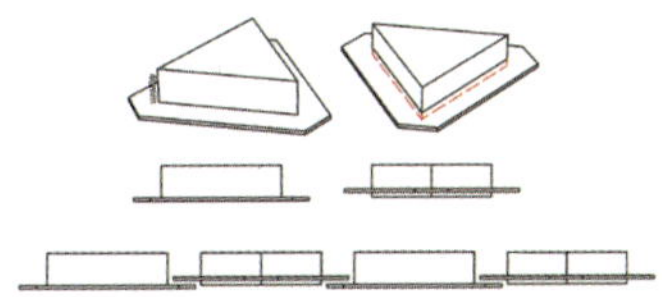

Flexible Hexagonal Grouping

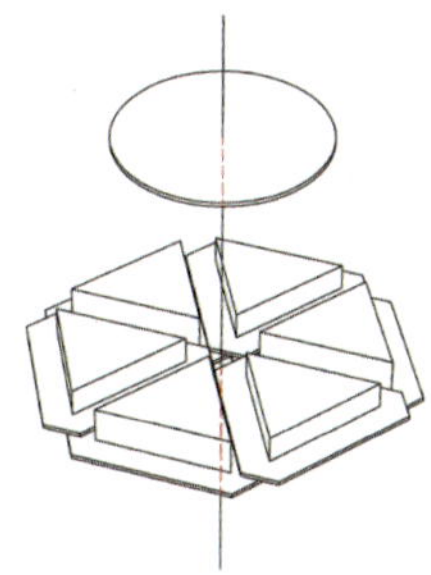

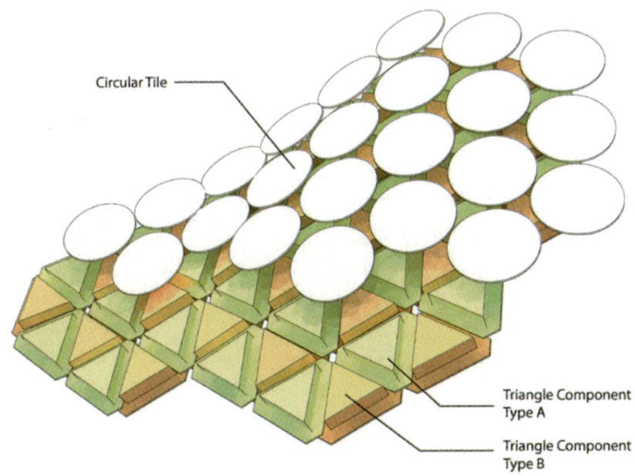

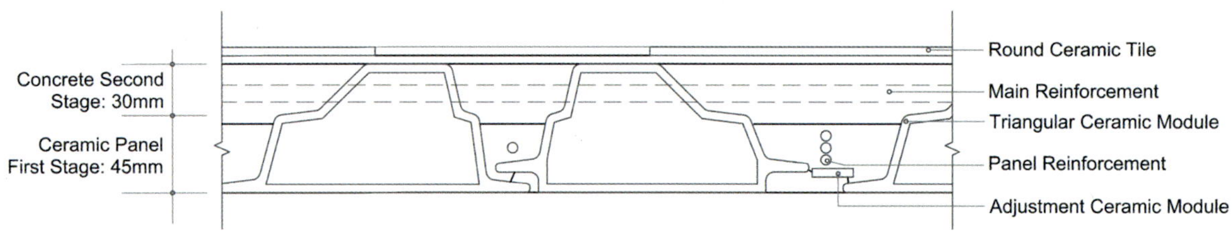

Concrete Second
Stage: 30mm
Ceramic Panel
First Stage: 45mm
Round Ceramic Tile
Main Reinforcement
Triangular Ceramic Module
Panel Reinforcement
Adjustment Ceramic Module

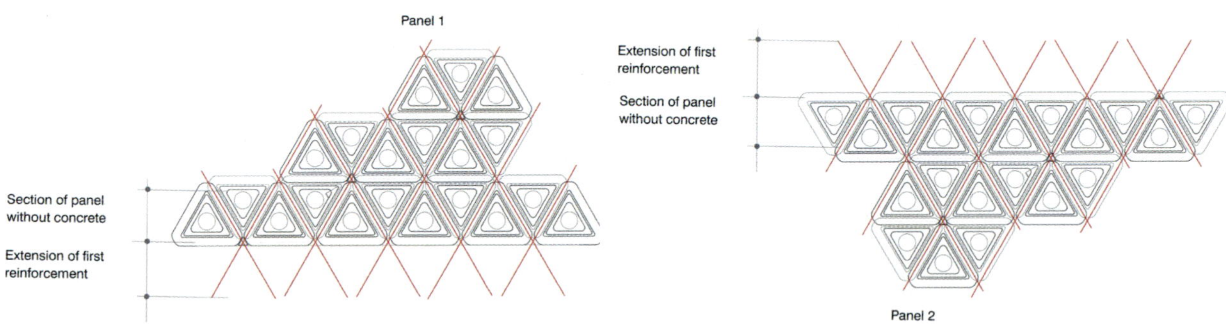

Panel 1
Section of panel
without concrete
Extension of first
reinforcement
Extension of first
reinforcement
Section of panel
without concrete
Panel 2

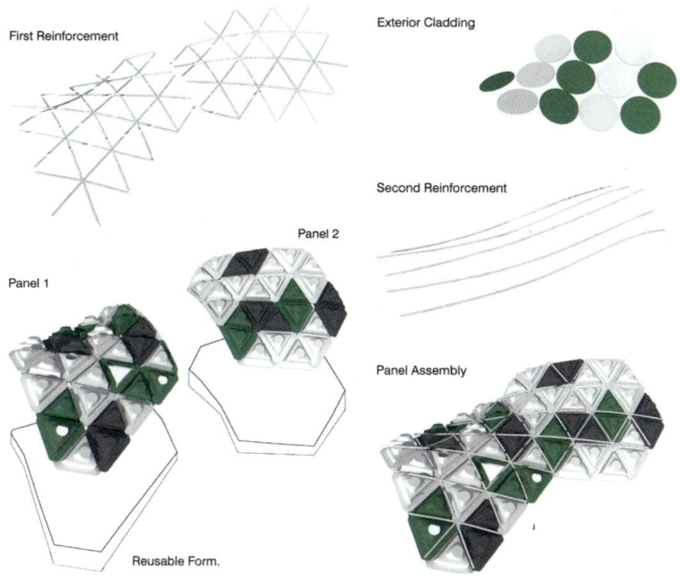

Mock Up Model

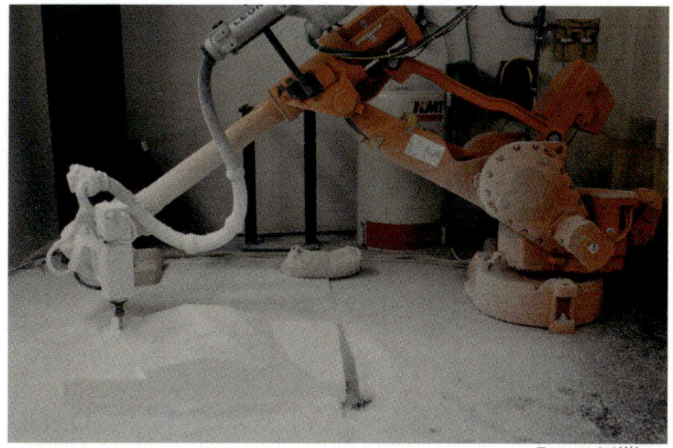
Foam Milling

Concrete Test

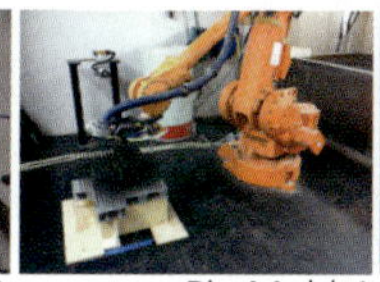
Pin Mold-1

Pin Mold-2

Module Scale

Weight estimation

	Hexagon [m2] 0.118	Per Square Meter [m2] 1	Whole Structure [m2] 31.2
	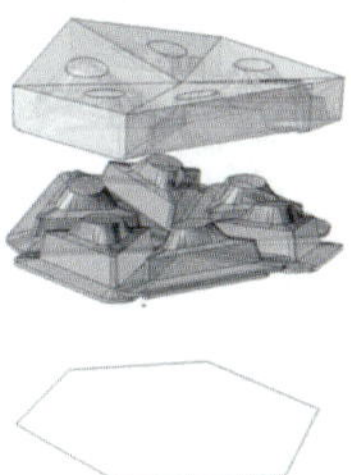	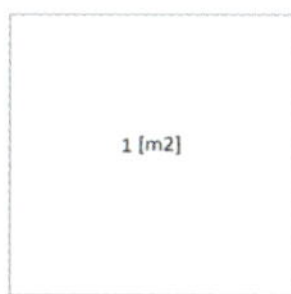	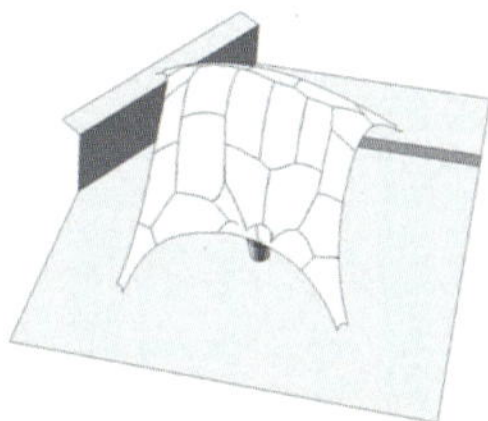
Concrete			
Volume [m3]	0.0041	0.0347	1.1
Weight [kg]	9.84	83.4	2601.8
Ceramic Modules			
Number [u]	6	50.8	1586.4
Volume [m3]	0.0036	0.0305	1.0
Weight [kg]	5.17	43.8	1367.0
Total Weight [kg]	15.0	127.2	3968.7

Assembly Sequence

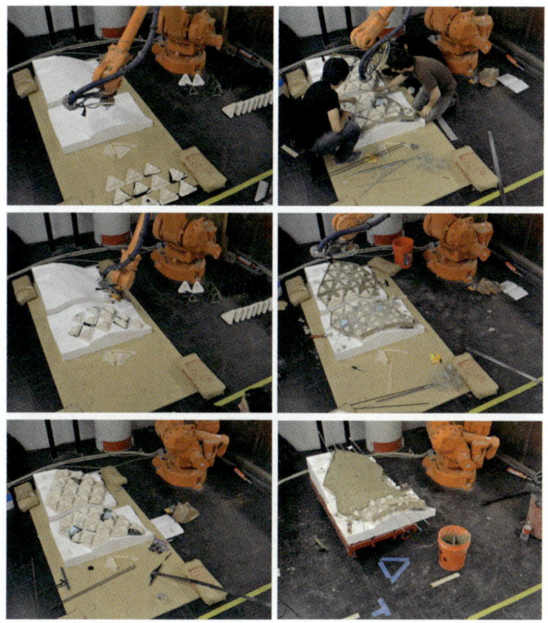

Mock Up Pieces Wood

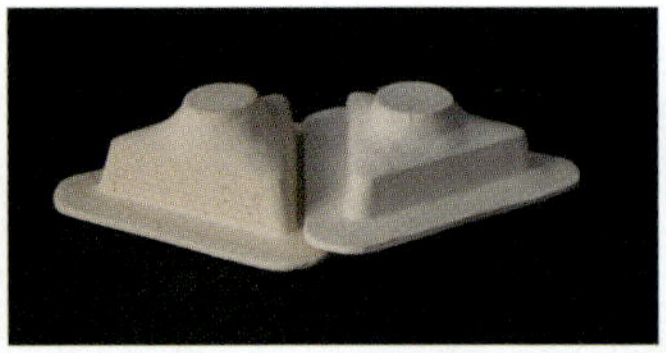
Ceramic Module

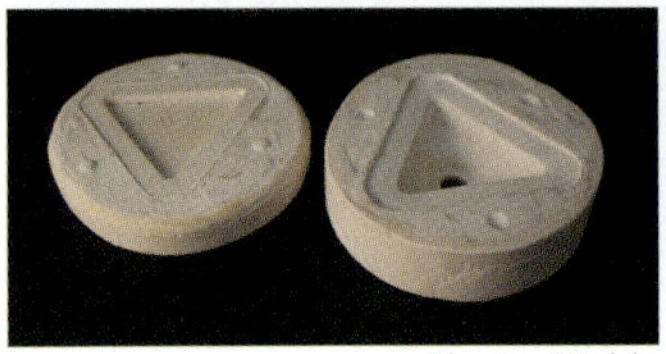
Plaster Molds

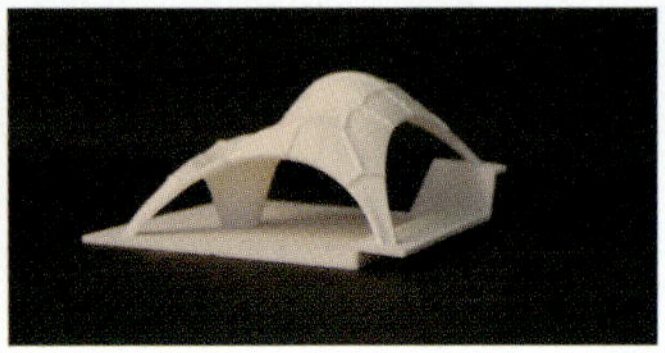
Large Scale

Final Prototype

WORK 02

: Flowing Matter

Project Authors

Stefano Andreani, Jose Luis Garcia Del, Aurgho Jyoti

Traditionally, complexly shaped brick and ceramic tile assemblies, such as vaults, domes, or curved walls, were constructed with the use of intricate scaffolding systems that guided and temporarily supported the modular assembly. Constructed by highly skilled masons, this approach is difficult today as skilled craftspeople are increasingly difficult to find, and labor costs far dominates over material costs in the construction of complexly shaped architectural forms. Advanced design and fabrication approaches, on the other hand, have transformed the production environment of ceramic tile and brick fabrication into a faster, cheaper and more precise process, and these environments lend themselves to the integration of industrial robots.

This research project aims to bring the practice of building ceramic tile and brick structures closer to the contemporary production context by proposing a revision of a well established production method -clay extrusion- and informing it with deep computational design and numerically controlled fabrication methods. In particular, the extrusion process combined with highly controlled robotic wire-cutting would allow for the serialized production of mass-customized ceramic elements, with shapes following ruled geometries. The objective of the block shaping is to inform the assembly sequence and construction process through the geometric specificity of each block, allowing for an easier and more precise interlocking assembly. This study develops the design to production prototype of this approach, generating a number of prototypical parts as a proof of concept.

Array of mass customised serialised components generated through robotic wire cutting

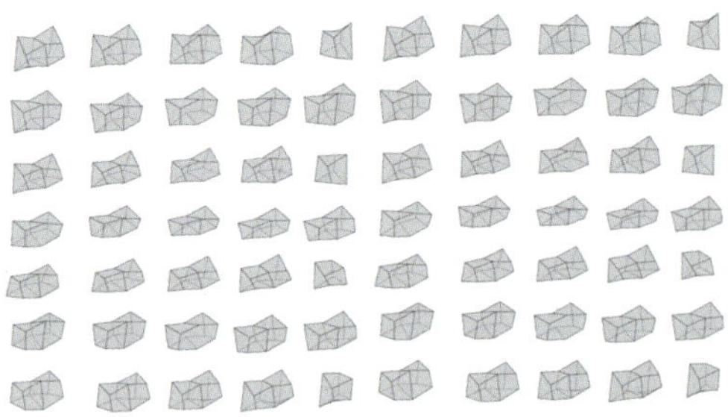

Inter-locking Geometry
- locally embedded geometric intelligence of global form

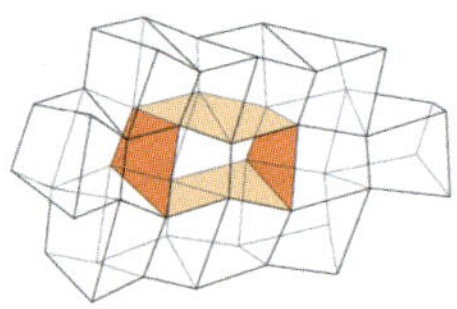

Sub assembly of a structure with custom shaped interlocking components

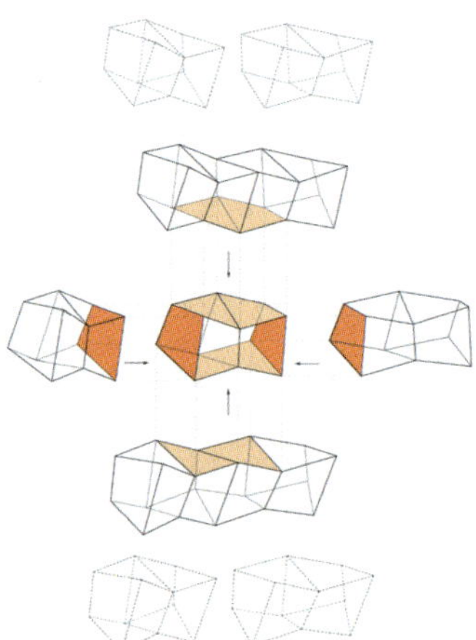

Process aggregation - exloded axonometric view of a module with its neighboring components

Structural Enhancement
- Increased shear resistance

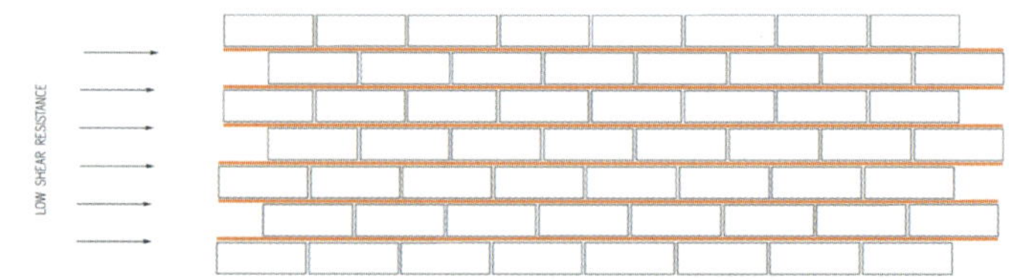

Parallel planar seams - standard brick masonry construction

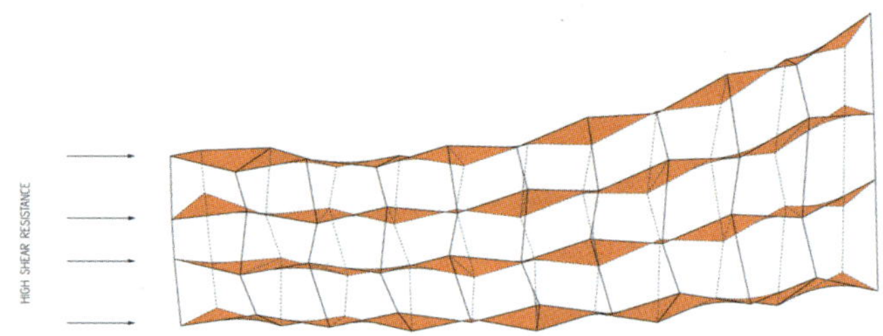

Volumetric seams - customised ruled surface geometry ceramic component construction

Design Possibilities
- Surface patterning through seams

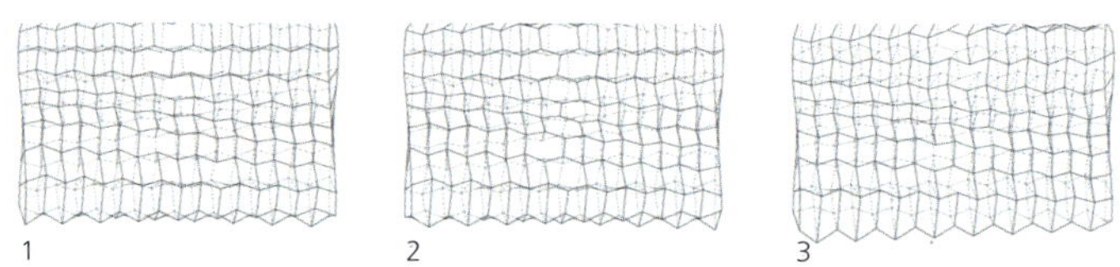

Surface patterning variations

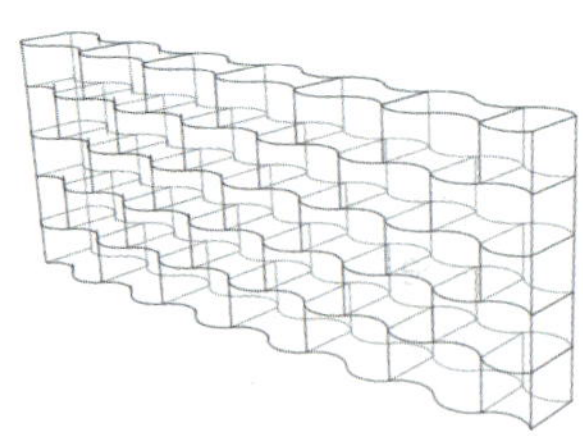

Ruled surface geometry skin

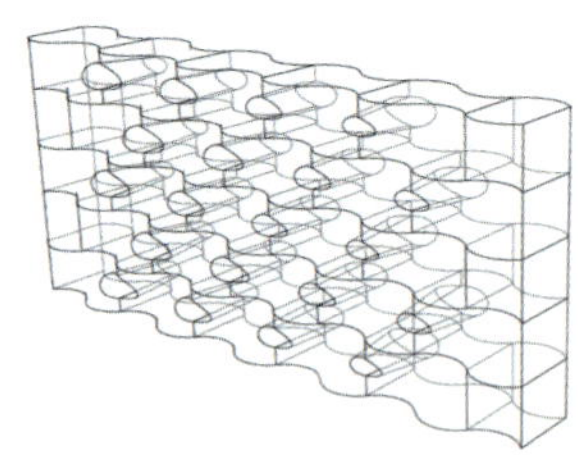

Apeture generation - varying surface porosities + screening system

Proposed Ideal Industrial Process
- Real life scenario

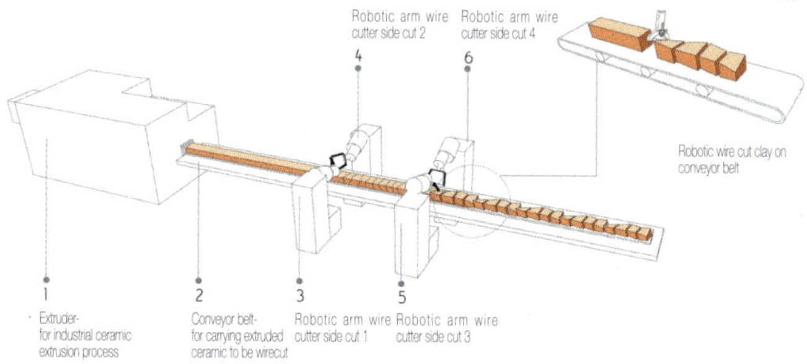

Robotic Cut

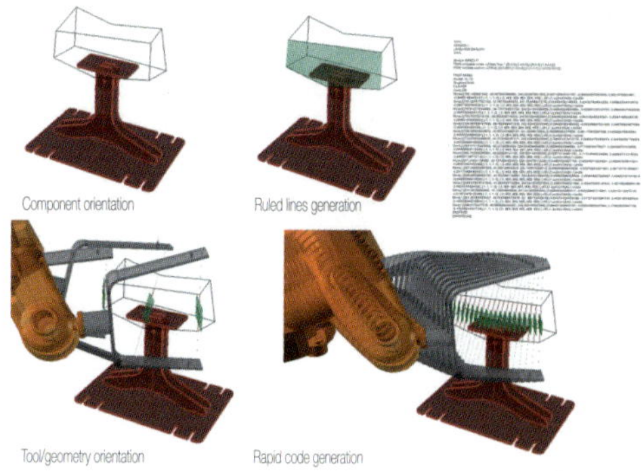

Simulation of Industrial Process at Fabrication Lab GSD

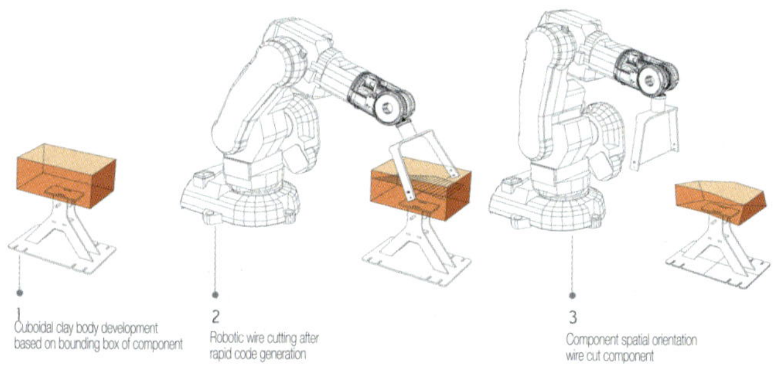

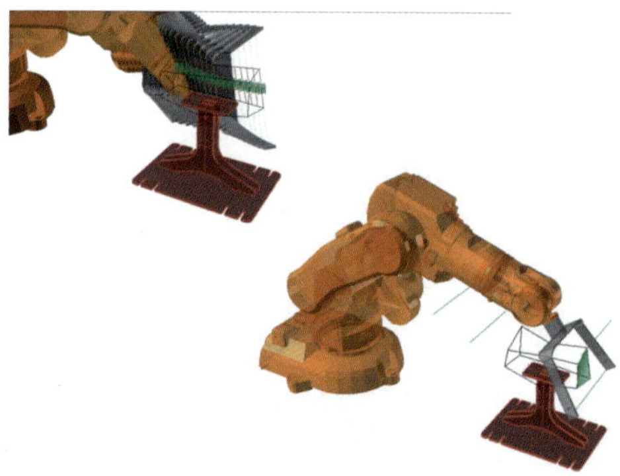

Ceramic Module & Composition

Prototype A

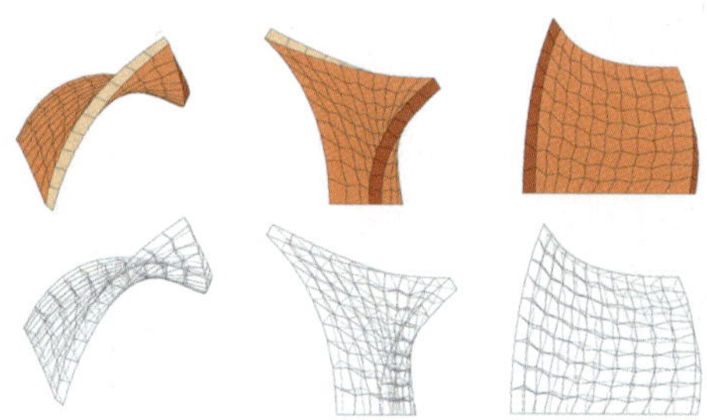

Prototype B

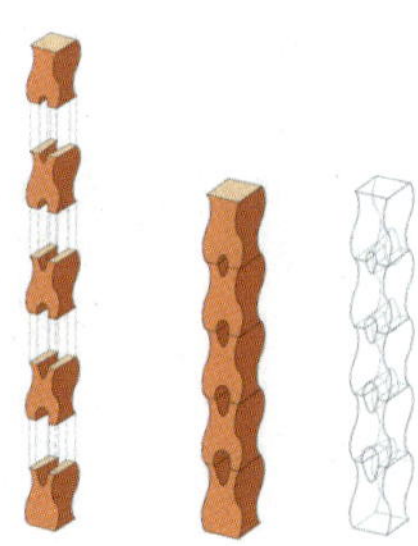

Prototype C

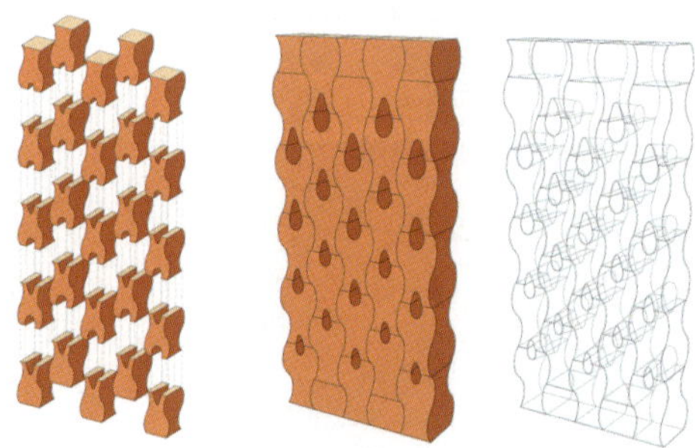

Image

Literation A

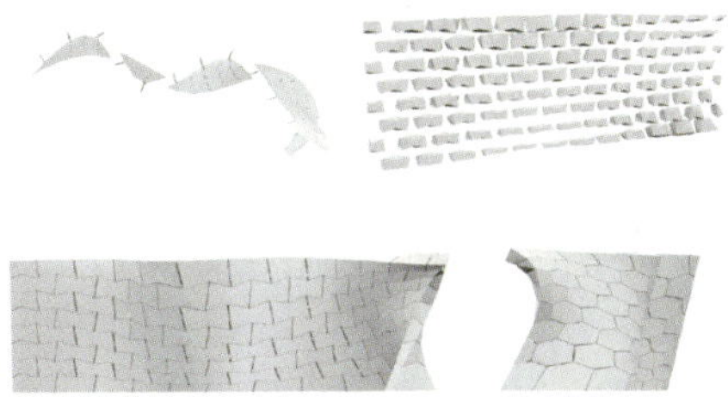

Literation B

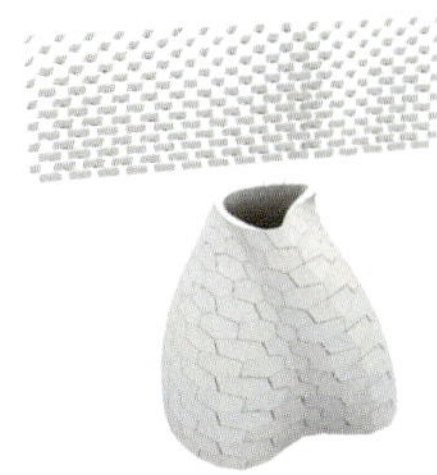

Literation C

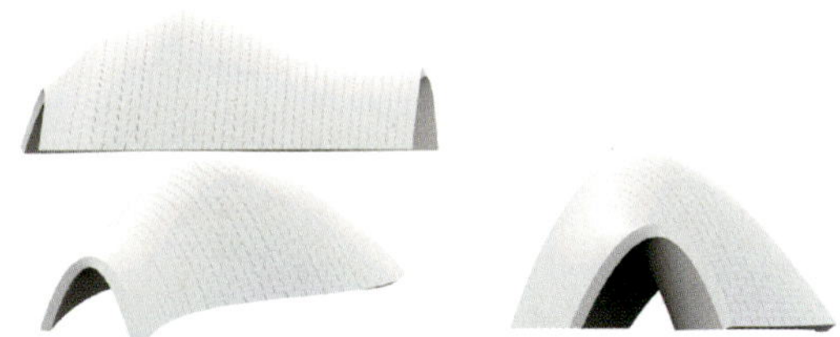

Process Workflow

1

2

3

4

Algorithm Development

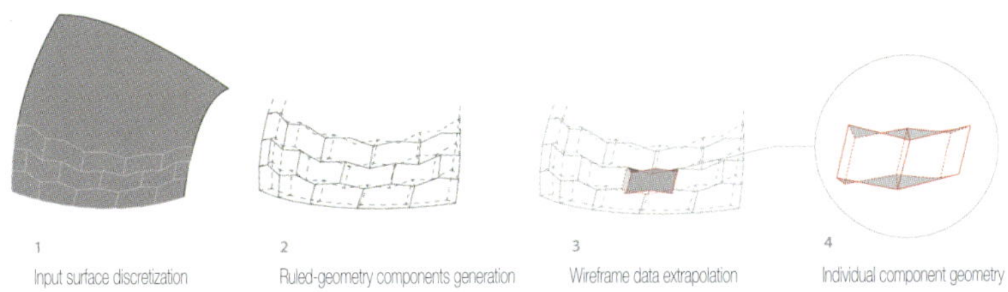

Mock Up Model

WORK 03

: Sky Garden: A Prototype for a Green Ceiling

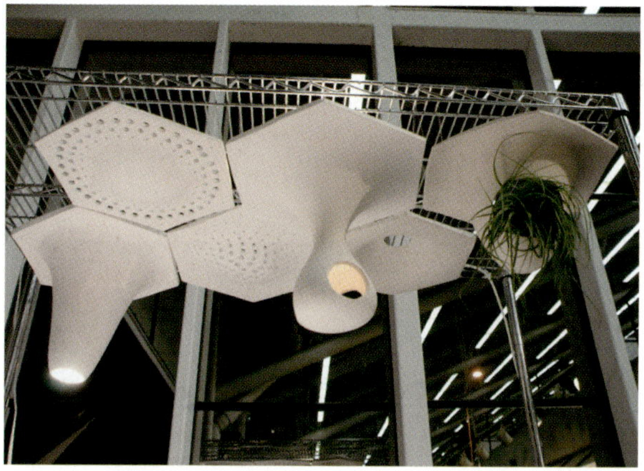

Project Authors

Thomas Wortmann, Mi-Jung Kim, Kennan Rankin

Sky Garden is a prototype investigating the potential for an alternative suspended ceiling in an open space office environment through the use of ceramic module ceiling elements. This system produces more sustainable outcomes than the typical suspended ceiling systems that exist in most office buildings. Firstly, ceramics has a high thermal mass capacity which makes it a good candidate for a passive cooling system. It is durable, fire-resistant, and also has the potential to be recycled to be used as aggregate in other applications such as in making concrete.

Secondly, the proposed system includes the ability to house plants, which creates an opportunity for producing a green ceiling in a typically unutilized space. The plants in turn can contribute to interior air purification.

Recently, ceramic exterior wall elements for housing plants have been developed as so called 'Green Walls'. This has been paralleled by an increased sensibility for 'natural' and 'sustainable' ventilation practices. There is a growing number of air-purifying modules for indoor application that rely on plant-based purification, reflecting the desire to "clean" or "naturalize" interior air. This is evident in projects such as The Center for Architecture Science and Ecology's Active Modulor Phytoremediation System where airflow is encouraged across an interior green wall to filter interior air. This increase in filtration capacity reduces the demands for HVAC air intake in heavily polluted climates (CASE). The success of this project reveals the sustainable potential of our system as well. Another benefit of having this greenery other than improvements in air quality with the reduction of load on the HVAC system is the regulation of humidity. To water the plants from above, a system of pipes will supply the plants with humidity, and also act as a passive cooling device for the ceiling.

Module Type

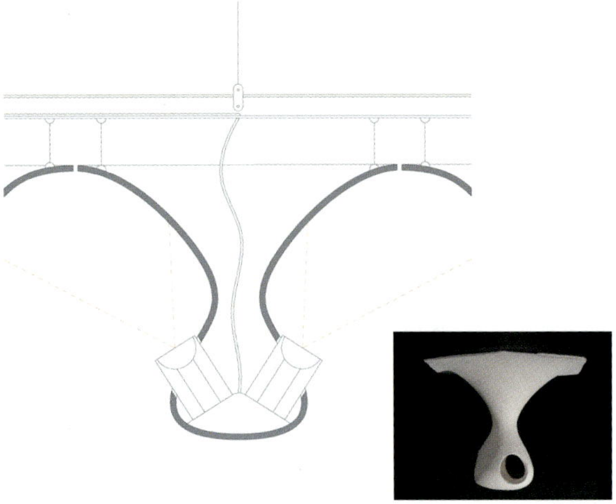

Ambient

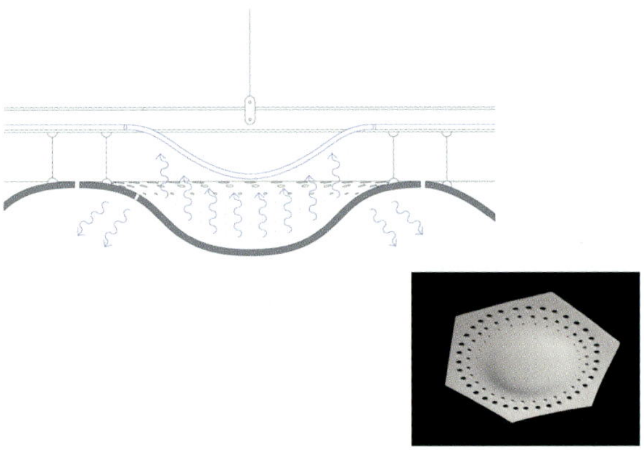

Evaporator

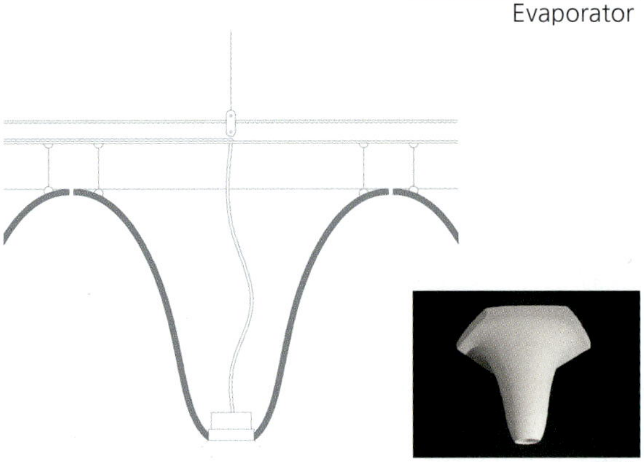

Task

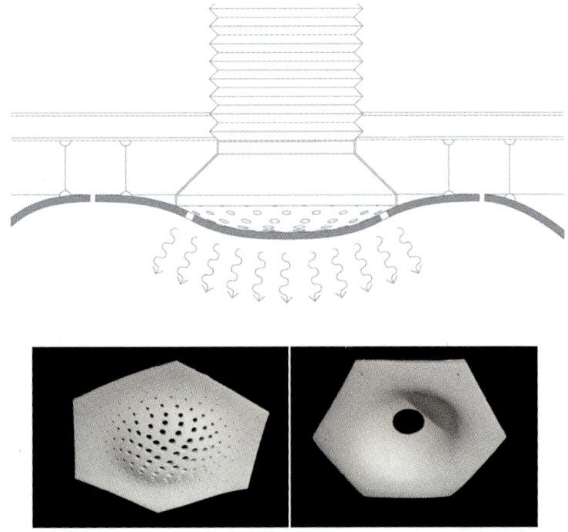

HVAC

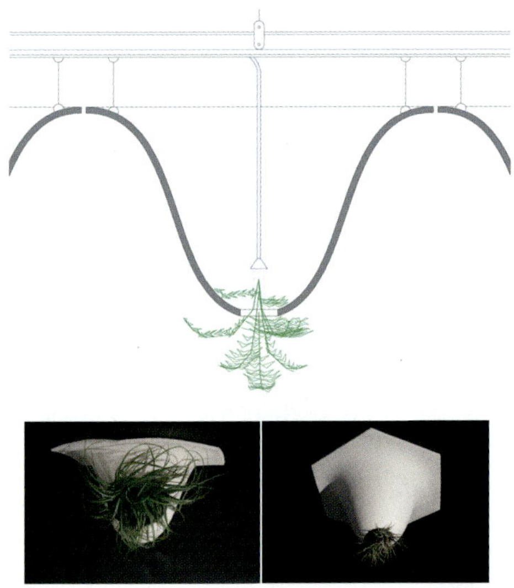

Plant

Production Process

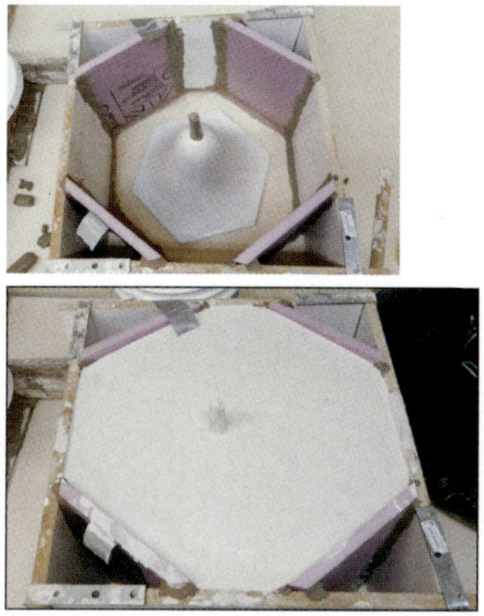

#1

#2

#3

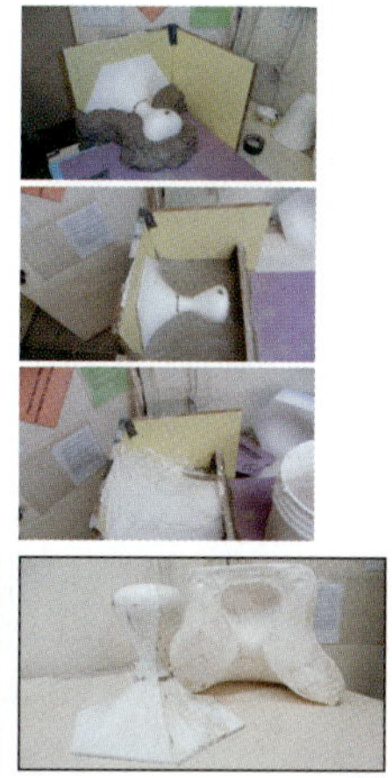

#4

Final Installation

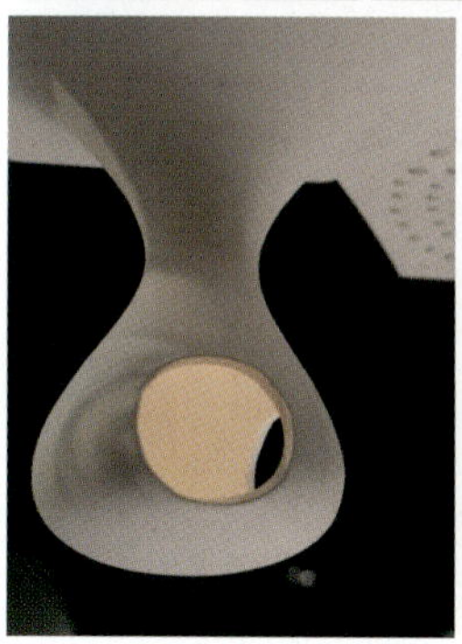

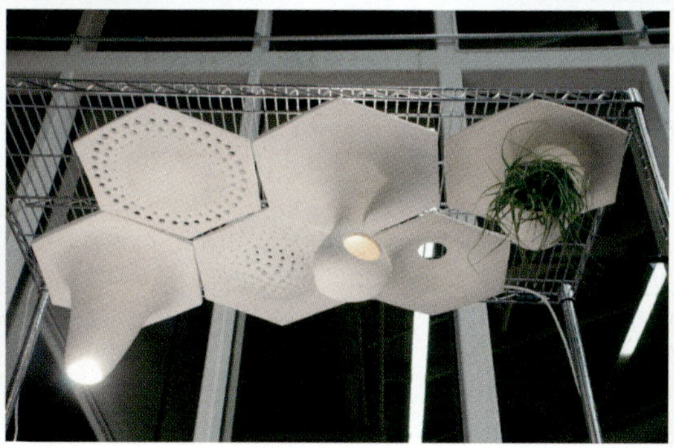

WORK 04

: Radiant Hydronic Ceramic Surfaces

Project Authors
Linda Zhang, Jenny Hong

Radiant Hydronic Ceramic Surfaces explores the potential in clay-based ceramics to create innovations in building components and building systems through material-based design strategies informed by innovative fabrication technology. Specifically, it exploits the plasticity of the clay medium and indirect fabrication technologies in order to redefine the conventional hot water radiator while concurrently reducing the fluid temperature requirements through increasing surface area. Reducing the required temperature allows for increased efficient, reduction of energy consumption and relies on the wall as a thermal mass for heating. Secondly, we recognize that there is a general lack of design options addressing radiators within the industry.

As a result, the project proposes a reconceptualization of the radiator as the focal point of a space with a clear design intention. We aim to combine design desires and the functional requirements of a radiant wall system into a holistic system which addresses four issues: energy consumption, material properties of clay, fabrication process and a design agenda. Our proposal consists of a single module which, through its aggregation, becomes expandable and creates visual complexity, rendering the individual module illegible. The module is produced through CNC-milling and slip casting with plaster molds. CNC machine tool paths are used as a surface pattern which acts as fins for the radiant wall to increase surface area. Slip-cast was selected as a fabrication method in order to exploit the plasticity of the medium which allowed us to investigate notions of surface container rather than pipe, also to increased surface area.

Pattern Concept

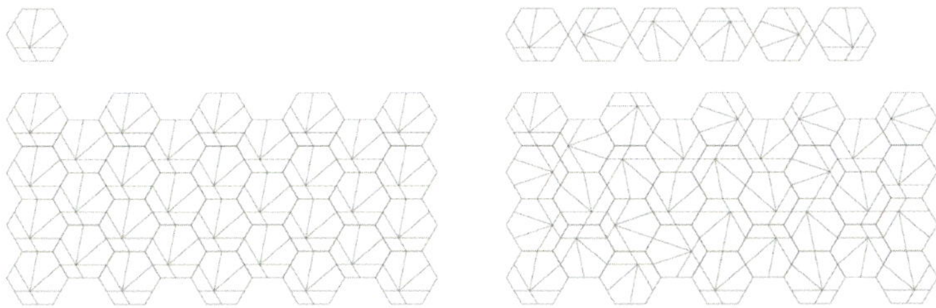

Water Flow

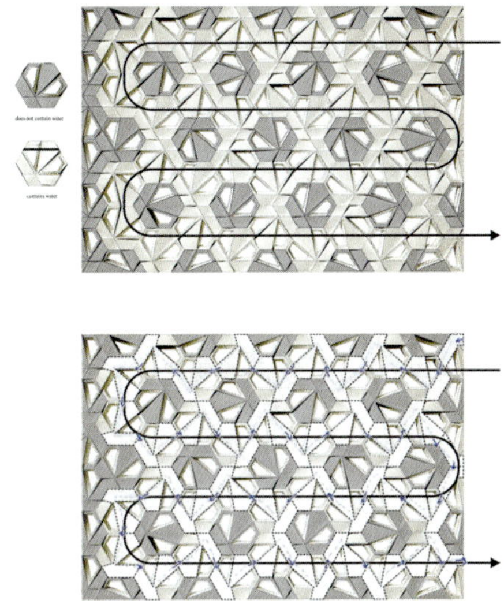

Modular Expansion

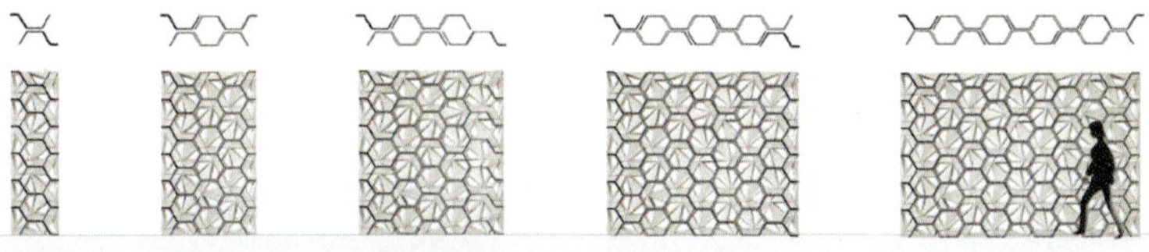

Mock Up Model

Stuructural Detail
-Assembly Sequence + Structural Components

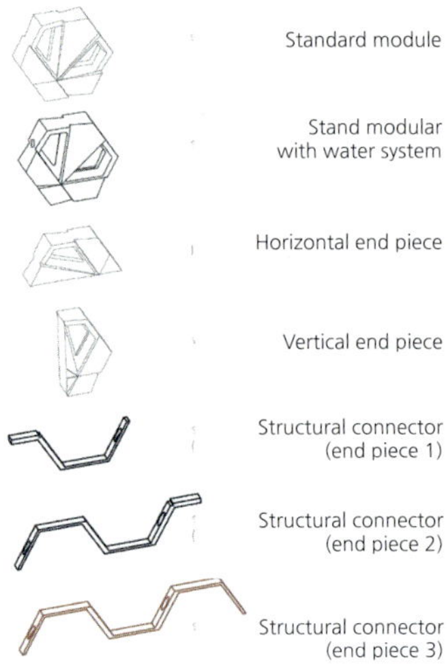

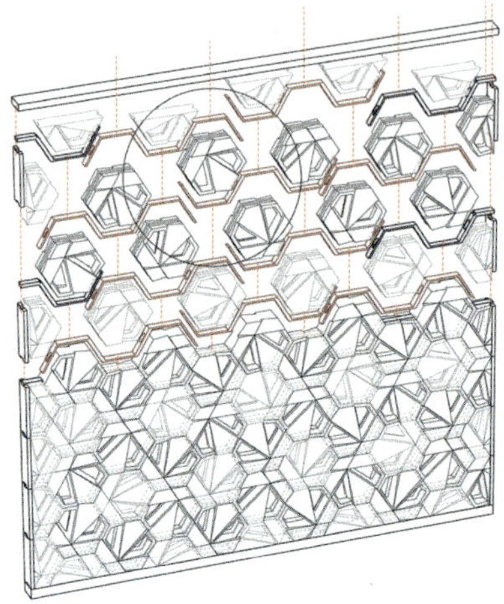

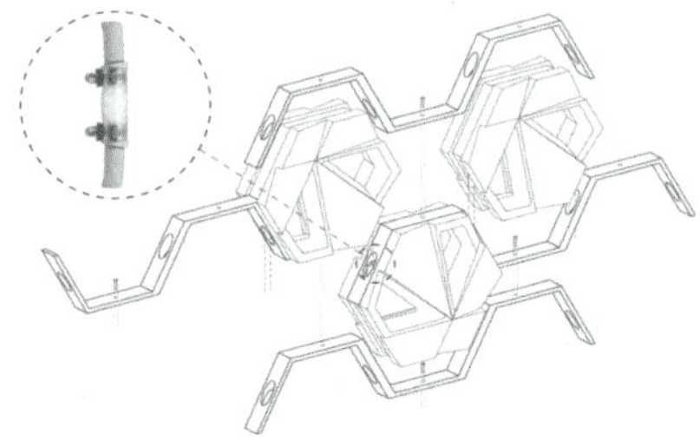

3D Printing

Application

WORK 05

: Cellular Environmental Living System

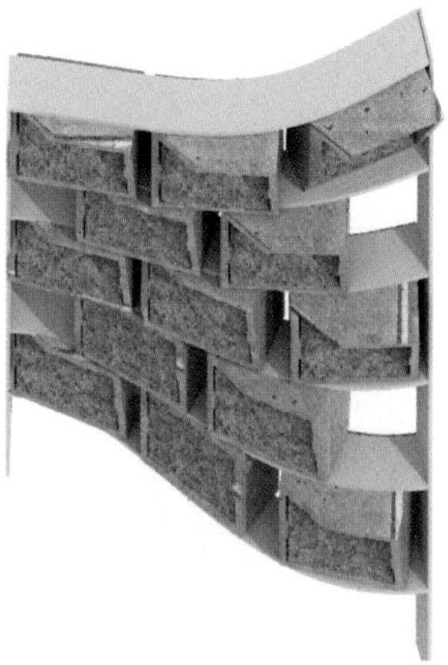

Project Authors

Amaia Puras, Tim Sullivan, Ho Kan Wong

This project develops a ceramic element that is specifically configurable to support the growth of moss, a plant with very specific needs in terms of day light exposure, humidity and wind. In order to correctly customize the modules of the green wall to provide the moss with the most suitable environment, parametric digital design was used as a tool to transform all relevant climatic variables into module geometry. The development of the parametric logic involved conducting a series of solar radiation simulations to check the exposure of each part of the wall. Depending on the orientation of the wall assembly its ceramic surfaces need to have different angles of exposure to the sun in order to support moss growth.

The project objective is to use conventional materials such as ceramics, but take advantage of advanced robotic manufacturing techniques to generate variable forms. Specific compositions of the ceramic clay body can generate appropriate substrates for the growth of moss.

A green wall should not just be an ornamental element or a screen façade, instead, it can be a self-supporting architectural component that defines spaces. By combining green wall design, the environmental analysis, hybridized materials, parametric geometries and digital fabrication we can customize the design of a green wall to fulfill special requirements and provide a microclimatic adjustment.

Image

Unit Composition

Elevation

크리티컬 매스

CRITICAL MASS

크리티컬 매스

아날로그 모의실험

디지털 문제들(Digital Matters)은 탄력적인 표면 구조의 차용, 변형 가능한 압축 부재들, 정형화 기술 등을 통해 혁신적인 이차원 구조를 만들어 내기 위한 산술적 생성 가능성을 실험하는 것이다. 이번 워크숍은 학생들에게 형태를 찾아내는 과정과 재료가 가지는 산술적 잠재성을 활용하는 디자인 방법론과 기술을 소개하는 것을 목표로 한다. 학생들은 이들 관계를 과정으로서 그리고 생성 능력으로서 연구하도록 할 것이다.

재료 실험

직접 모형으로 실험해보거나 컴퓨터를 사용하는 과정을 동시에 사용함으로써, 일련의 엄격한 실험들은 학생들로 하여금 재료의 특성에 익숙해지도록 할 것이다. 실험실 내에서 실시되기 때문에, 디지털 파일에서 가져온 기존 기하학적 형태들은 초기 형상과 그 다음의 반응 변화 사이의 연관관계를 관찰하기 위한 기초자료로 반복적으로 실험될 것이다. 이 실험들은 기록되어 이후 최종 설계 및 제작에도 이용될 것이다.

이러한 발달상의 모델들은 학생들이 비선형적인 형태를 유추할 수 있는 결정적 원리를 통하여 공간과 형태, 그리고 재료의 효과를 이끌 수 있는 기계적 공정들을 발전시킨다는 점에서 실험적인 디자인 훈련에 해당된다. 이 작업 방식은 학생들이 작업 초기에 설정한 관계들을 통해서 만이 도달될 수 있는 디자인 결과물을 제안하게 되는 것이다. 그럼으로써 학생들은 자신의 디자인을 발전시킬 수 있는 자신만의 작업논리를 개발하게 될 것이다.

워크숍기간 동안 여러 형태의 최종 결과물이 디자인으로 발전될 것이다. 워크숍에서의 모든 실험들은 디자인 프로토타입으로 받아들여지게 되는데, 이것들은 학생들의 아이디어를 발전시키기 위한 구심점이 될 것이고, 결과적으로 최종 결과물처럼 중요한 것이 된다. 이러한 디자인 원형들은 이후 전시도 될 수 있으므로 일관성과 신중함 그리고 자긍심을 가지고 작업에 임해야 한다.

CRITICAL MASS

Yusuke Obuchi

ANALOGUE SIMULATION

Digital Matters explores the generative potential of material computation in creating innovative 2d structures through the employment of elastic surface structures, flexible compressive components, and patterning technology. The workshop aims to introduce students to design methodologies and techniques that harness the computational potential inherent within material systems and form finding processes. The workshop will enable students to explore this relationship in both a procedural and generative capacity.

MATERIAL EXPERIMENTATION

Working with both hands-on and computational processes, a series of rigorous material tests will allow students to become acquainted with material behaviors. Undertaken within a laboratory attitude to experimentation, set out geometries from digital files will be iteratively tested as the base geometry for physical model tests in order to observe associative relationships between these initial set out geometries and subsequent material behaviors. Each of these tests will be recorded and inform the development and fabrication of the final design pieces.

These developmental models are to be experimental design exercises, where students develop machinic processes capable of generating spatial, formal, and material affects through deterministic principles that are capable of undertaking non-linear negotiations. This way of working offers design outcomes only capable at being arrived at through the initial relationships students define in their work. Students will therefore be developing their own operative logic in which they develop their designs.

Multiple versions of the final pieces will also be undertaken to develop the designs throughout the workshop. All tests in the workshop are to be undertaken as design prototypes, as such they are all pivotal to the development of your ideas and are therefore of equal importance to the final projects, they may also be exhibited and should therefore be undertaken with consistency, care and pride!

개요

학생들은 워크숍 기간 내내 작업하게 되는데, 디지털 방식과 물리적 프로토타입 작업을 통해 프로젝트를 발전시키게 되며, 수준 높은 최종 발표를 위해 각자의 안을 제작하게 된다.

1. 원형 구조

우리는 구조적 문제를 주어진 강도 대신에 응집된 힘이라는 개념으로 접근할 것이다. 워크숍에서 우리가 강조할 원형 구조의 개념은 건물에 적용 가능한 명쾌한 구축적인 논리를 가진 잠재적 체계이다.

2. 비선형 텐세그레티 지붕

학생들은, 예를 들어, 1960년대의 케네스 스넬손과 벅키 풀러의 텐세그레티 작업을 다시 공부하게 될 것이다. 이들의 작업을 같은 방식으로 반복 재현하는 것이 아니라 비선형적, 창발적, 비연속적 체계의 개념을 가지고 구조 시스템을 재구성하는 것이다. 독창적 텐세그레티 구조는 부재들 간의 인장력과 압축력으로 인해 고정되고 안정적인 관계를 가진 구조이다. 우리의 목표는 인장력과 압축력간의 관계를 역동적이고 수행적인 관계로 만드는 것이다. 정확한 크기의 가벼운 캐노피를 디자인하고 제작할 것이고 1m 내외의 충분한 경간(span)을 연결할 수 있는 구조 성능을 실험할 것이다. 제안된 작품들은 형태적 효과, 재료와 구조 성능, 제작공정의 논리, 미학적 측면 등의 기준에 따라 평가될 것이다. 이 과정은 디자인 연습이다 - 엄격한 실험은 워크숍 기간 동안 학생들이 발전시키는 디자인 과정과 기술이 기발한 디자인 해법으로 이어지도록 하는데 그 의도가 있다. 따라서 우리는 기존 디자인 개념을 차용하기 보다는 '학생들의 작업 방식을 통해서' 형태와 미를 발견하는데 임기응변으로 대처하는 작품들을 기대한다. 그럼으로써 학생들에게 설계 제안을 위한 디자인 기술을 고안할 것을 요구한다.

3. 다자인 결과물

학생들은 적당한 크기로 최종 제안된 안을 디자인하고 제작할 것이다. 비선형의 텐세그레티 지붕구조물을 최종 발표에서 제안하게 된다. 모든 시제품과 만들어진 정보들은 워크숍 이후에 더욱 발전시킬 수 있도록 정리되고 기록될 예정이다.

앞으로의 작업

워크숍 결과물은 인하대학교 캠퍼스 내에 위치될 소규모 파빌리온 프로젝트로 더욱 발전될 것이다.

BRIEF

Students are to work for the duration of the workshop and develop the design projects through a methodology of digital and physical prototyping, fabricating projects for the final presentation of high quality.

1. Proto structure

We will approach to the problem of structure with a notion of aggregated forces instead of its given strength. The idea of proto-structure we will emphasize during the workshop is a potential structural system with clear tectonic logic yet to applied for a building practice.

2. Non-liner Tensegrity Canopy

Students will revisit tensegrity projects developed by Keneth Snelson and Buckminster Fuller in the 60's and rework on the projects, not to reproduce the same but rather to reinvent the structural system with the concept of non-linear, emergent, non-continuous system. The original tengegrity is a fixed, stable network of tension and compression members; our ambition is to make the relationship between tension and compression dynamic and performative. A scaled lightweight canopy will be designed and fabricated and tested for structural performance able to span a sufficient distance (teams should aim for minimum of 1 meter span). The design proposals will be evaluated on their criteria such as formal effects, material and structural performance, fabrication logic, and aesthetics. This is a design exercise - the rigorous experimentation is intended to lead towards novel design solutions that are dependent on techniques and processes you develop during the workshop. As such we are looking for projects that rise to the challenge of finding their form and aesthetic "through their way of making", in their becoming material, rather than borrowing concepts from found objects. As such your design role requires students to design techniques in order to design proposals.

3. Design Outcomes

Students will design and fabricate the finished proposals at appropriate scale. Non-liner tensegrity canopy to be presented at the final presentation. All prototype models and setout information are to be tabled and documented for ongoing development after the workshop

FUTURE WORK

The workshop outcome will be developed further as a small-scale pavilion project to be located with the campus of Inha University.

Budding Mesh

The objective of this design experiment is to investigate the shape deformation strategies of a flexible planar surface toward an emergent complex form. The deformation capacity and distortion behavior of materials are studied by examining thin wire-meshes. The knotting technique of the wire-mesh was chosen for the deformation process. Densification of the thin wire-mesh and point specification of knotting redefine the surface condition due to their neighborhood relationships. At the same time, they also provide a structural input. The final design, which responded to specific programmatic and environmental conditions, was deployed on campus.

Material

Material Experiments

Through a series of knotting process, the wire-mesh sheet is deformed.

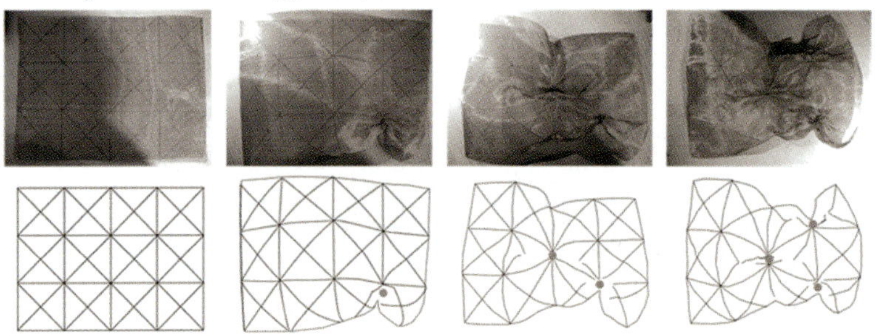

Longer distances between knitting points

When knotted,
a weaker structure
is formed

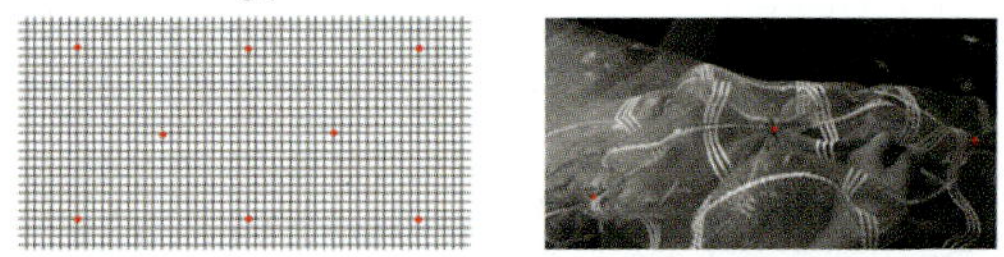

Shorter distances between knitting points

When knotted,
a stronger structure
is formed.

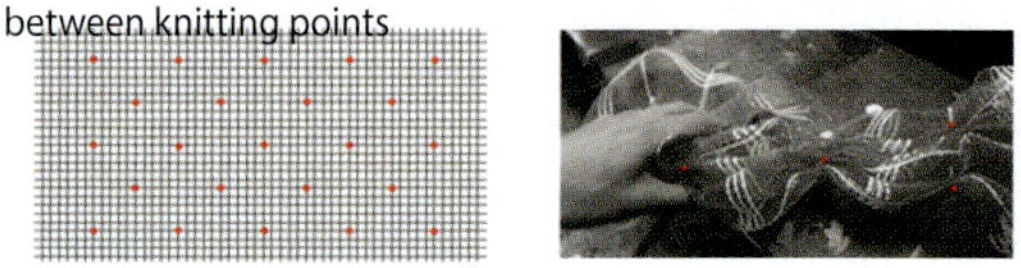

Material Experiments

A linear structure when knotted, it gets stronger and self-sustained.

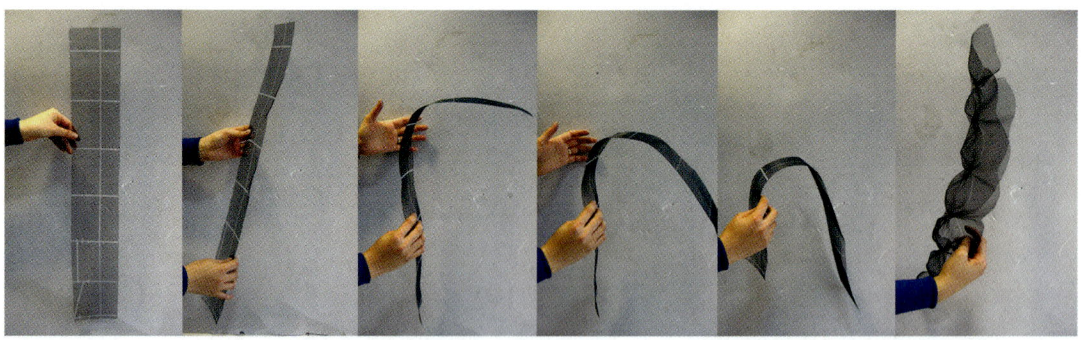

Material Experiments

It gets stronger when various layers of knitted parts are overlapped.

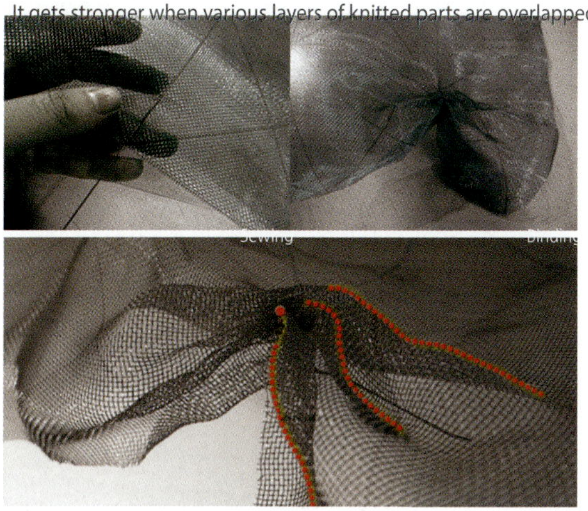

Pattern and Structural Design

A. Horizontal Pettern

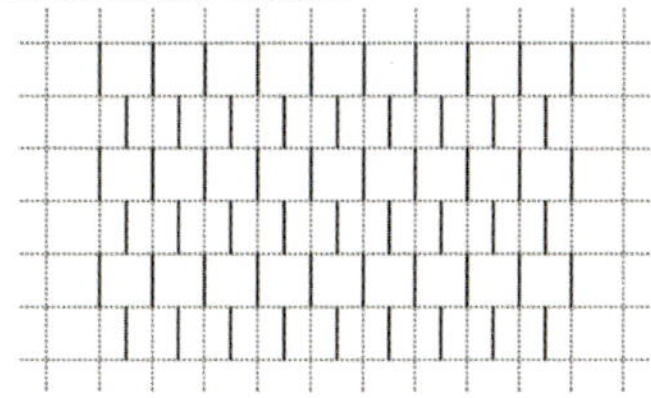

B. Diagonal Pettern

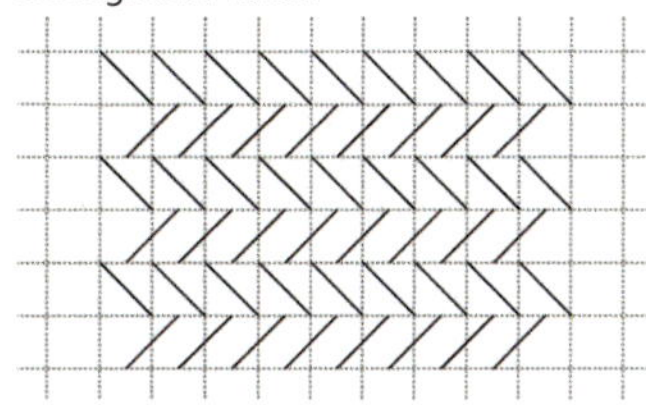

C. Horizontal+Diagonal Pettern

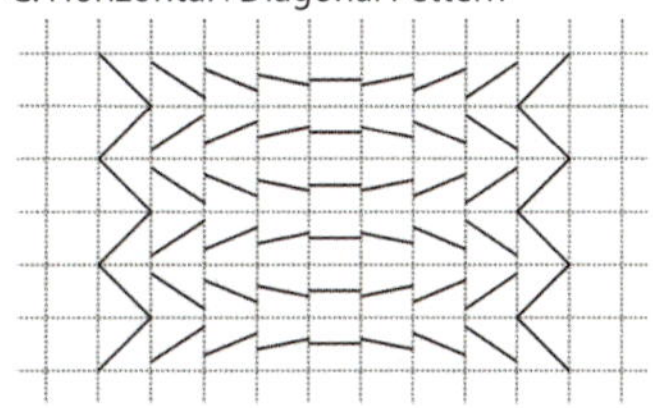

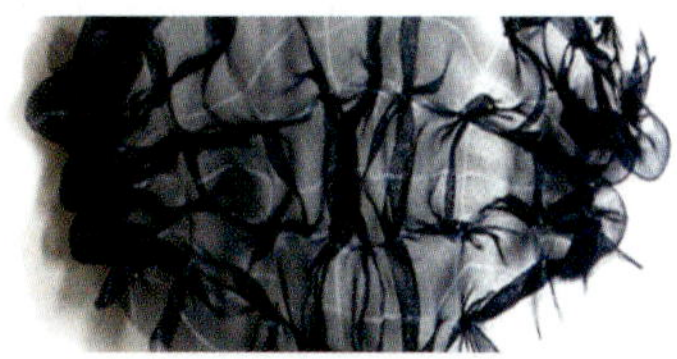

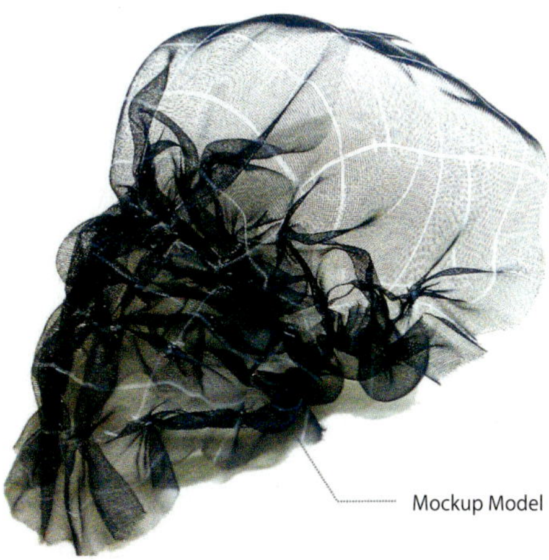

Mockup Model

Hybrid Pattern Mockup Design

After testing several designs, a basic design is created working with a sewing wire-meshes. During this phase of the creative process, the first basic proto structure is came up with. Taking the rough model of the new design and providing a more detailed working pattern is the next step for the final design.

Directions for Knotting

A. Division of the Circle into 32

B. Each angular line is rearranged

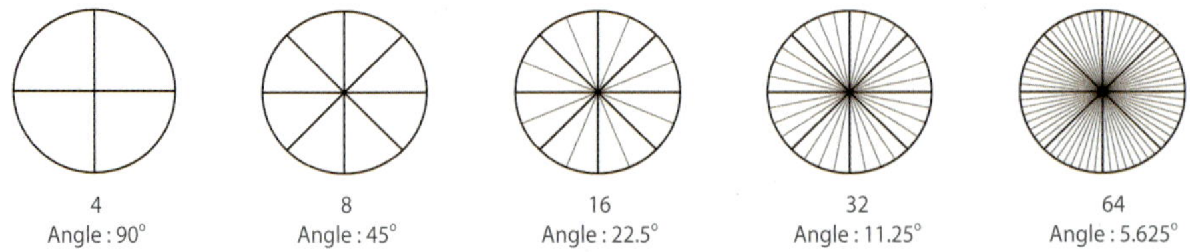

C. Angular lines are overlapped on a square grid line, and then clockwise and anti-clockwise knotting lines are extracted

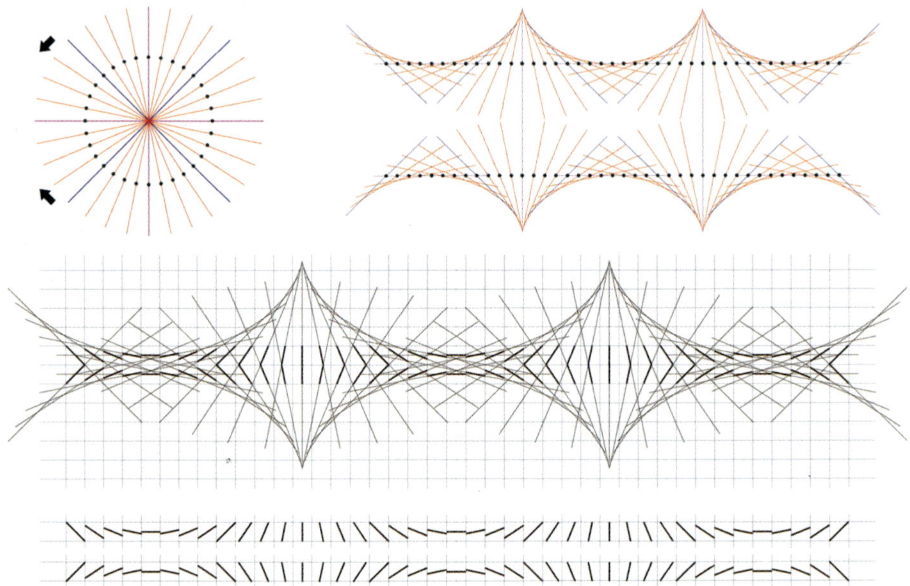

D. Various knotting patterns can be created based on the previous study

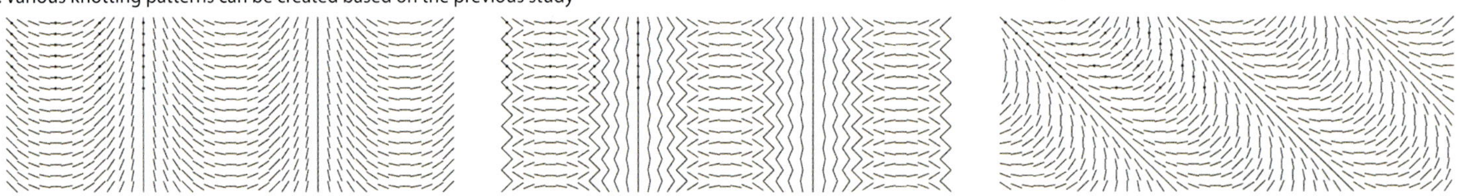

E. Selected Pattern

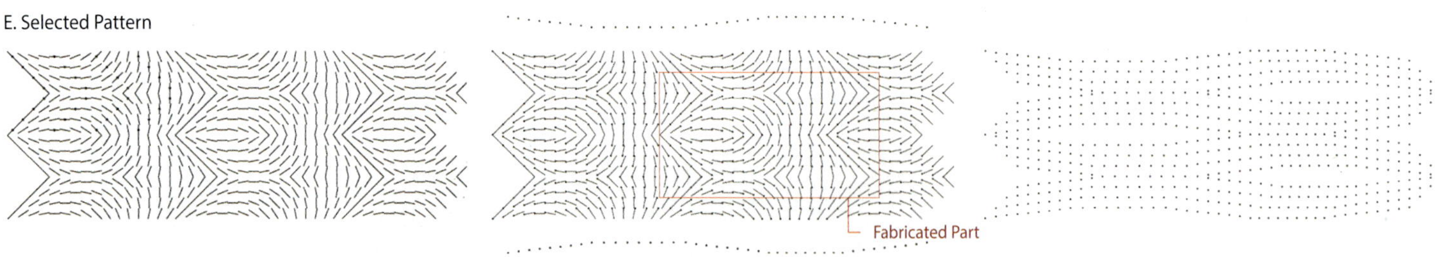

Knotting Process

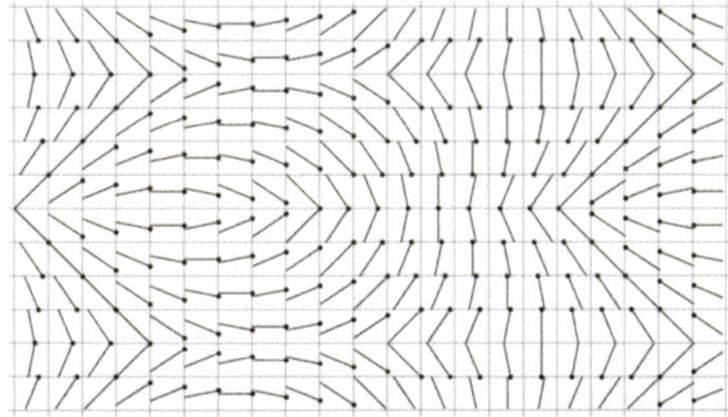

A: 21 X 7 = 147(cm)
B: 12 X 7 = 84(cm)

21X12 grids (The size of each grid is 7X7cm)

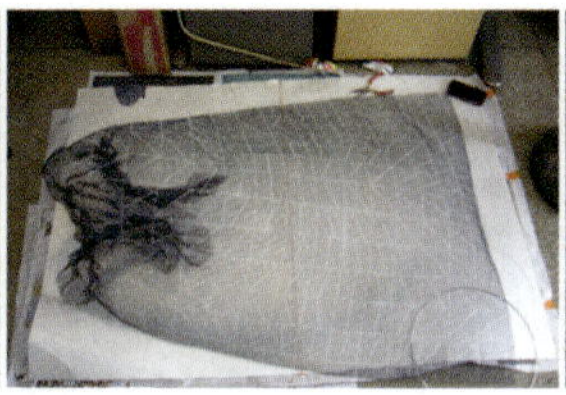
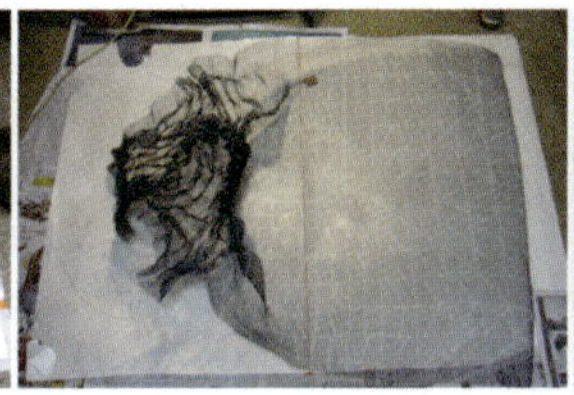

Fabricated Model

Site

Inha University, in front of Main Building

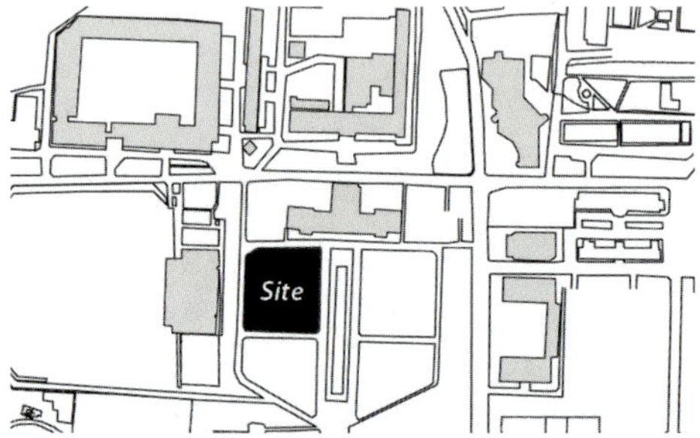

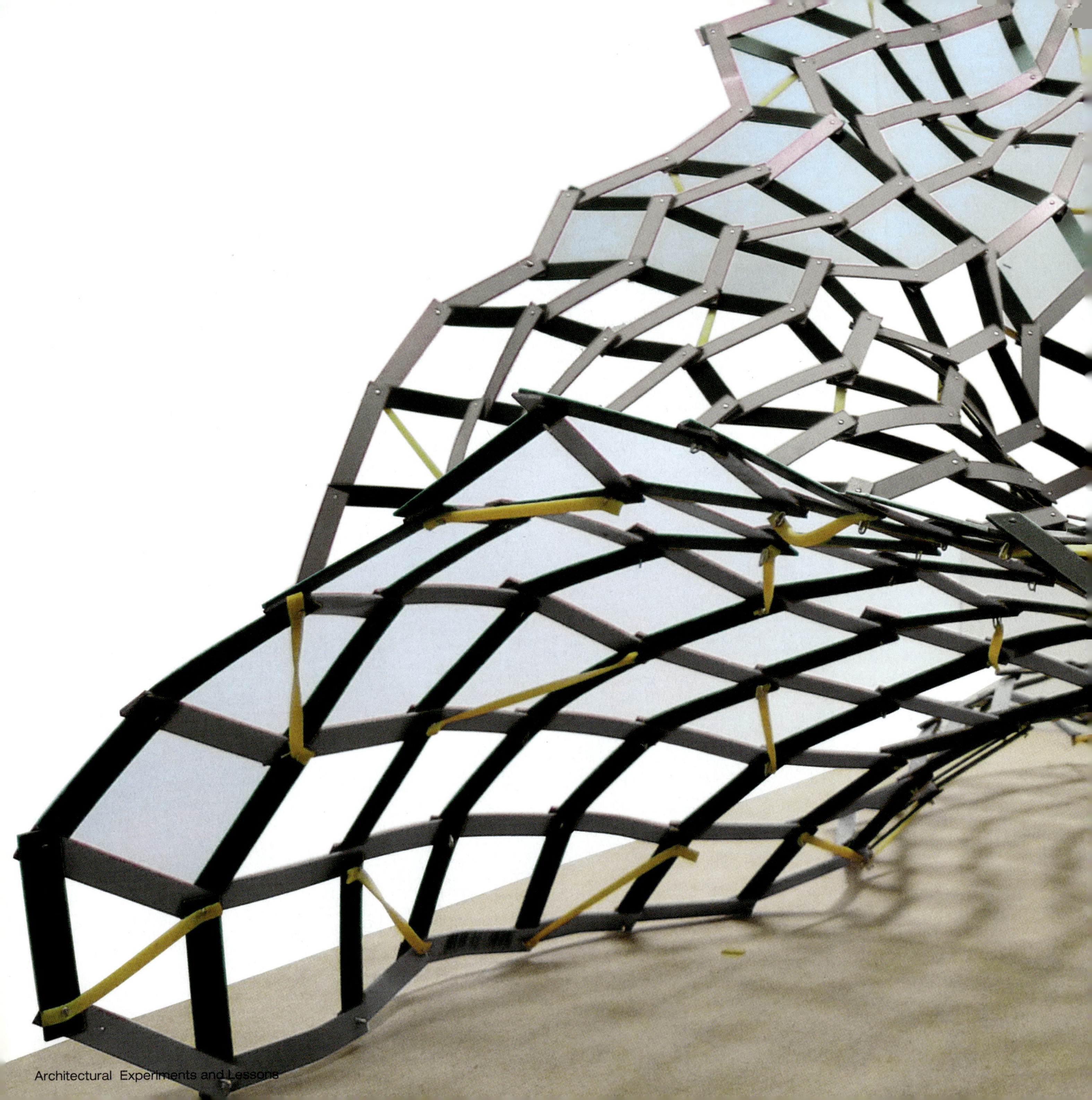

Net - Sensivity Pavilion

The focus of this project is to develop a warped, interwoven and light structure to be used as a covering roof for the open courtyard in front of the student unions inside the campus. The initial design was tested using a pin-hinge gridiron frame, whose structure was deformed. First, the gridiron frame was assembled using pins and straws. Then, a surface tension material with stockings was applied to designated areas to deform the frame. The final design was developed using plastic strips, joint bolts, and rubber bands. This time, the joints of the plastic strips that were used to assemble the gridiron frame were fastened with bolts and nuts. When different tensions were applied to the frame using rubber bands, the frame became distorted and warped. The final design was developed for the roof structure.

METHODOLOGY

Proto-Structure (Grid System) + Material

SENSITIVE STRUCTURE

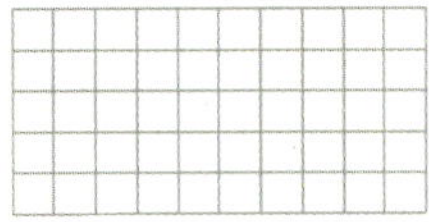

Basic Grid

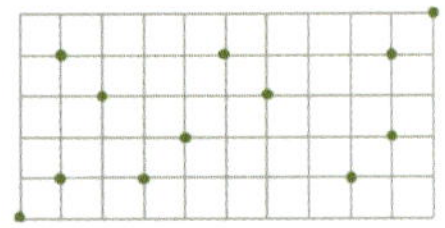

Hinge Points
for Tension and Force

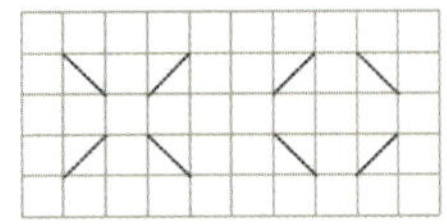

Tension Pattern

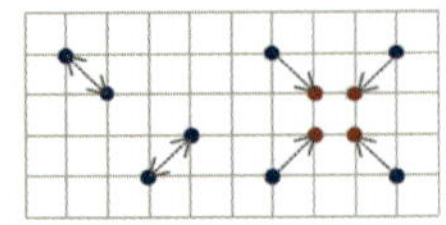

Movement and Compression

Initial Exercise

This exercise focuses on a design where a pin-hinge gridiron frame is deformed using a surface tension material. The gridiron frame is assembled with pins and straws, first. And then, a surface tension material with stockings is applied to transform the gridiron frame

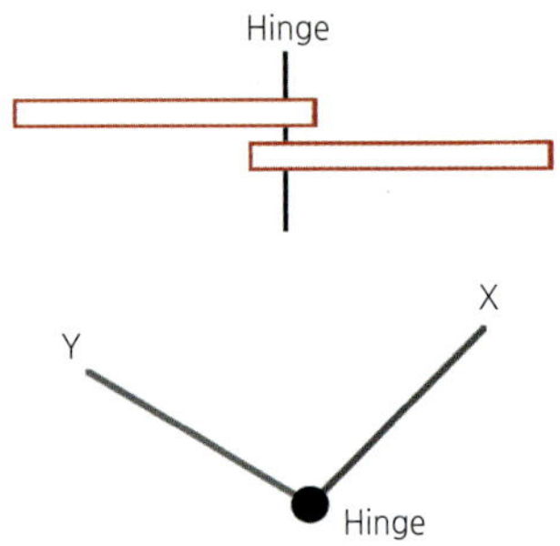

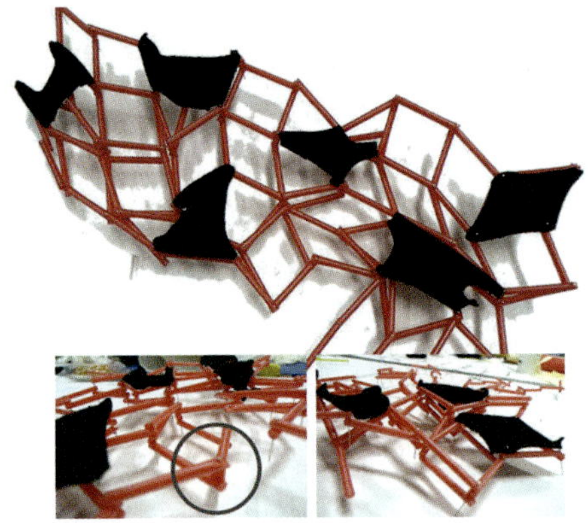

Unit design exercises with different rubber tensions

Pattern 1

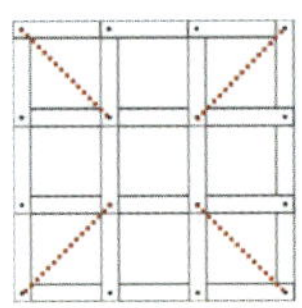

Tension Force 25%

Tension Force 50%

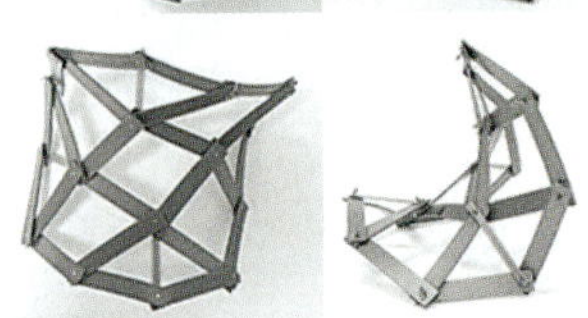

Tension Force 75%

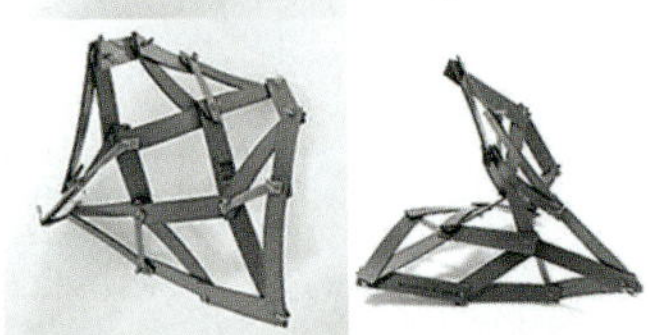

Pattern 2 (UP, Bottom)

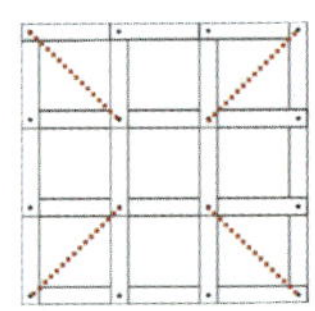

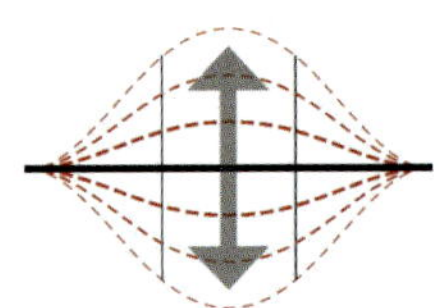

Tension Force 25%

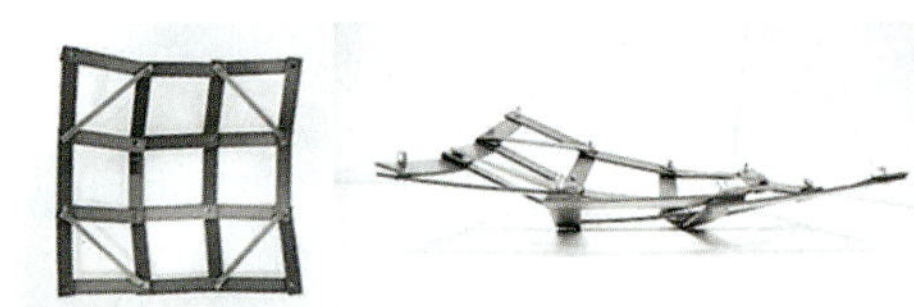

Tension Force 50%

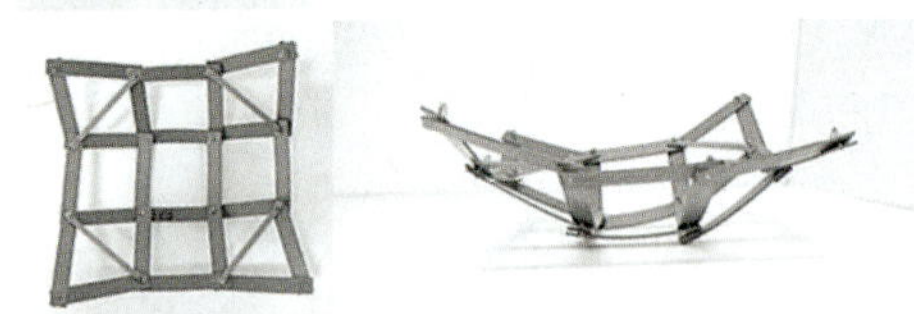

Tension Force 75%

Tension force of Proto-structure system (2D Study)

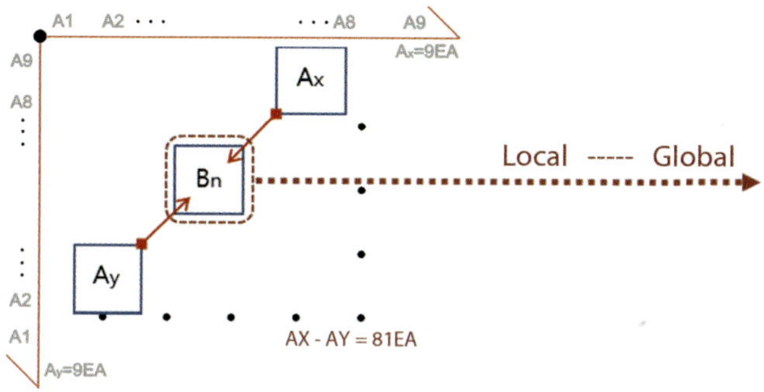

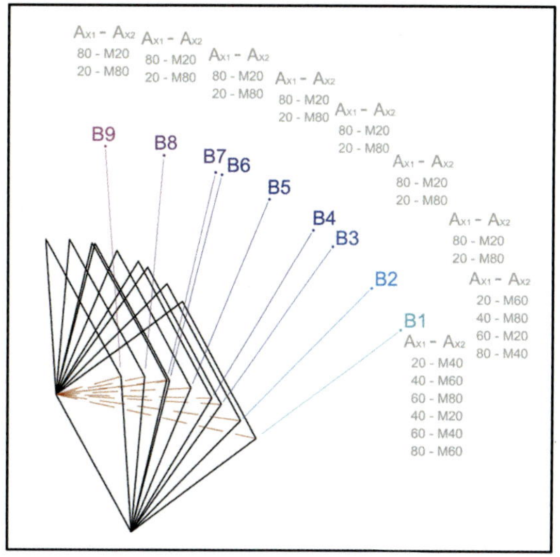

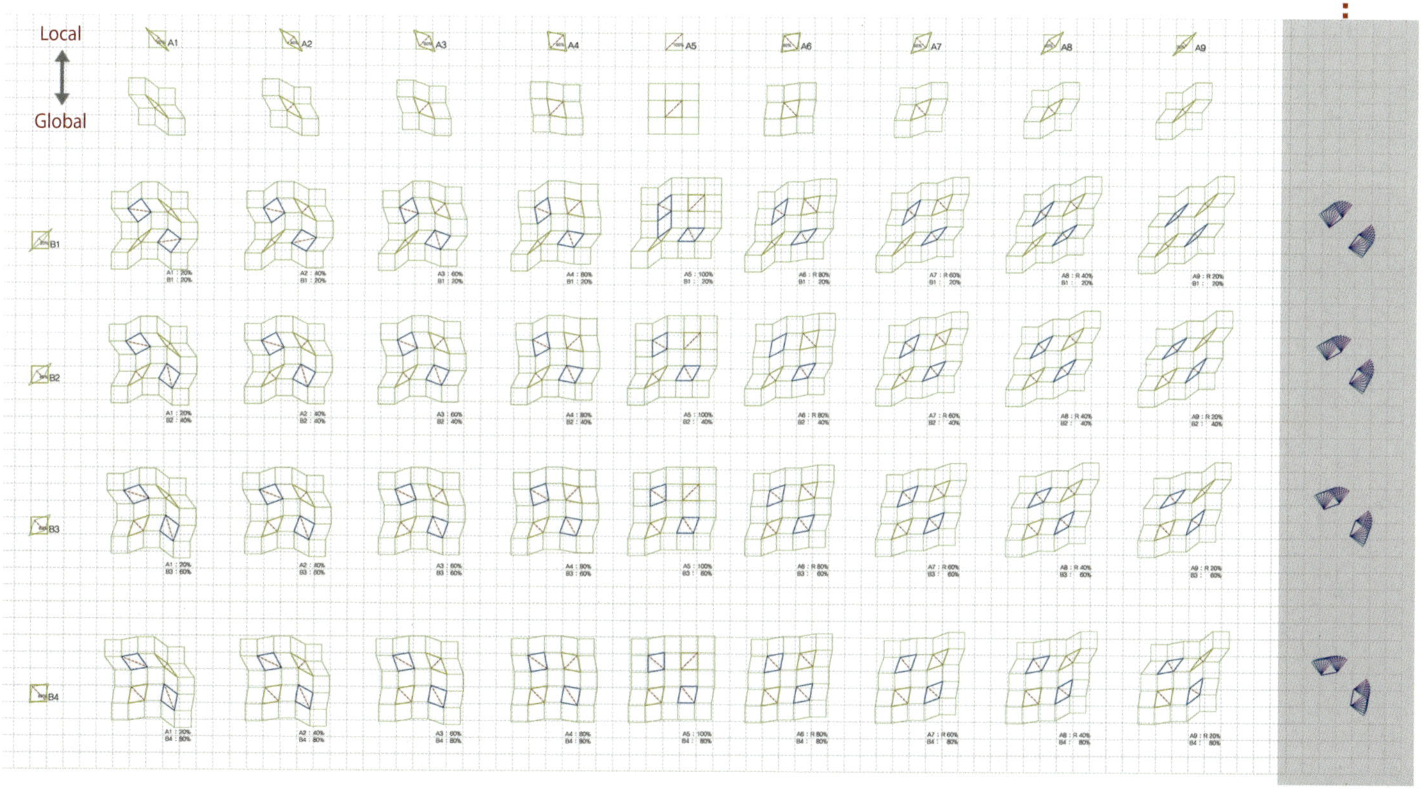

Design Exercise

1/ Assigned Factor Values

1. Grid Pattern: 9x4 grid
2. Tension Pattern: 1
3. Tension Force : 25%~50%

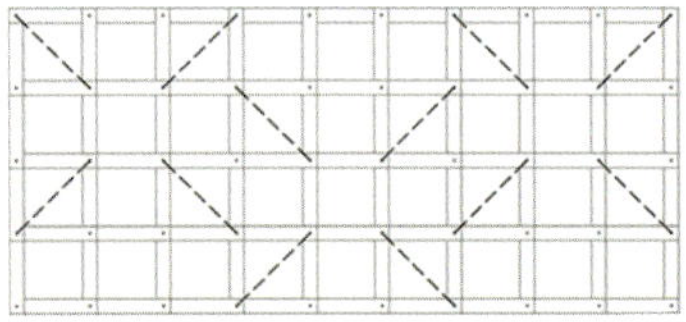

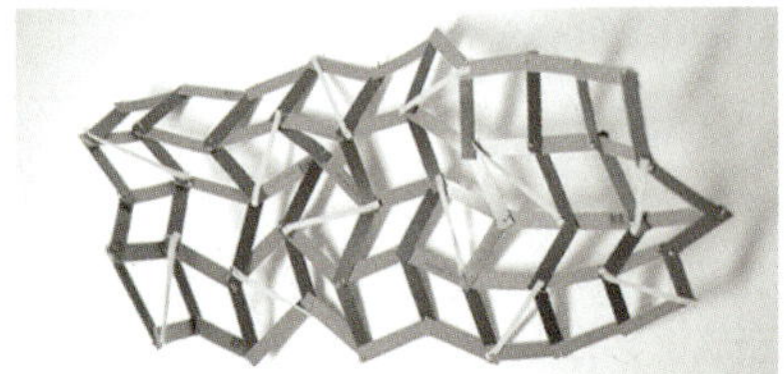

2/ Assigned Factor Values

1. Grid Pattern: (3x3 grid) x 9EA
2. Tension Pattern: 1
3. Tension Force : 25%~50%

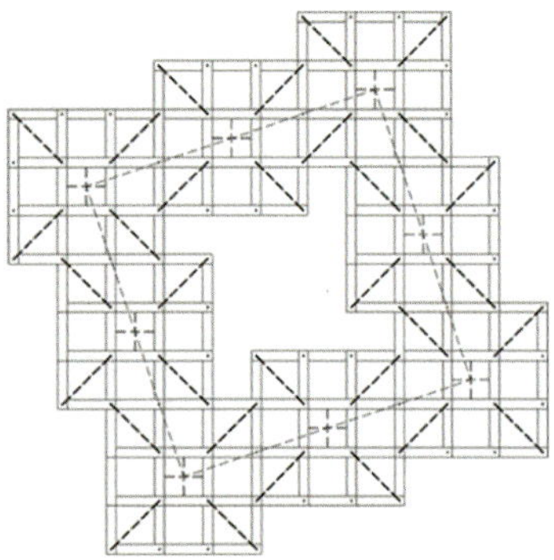

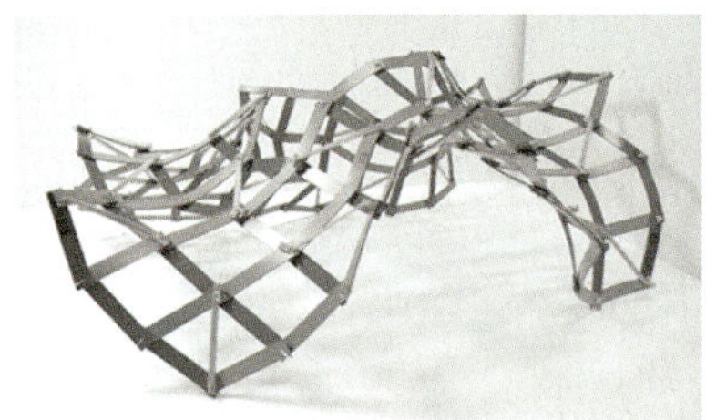

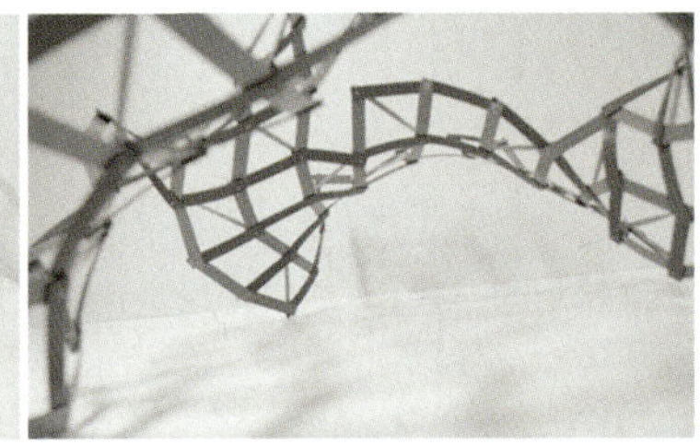

3/ Assigned Factor Values

1. Grid Pattern: 15x20 grid
2. Tension Pattern: 1~2 (U, D)
3. Tension Force : 20%~50%

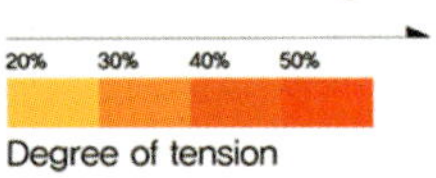

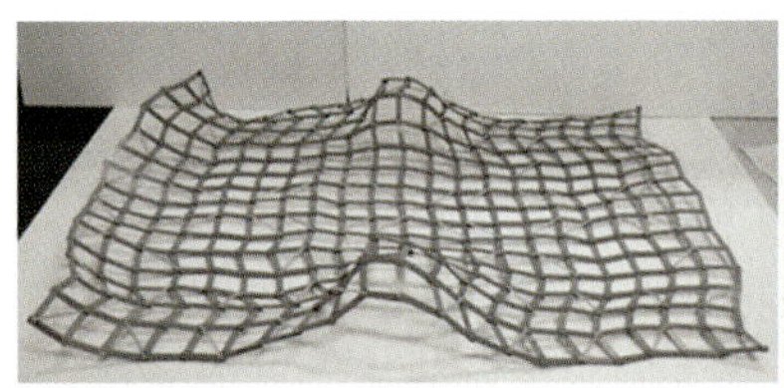

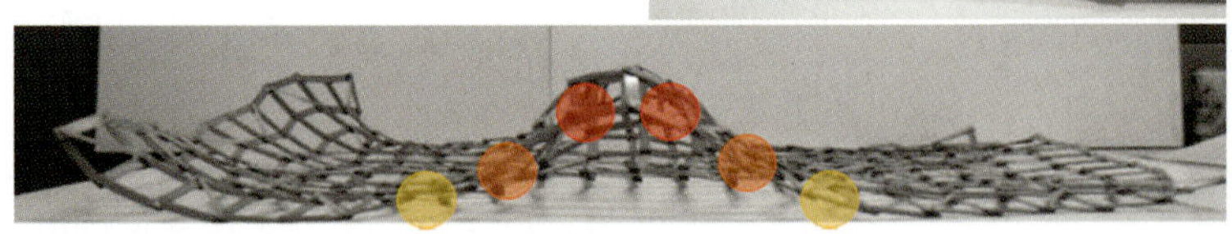

Selected Design (15x15 Grid)

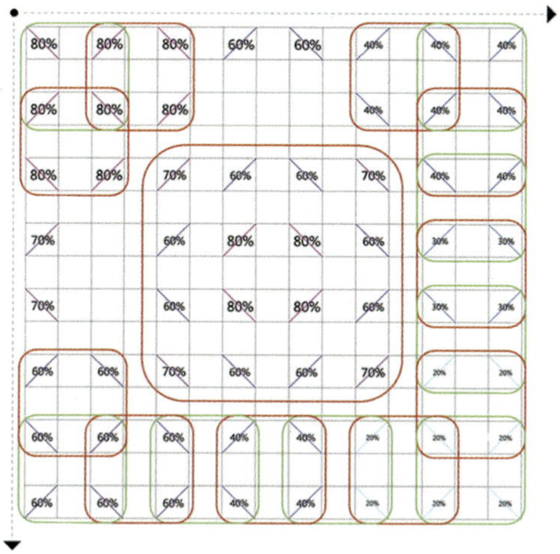

Assigned Factor Values

1. Grid Pattern: Basic Grid 15x15
2. Tension Pattern: 1,2 (U, D)
3. Tension and Force: 20%~80%

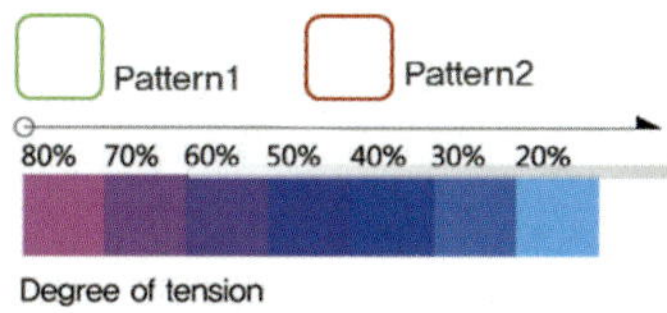

Joint Detail Study

Final Structure

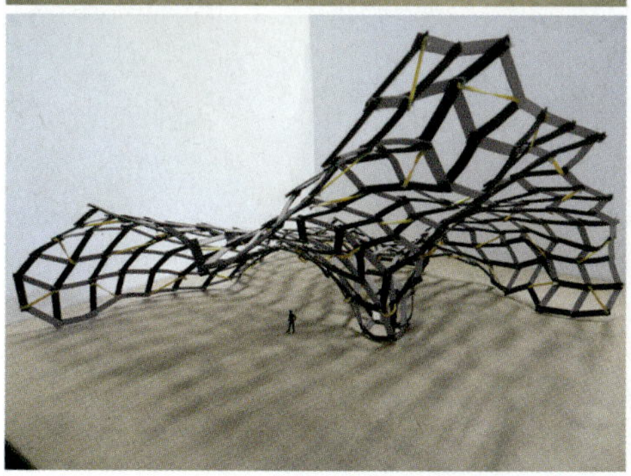

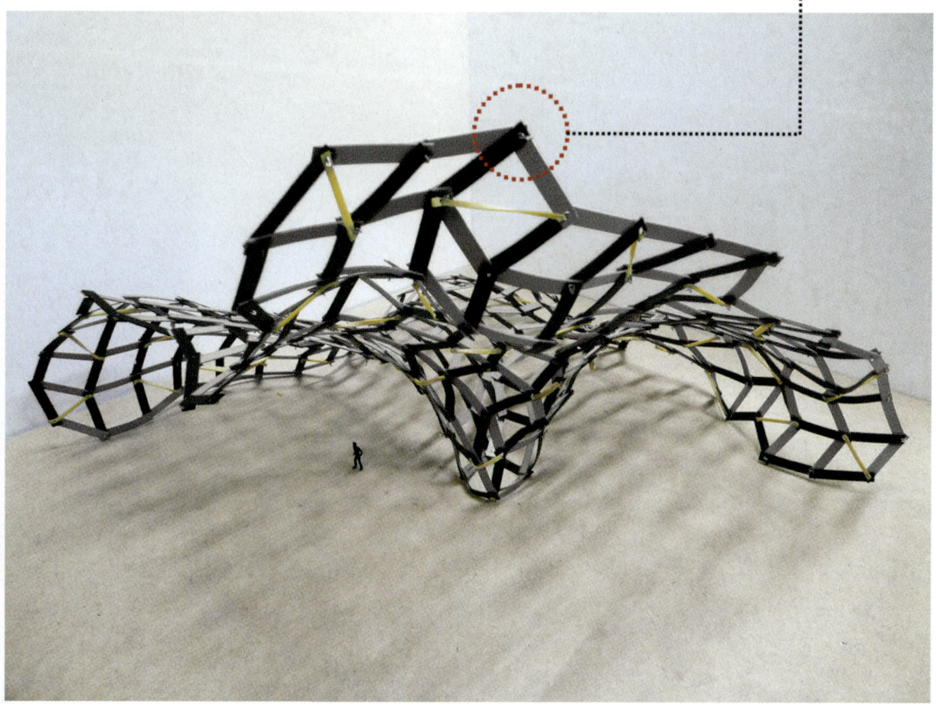

Fabric Flower

This project is a result of a design experiment, in which a number of students comprising a group participated in a hands-on investigation and mutual realization of the solutions. The experiment began with two different sheets of elastic membranes and a number of sticks used to support the formed shape. Various polygonal shapes with different slit patterns were tested by inserting different lengths of sticks in different layers of the membranes. The sticks gave the structure its vertical support and propped the membranes accordingly. The final structure allowed its members to remain in tension and compression as the stress on the structure increased. The union of the tensioned and compressed parts resulted in stronger elastic membranes and rigid sticks.

Design Experiment

This project is a result of a design experiment, in which a number of students comprising a group participated in a hands-on investigation and mutual realization of the solutions. The experiment began with two different sheets of elastic membranes and a number of sticks used to support the formed shape. Various polygonal shapes with different slit patterns were tested by inserting different lengths of sticks in different layers of the membranes. The sticks gave the structure its vertical support and propped the membranes accordingly. The final structure allowed its members to remain in tension and compression as the stress on the structure increased. The union of the tensioned and compressed parts resulted in stronger elastic membranes and rigid sticks.

Initial Study There are many ways to fold a paper, and different techniques can be used to create certain sculptures. In this initial test, polygonal papers were folded and cut according to certain patterns to see how they form.

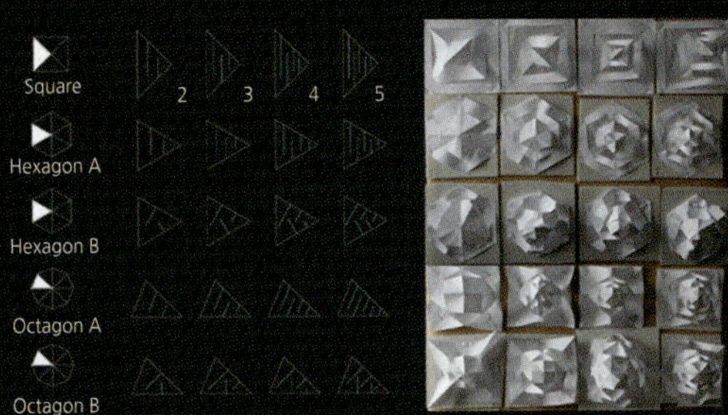

Intervals Between Slits Although the membranes were cut in the same pattern, different intervals between the slits allowed the creation of different designs.

Cutting Distances Various cutting distances allowed the shaping of different spatial structures.

Control Factors

1/ SHAPE of Module

2/ NUMBER of Cutting

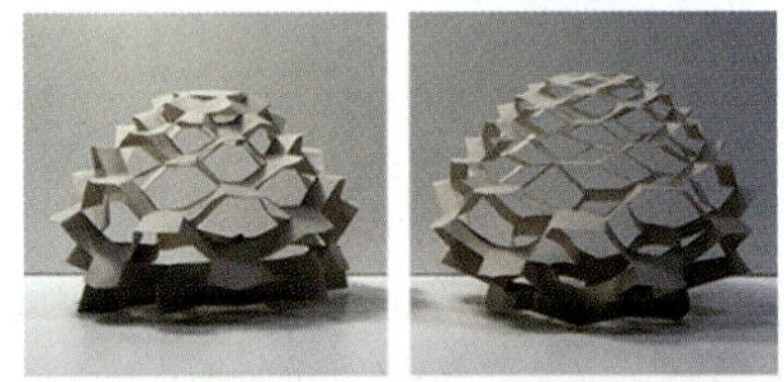

3/ LENGTH of interval between Slits

Shape Matrix

SHAPE of module & Numver of Cutting

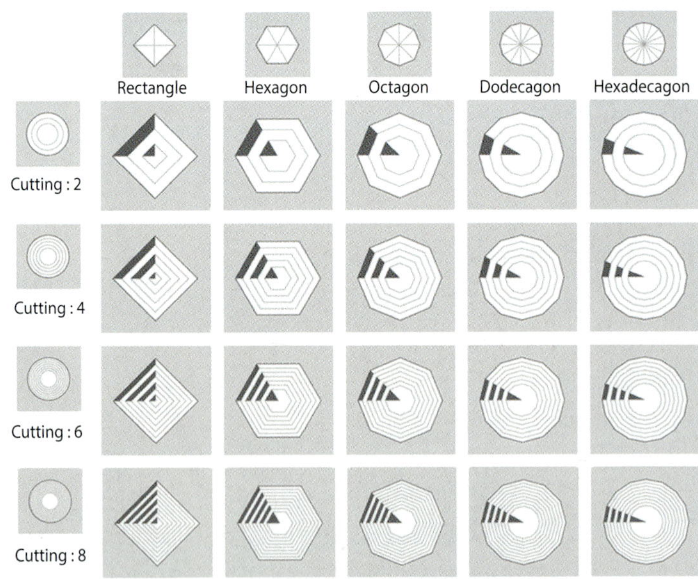

Shape : Hexagon
Cutting : 8

Shape : Octagon
Cutting : 8

Shape : Dodecagon
Cutting : 8

Shape : Octagon
Cutting : 6

Shape : Octagon
Cutting : 8

Shape : Octagon
Cutting : 12

Form Study with Natural Force

SHAPE of Module : Hexagon
NUMBER of Cutting : 6 times

Two layers of membranes with different slit patterns were tested in response to natural forces and the slit patterns that were used.

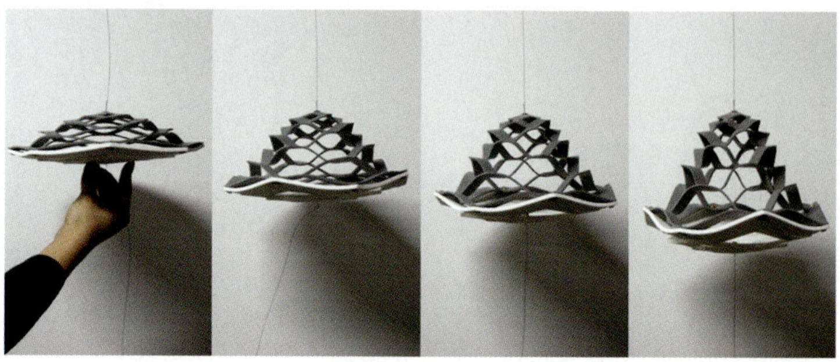

Design Strategy : DOUBLE SKIN

The structure consisted of double layers, with each layer having flexible membranes that are capable of being stretched in different ways. Since the upper and the lower structures use different sheets of elastic material, their final designs were also different from each other.

The upper structure drastically changes its spatial form relative to the lower structure.

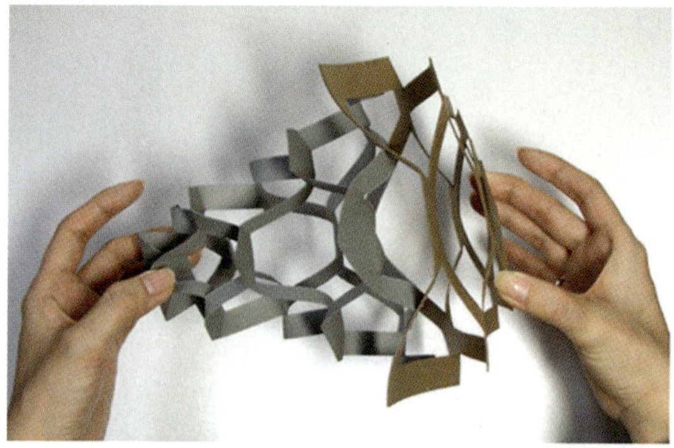

Model study 01

Double Skin Installation & Hang-up the model

1/ LANDSCAPE from the Site

2/ LOWER SKIN

3/ lower skin INSTALLATION

4/ UPPER SKIN

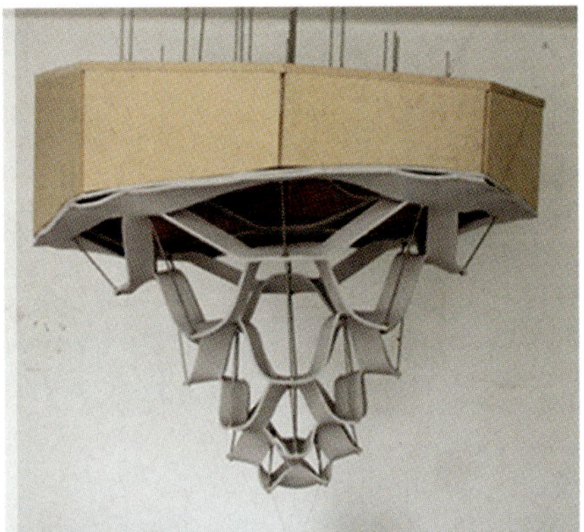

Model study 02

A model, hung 2-feet from the ceiling, was constructed to test the design validity and the construct accuracy.

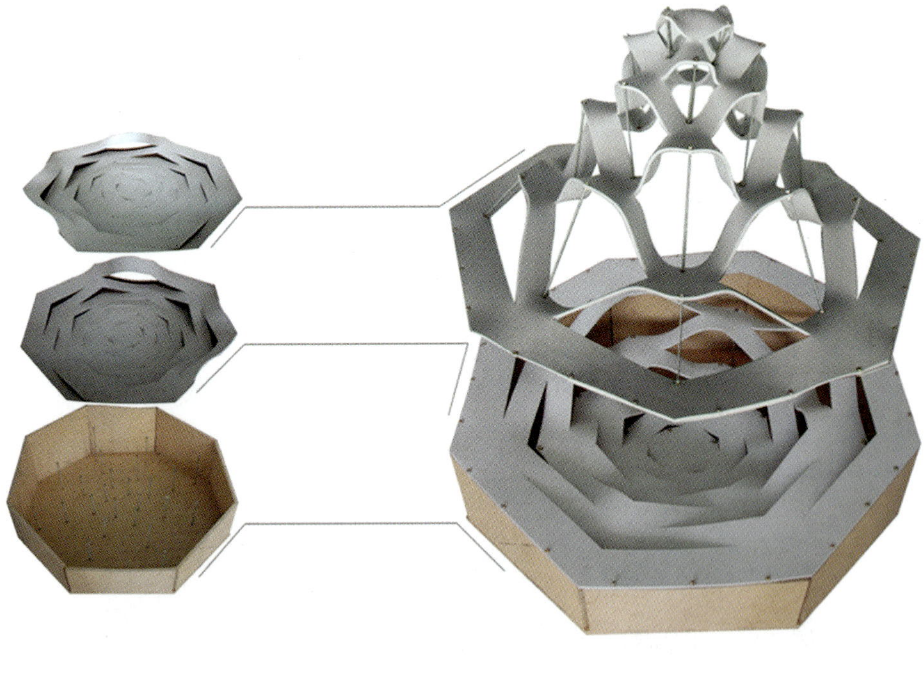

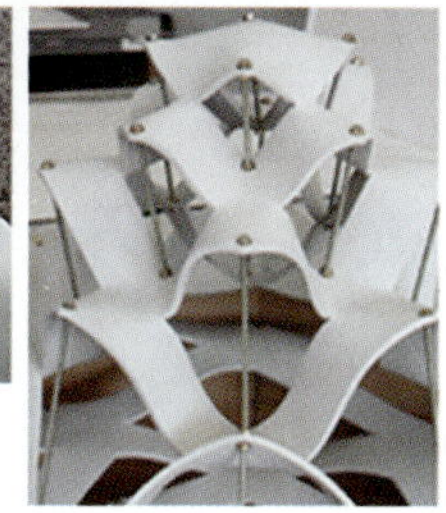

5/ Hang-up the model

6/ Natural Force Application

7/ Fixing

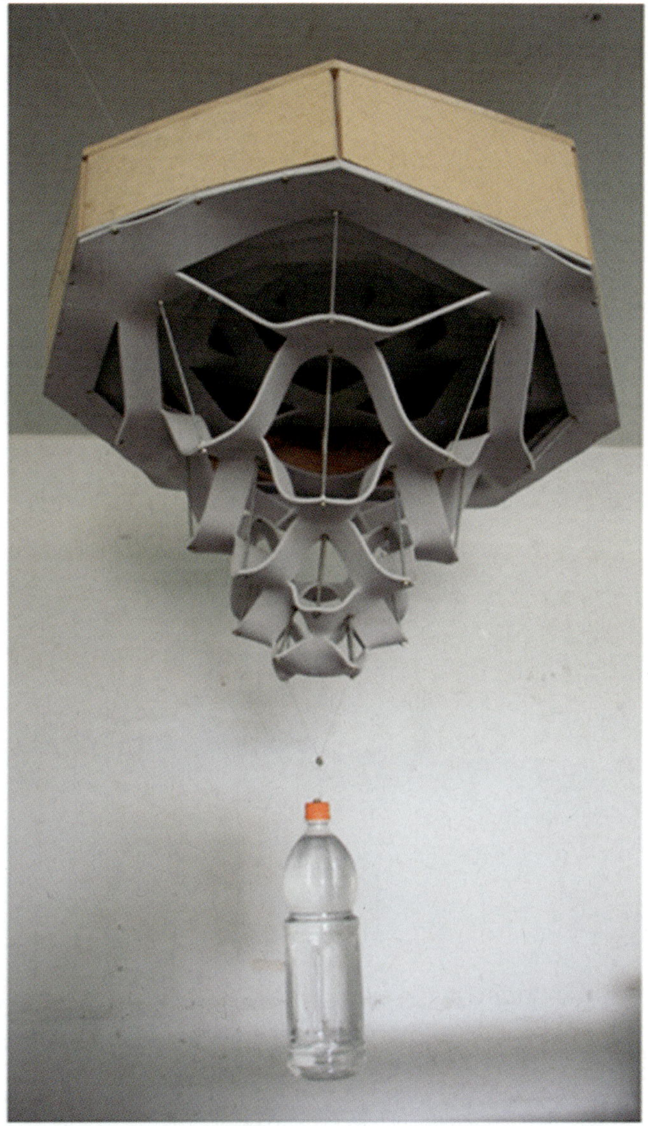

Site

The pavilion was situated on a site near a beautiful lake on campus. Many students visit this site day and night. The creation of the pavilion is expected to attract more people and have a positive impact on the existing context of the campus.

Spiral Mesh

The focus of this project is to develop a lightweight pavilion structure on campus. As a point of departure, a meshed sheet of elastic polyethylene mesh and plastic sticks were used to allow varying levels of elasticity, structural dynamic, and topology. The sticks were used to provide tension on the meshed sheet of elastic polyethylene mesh; in turn, the meshed sheet provided compression to the sticks. The sheet was flexible and lightweight with great elasticity, thus allowing it to stretch or elongate; it also bent and warped when the sticks pressed upon it. The sheet was deformed depending on the placing of the sticks, and by varying the density, and based on the distribution and orientation at which the sticks were located, a number of designs were tested to allow the sheet to deform into the desired form.s.

Material Selection

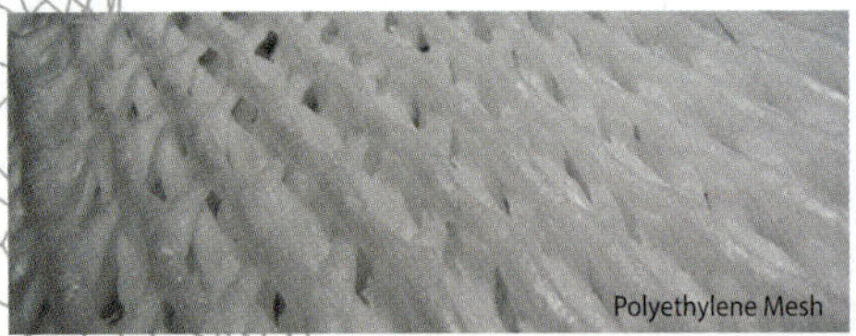
Polyethylene Mesh

Plastic Stick

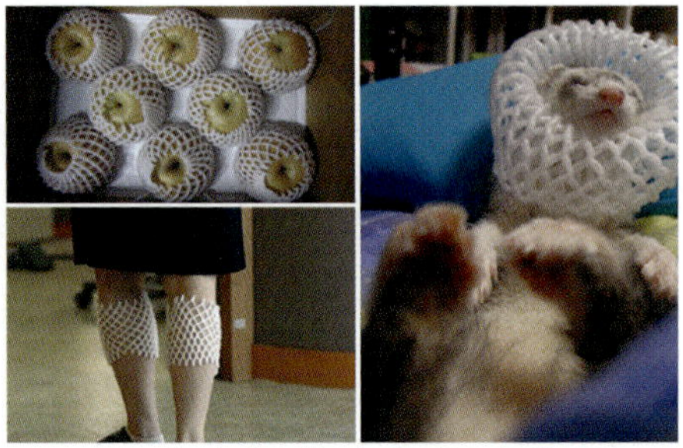
Application : Shock absorbing, Packing, etc.

Material Properties

Original Material

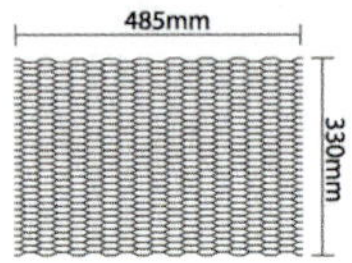

Stretch along the vertical axis

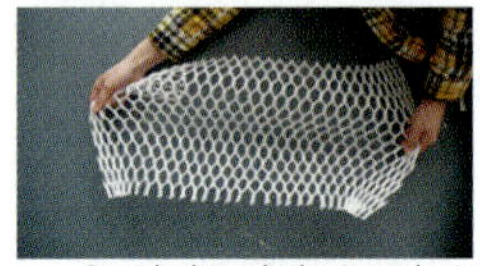
Stretch along the horizontal axis

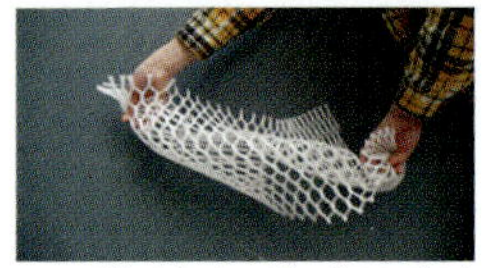
Stretch along the diagonal axis

The material is flexible and light with great elasticity, allowing the material to stretch or elongate.
It can come in the form of wire-mesh wrap.

A proto structure changes with the following four factors

1. Stick Length
   _ Changes in different stick lengths

2. Stick Interval
   _ Changes according to the distances between sticks

3. Stick Assemblage
   _ Changes according to how to layout sticks

4. Number of sticks
   _ Changes according to the number of sticks that are proportionally located toward the front and back of the mesh.

Experiment 01

_ with differnt lengths of 14 sticks

Section L=55mm

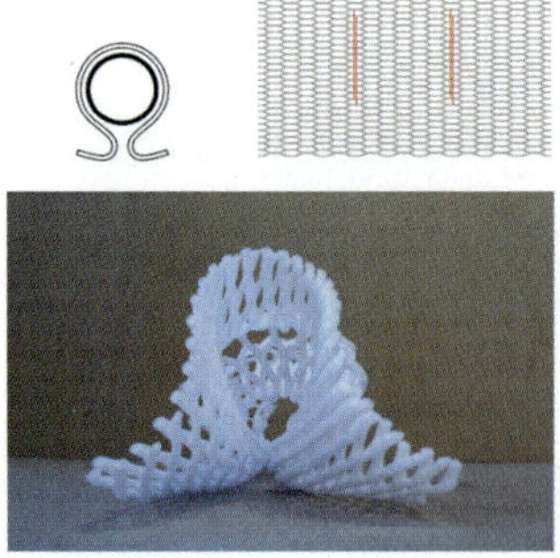

Section L=80mm

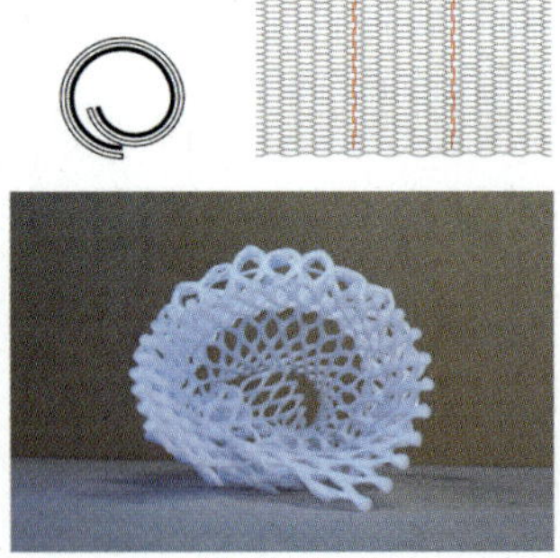

Section L=155mm

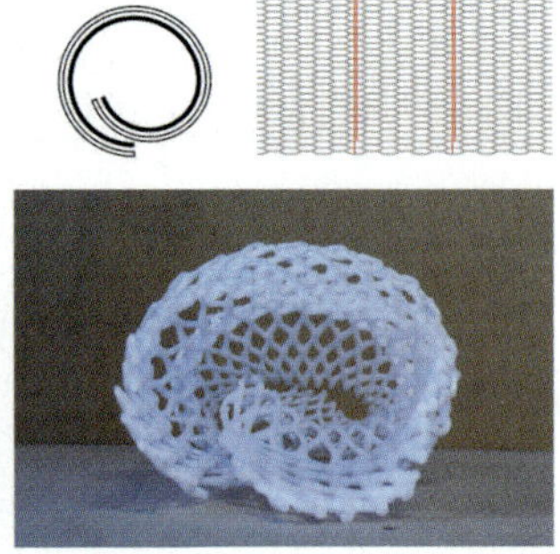

Experiment 02

_ with differnt distances but with the same number of sticks and assemblage patern

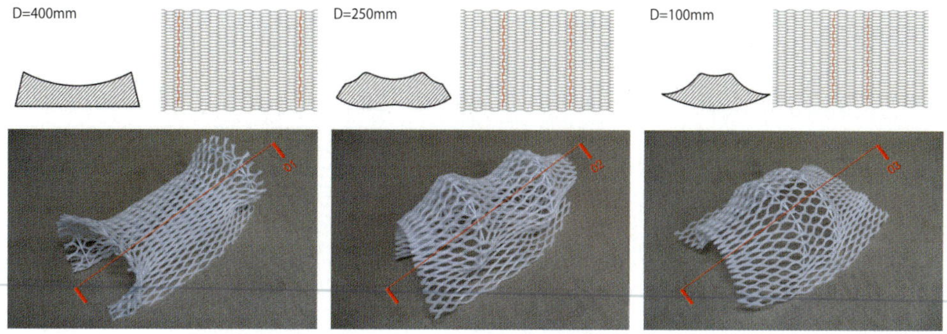

Experiment 03

_ with differnt ways of assemblings but with the same number of sticks

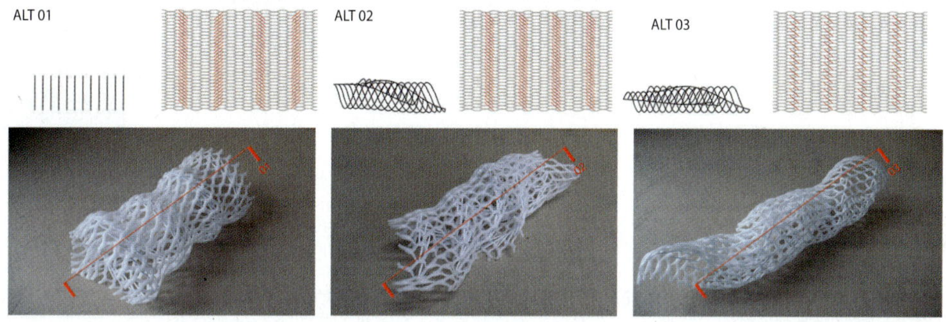

Experiment 04

_ with different number of sticks that are located toward the front and back of the mesh

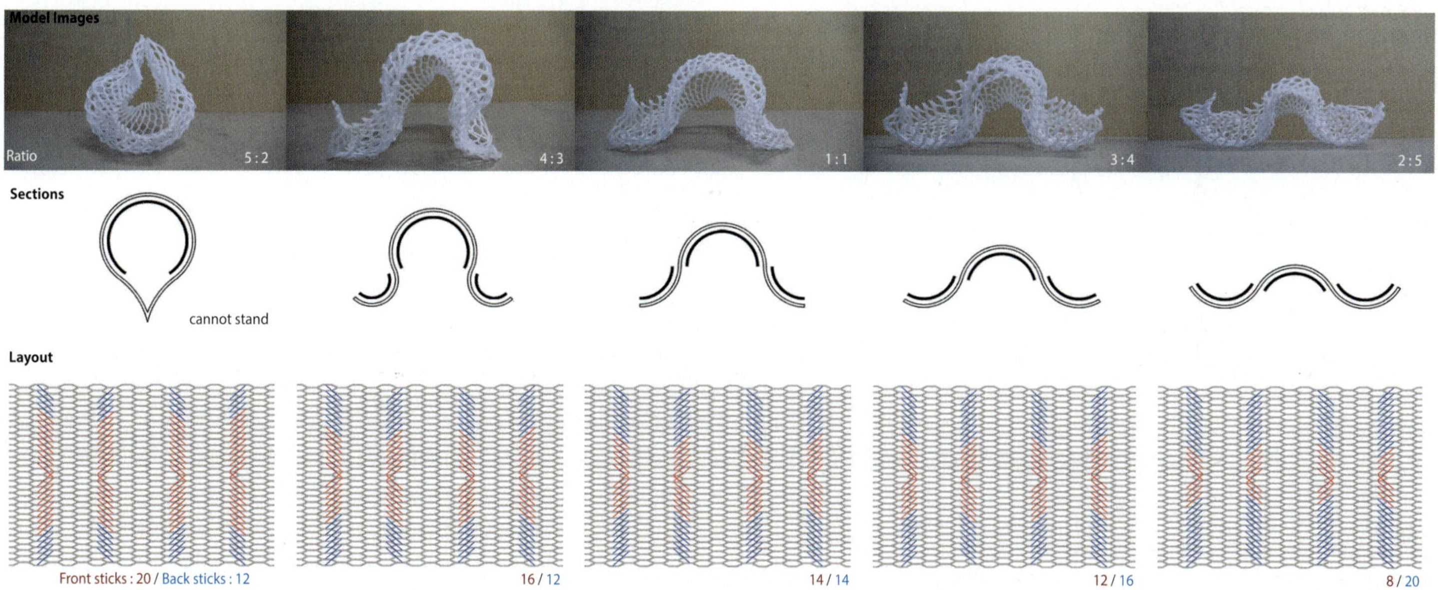

Synthesis

1. Choose Way of Assembling

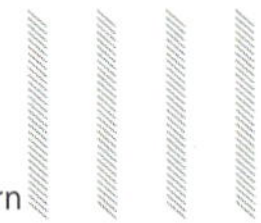

Selected Pattern

2. Choose Length of Sticks = L

L = 80mm

3. Application of various Ratio

4. Gradation of Intervals

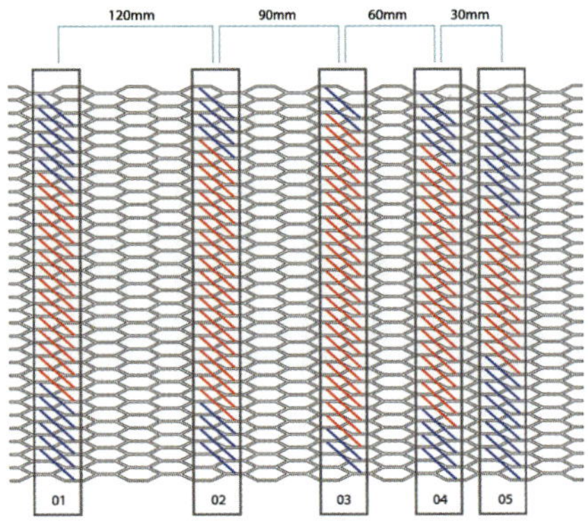

Red sticks : Front

Back sticks : Back

01	02	03	04	05
Red sticks : 16	Red sticks : 20	Red sticks : 4	Red sticks : 20	Red sticks : 12
Blue sticks : 12	Blue sticks : 8	Blue sticks : 24	Blue sticks : 8	Blue sticks : 16

Process

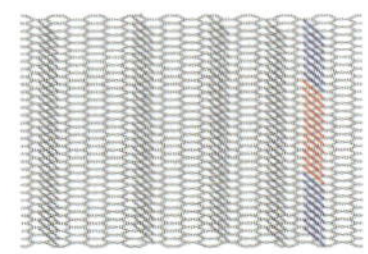

Step 01

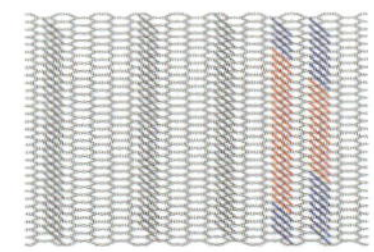

Step 02

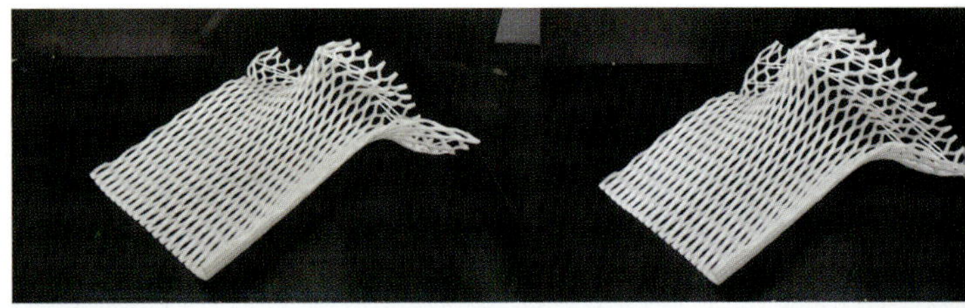

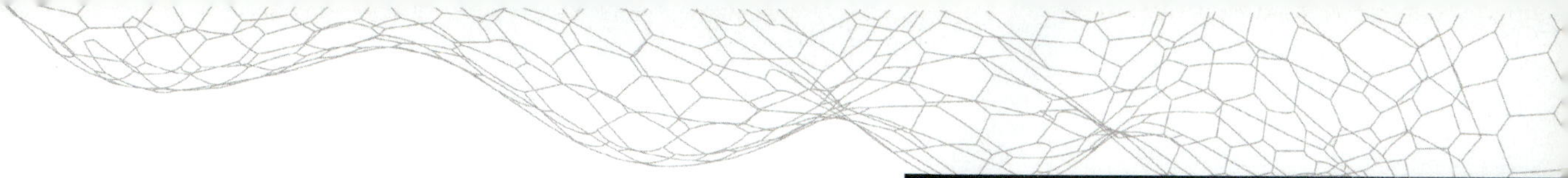

Final Design

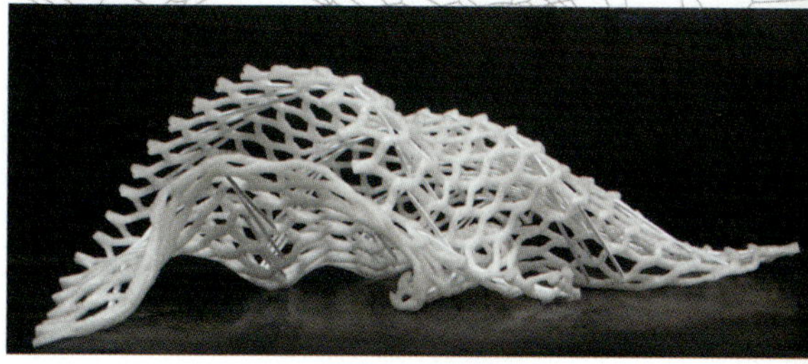

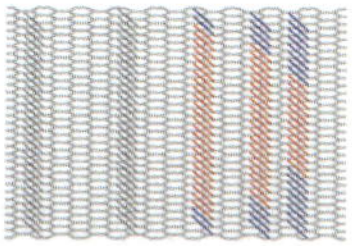

Step 03

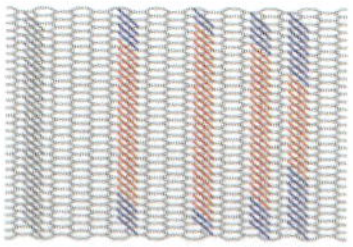

Step 04

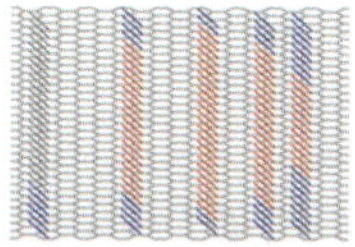

Step 05

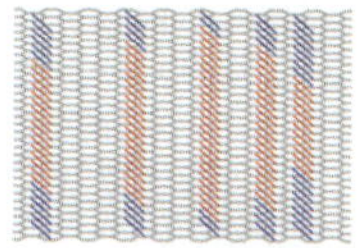

Step 05_ complete

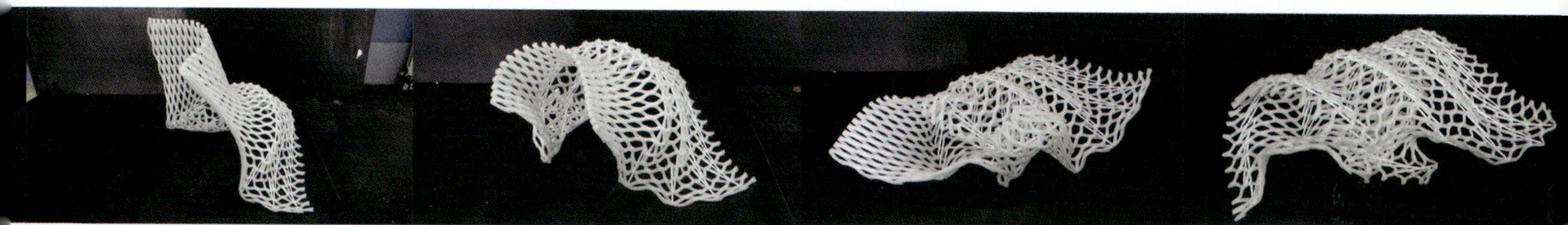

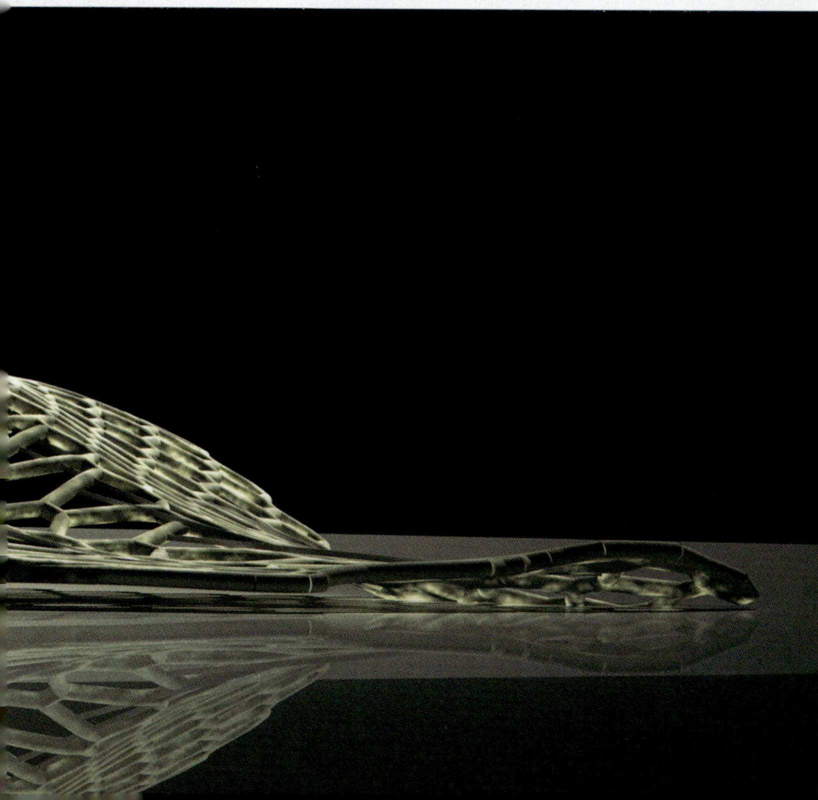

Triangular Landscape

This objective of this project is to explore design options from the result of synthesizing the use of nylon and wooden sticks with the principles of tension and compression. A number of sticks were assembled with reference to the system, which was developed based on the patterns embedded in the surface material. After specifying the position of the sticks over the nylon, the final design resulted in a visually complex form. The local interactions of the large numbers of small sticks over the surface material resulted in structures with unexpected or surprising features that defy our prediction and understanding. Nevertheless, the resulting design exhibited a consistent style, which appeared random but was actually visually coherent. After selecting and designing the final model, it was developed, built, and deployed at the Inha University campus.

Material

A sheet of nylon with sticks becomes a design parameter.

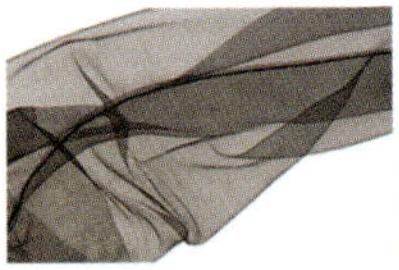

Nylon (ex. stocking) + **Wood Stick**

- Elasticity
- Lightweight
- Flexibility

- Lightweight
- Easily save

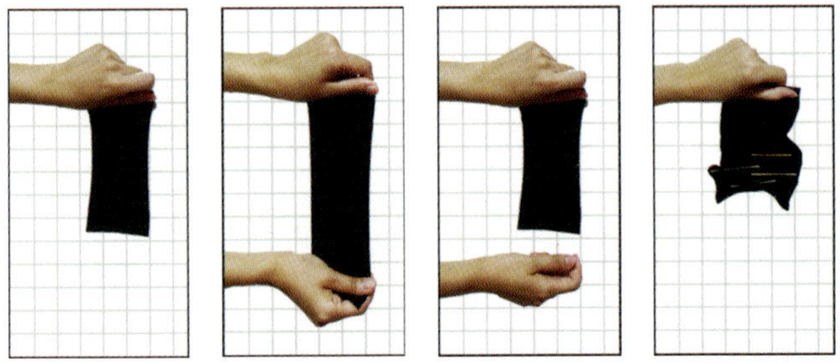

Original

Pull [stretchiness]

Lay [return]

Insert sticks [stretchiness + return]

Initial Study 01

Step 1 : Cutting slits according to a certain pattern

Step 2 : Inserting sticks into the slits- Lengths of sticks determine tension on the nylon

Step 3 : The nylon is stretched and elongated, and became dynamically deformed.

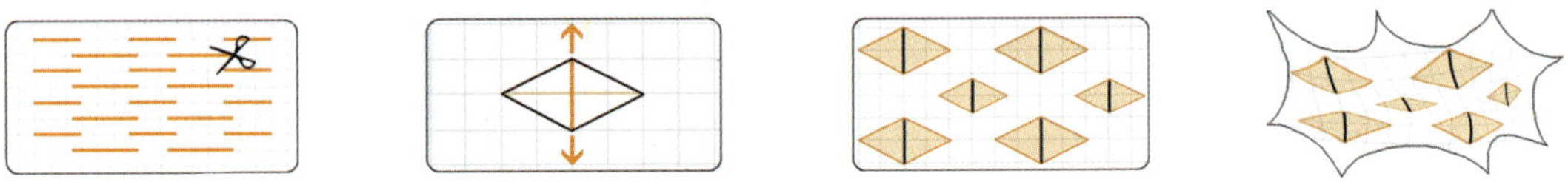

Initial Study 02

Step 1 : cutting holes PATTERN

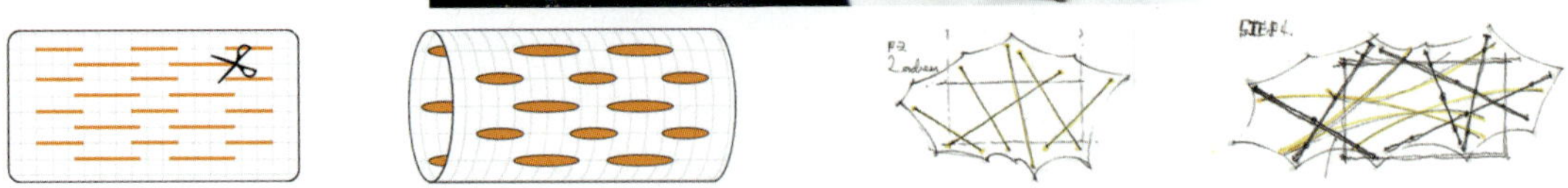

Design Experiments

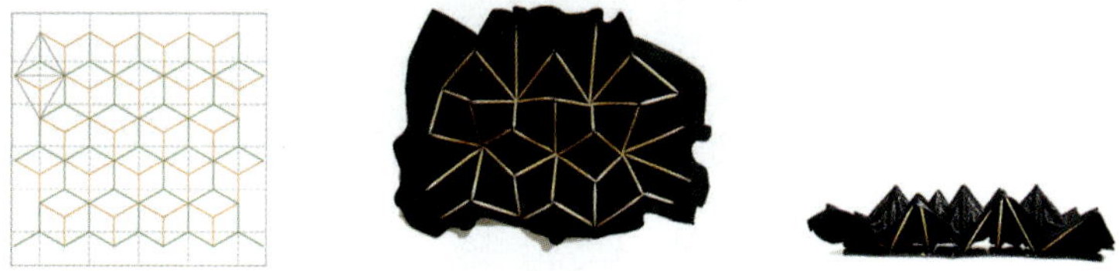

Pattern Type 1 : Triangular Pattern

Pattern Type 2 :
Each unit triangle is rotated to certain angles.

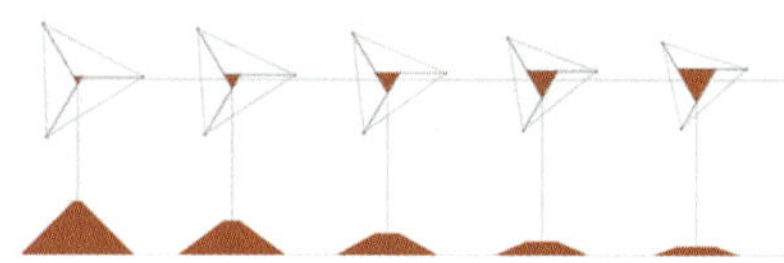

Based on the triangular wall-paper pattern,
each stick is recursively added at a position designated.

Case 1:
Sticks meet at each vertex

Case 2:
Sticks are reciprocally arranged
at a position designated.

Pattern Type 3 : A study model

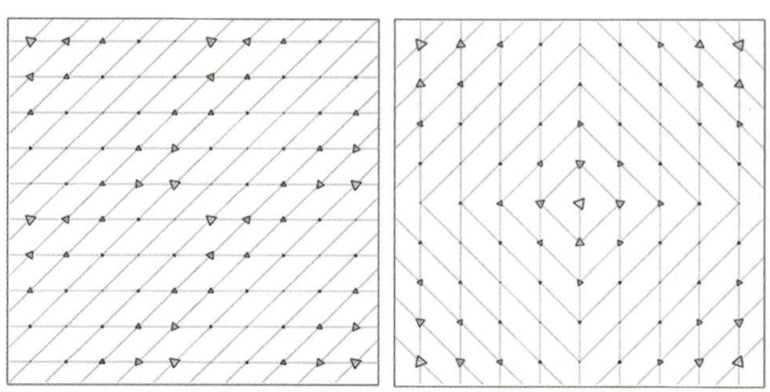

Pattern Type 4 :
Pattern type 3 are Regrouped in certain patterns.

Phase 1. Copy

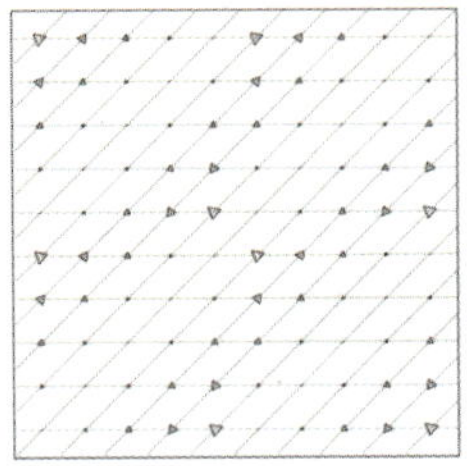

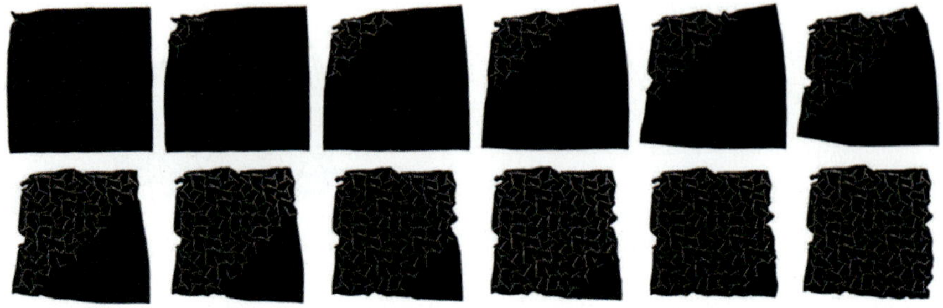

Phase 2. Mirror

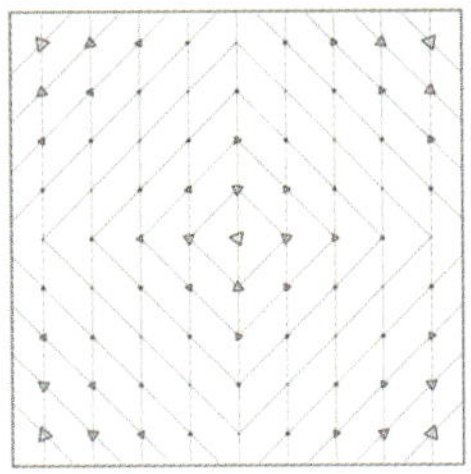

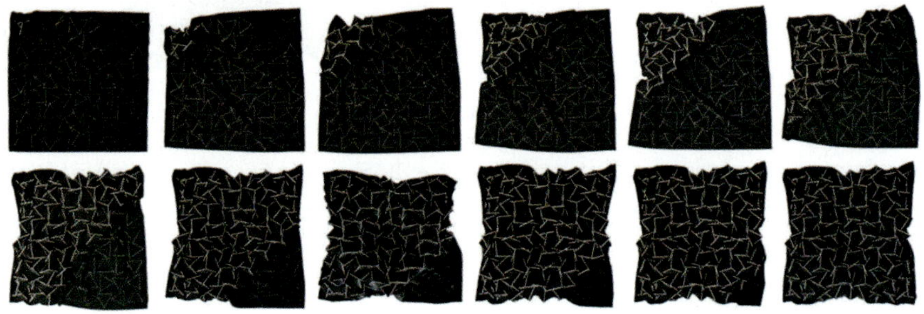

Selected Pattern

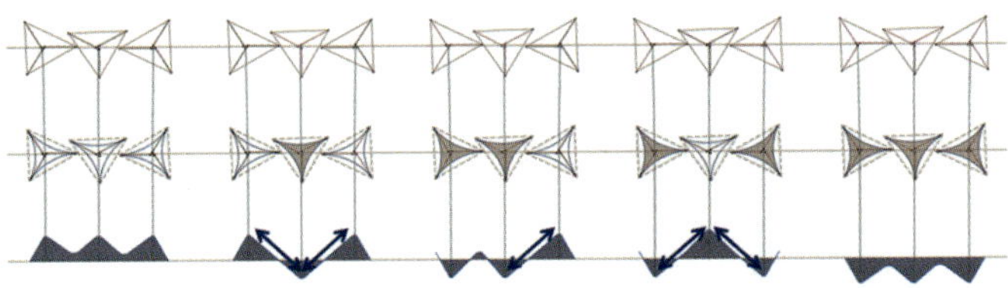

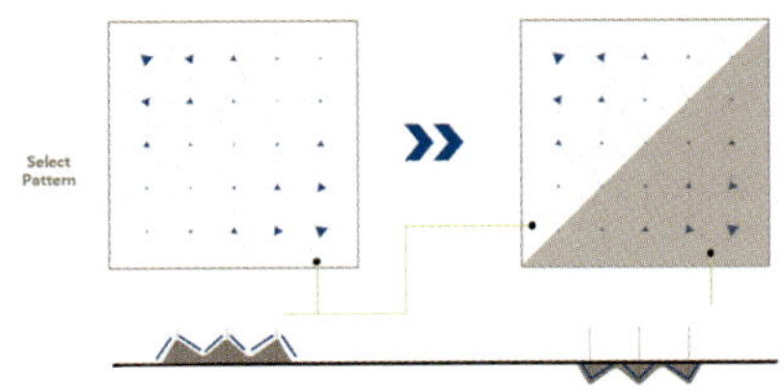

The sticks into the slits in the inner parts of the nylon

The sticks into the slits in the outer parts of the nylon

Final Model

Architectural Experiments and Lessons

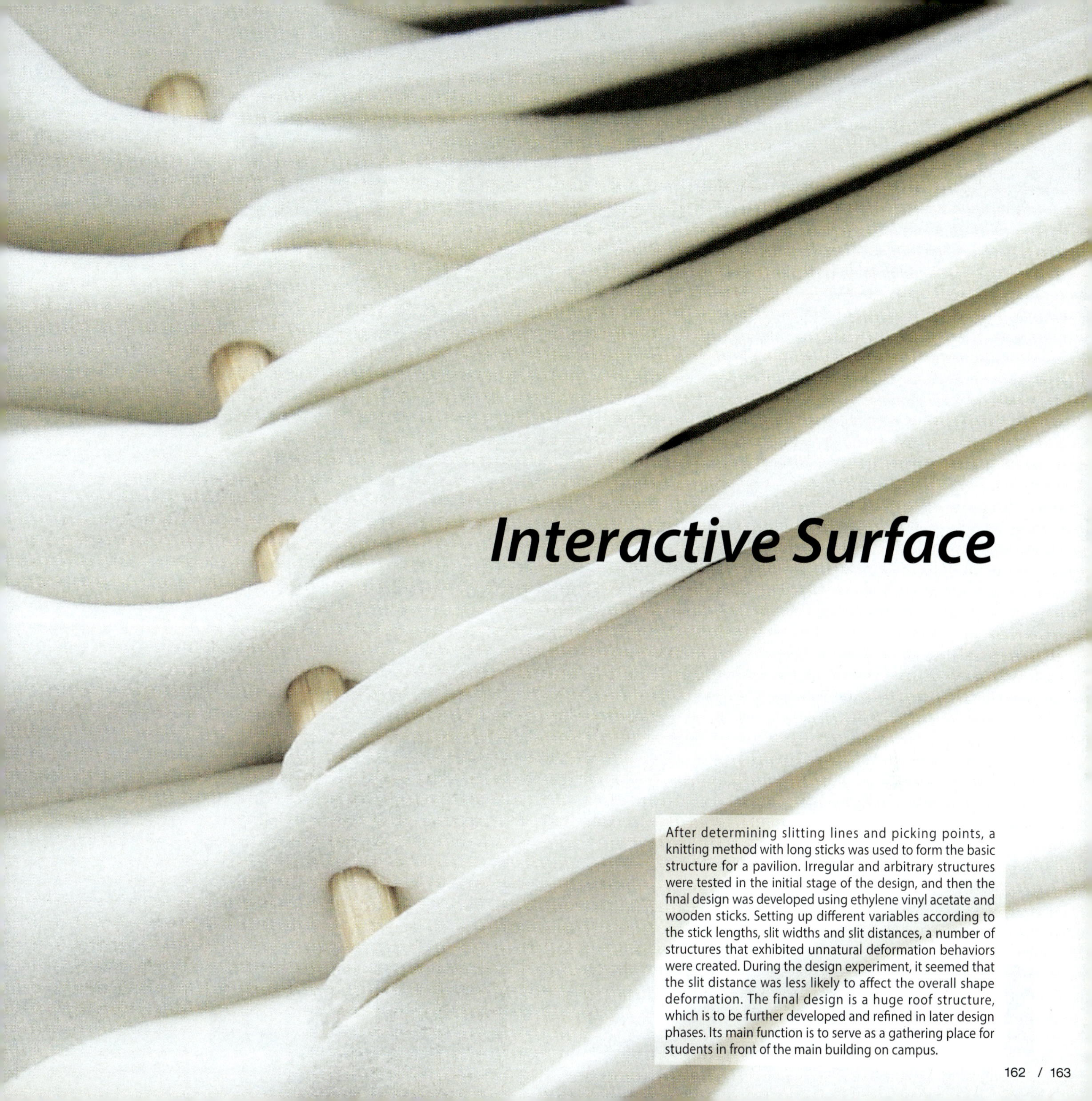

Interactive Surface

After determining slitting lines and picking points, a knitting method with long sticks was used to form the basic structure for a pavilion. Irregular and arbitrary structures were tested in the initial stage of the design, and then the final design was developed using ethylene vinyl acetate and wooden sticks. Setting up different variables according to the stick lengths, slit widths and slit distances, a number of structures that exhibited unnatural deformation behaviors were created. During the design experiment, it seemed that the slit distance was less likely to affect the overall shape deformation. The final design is a huge roof structure, which is to be further developed and refined in later design phases. Its main function is to serve as a gathering place for students in front of the main building on campus.

Material

Sticks for structural support and a sheet of EVA for roofing surface.

Surface

Structure

Desi

EVA : Ethylene Vinyl Acetate

Wood Stick

Material

>> With one picking point, the EVA sheet is twisted in one direction.
>> With two picking points, the sheet swells into an eminence.

Step 1 : Cutting slits according to a certain pattern

Step 2 : Inserting sticks into the slits- Lengths of sticks determine tension on the nylon

Step 3 : The nylon is stretched and elongated, and became dynamically deformed.

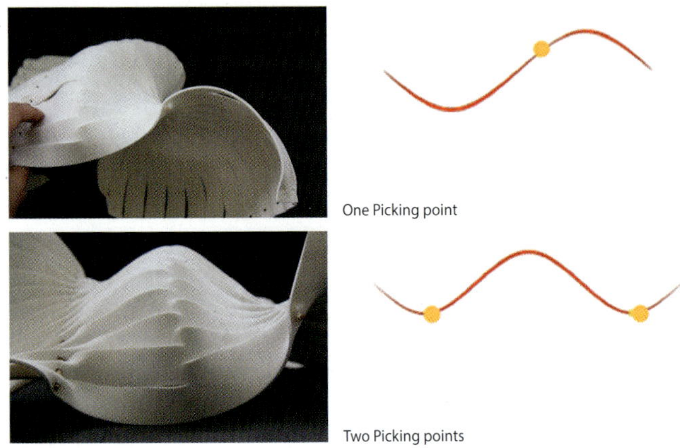

One Picking point

Two Picking points

Design Experiments

Case 01. Setting up variables according to different stick lengths

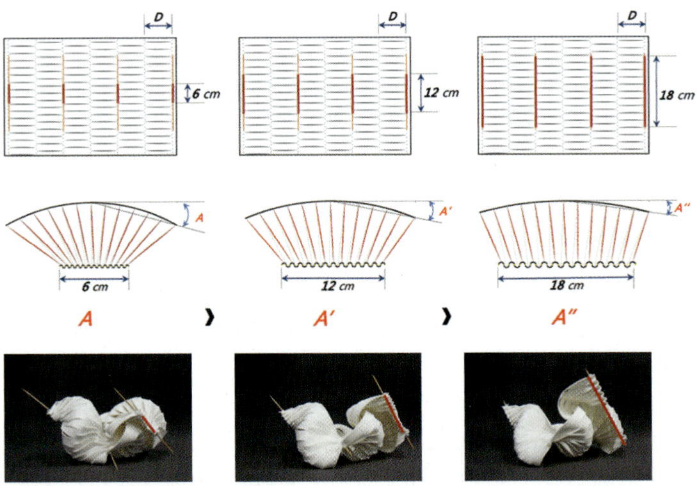

Case 02. Setting up variables according to different slit widths

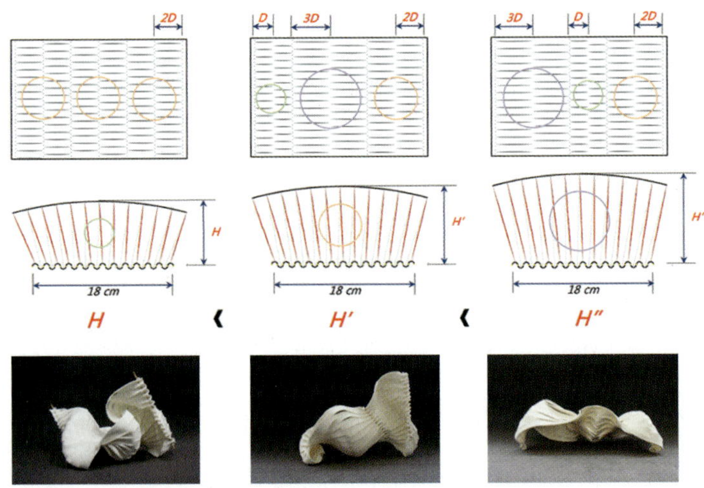

Basic Module

By varying the stick lengths, slit widths and slit distances, the sheet will be deformed in a number of different ways

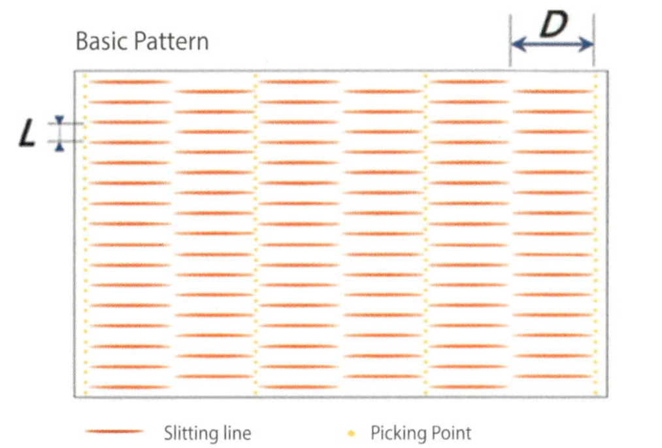

Basic Deformation

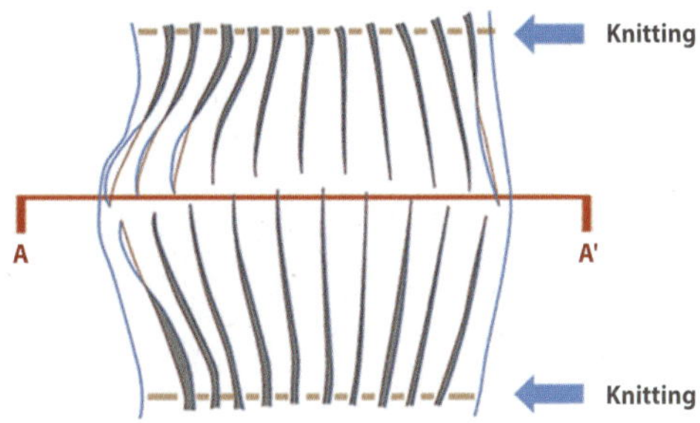

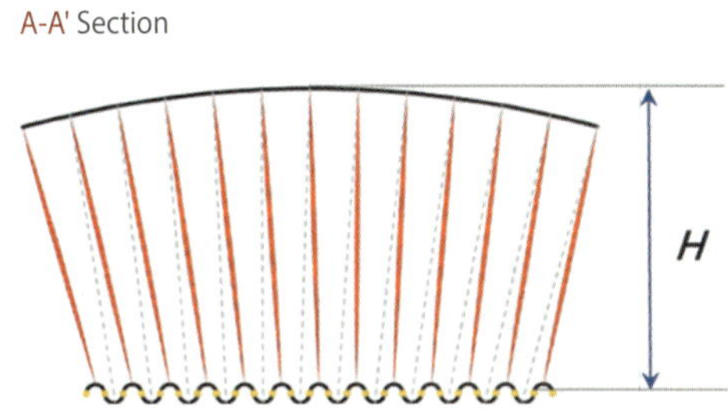

Case 03. Setting up variables according to different slit distances

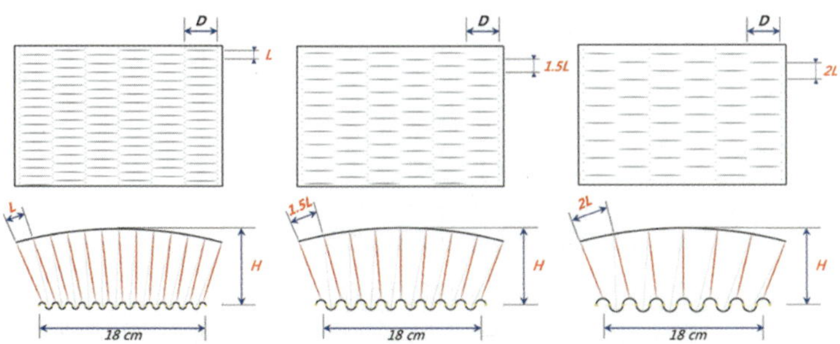

>> Slit distance is likely to less affect the overall shape deformation.

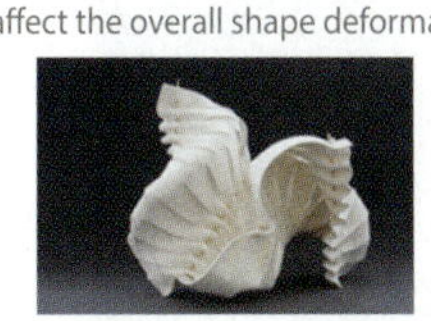

Case 04. Double Stick Structure with different slit widths

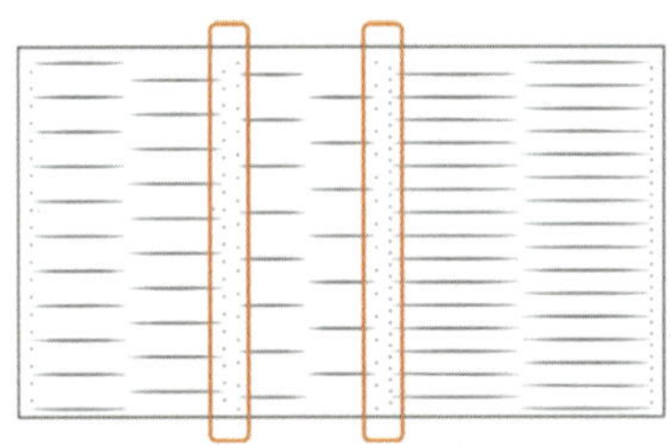

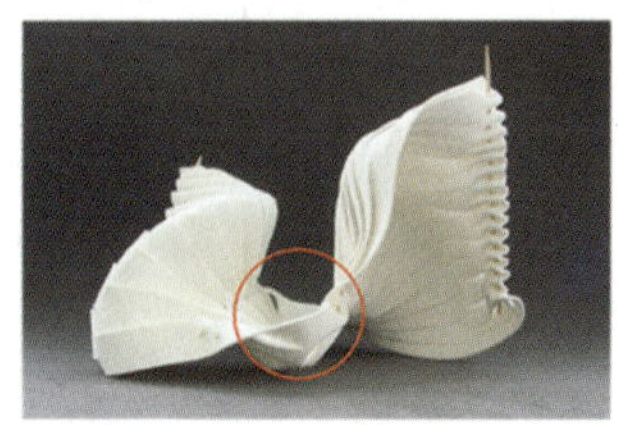

>> The design exhibits unnatural deformation behaviors.

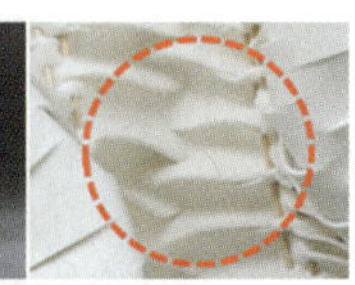

Interior View

Final Fabrication Process

Step 1

Site location for the Pavilion

Final Model

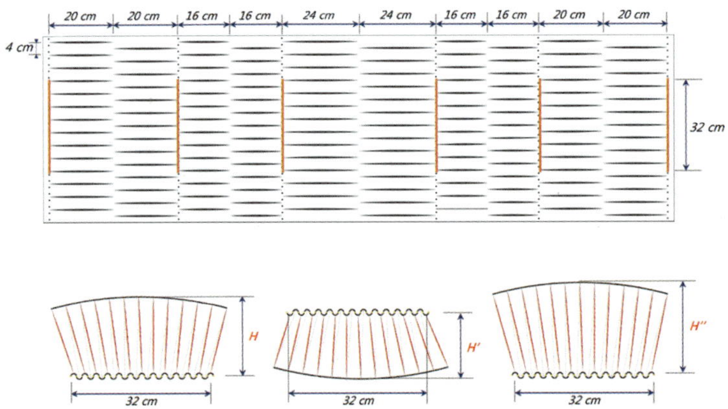

Site location for the Pavilion

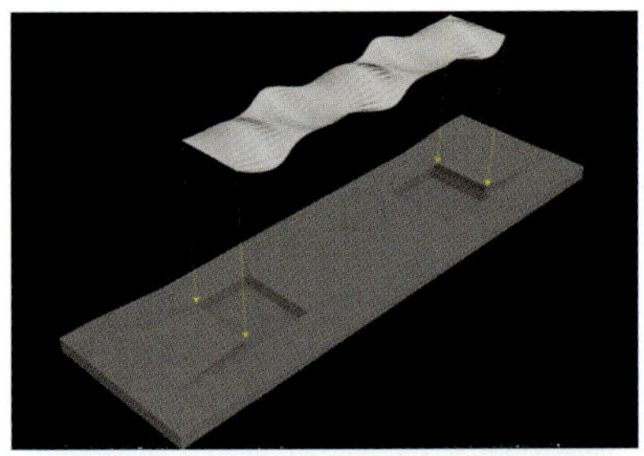

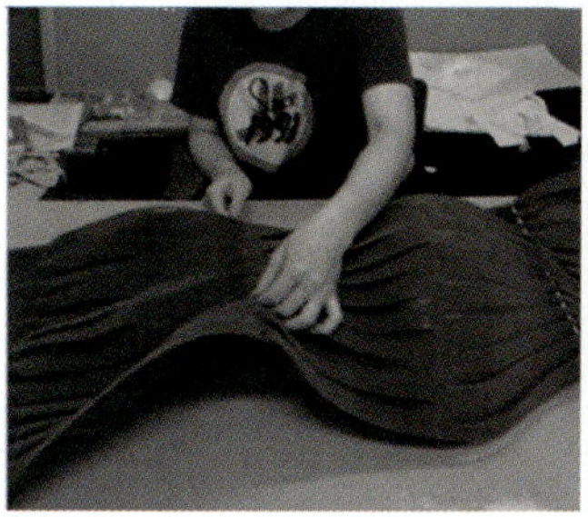
Step 2

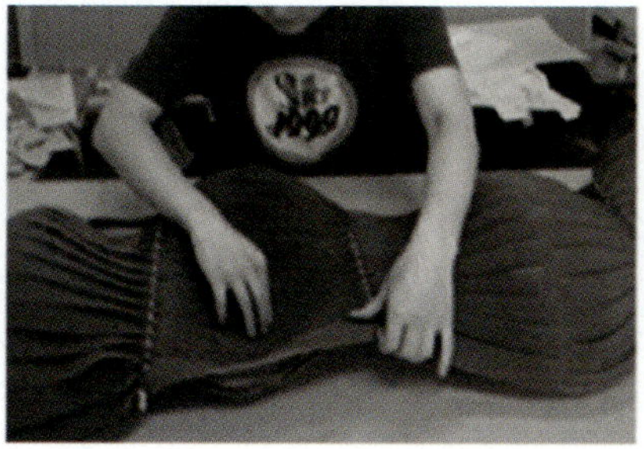
Step 3

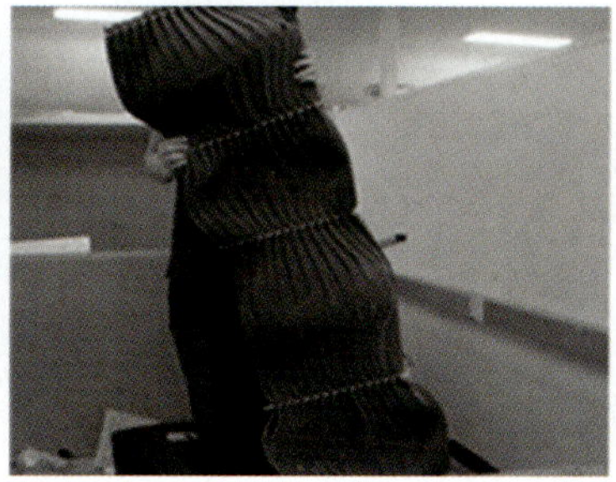
Step 4

Final Step

Undulated Contour

Ethylene Vinyl Acetate (EVA) was used for the creation of the three dimensional porous minimal surface structures.. EVA is a durable, flexible, and transparent copolymer plastic material with excellent toughness. In this design, wooden sticks were used to deform the EVA surface, shape the porous surfaces, support loads, and prop the deformed shape. By inserting the sticks in an alternating manner into the slits in the back and front parts of the flat EVA board, the board slowly changed shape in response to the tensile strength. y varying the patterns of the slits and lengths of the sticks, the board became dynamically deformed, such as being rolled in circular shapes or having undulated, warped, or flat shapes.

Basic method : slit and split

3D Defored contour

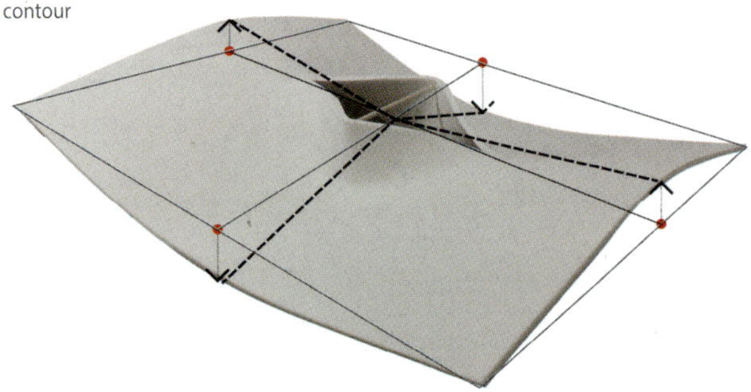

By inserting the sticks into the EVA slits in the back and the front of the flat EVA board, the board slowly changes its shape in response to stress

Front

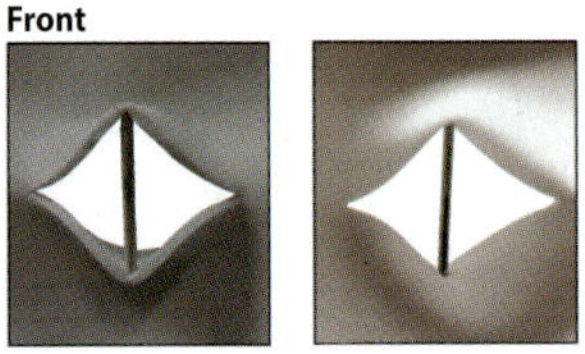

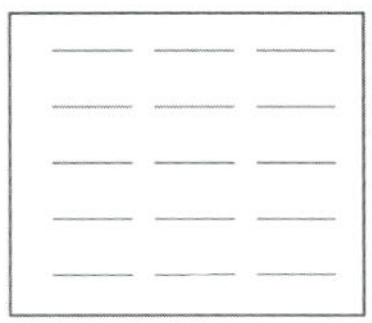

Regular slit pattern
Split (FRONT/BACK)
Flexible EVA board

Inserting Approach

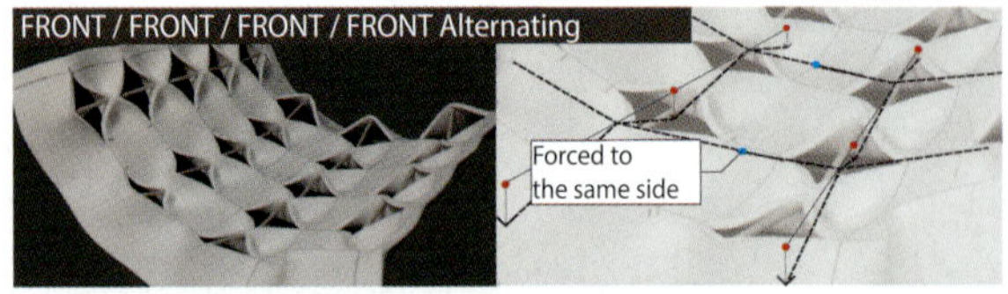

The flat EVA board becomes rolled and deforms to a saddle shape.

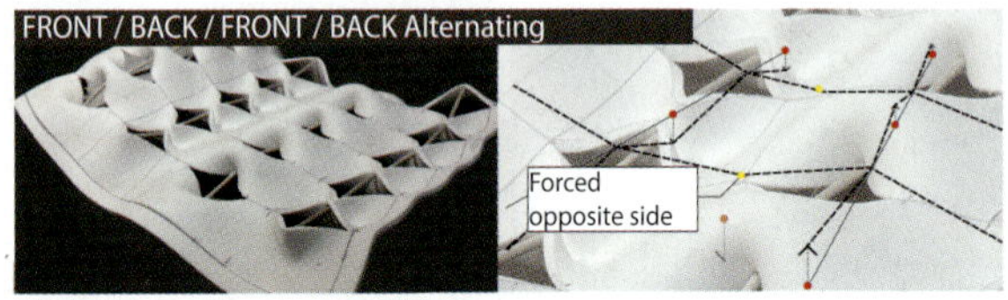

The flat EVA board becomes almost flat.

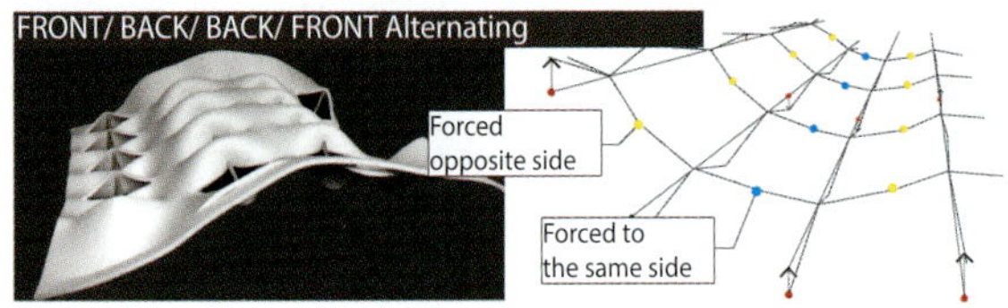

The flat EVA board becomes undulated

Slit pattern variations

Length of SLITS : 5.5cm

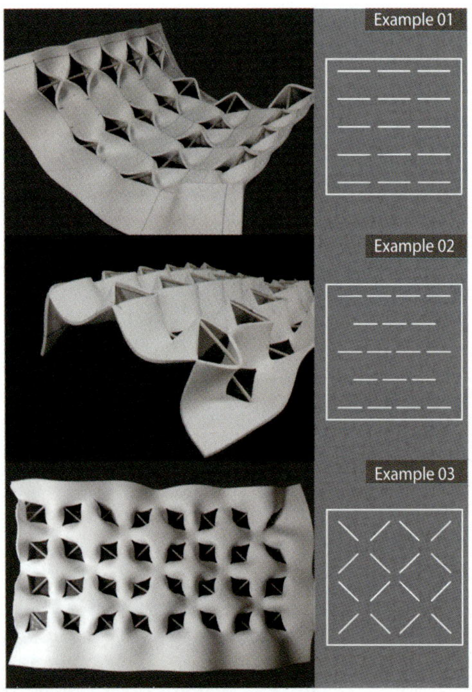

Two basic materials

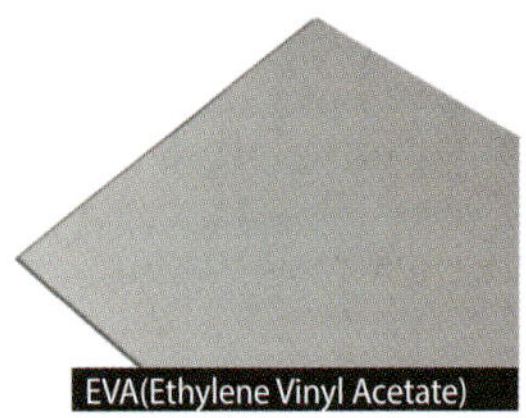

EVA stands for Ethylene Vinyl Acetate. It is a durable, flexible, transparent copolymer plastic material with excellent toughness. Wood sticks are used to deform the EVA surface as well as to support load s and prop the deformed shape.

Curve section patterns

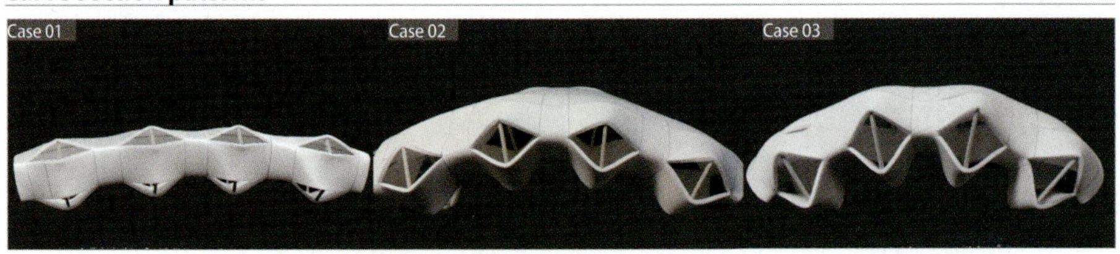

Abstracted Curve Line

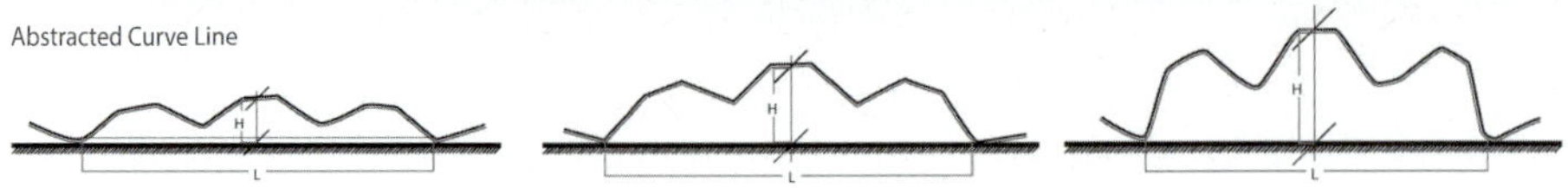

STICK Length=20mm
Height : length=1:7.86(12.7%)

STICK Length=30mm
Height : length=1:4.8(20.8%)

STICK Length=40mm
Height : length=1:2.9(34.4%)
All slits are equal in length : 5.5cm

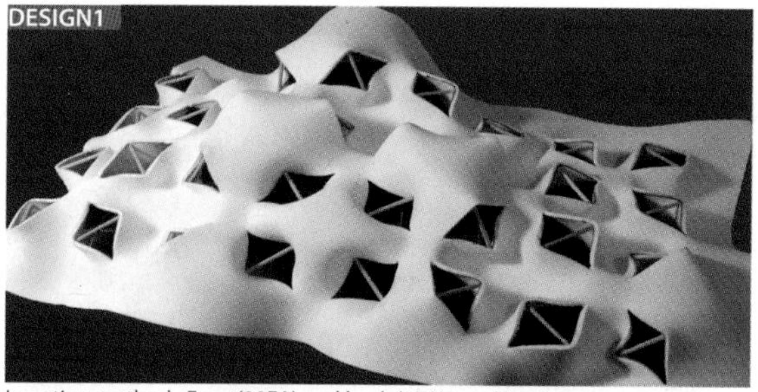

□FRONT ■BACK

Inserting method : Front(28EA) and back (4EA) combination
Slit pattern : Example 03(cross case) / Length of sticks: 40mm

□FRONT ■BACK

Inserting method : Front(28EA) and back (4EA) combination
Slit pattern : Example 03(cross case) / Length of sticks: 40mm

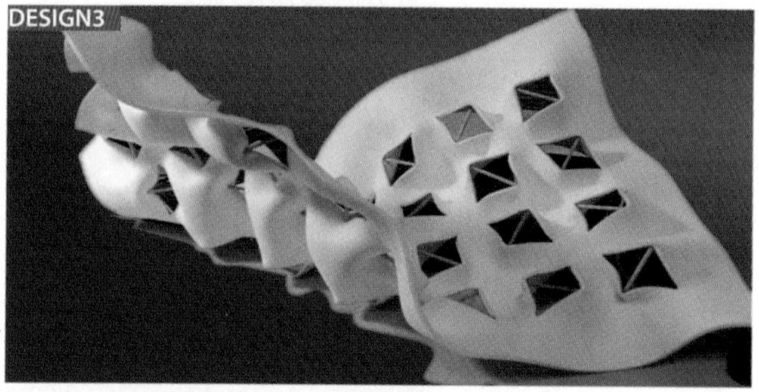

□FRONT ■BACK

Inserting method : Front(28EA) and back (6EA) combination
Slit pattern : Example 03(cross case) / Length of sticks: 40mm

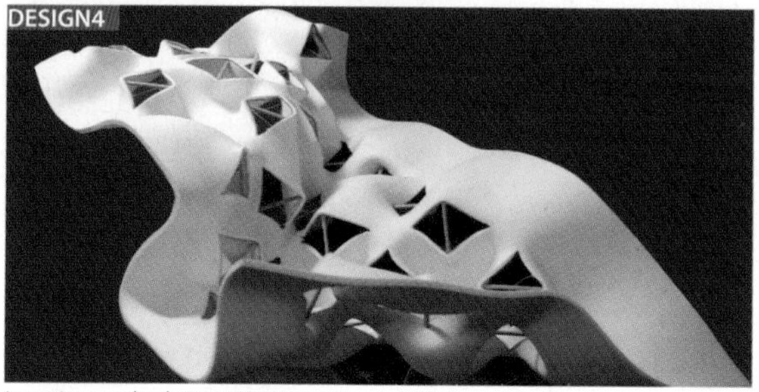

□FRONT ■BACK

Inserting method : Front(28EA) and back (10EA) combination
Slit pattern : Example 03(cross case) / Length of sticks: 40mm

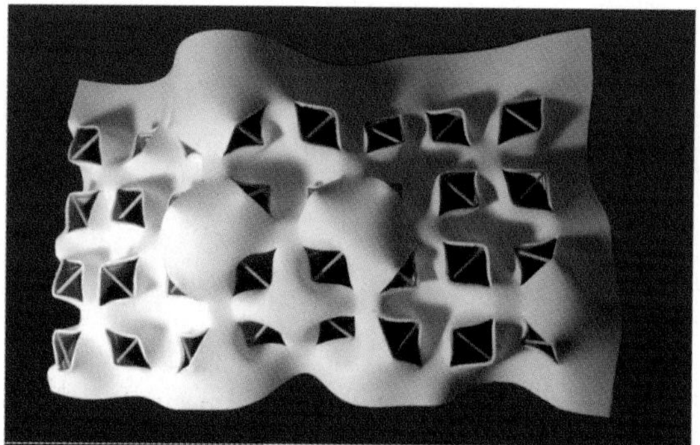

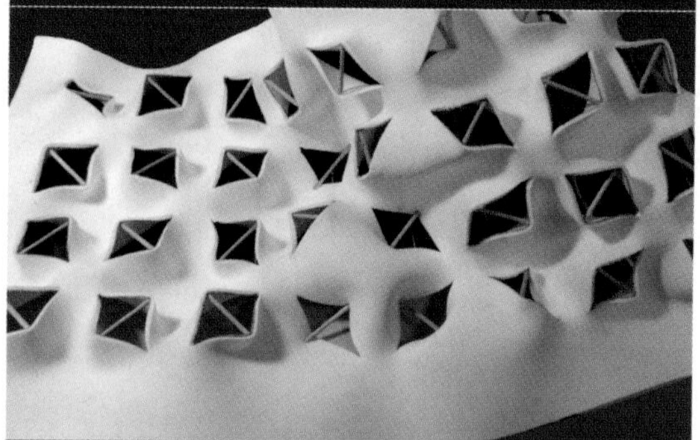

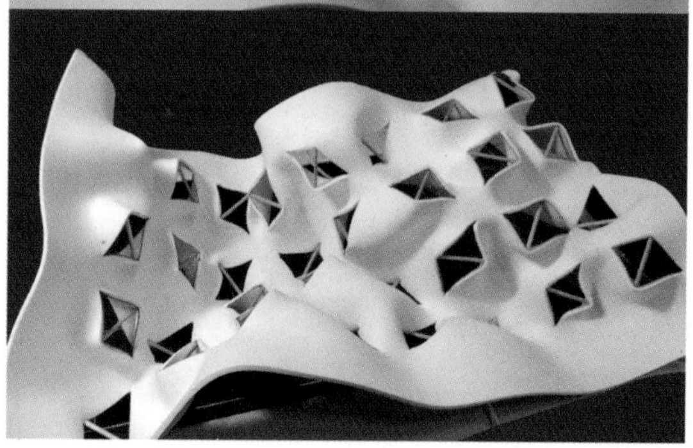

Making Process

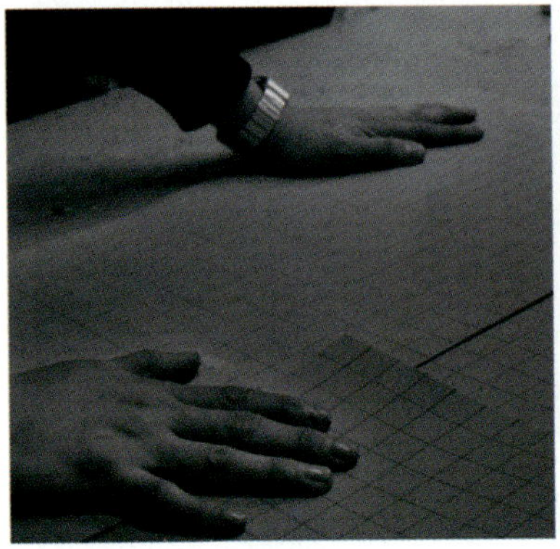

Flow Diagram

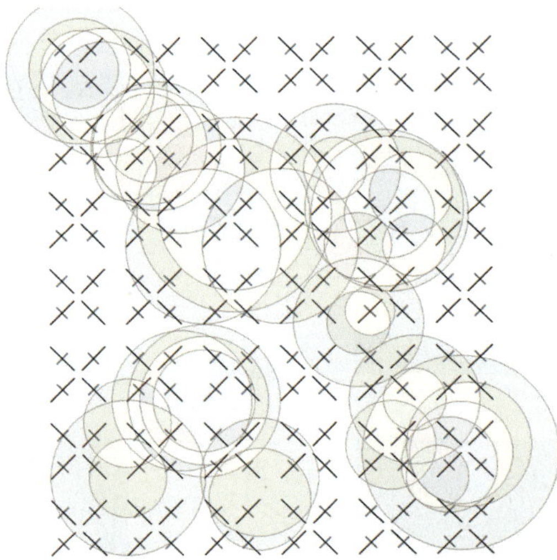

According to ways that the sticks are inserted into the slits, two opposing forces are push and pull, thus twisting the EVA surface. The forces hold the structure in a state of balance.

Final Design

Inserting method : Front (30EA) and back (138EA) combination
Slit pattern : Example 03(cross case)
Length of sticks: 40mm, 50mm, 70mm

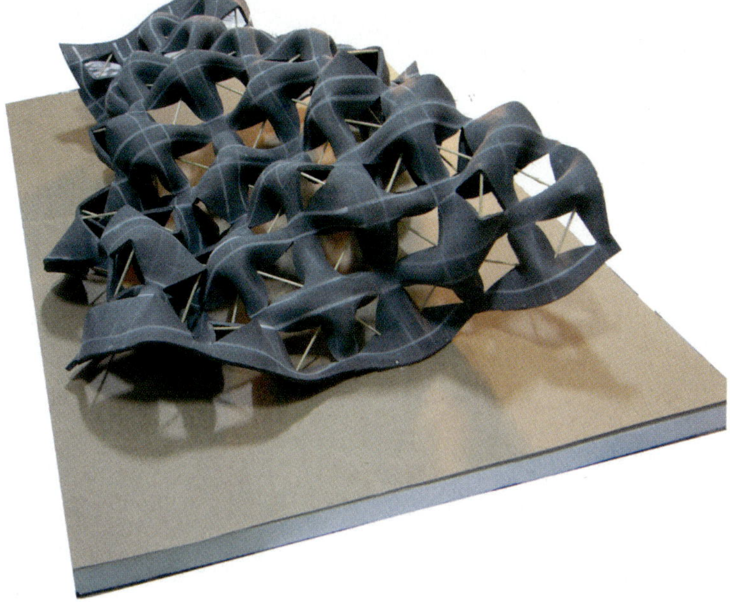

Pavilion site on campus

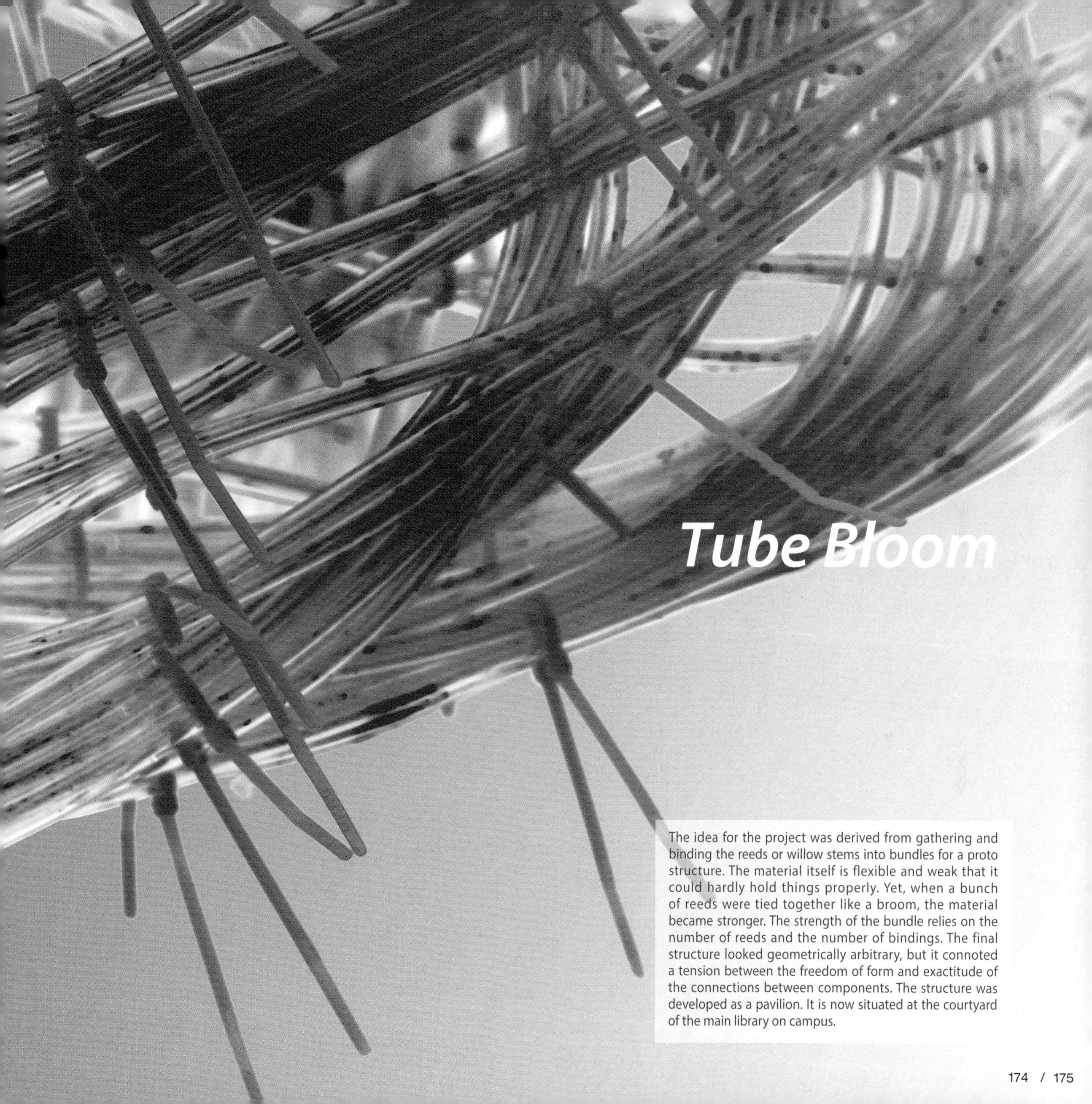

Tube Bloom

The idea for the project was derived from gathering and binding the reeds or willow stems into bundles for a proto structure. The material itself is flexible and weak that it could hardly hold things properly. Yet, when a bunch of reeds were tied together like a broom, the material became stronger. The strength of the bundle relies on the number of reeds and the number of bindings. The final structure looked geometrically arbitrary, but it connoted a tension between the freedom of form and exactitude of the connections between components. The structure was developed as a pavilion. It is now situated at the courtyard of the main library on campus.

Concept

A bunch of reeds or willow stems are collected for broom making. Each stem typically looks weak. Yet, when the bundle is tied tog ether, they gets stronger.

Strength Test

According to the number of cable tie points and tubes.

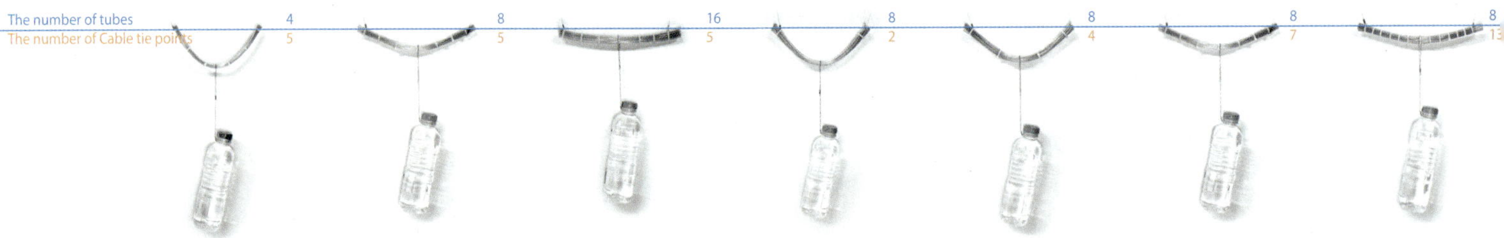

Structural Logic

When various strands are tied together, the changing patterns of the length of the outer and the inner strand vary.

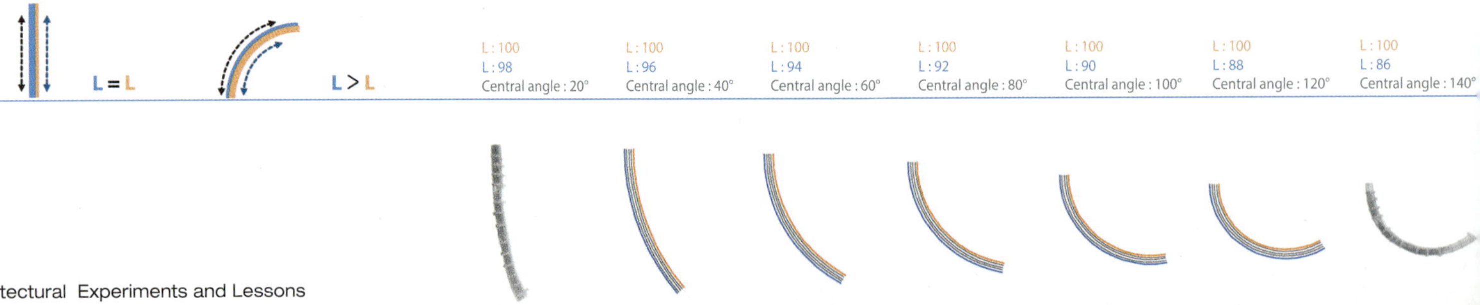

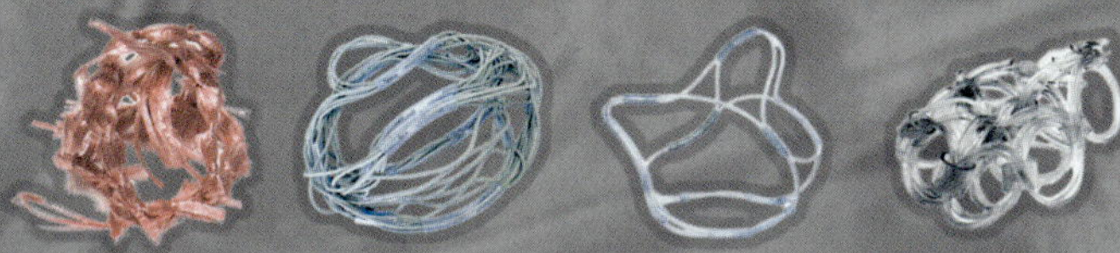

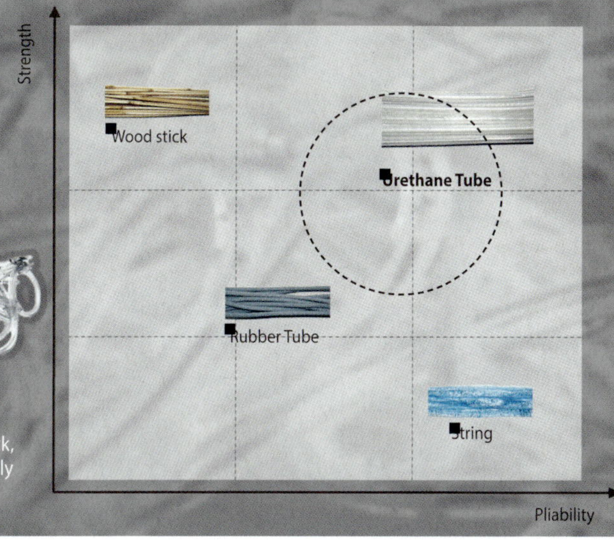

Materials

It is considered the most suitable constructing material for a proto structure, including wood stick, urethane tube, rubber tube and string. We selected a bunch of urethane tube because it is readily available, adequately stiff, and easy to tie together to form a broom like structure.

Types of Bindings

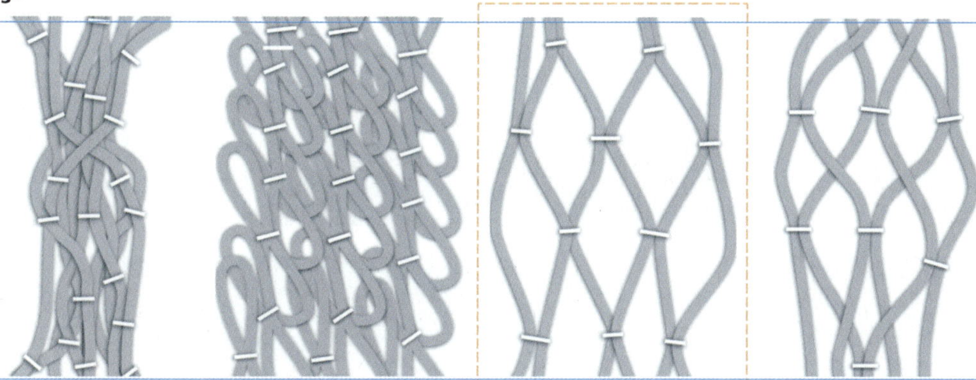

Type 1 | Type 2 | **Type 3** (Chosen) | Type 4

L : 100	L : 100	L : 100	L : 100	L : 100	L : 100	L : 100	L : 100	L : 100	L : 100
L : 84	L : 82	L : 80	L : 78	L : 76	L : 74	L : 72	L : 70	L : 68	L : 66
Central angle : 160°	Central angle : 180°	Central angle : 200°	Central angle : 220°	Central angle : 240°	Central angle : 260°	Central angle : 280°	Central angle : 300°	Central angle : 320°	Central angle : 340°

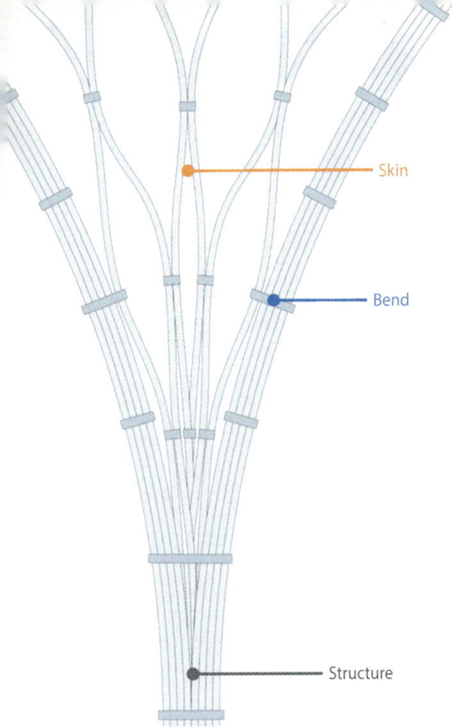

Unit Bundle Assemblage

Grouping Process

In order to maintain the deformed shape of the structur

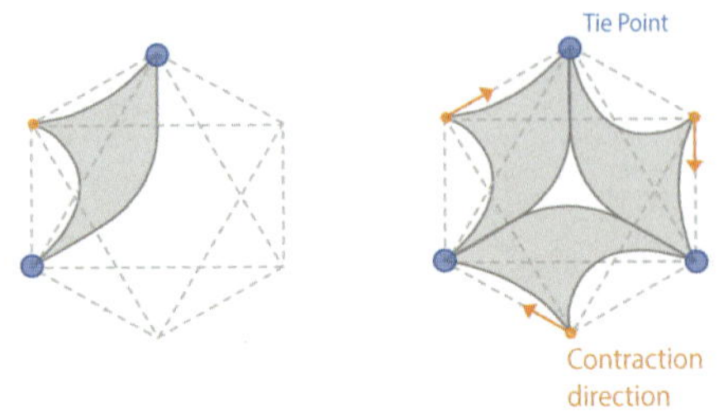

Phase 1

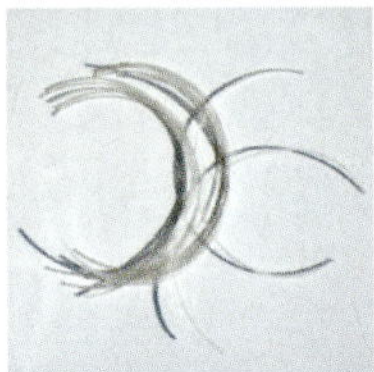

Phase 2

Phase 3

Phase 4

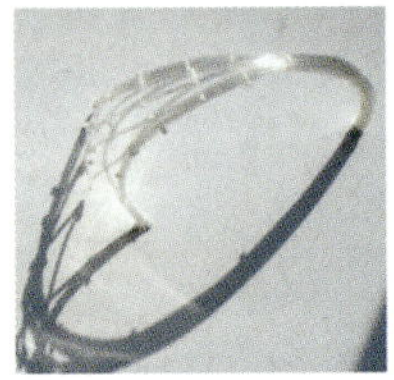

Phase 5

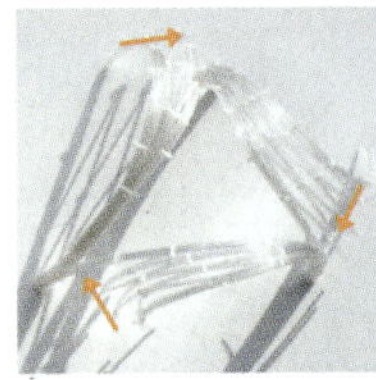

Design Experiments

ecessary to construct a double-layer structure.

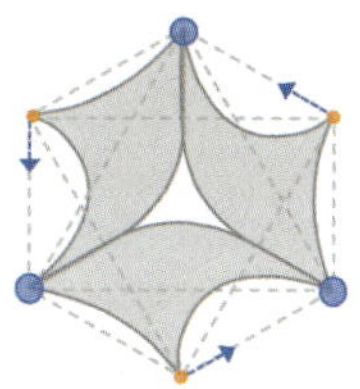

Counter-pressure against contraction

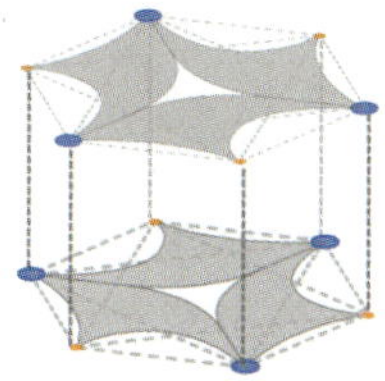

Connected in reverse arrangement

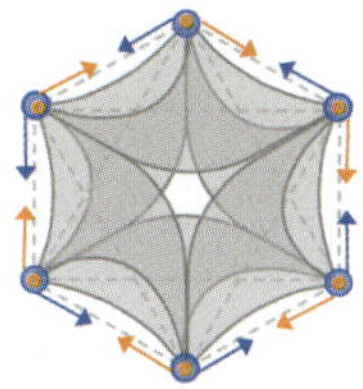

The composition allows static balance of the opposite contractions.

Phase 6

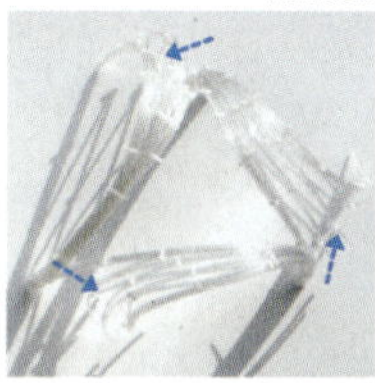

Phase 7

Phase 8

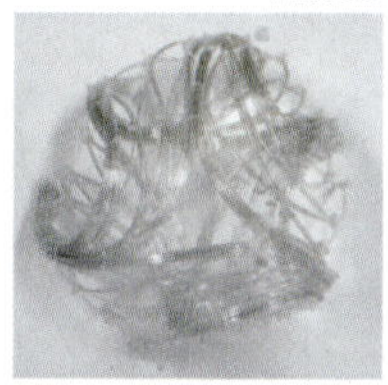

Design Variations

Shape deformations according to two layers of triangles.

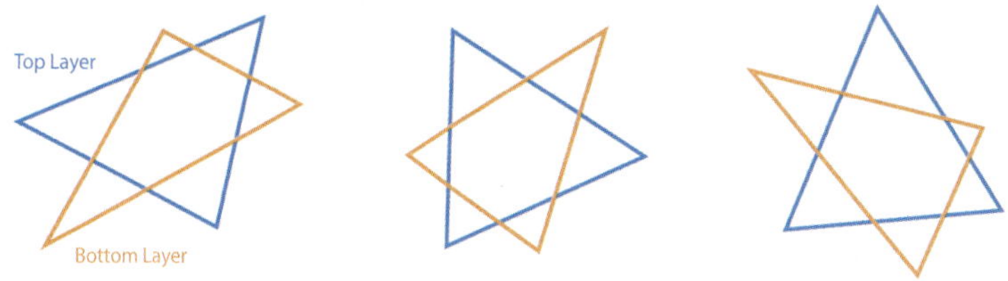

COP15 파빌리온 "떠있는 영혼"

COP15 PAVILION "FLOATING SPIRIT"

COP 파빌리온 : 떠있는 영혼

기후 변화와 지구 온난화를 막기 위한 교토 의정서는 곧 만료된다. 이러한 흐름을 지속하기 위해서는, 새로운 기후 의정서가 절실하게 필요하다. 그러므로 기후 회의는 결국 지구 온난화와 기후 변화를 방지하기 위한 코펜하겐 의정서를 만들게 될 것이다. 170개국의 대표단은 코펜하겐에서 다른 정부 대표단과 NGO 대표단, 기자들과 함께 며칠 동안 회의를 가질 예정이다. 총 8000여명이 코펜하겐 기후 회의에 참석할 예정이다.

2009 UN 기후 변화 회의 (COP15)

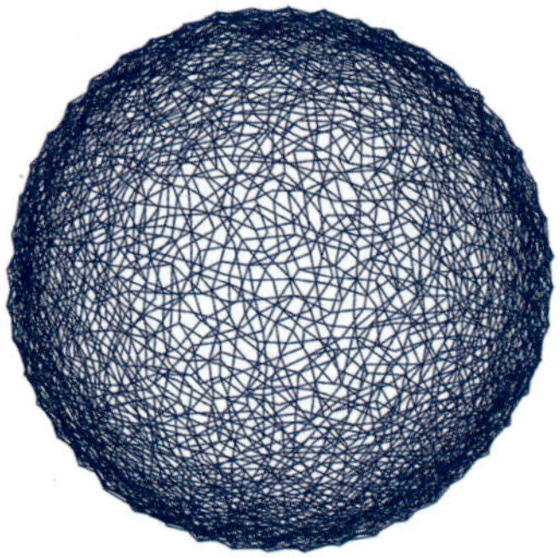

날짜: 2009년 12월 7-18일
장소: 벨라 센터, 코펜하겐, 덴마크
참가자: UNFCCC 가입 국가들

코펜하겐 회담으로 흔히 알려져 있는 2009 UN기후 변화 정상회의는 11월 7일부터 18일까지 덴마크 코펜하겐의 벨라센터에서 열렸다. 이 정상회의는 15회 당사국 총회, UN 기후 변화 협약, 5회 당사국 총회와 교토의정서를 포함한다. 발리 로드 맵에 따르면, 2012년 이후의 기후변화 완화 체계는 그 곳에서 의결될 예정이었다.

이 회의에 앞서 2009년 3월 벨라 센터에서 “지구 위기, 도전과 의사결정”에 관한 기후 변화 회의가 진행되었다. 협상들은 2009년 5월에 반기문 UN사무총장이 참석한 "코펜하겐 기후 의회"(COC)에 의해 조직된 "코펜하겐에서의 기후변화 기업 정상회의" 때, 새로운 형식으로 시작되었다. 이 회의에서 UN사무총장은 COC의 대의원들이 9월 22일에 개최되는 "기후변화에 대한 정상회담"에서 뉴욕의 'Climate Week' 참석을 포함하여 기후 문제에 관한 주제에 정부 지도자들이 함께 관여해 달라고 요청하였다.

출처: 위키피디아

COP PAVILION : FLOATING SPIRIT

BIG

The kyoto protocol to prevent climate changes and grobal warming is soon running out. To keep the process going there is an urgent need for a new climate protocol. Therefore the climate conference is to end up with a copenhagen protocol to prevent global warming and climate changes. Govermental representatives from 170 countries are expected to be in copenhagen in the days of the conference accompanied by other govenmental representatives, NGO's, and journalist. In total 8,000 people are expected to Copenhagen in the days of the climate meeting.

2009 United Nations Climate Change Conference (COP15)

Date: 7-18 December 2009
Location: Bella Center, Copenhagen, Denmark
Participants: UNFCCC member countries
UN Chronicle: Special Climate Change Issue.

The 2009 United Nations Climate Change Conference, commonly known as the Copenhagen Summit, was held at the Bella Center in Copenhagen, Denmark, between 7 December and 18 December. The conference included the 15th Conference of the Parties (COP 15) to the United Nations Framework Convention on Climate Change and the 5th Meeting of the Parties (COP/MOP 5) to the Kyoto Protocol. According to the Bali Road Map, a framework for climate change mitigation beyond 2012 was to be agreed there.

The conference was preceded by the Climate Change: Global Risks, Challenges and Decisions scientific conference, which took place in March 2009 and was also held at the Bella Center. The negotiations began to take a new format when in May 2009 UN Secretary General Ban Ki-moon attended the World Business Summit on Climate Change in Copenhagen, organised by the Copenhagen Climate Council (COC), where he requested that COC councillors attend New York's Climate Week at the Summit on Climate Change on 22 September and engage with heads of

COP15 파빌리온

이 파빌리온은 기후 회의 참여자나 코펜하겐 시민들이 그들의 생각을 모으기 위한 조용한 휴식 장소로 제공되거나, 여러 회의 의제들을 조율하기 위한 장소로 제공될 하나의 명상적 장소이다. 이 파빌리온은 의견 차를 반영하는 지속 가능한 생각들의 상징이 될 것이다. 이 파빌리온은 조립이나 해체, 이동 및 운반하기 용이해야 한다.

프로젝트 세부사항

시 설

- 방문객 수: 200명
- 크기: 약 300m²
- 사색 공간: 주요 중앙 공간은 전시, 영화/ 영상 그리고 작은 회의가 가능하여야 한다. 행사가 열리지 않을 때, 이 공간은 누군가가 쉬고 사색할 수 있는 휴게공간으로 탈바꿈 되어야 한다.
- 활동 공간: 소규모 공간들은 워크숍이나 전시, 정보제공 스탠드, 강의, 회의 등이 가능해야 한다. 이 활동들은 낮 동한 바뀌어 질 수 있기 때문에 내부 공간도 필요에 의해 빠르게 바뀔 수 있는 시설이어야 한다.
- 카페: 활동 공간 중 한 부분은 화장실을 가진 카페의 기능을 한다.

위 치

이 파빌리온은 코펜하겐의 운하에 떠있으면서도 현수교로 땅과 연결되어 코펜하겐 COP15 정상회의 기간 동안에 이용될 것이다. 정상회의가 끝난 후, 이 파빌리온은 앞으로 개최될 G20, WTO 또는 더 나아가 UN 세계정상회담 같은 행사를 위해 해체되거나 옮겨질 질 수 있다.

government on the topic of the climate problem.

From Wikipedia, the free encyclopedia

COP15 PAVILION

The pavilion is seen as a meditative space that provides a reflective place for conference attendees and the citizens of Copenhagen who seek for a place of quiet and repose to gather their thought and be in tune with the elements in order to focus on the issue at hand. The pavillion should be a symbol of sustainable thinking - simultaneous reflecting oneness and difference. The pavillion is to be highly mobile, easy to mount / dismount and transport.

PROJECT DETAILS

FACILITIES

- Visitors : 200 persons
- Size : 300㎡ approx.
- Reflective Space : A major central space facilitating exhibitts, movies/films and small informative discussions. When no event is happening, this space transform into a lounge area where one can rest and reflect.
- Activity Space : Minor space facilitating activities like workshop, live demons, info stands, courses, meetings. The activities can change during the day, calling for interiors, which quickly can be changed accordingly.
- Cafe : One of the activity spaces will facilitate a cafe with adjoining toilets.

LOCATION

It is to be primarily used at the COP15 conference in Copenhagen, floating within the main canal of Copenhagen and attached by a hanging bridge to the mainland. Howere upon the conclusion of the conference it can be dismounted and transported to future events like the G20, WTO or futher UN Global summits.

A Floating Tank

A decrease in Antractic iceberg volume

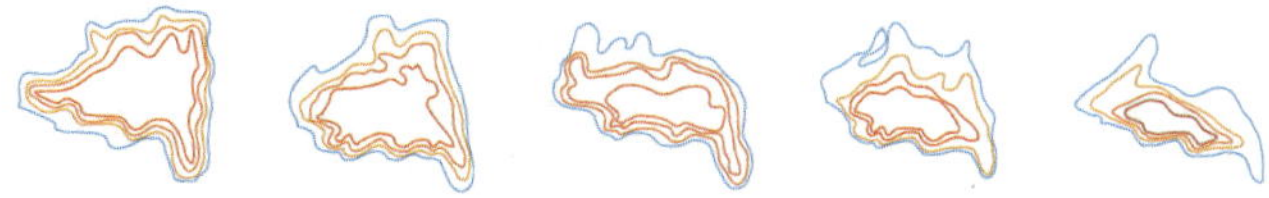

2004 2005 2006 2007 2008

Scenario

The idea of behind the project is to raise the awareness of global warming and its effect on the environment. The pavilion is to draw attention to and promote discussion of climate change issues. The design of the pavilion is derived from the process by which an iceberg melts, breaks off rom a glacier or ice shelf, and the floats in the water. Accordingly, the structure of the pavilion is designed to permit the transformation and change of the basic spatial enclosure to accommodate the changing needs of the program. Within the pavilion, visitors will be able to experience the melting of the ice, and the breaking off parts of the iceberg.

Falling Melting Drifting

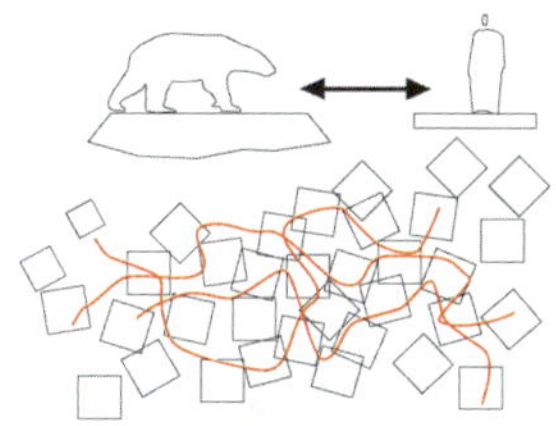

Constraint on traverse

Site

The pavilion will be situated on the banks of the beautiful Copenhagen canal. It is also designed to travel around the Copenhagen canal, thus enabling small crowds to move smoothly along the canal. The visitors will enjoy exploring historic buildings, cafes, and nearby attractions around the historical harbor.

COP15 COPENHAGEN
UN CLIMATE CHANGE CONFERENCE 2009

Diagrams

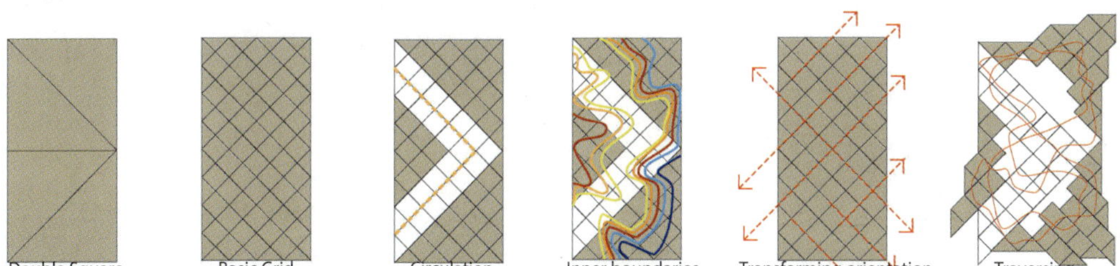

Double Square Basic Grid Circulation Inner boundaries Transforming orientation Traversing

Operational components

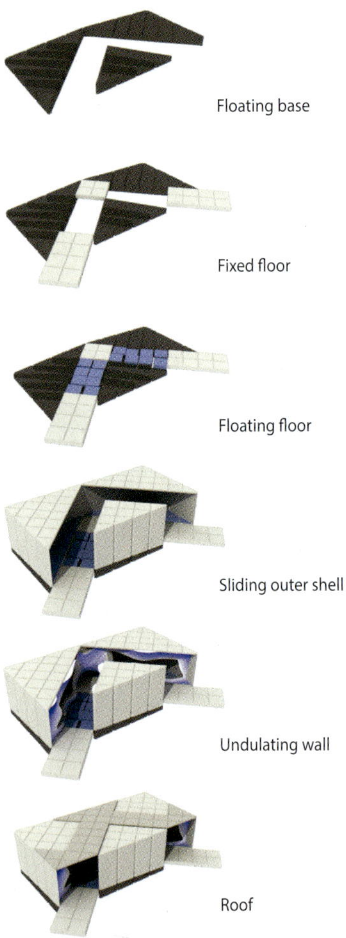

Spatial transformation and movement

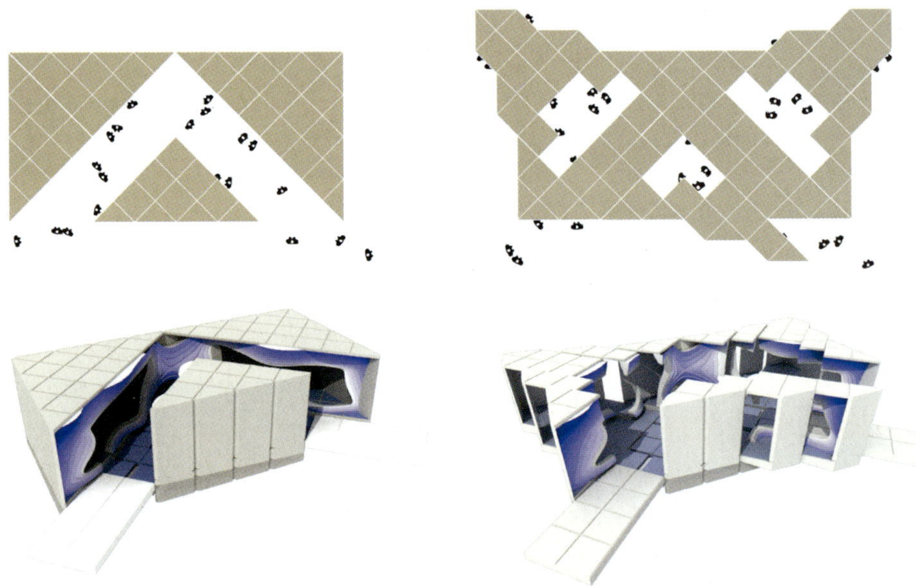

Section 1

Spatial Expansion

The geometry of the pavillion is set along the diagonal axis of the coordinate system so that part of the structure smoothly shifts and extends diagonally. The corridor is diagonally planned so that it will practically connect the main focal points of the circulation paths. When transformed and extended, small pocket rooms are created to be used as meditation, relaxation and so on. In addition, the open skylight brings natural light deep into the intricate interior space of the pavilion.

Floor shift

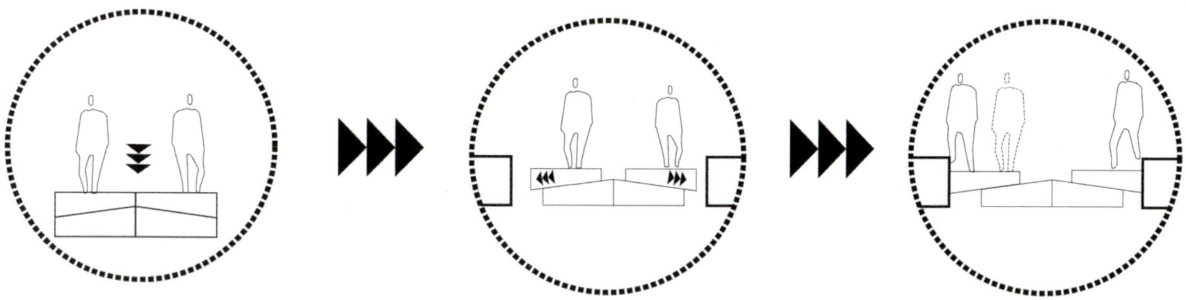

Step 1. Push down

Step 2. Slide diagonally

Step 3. Hit and stop

Section 2

Programs

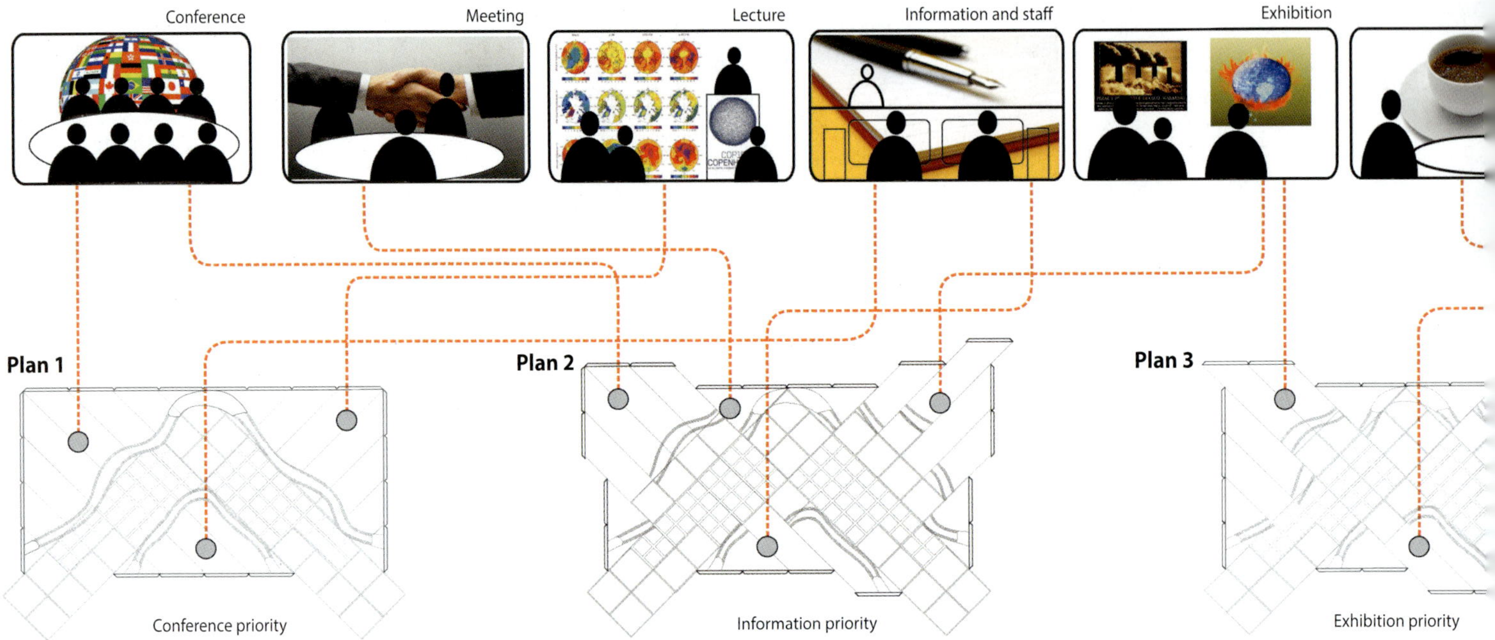

Programs inside pavilion include various types of activities according to their prioirity. The pavilion program encourages users to engage in numerous types of activities according to high priority tasks or activities according to their interests. Basically, four major types of priority modes such as conference, information, exhibition and meditation are considered during the day time.

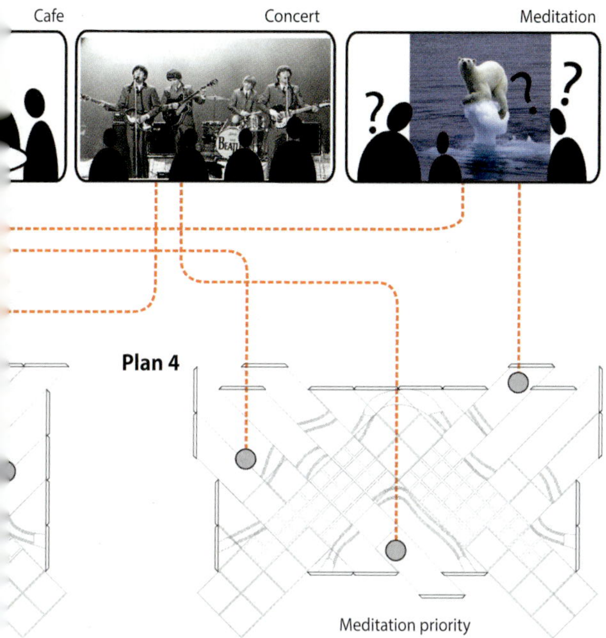
Cafe
Concert
Meditation
Plan 4
Meditation priority

Energing Hydrophyte

The Energizing Hydrophyte will be an integral part of the 2009 United Nations Climate Change Conference at Copenhagen, Denmark. The pavilion will be used as a multi-functional space for meeting, Challenges and Decisions scientific conference.

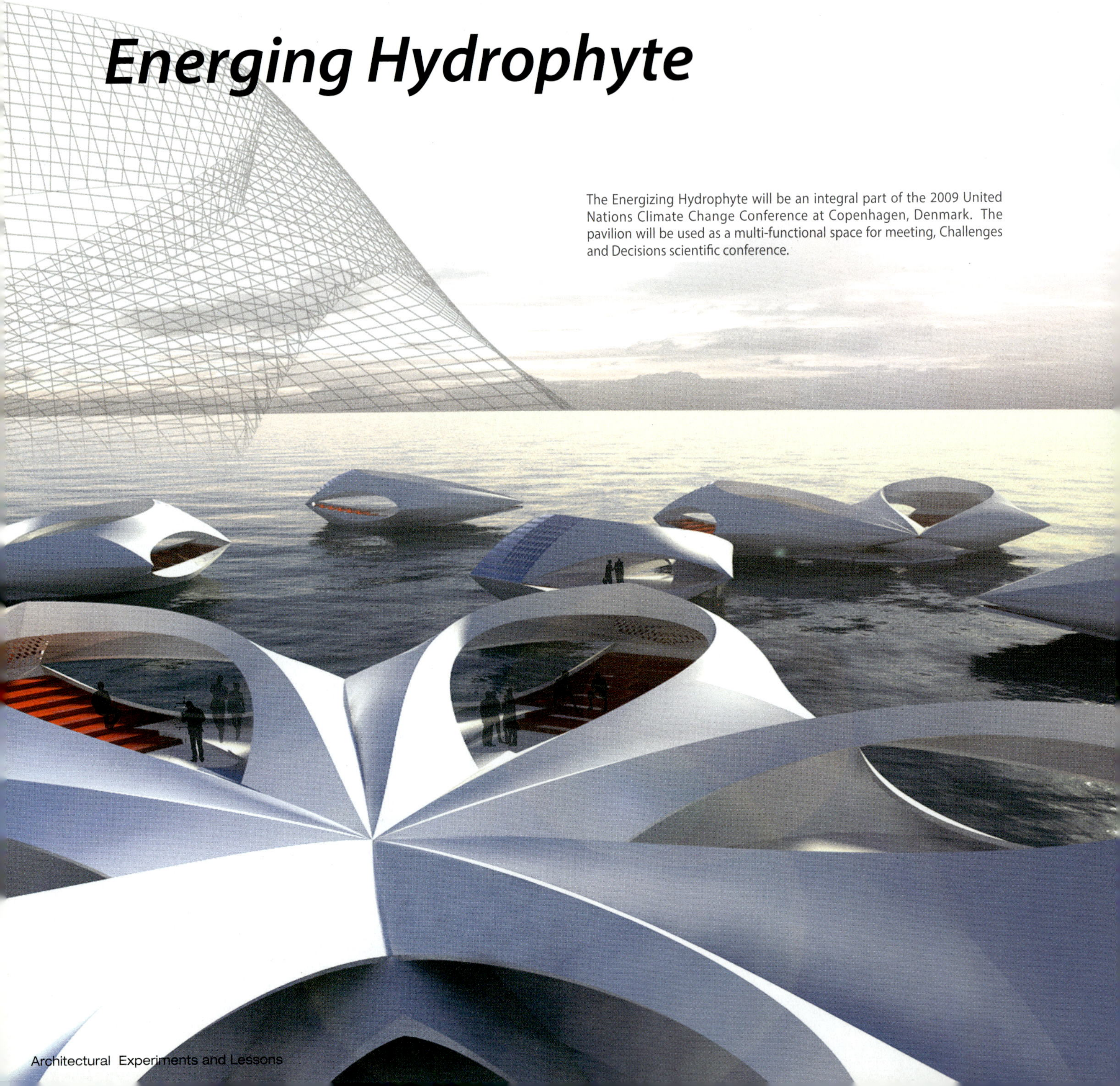

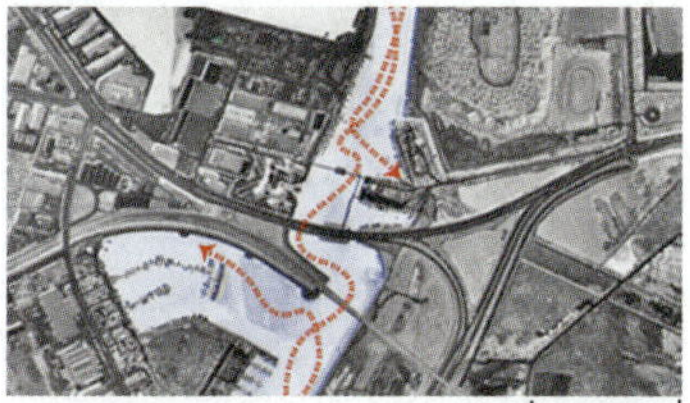

moving around

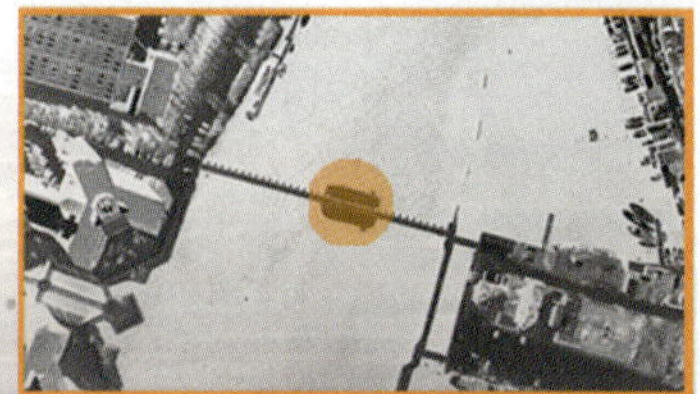

anchored

Site : Nyhavn Canal in Copenhagen, Denmark

Solar Energy Production in EU countries

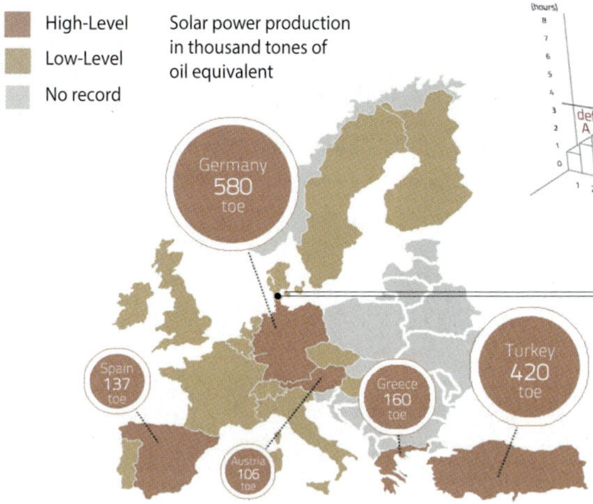

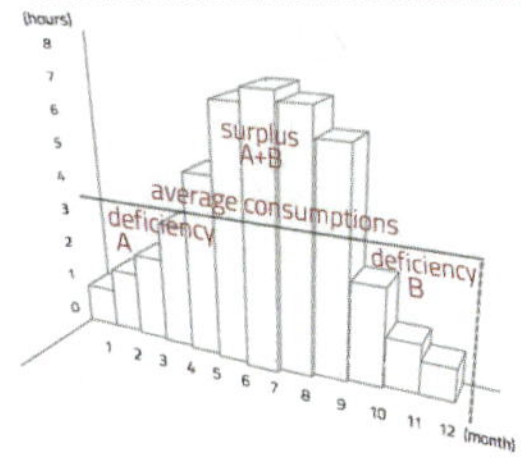

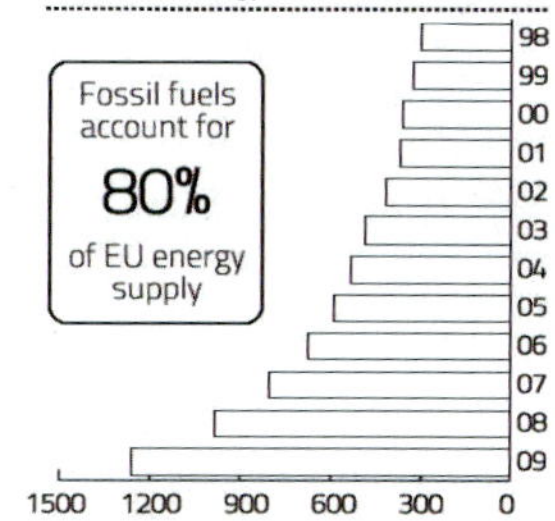

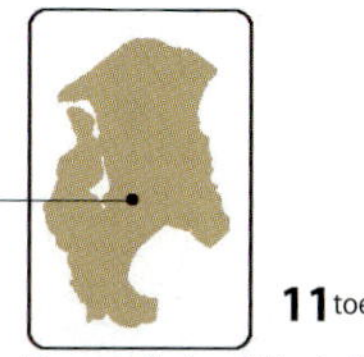

Denmark should be in high-level of solar power production

Atmospheric Carbon Dioxide

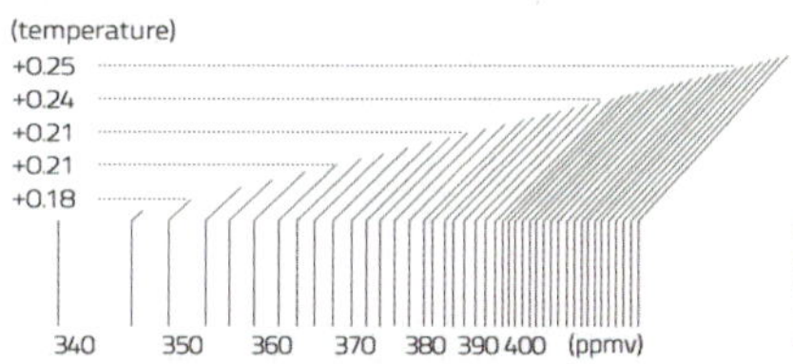

Global Warming

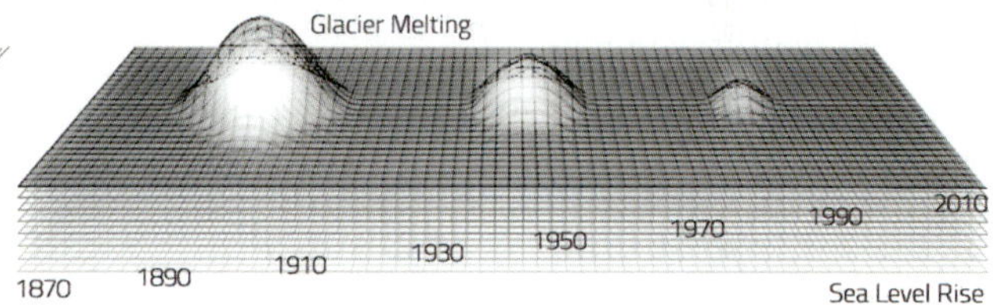

Strategy : Solar Energy

Solar Energy Application

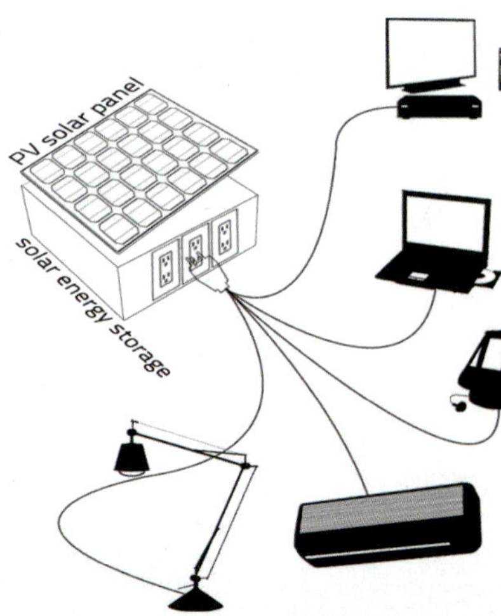

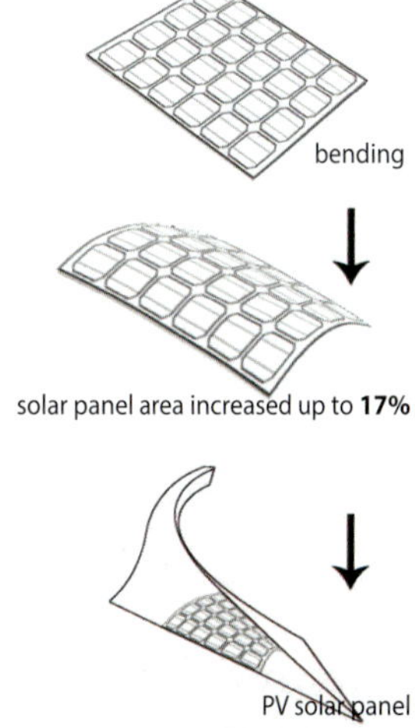

Solar Energy Application

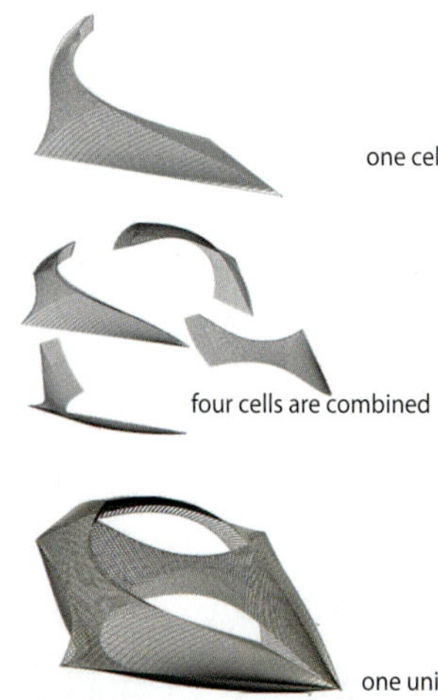

Unit Assemblage

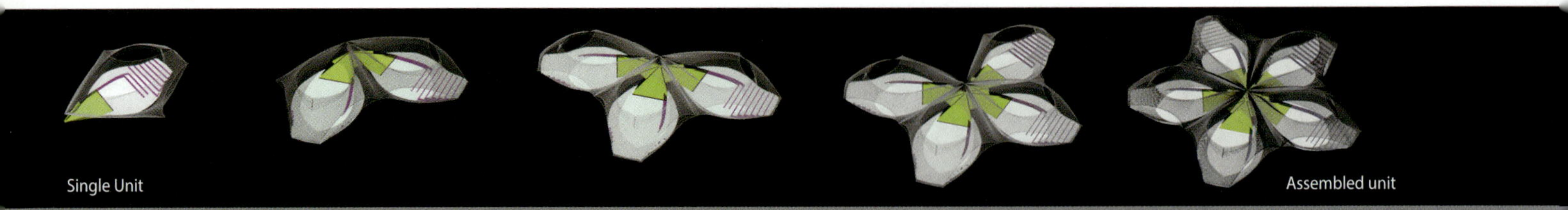

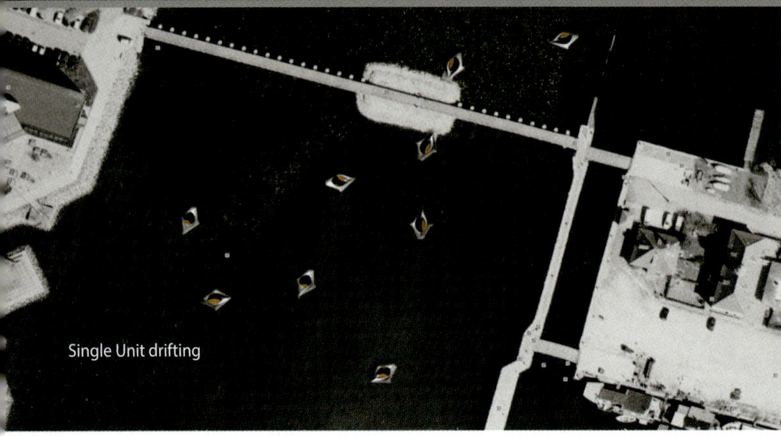

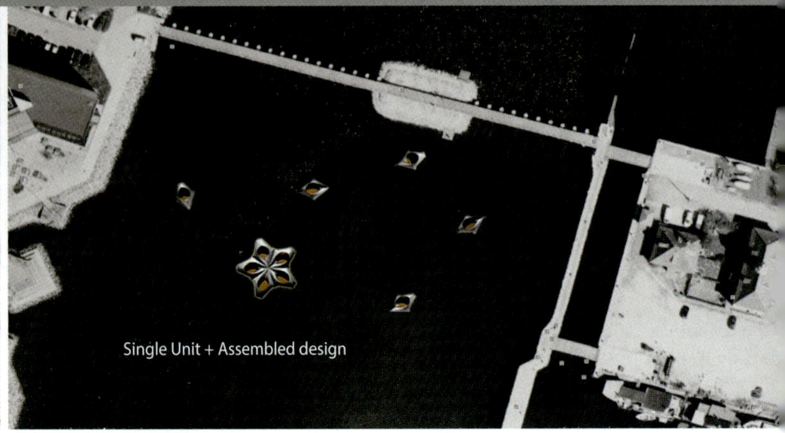

Solar Energy Production in EU countries

Floor Plan

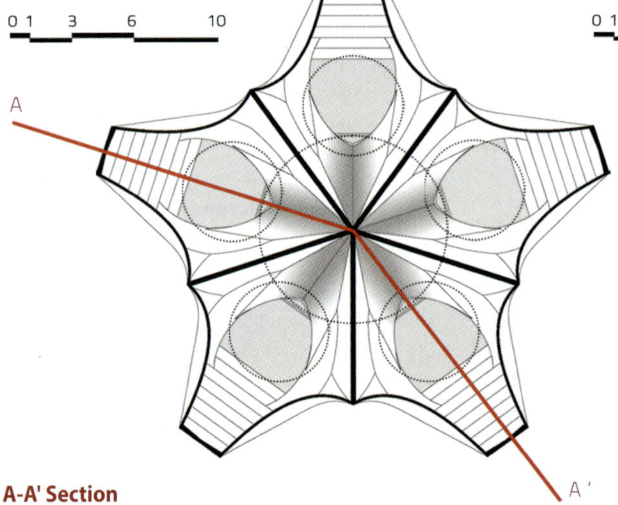

Roof Plan

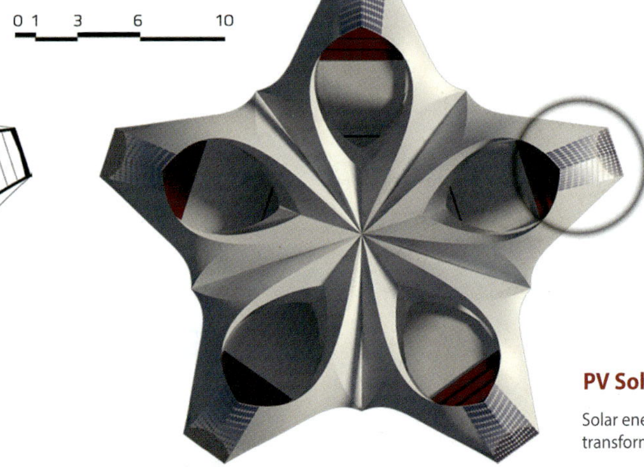

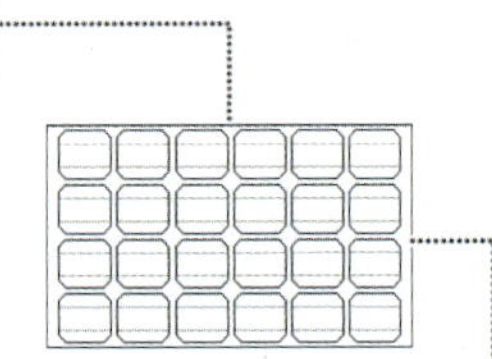

PV Solar Panel

Solar energy sources for the power of transformation & sailing

A-A' Section

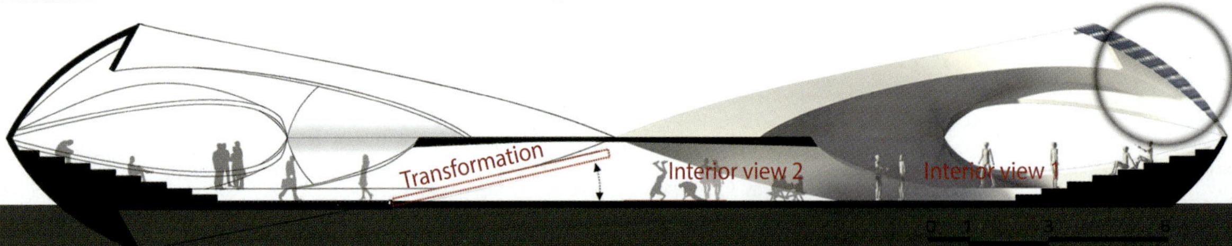

Transformation & Combination

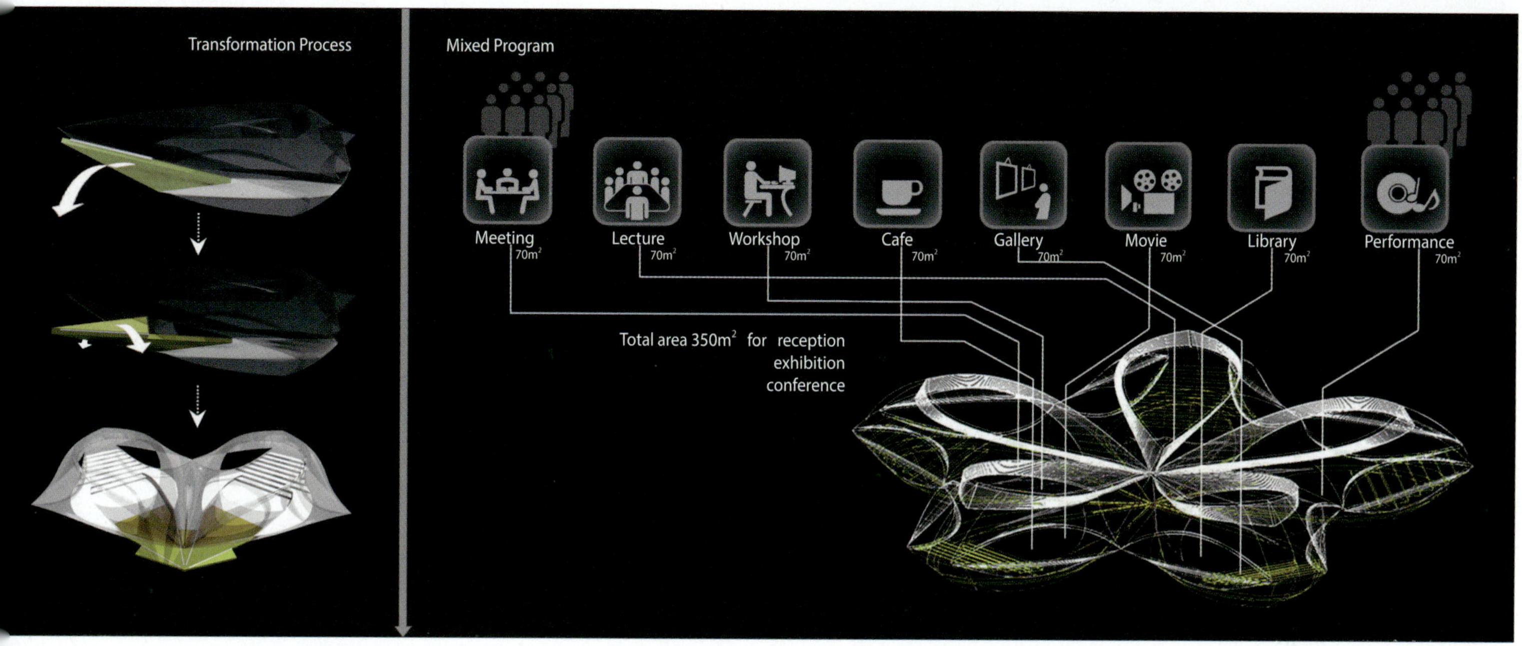

Interior view 1 : Conference

Interior view 2 : Perfomance

Sinking Atlantis

Although there are a lot of scientific data to alert the public about the vast dangers of global warming and climate change, it is hard for people to grasp that global warming is occurring in daily life. As a matter of fact, many people aren't aware of the urgency of the climate crisis.

In the project, we applied Pascal's law into the mechanical operation of the structure. Using Pascal's law, the pavilion is composed of double cylinders so that water is filled in-between the cylinders. When pressured in the inner cylinder, then the water in-between the two cylinders will arise.

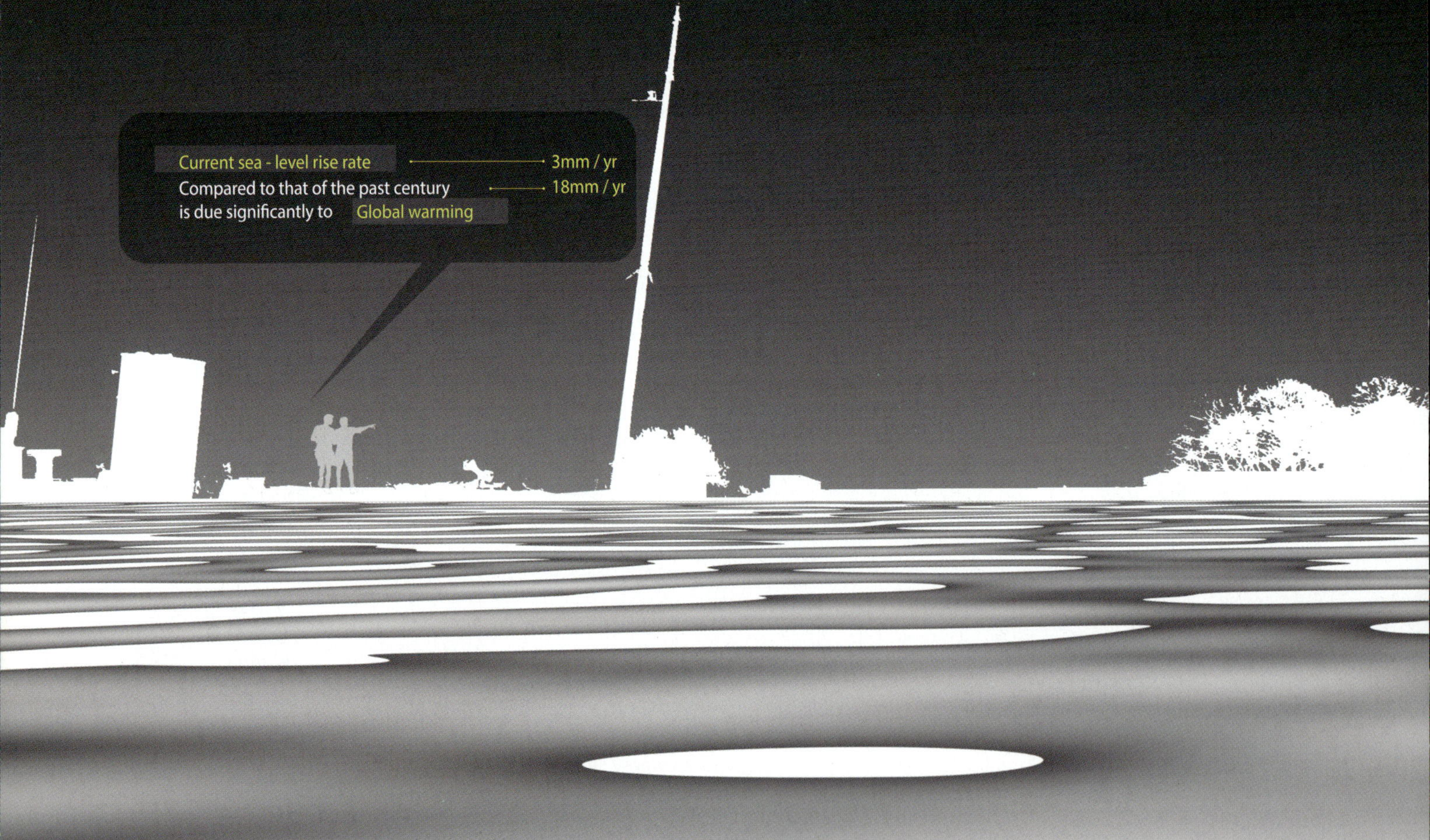

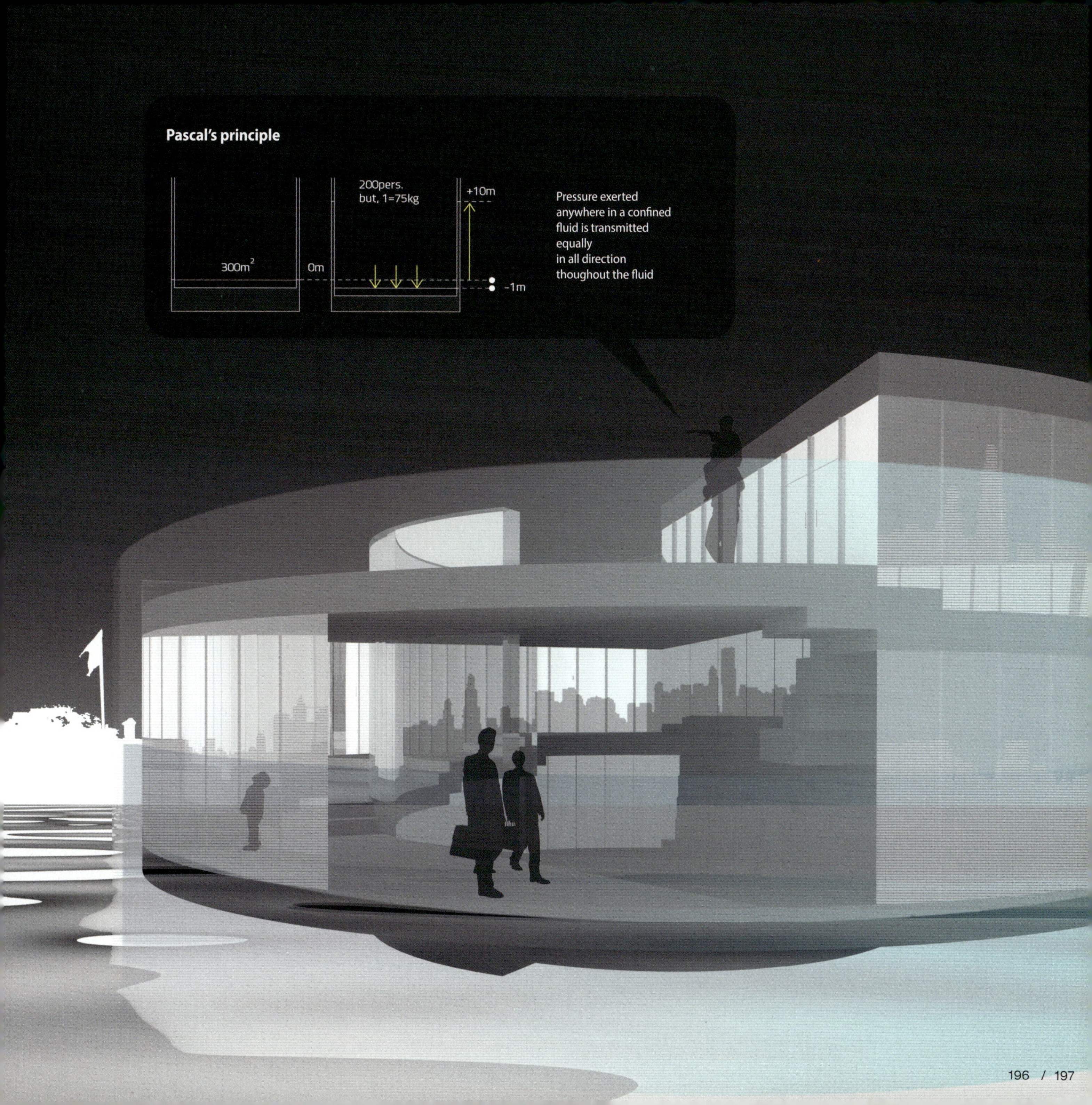

Pascal's principle
200pers.
but, 1=75kg
+10m
300m2
0m
-1m
Pressure exerted
anywhere in a confined
fluid is transmitted
equally
in all direction
thoughout the fluid

+5m
+1m
-3m

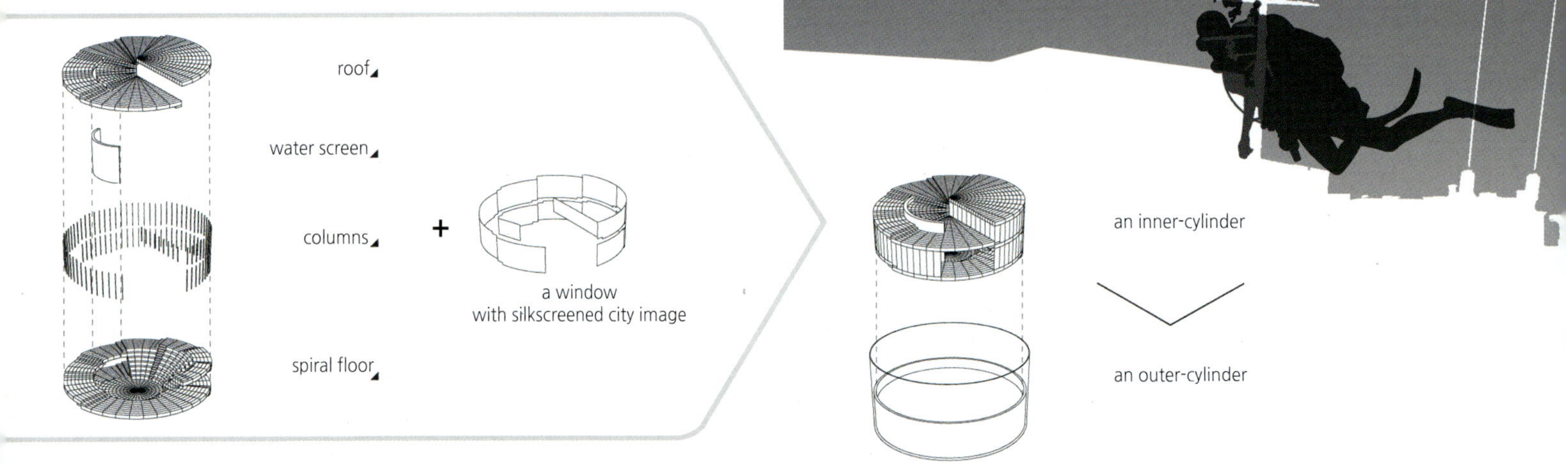
roof
water screen
columns
spiral floor
+
a window
with silkscreened city image
an inner-cylinder
an outer-cylinder

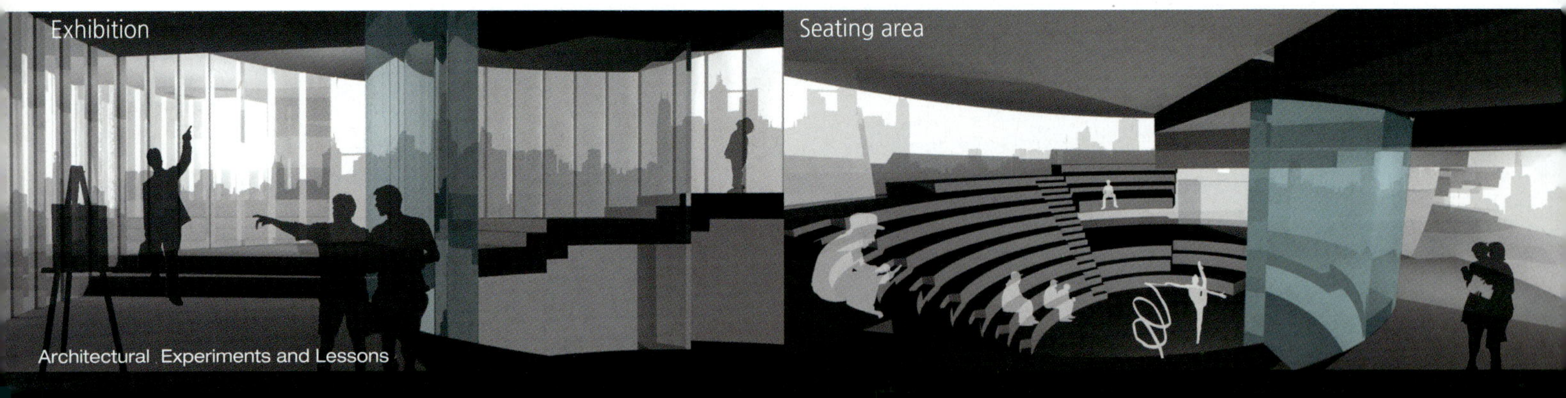
Exhibition
Seating area

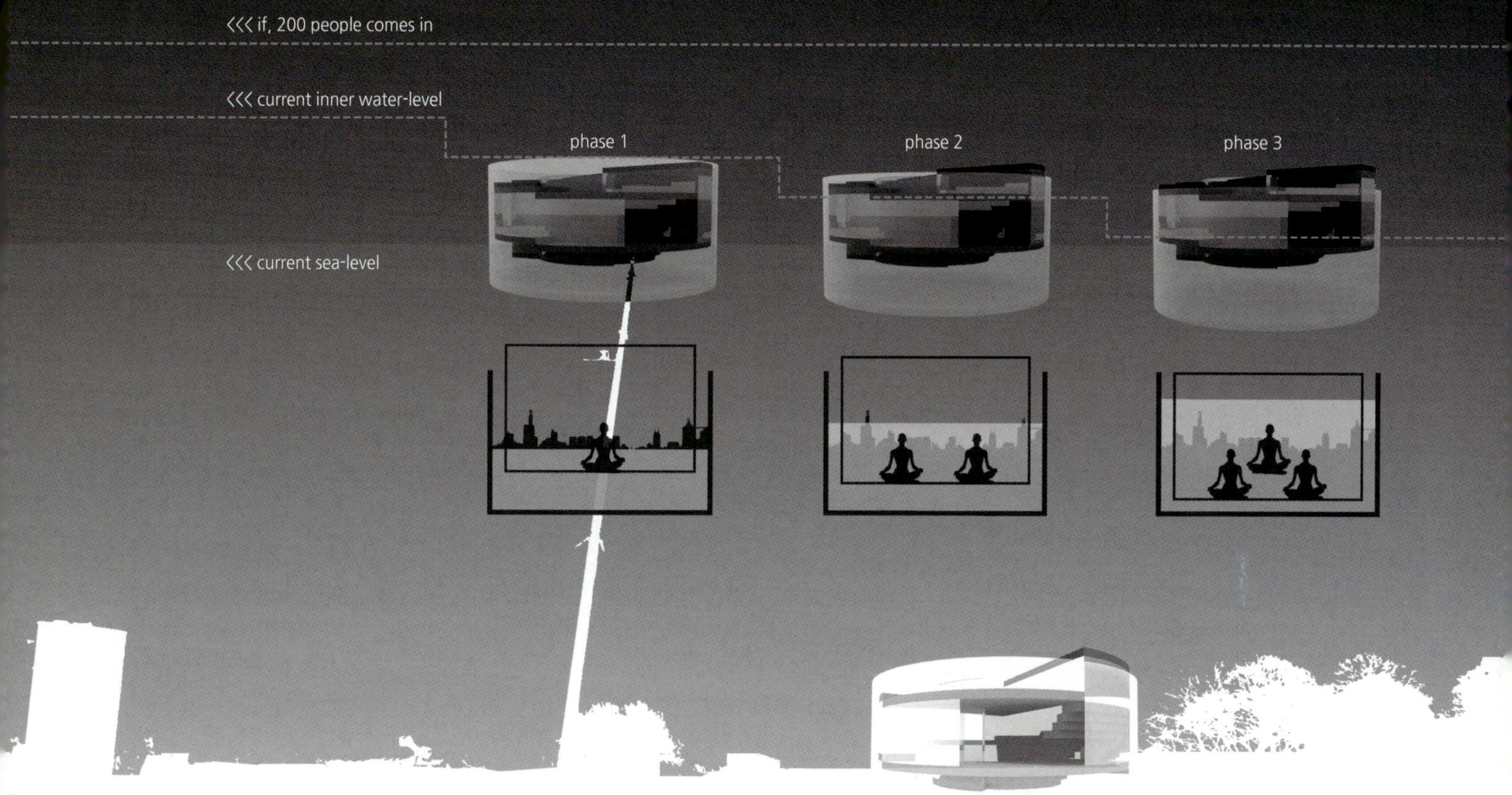

The cylinder is made of glass and is coated with an urban image silk screened on its surface. Accordingly, when a number of people enter into the inner cylinder of the pavilion, the cylinder will move down so that it causes water levels to rise. At this time, visitors will experience that the urban image on the screen will become submerged under the water. It allows visitors to experience thrilling rides and special effects of global warming from the pavilion. Eventually, it is expected that people really acknowledge that global warming is a serious threat to our world.

Walking on the Roof

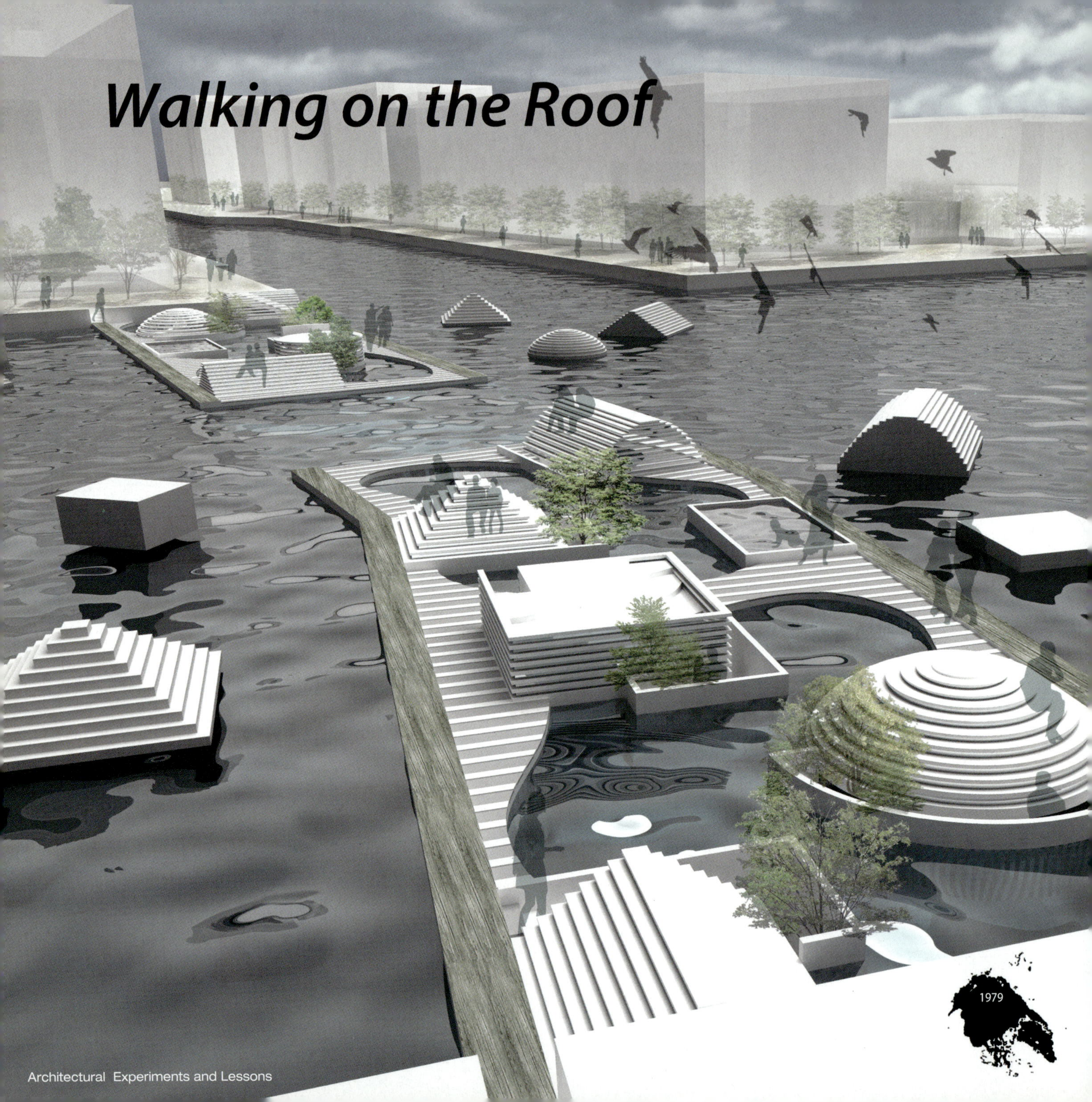

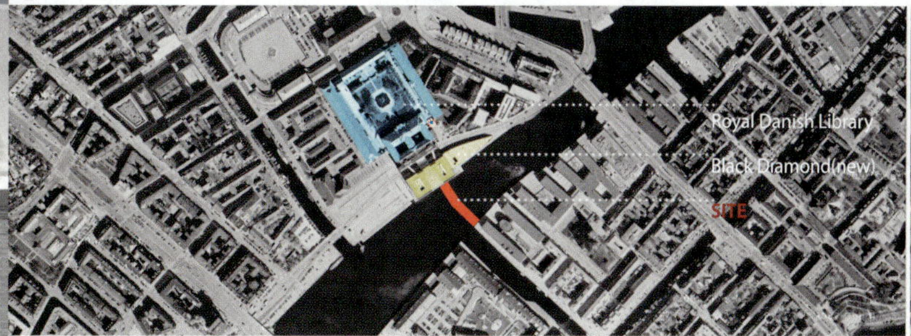

The site is located in the canals of Copenhagen, particularly in front of the Loyal Danish Library.
In the past, the library and its backyard were a home to a host of eminent people like scholars, artists, poets, philosophers, etc.
Today, the area is known as a place conducive to meditation environment.

Scenario

Global warming is the big threat to our environment as well as to human civili-zation.
If the climate becomes warmer, people will experience much more of severe thunderstorms, heavy and devastating rain, and so on.
The rising sea level is caused by heating of the oceans and by melting of glaciers.
If all the glaciers melt, the surface of the sea will dramatically rise.
Then, the civilization of the human race will sink below the surface of the water.
Then, many buildings will disappear under the water, along with whole villages and towns.
Metaphorically and literally, the entire city is submerged under water and only the tops of the buildings are sticking up.

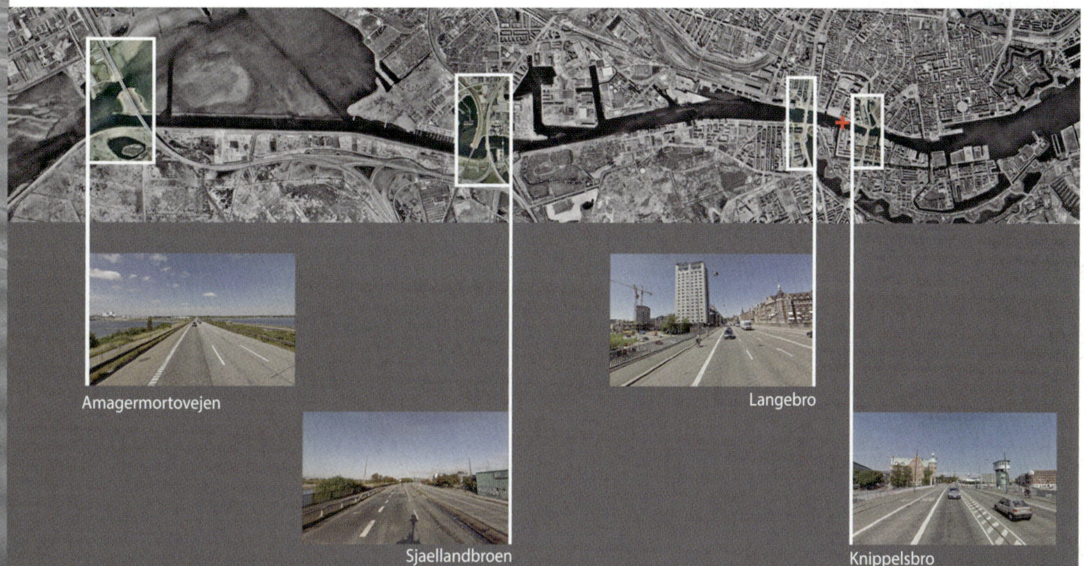

The length of the Nyhavn canal is 8km long, but there are only currently four bridges that are accessible mainly by car.

Melting glaciers in polar regions

Making Icon

Various types of roofs are researched and then, classified according to their shapes.
They become the iconic image of the COP15 Copenhagen conference.

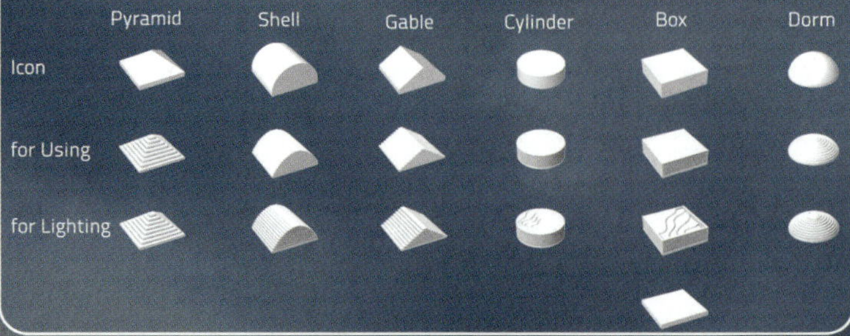

Design Process

01. Making Icon

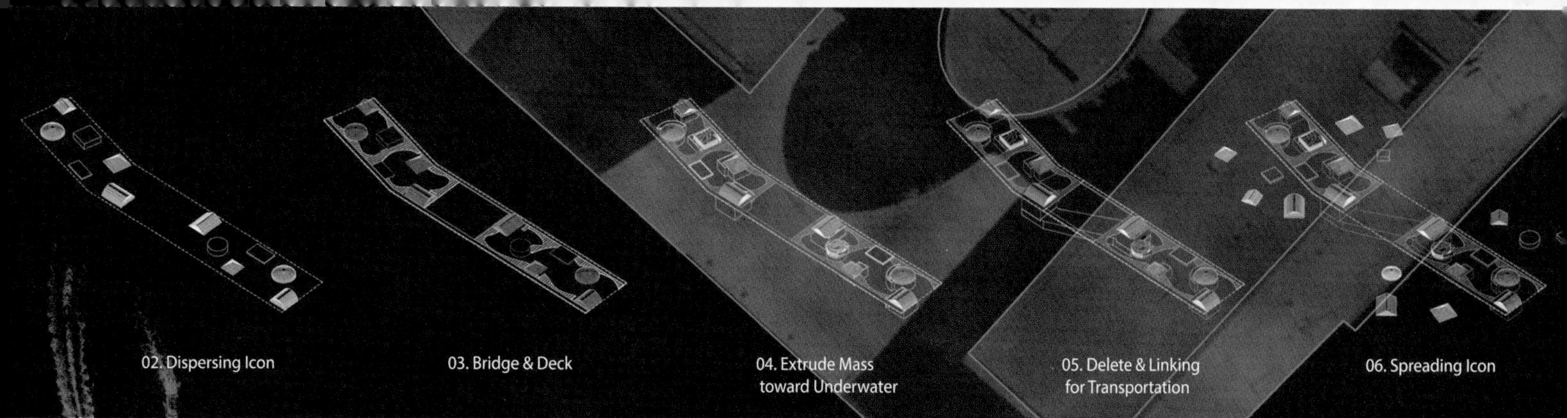

Master Plan

Study Model

The selected roof types are arranged on the canal according to its needs. Then, these roof types are connected and developed for the purpose of its objectives.

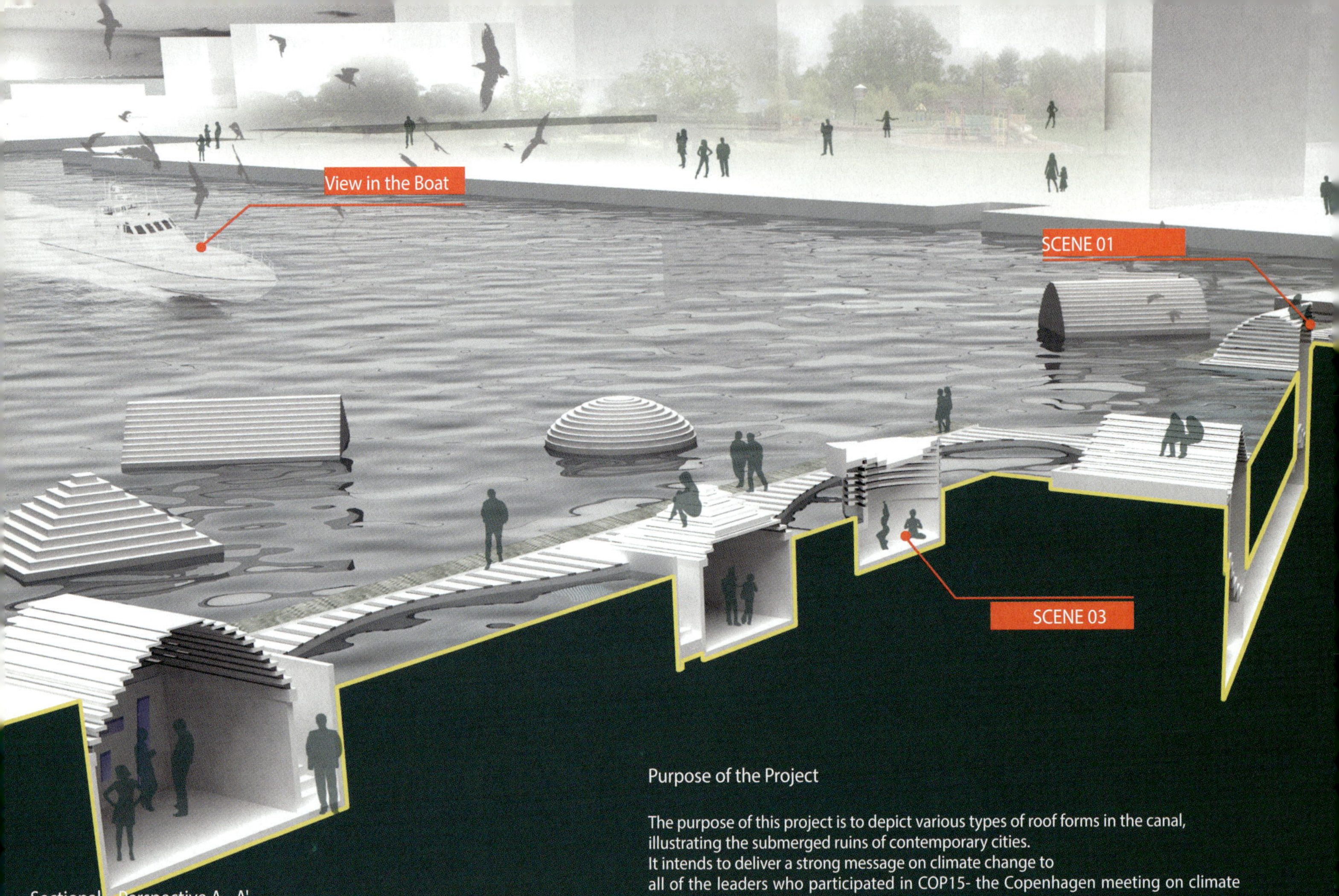

Sectional _ Perspective A - A'

Purpose of the Project

The purpose of this project is to depict various types of roof forms in the canal, illustrating the submerged ruins of contemporary cities.
It intends to deliver a strong message on climate change to all of the leaders who participated in COP15- the Copenhagen meeting on climate change.

Scene 01

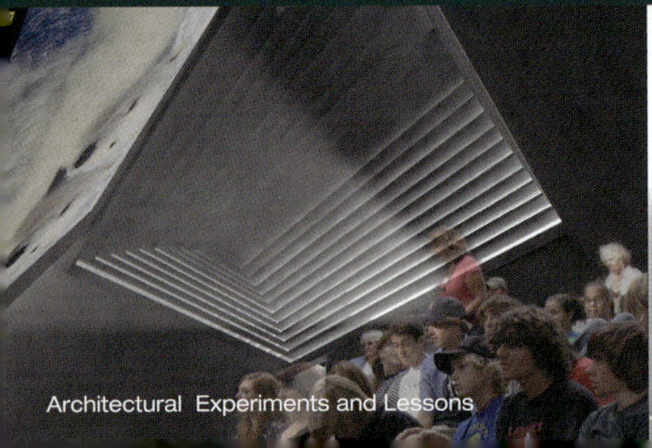

Scene 02

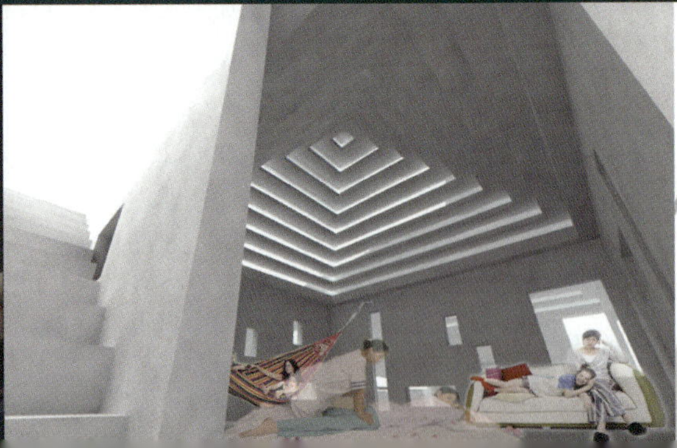

Scene 03

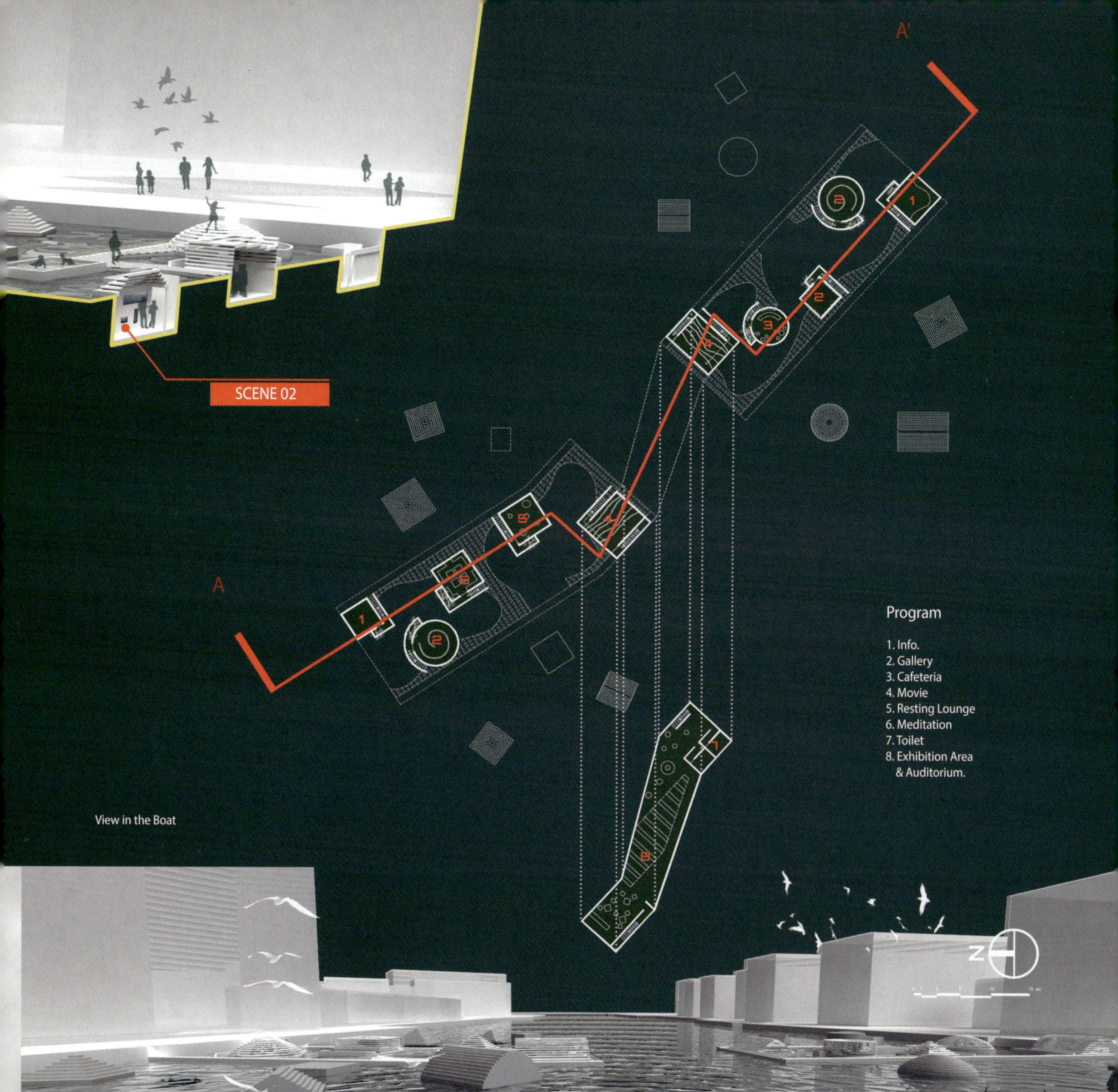
A'
SCENE 02
A
Program
1. Info.
2. Gallery
3. Cafeteria
4. Movie
5. Resting Lounge
6. Meditation
7. Toilet
8. Exhibition Area
& Auditorium.
View in the Boat

ICE CUBE

Architectural Experiments and Lessons

As global warming progresses, sea level is expected to rise primarily due to the melting of continental ice sheets. Melting icebergs are an iconic image of global warming. An image of a melting ice cube is the source of inspiration for the development of our project.

GLOBAL WARMING ICE MELTING

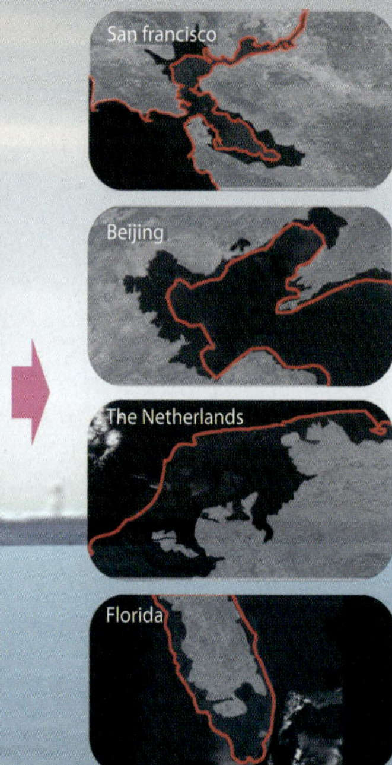

DESIGN STRATEGY

Phase 1
Ice cube in a glass box

Phase 2
Rising water level

Phase 3
Feeling waterlogged

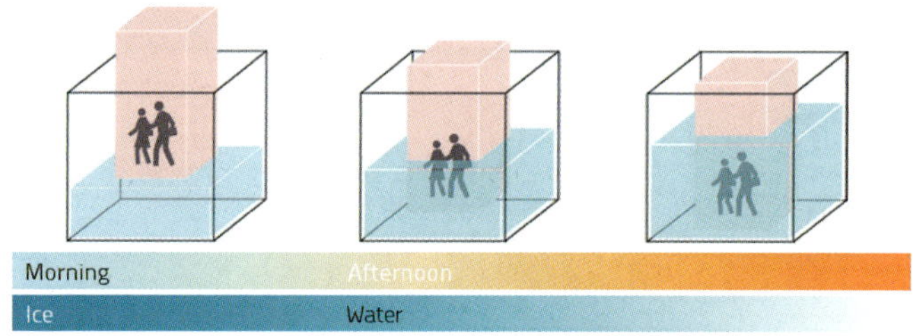

CITIES ARE SINKING!

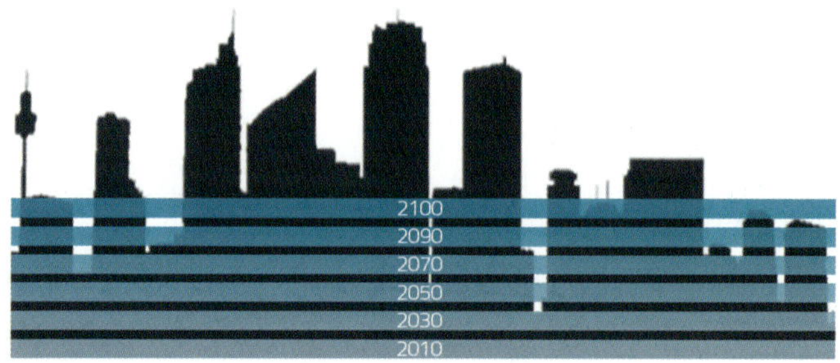

A TIME LAPSE OF THE ICE CUBE MELTING

AM 7:00

AM 11:00

PM 2:00

As time goes by, the ice cube will slowly undergo the very ordinary melting transition from the solid to liquid phase. It is our intention to promote awareness of the dangers associated with global warming.

PM 5:00

SECTION

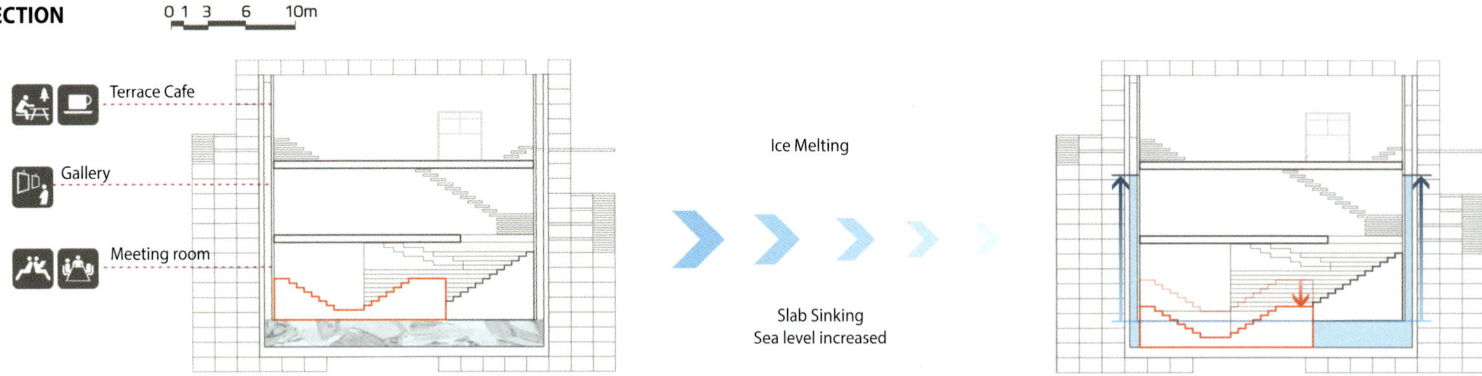

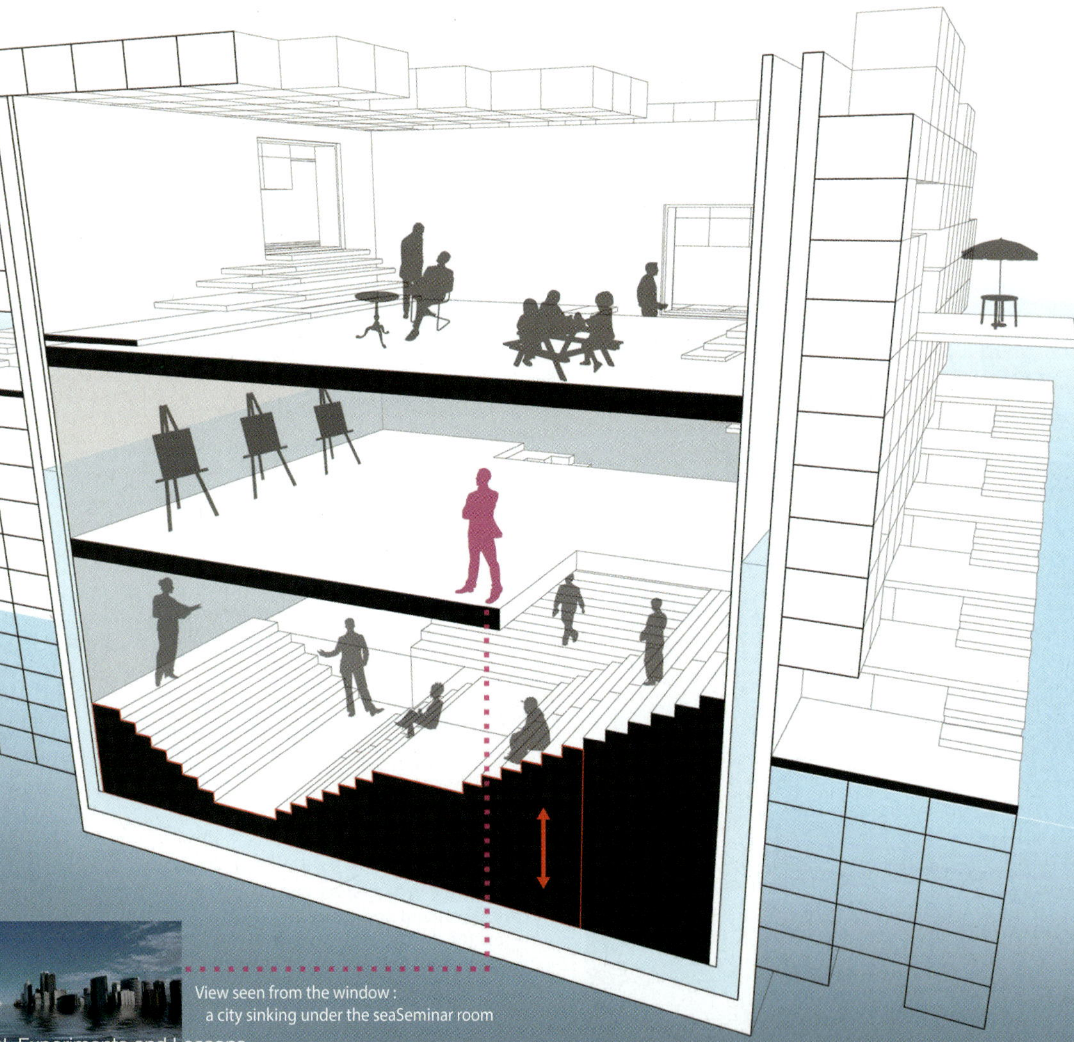

Design Components

Double Mass

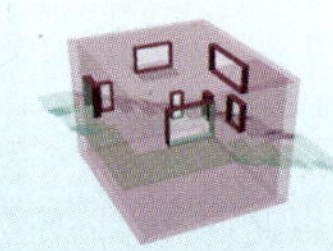

Opening

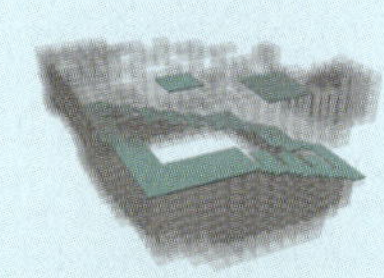

Terrace
Green circulation

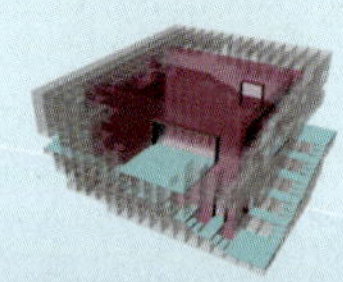

Ice cooling pipe

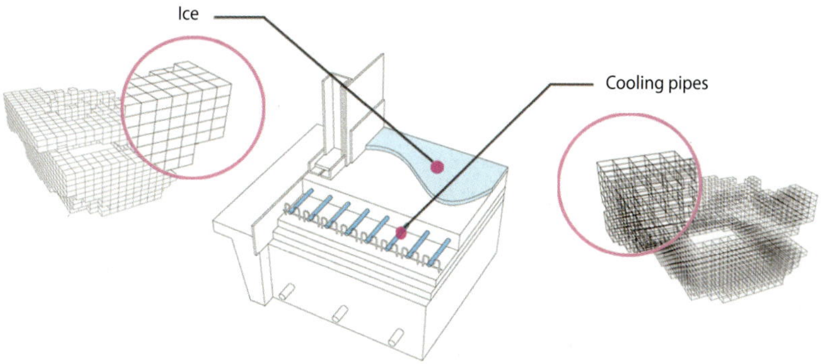

Ice rink structure

STRUCTURE SYSTEM

Like ice rink floor systems, cooling pipe is used as a structural frame so as to be utilized as a cooling water path and keep the ice frozen.

PLAN

0 1 3 6 10m

Green space
Exterior stairs

Rest room

Terrace

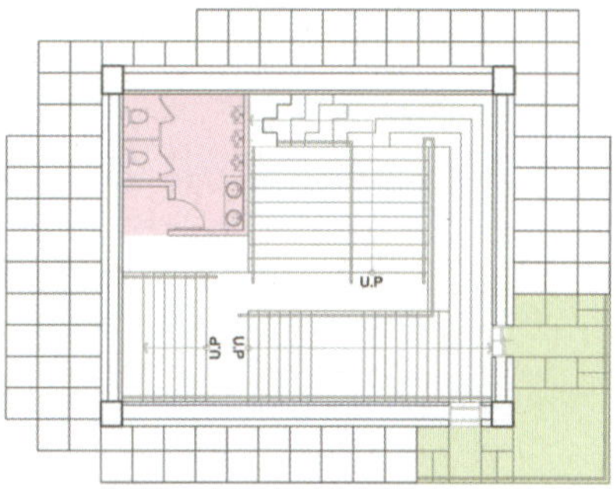

1st floor Plan : Seminar room

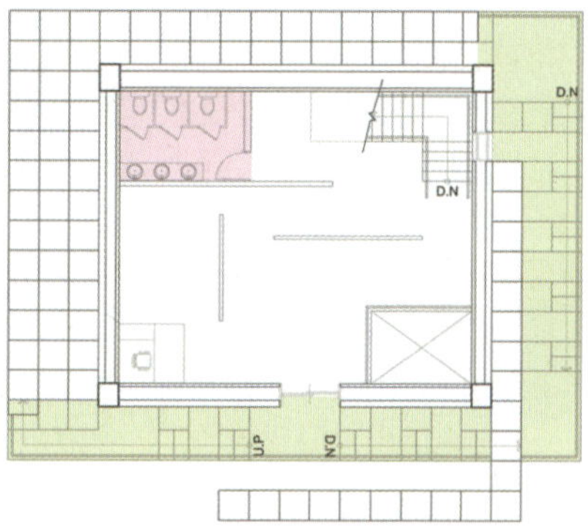

2nd floor Plan : Gallery

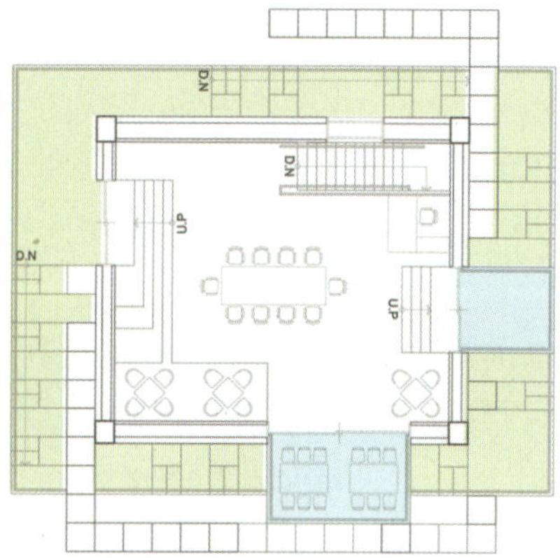

3rd floor Plan : Cafe

ELEVATION

South

East

Floating Mat

Water Pressure

When a constant volume of water is under pressure,
it allows changing its form, and also water pressure is released in the reaction.

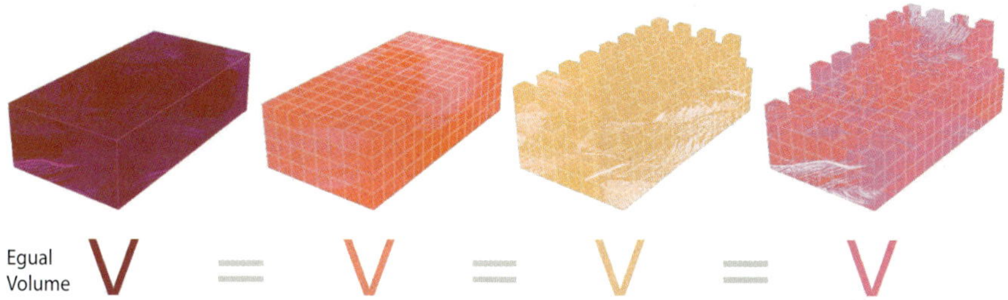

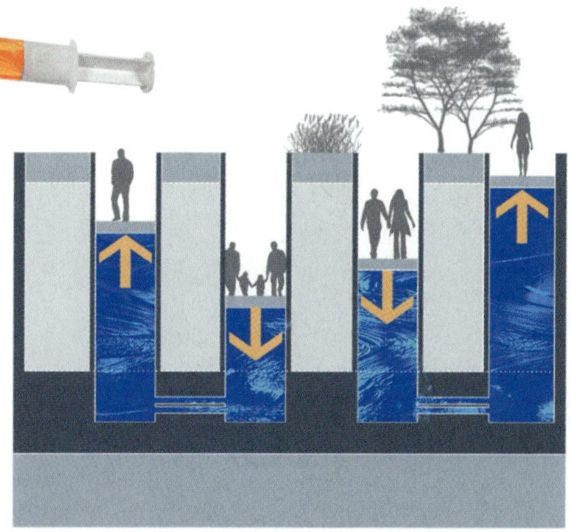

Cylinder System

A system that allows moving the floating mat by using the hydraulic pressure

Floating mat structure

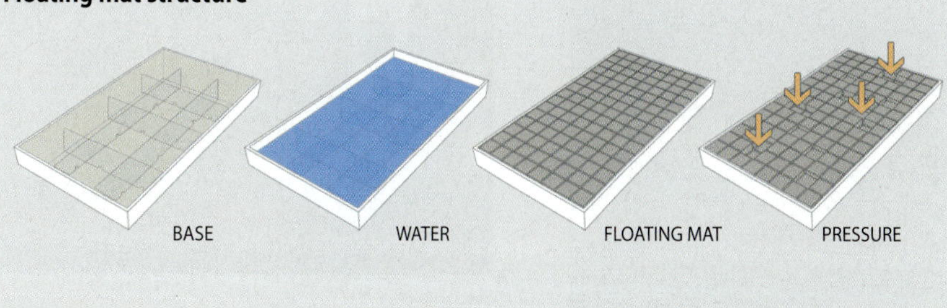

Sailing sequence

The floating mat travels around the Copenhagen harbor during the COP15 conference

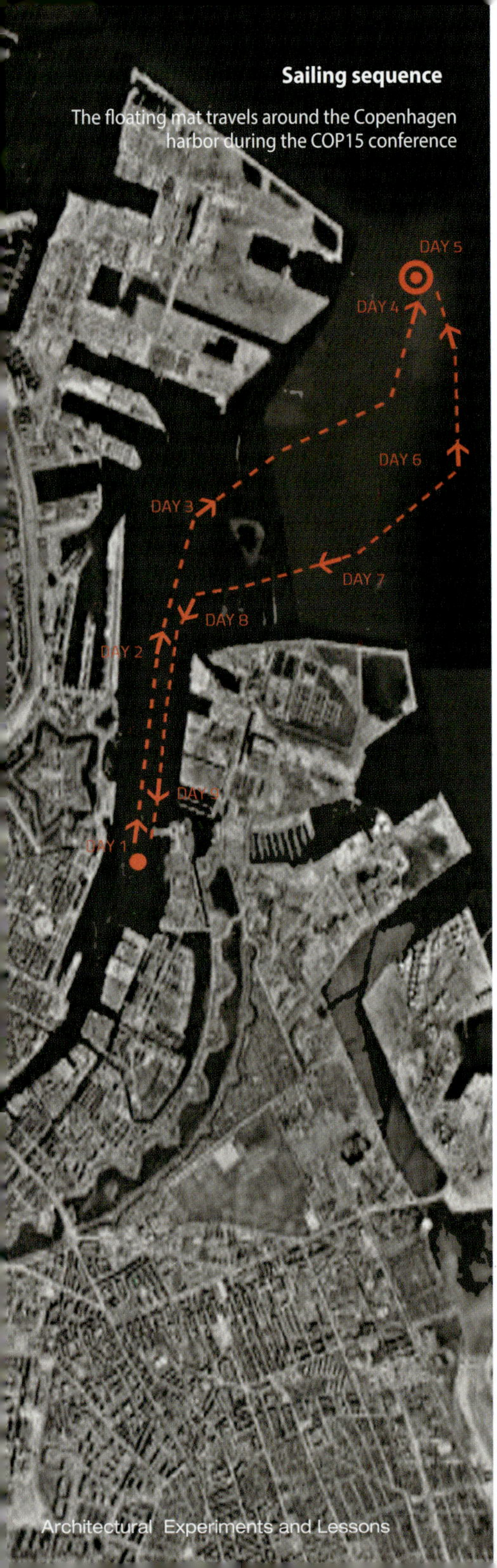

Structural components

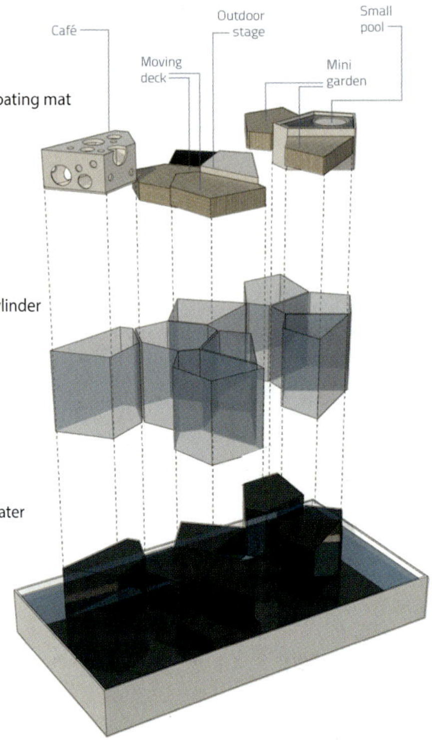

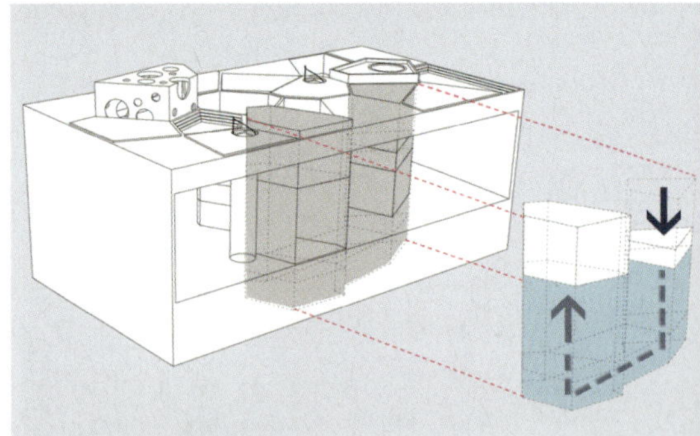

The system used a hydraulic cylinder to raise and lower the floating mat

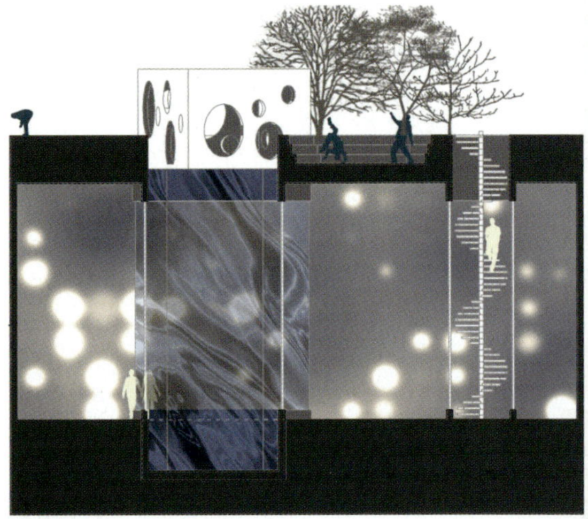

Section a-a'

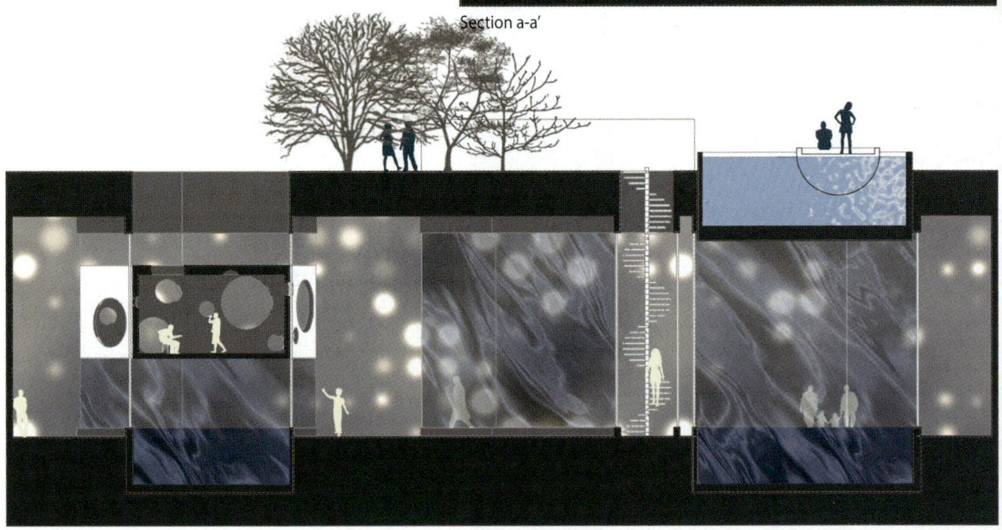

Section b-b'

View from the inside

View of a small pool and moving deck

View from an outdoor cafe

Pandora's Box 36

Architectural Experiments and Lessons

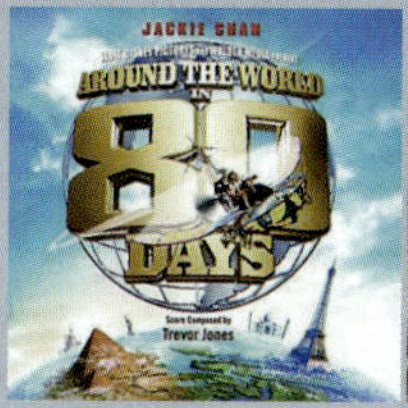

IDEA

PB36 is a small instrumental structure, illustrating an increase in global temperature will adversely affect the earth's climate patterns. Through the pavilion, people will have an opportunity to experience the impact of various natural disasters within a very short period of time.

SIX FACADE

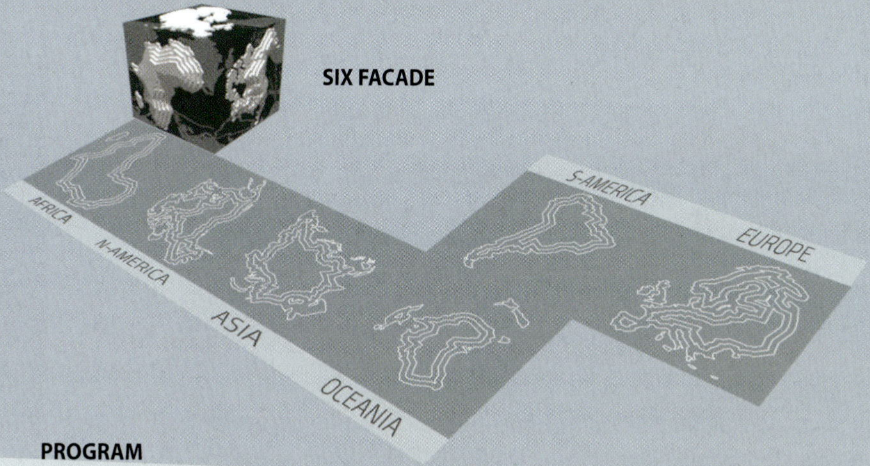

PROGRAM

Each surface of the cubic structure is designed to represent the shapes of the six continents. Six different types of natural disasters, including desertification, sea level rise, earthquake, tsunami, typhoon, and greenhouse effect, are portrayed along the facade of the cubic structure.

Composition Process

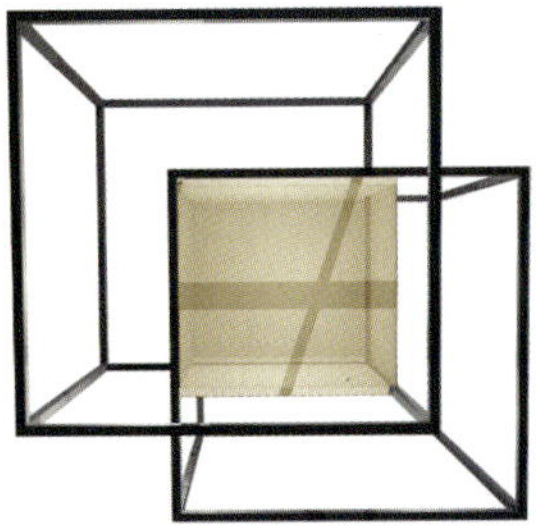

Two frames interlocked

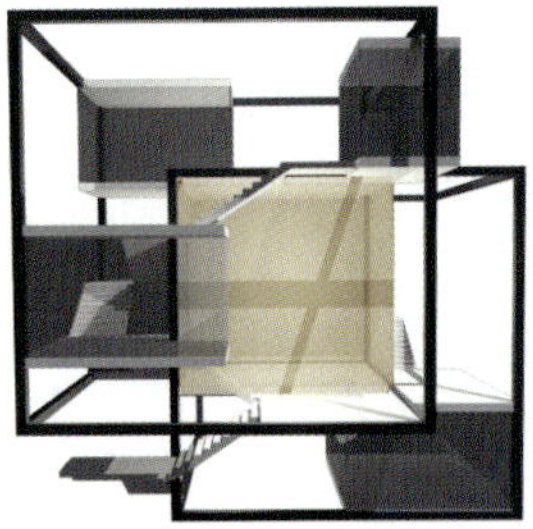

Programs inserted

Rooms enclosed

Geographical skins attached

Section

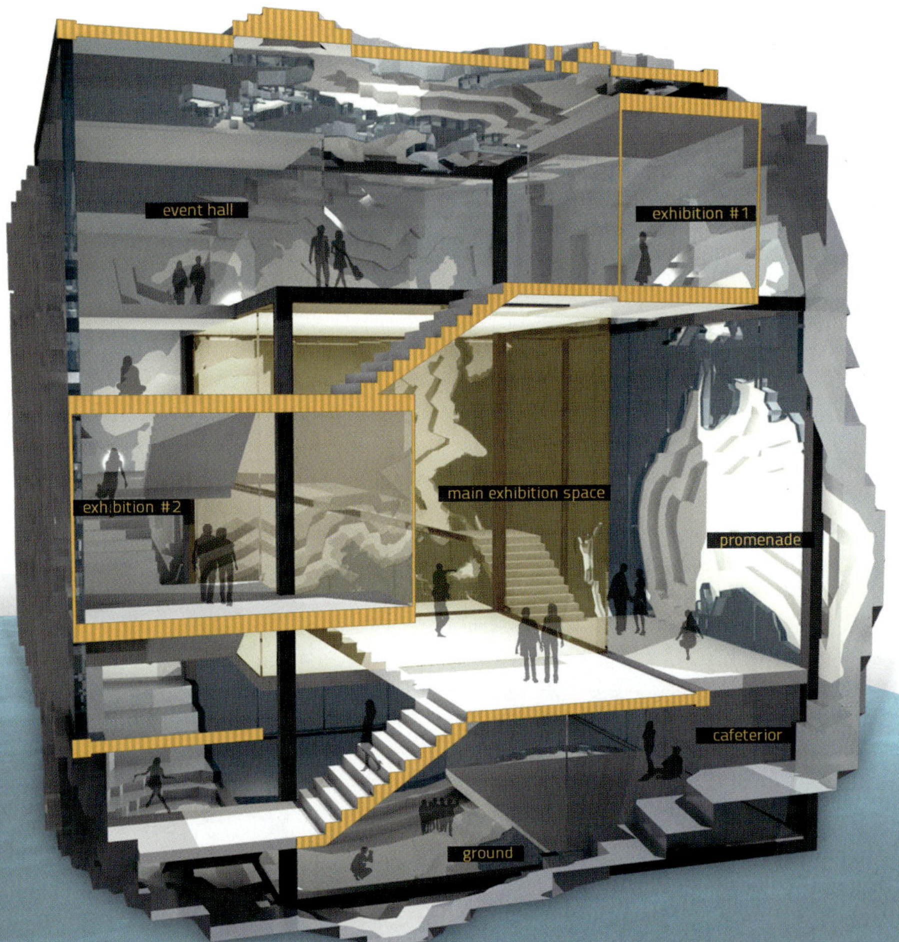

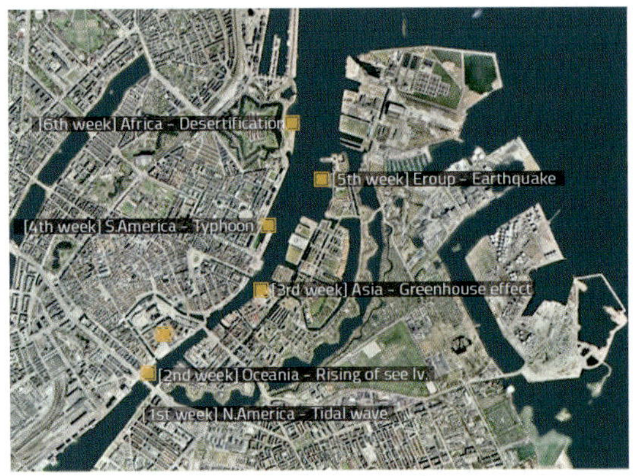

Elements

Continents

Contour

Volumes

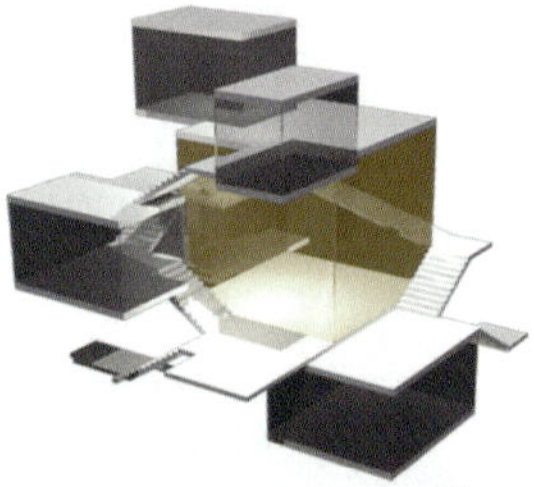

Programs

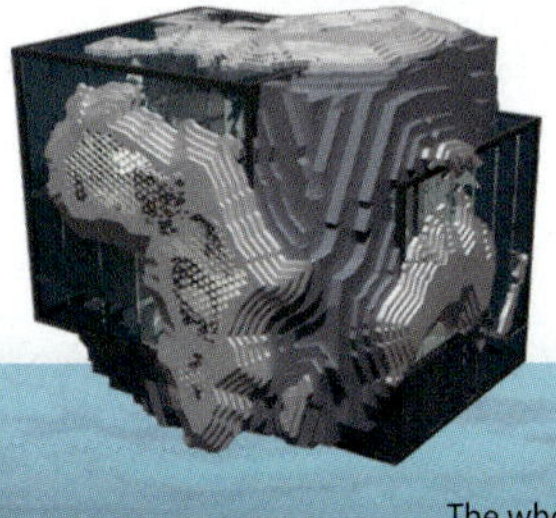

The whole

Interior views

The main structure consists of two interlocking steel frames. The main exhibition space is located at the center of the pavilion where two box frames meet in the middle. In its interior, the multiple functional spaces seem to be hung within the box container. Since the pavilion is allowed to roll over according to the needs, the interior installation is flexible and can be partitioned or compartmentalized according to the needs.

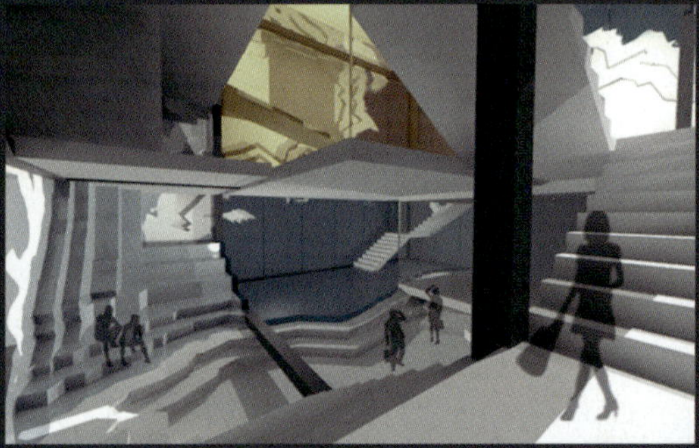

Melting Glacier in the Ocean

Inspiration

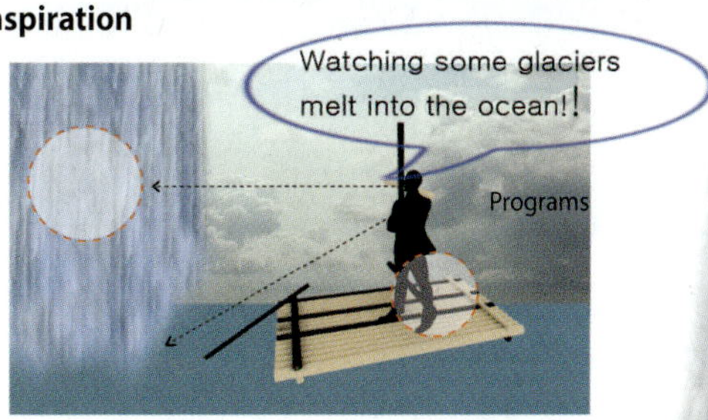

water spray image

Water sprayers have been distributed covering the membrane structure. A rise of the pavilion deck above the sea level is due to the effects of natural atmospheric pressure and mechanical air pressure. With the open of all sprayers and the unique structure with a feature, the entire pavilion will appear to be a panorama of cascading waterfalls with a cloud of fine spray. The floor deck on the pavilion will give visitors the feeling of being ' on stage ' in the middle of waterfalls.

Inspiration

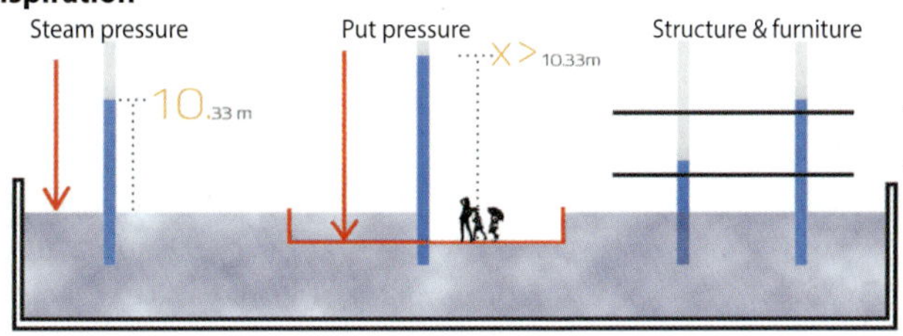

Structure Principle

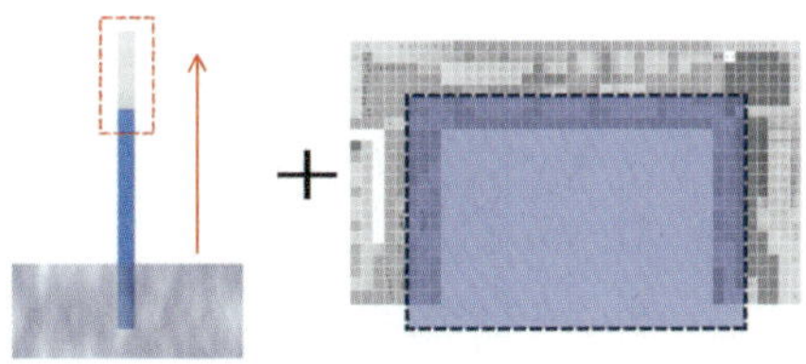

Buoyancy

Fishbowl

The structure of the floor is composed of the unitized modular panels. These are supported by strong modular furniture units serving as load-bearing structural support and water supplier for the waterfall.

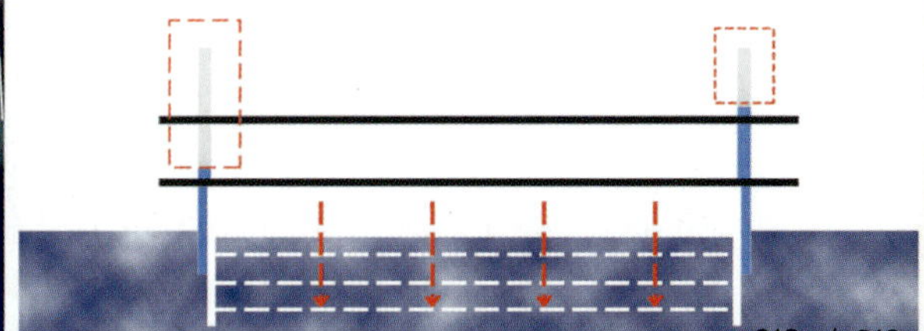

Interior Lighting effects

A way to bring the full spectrum of natural daylight indoors, providing illumination with greater contrast and true color rendering

View 01

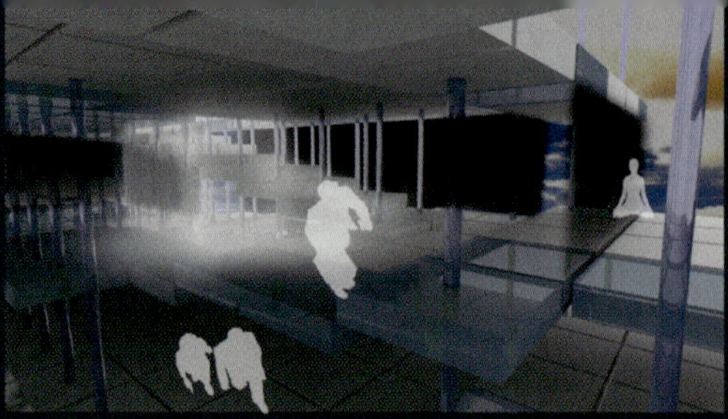

View 02

Design Development

Components

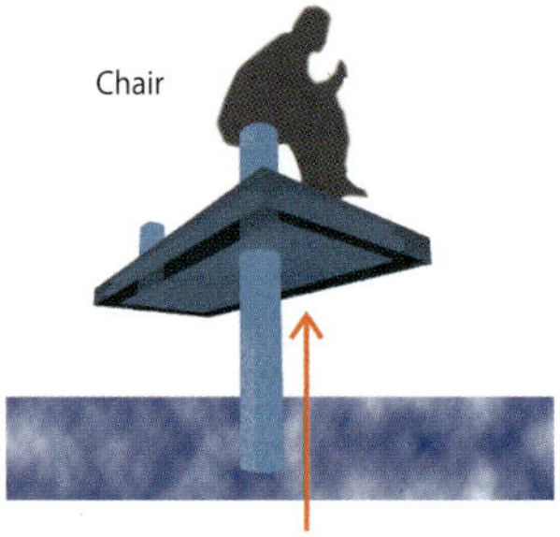

Chair

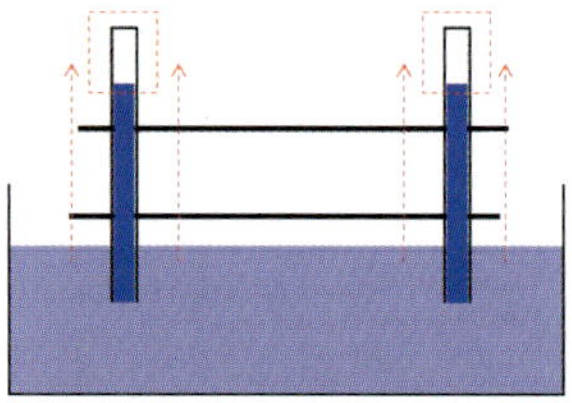

Structure

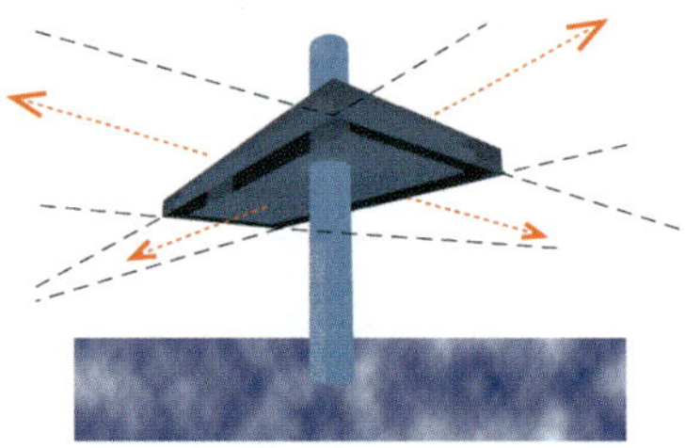

Water Container

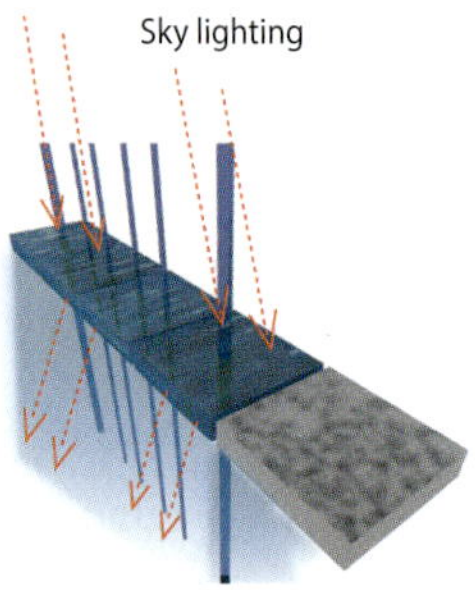

Sky lighting

Space division

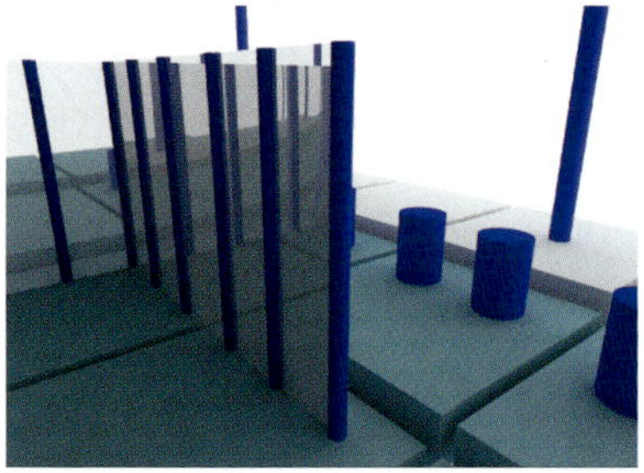

Partition

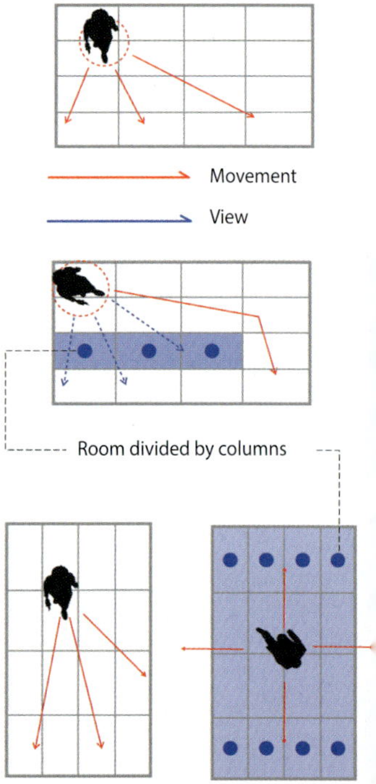

Elevation

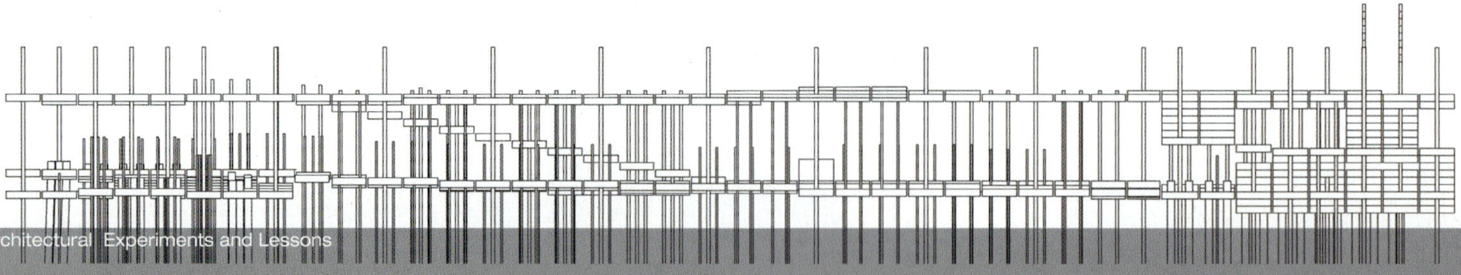

View 03

Water containing floor

Flexible plan/Program

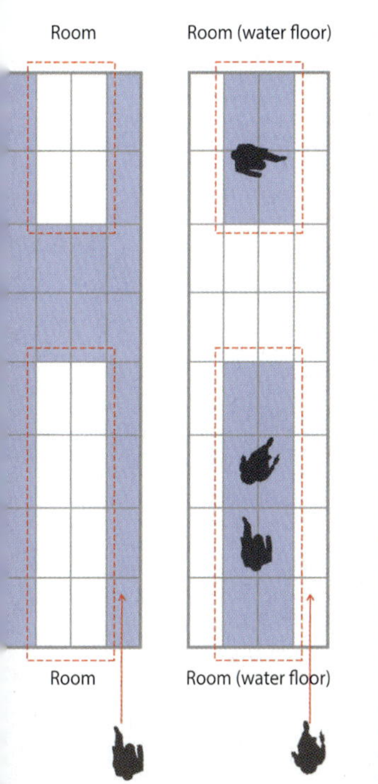

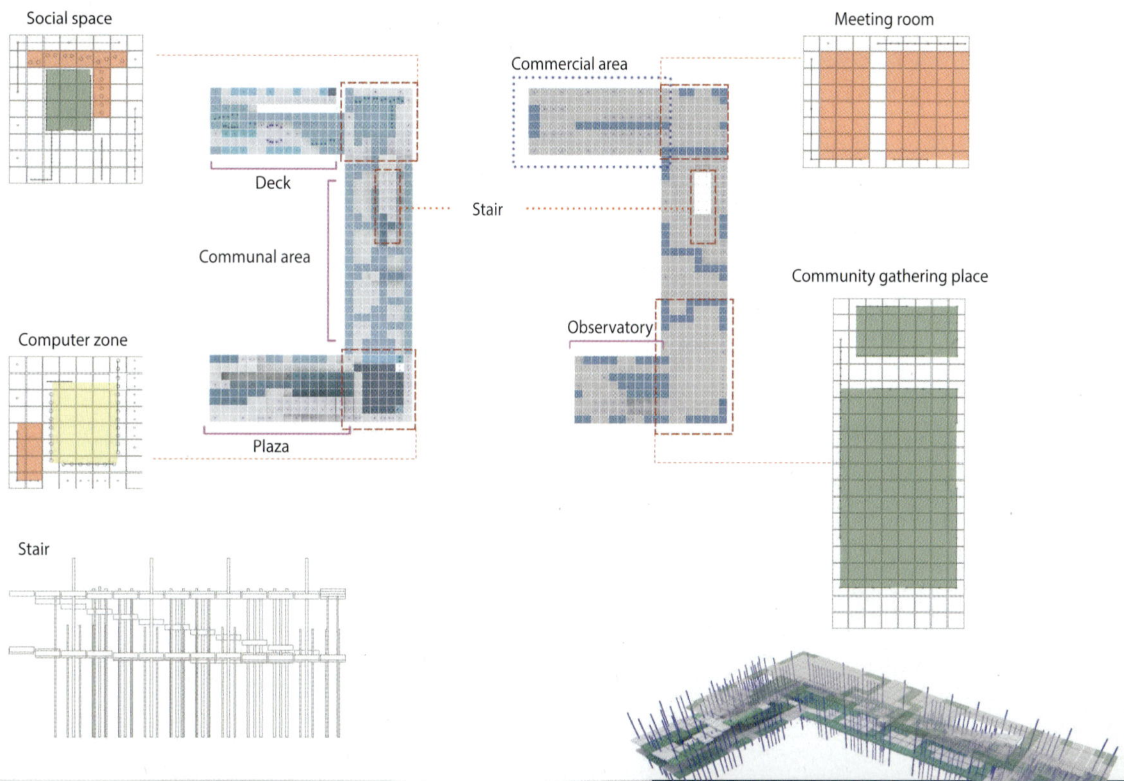

Floating Continents

Architectural Experiments and Lessons

THE SMALLEST MEDITATION GARDEN - BONSAI (POT-PLANTING)

BON·SAI

Bonsai (pot-planting) is a historical and cultural product in Asia. Bonsai is the art of growing trees, or woody plants shaped as trees, in containers.
The purposes of bonsai are primarily contemplation and decoration.

Our design for the COP15 pavilion draws inspiration from bonsai. For this project, we like to create a unique platform for visitors to have new experiences and bring events closer to the public. The pavilion will expose a wide variety of global environmental problems and promote solutions that are essential to a green and peaceful future.

STEP 01
MOVING CONTINENTS _ SYMBOLIZED with the PANGAEA THEORY

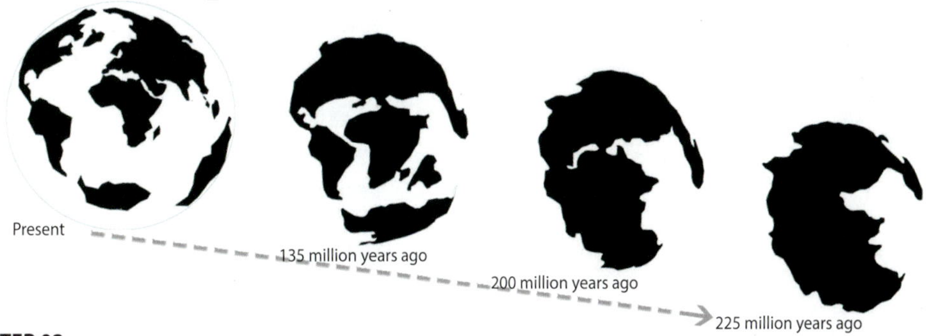

STEP 02
SINKING CONTINENTS _ SEA LEVEL RISE

Present

after 800 years

after 8000 years

MOVING CONTINENTS
+ SINKING CONTINENTS

→ FLOATING CONTINENTS

Design Process

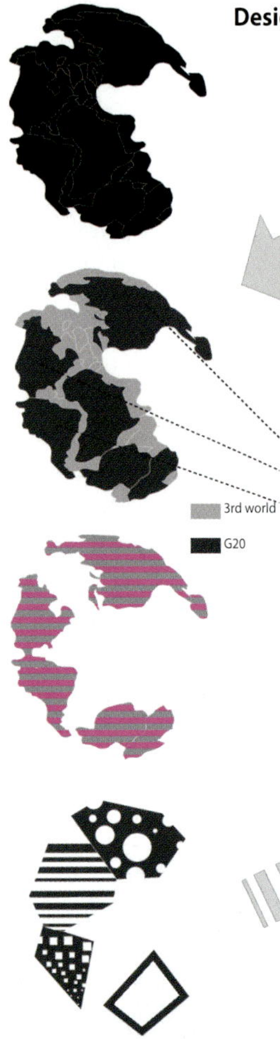

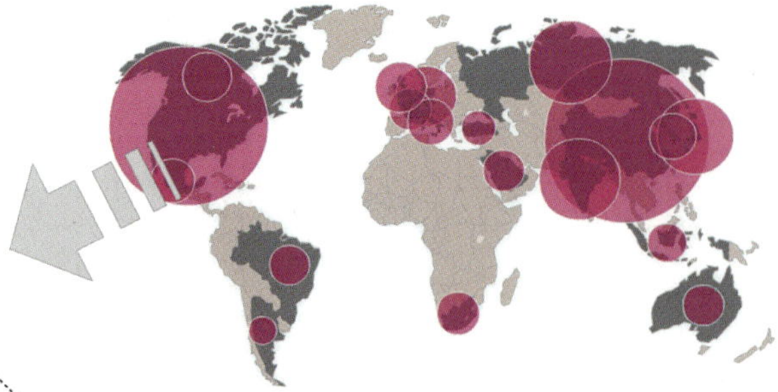

Rank First - Asia : 7,294.8
Rank Second - US : 7,098
Rank Third - EU : 5,342.8

CO_2 Emission by Countries (million of tons)

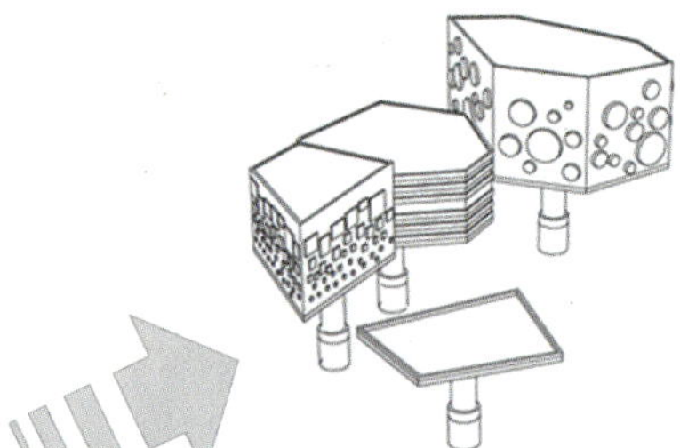

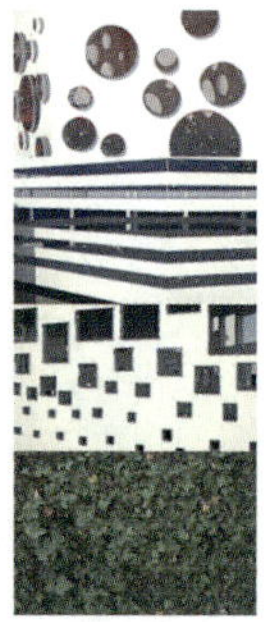

A Variety of Building Skins
represent different countries that have high responsibility in sea level rise

Programs & Elements

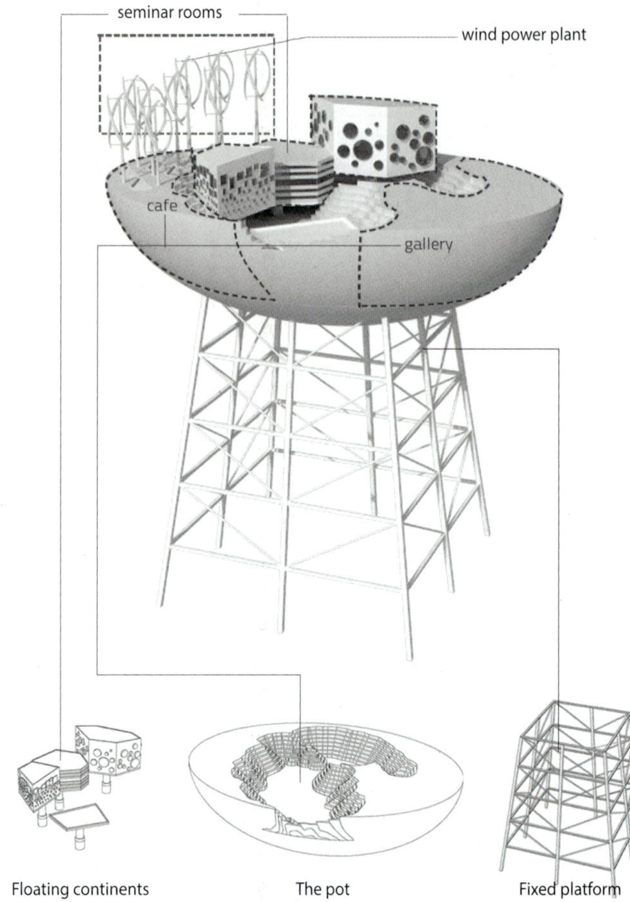

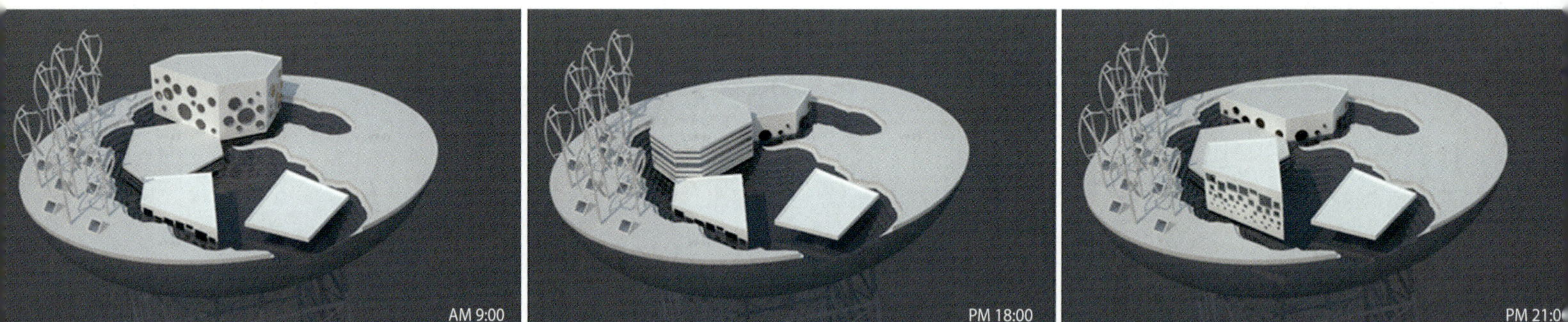

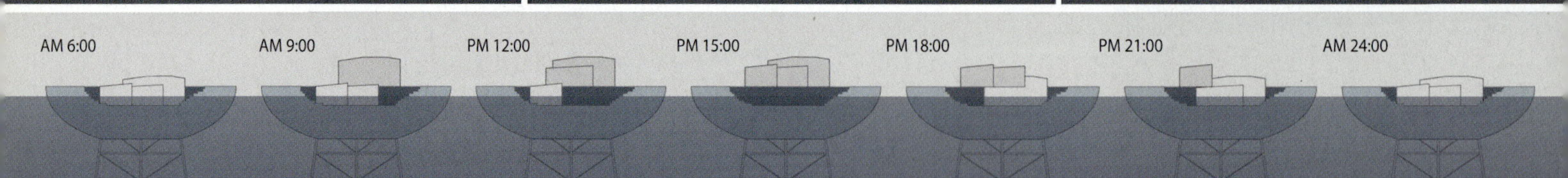

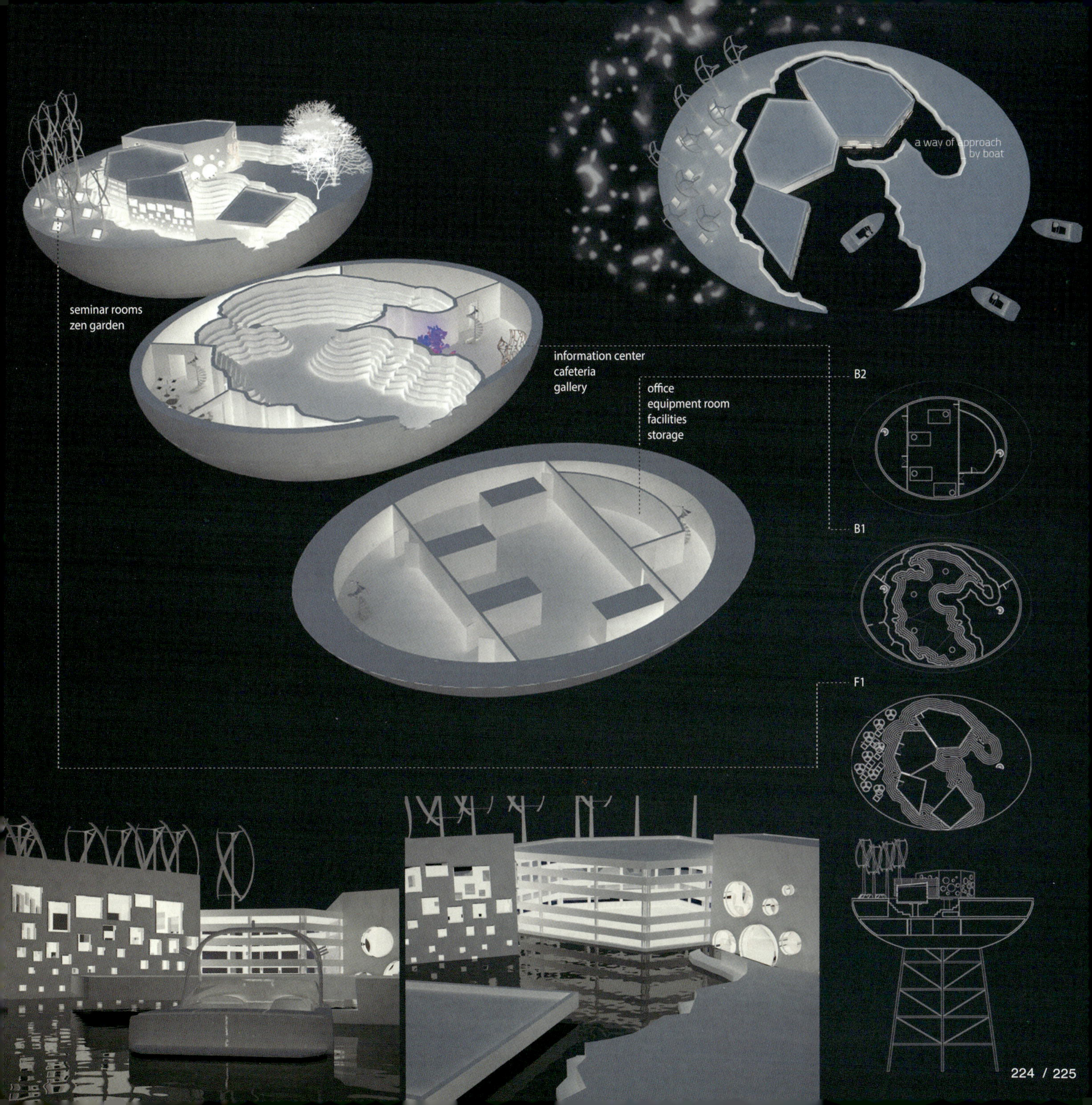

a way of approach
by boat
seminar rooms
zen garden
information center
cafeteria
gallery
office
equipment room
facilities
storage
B2
B1
F1

Graph on the Water

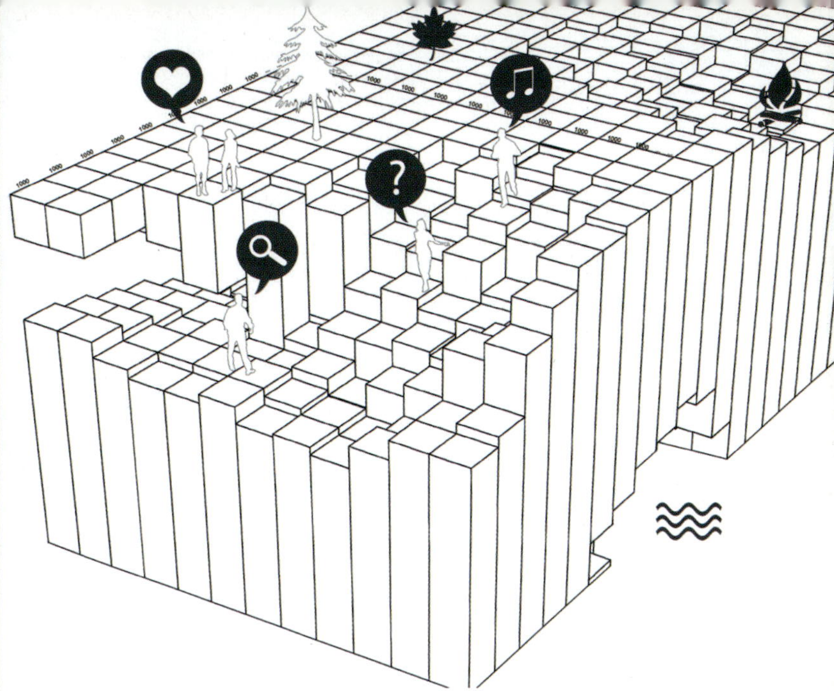

Possible Future without Climate Policy

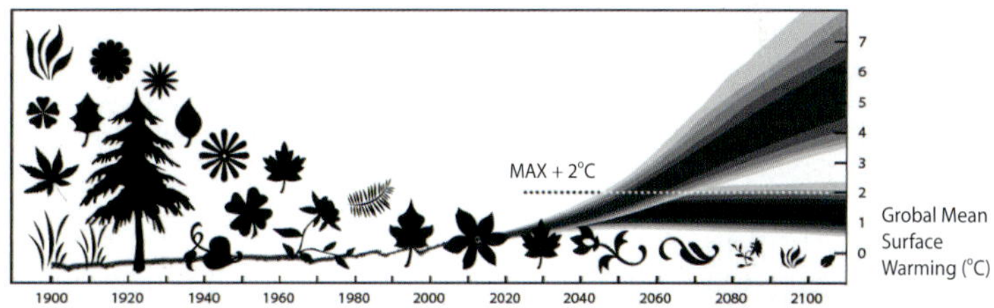

Two Different Facades of the Pavilion

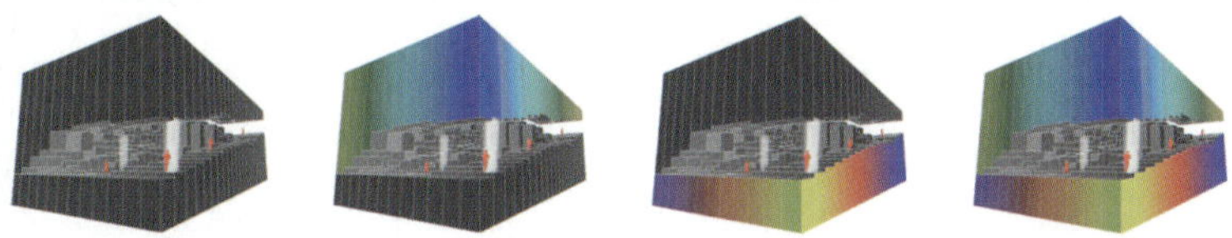

The upper part of the facade is derived from the graph that shows the reduction of forest resources. The lower part of the facade is derived from the graph that shows the increment of CO_2

COP15 COPENHAGEN
UN CLIMATE CHANGE CONFERENCE 2009

The pavilion is seen as a meditative space that provides a reflective place for conference attendees and the citizens of Copenhagen who seek a place of quiet and repose to gather their thoughts and be in tune with the elements in order to focus on the issue at hand. The pavilion should be a symbol of sustainable thinking - simultaneous reflecting oneness and difference. The pavilion is to be highly mobile, easy to mount/dismount and transport.

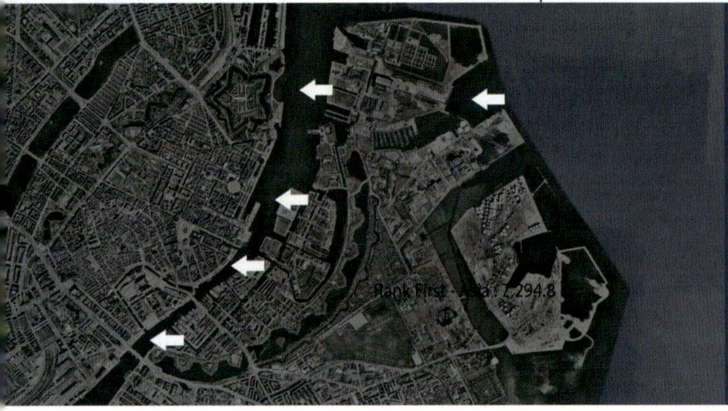

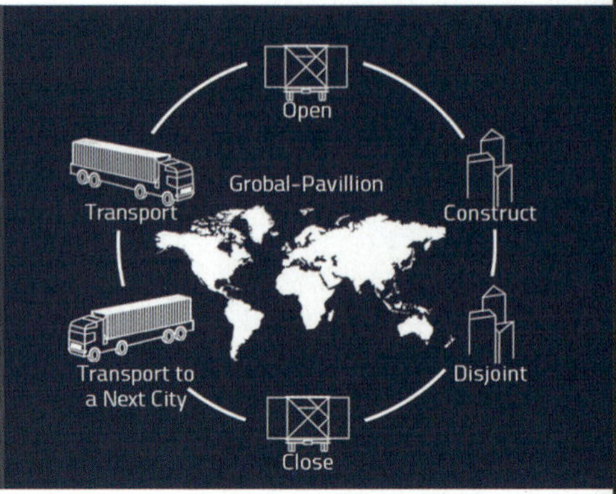

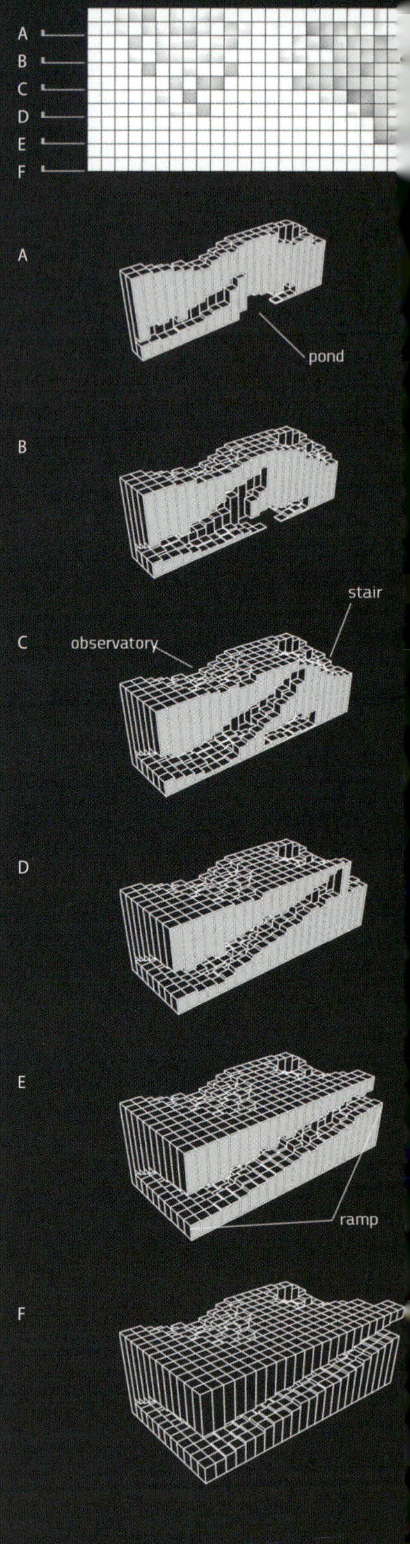

The upper part of the pavilion signifies that global warming is severely destroying the earth's forest and eventually much of the earth's capacity to support life. The upper surface of the pavilion will be mostly covered with low-growing, dense vegetation such as grass or brush. The roof top will be used as a meditation garden.

The lower part of the pavilion illustrates that for every added increment of carbon dioxide, the earth will experience a temperature rise, gradually destroying the earth. Interactive panels will be installed on the floor of the pavilion. Also the digital screens are installed on the facade that as visitors step on the floor panels, the screens transform into virtual interactive guides for the climate impact of the CO_2 emission. Increasing the number of visitors on the floor panels, color changes occur at the plane of the digital facade

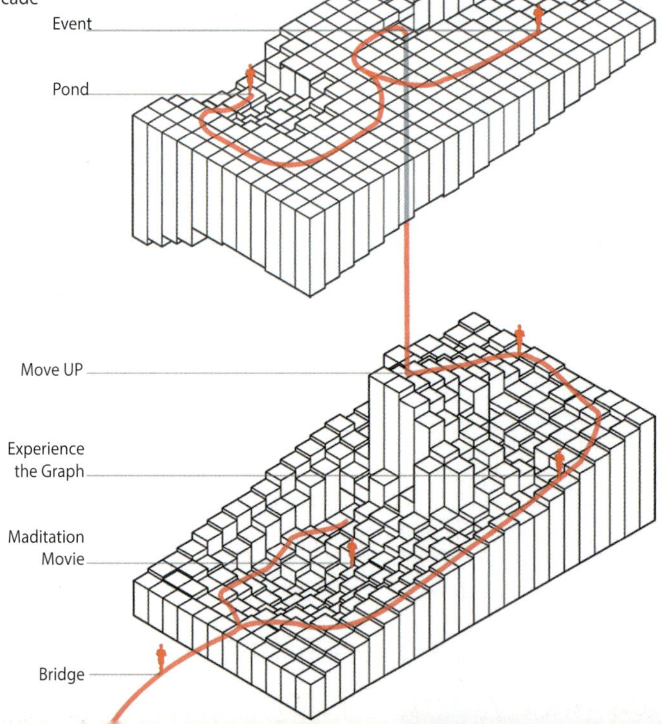

It is in this context that the pavilion design addresses the vigorous use of visual metaphor as a way of expressing the causes and the dangers of global warming. When looked at the pavilion from the distance, it will be recognized by most as a free floating graph structure constructed using different sizes of modular boxes.

Floating Ice Particles

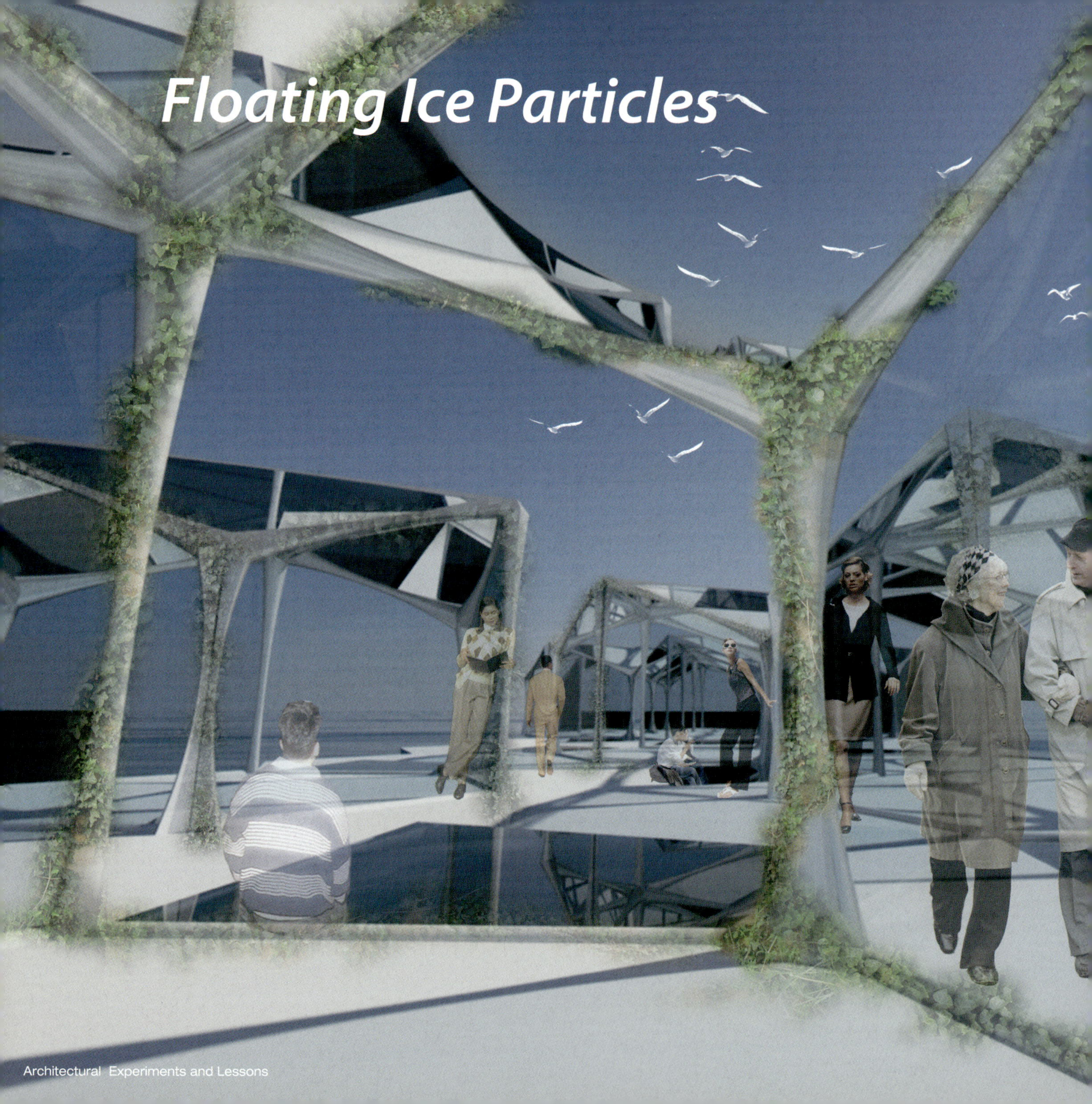

Climate Change of North Pole

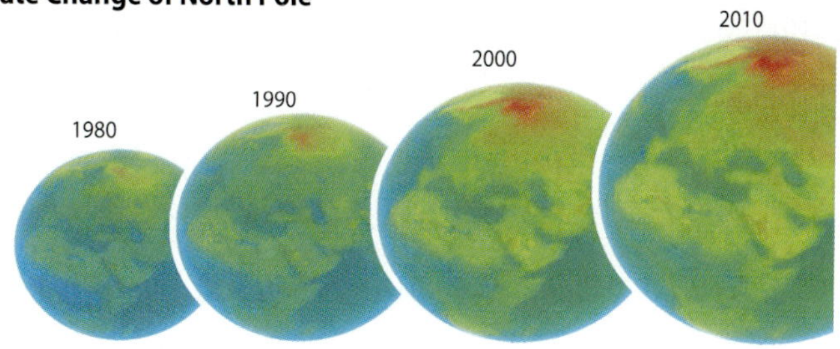

Scenario

Global warming is a direct result of the excessive energy usage we use daily. As global warming causes the temperature rise in the oceans, glaciers are melting faster and caps, thus raising ocean levels. Accordingly, the land is rising away from the sea.

Concept Diagram

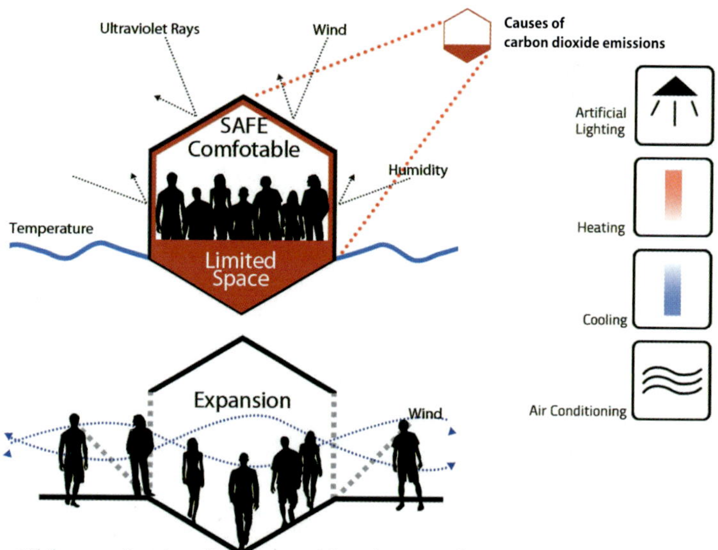

While an enclosed pavilion may provide a pleasant indoor environment, it emits a ton of carbon dioxide in the air just from electricity use. Therefore, in the project, we attempt to develop an open air multi-purpose pavilion without a heating and cooling system. It will be an open facility used as the focal point of the COP15 visitors during the conference. While floating around the canal, it offers a spectacular view of the Copenhagen canal in Denmark during the conference.

Spatial Expansion

- Flexible Partitions

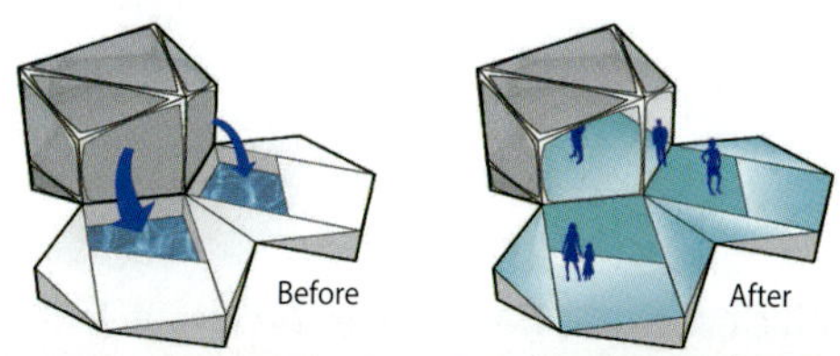

DESIGN STRATEGY

Shape Motive
Ice Molecular Structure

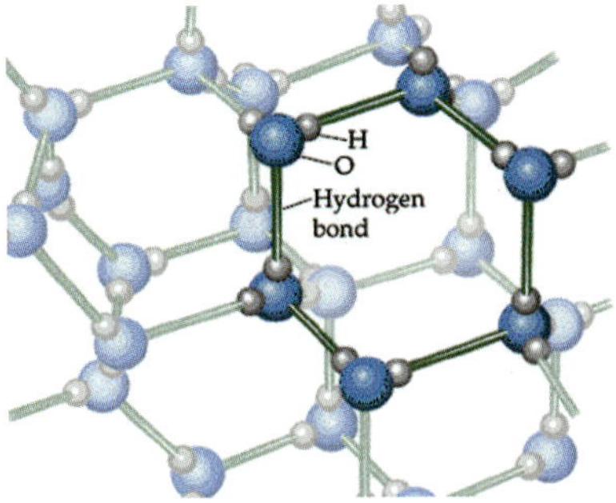

A basic shape derived from an ice molecular structure

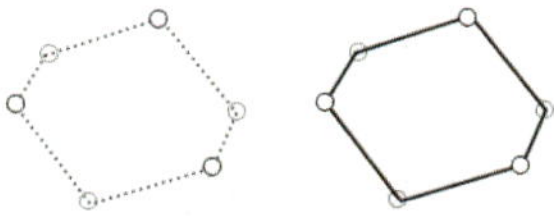

Form Derivative

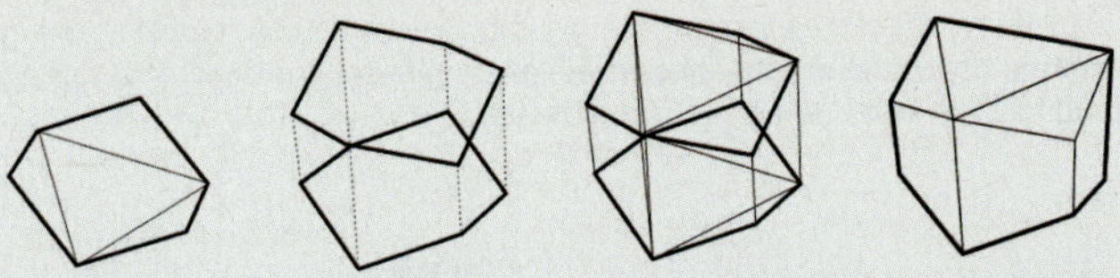

Step 1	Step 2	Step 3	Step 4
Make plane	Duplicate plane	Connect planes	build-up Volume

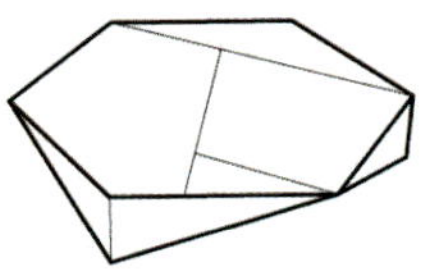

Base Module

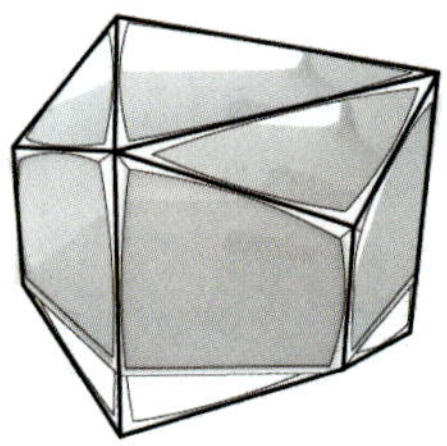

Structure Module

Re-usable and Mobile

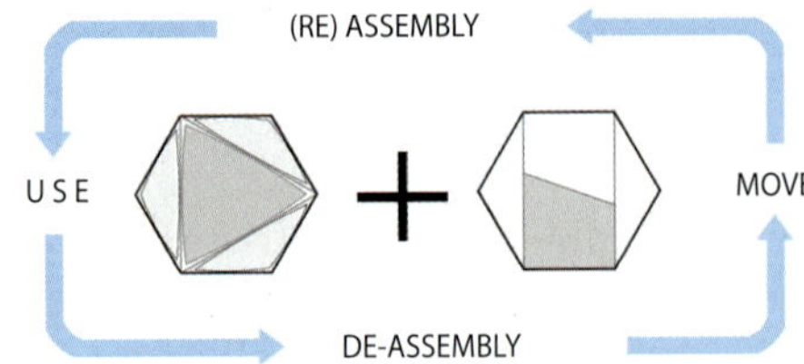

Assembly ex.1

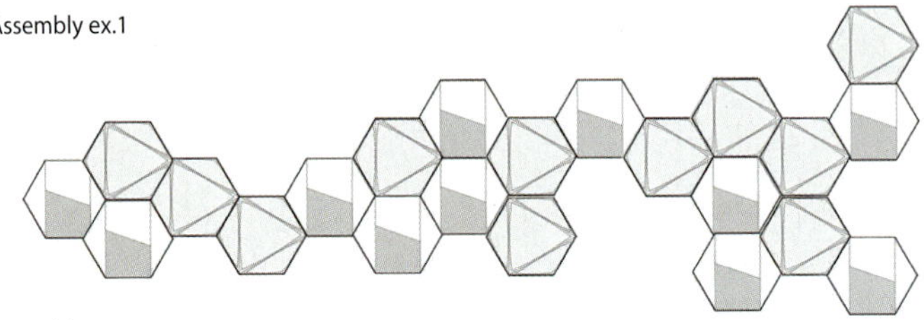

Assembly ex.2

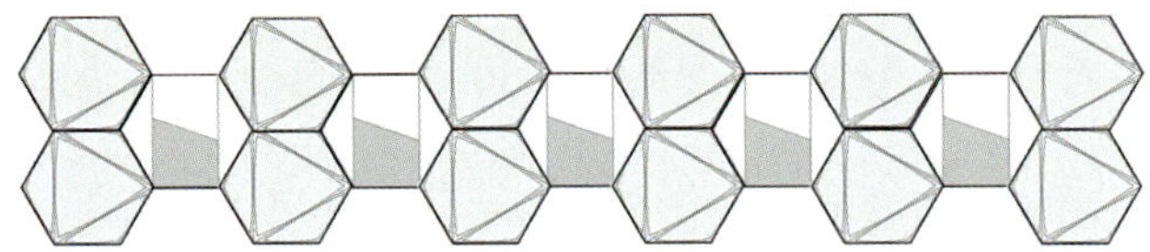

Assembly ex.3

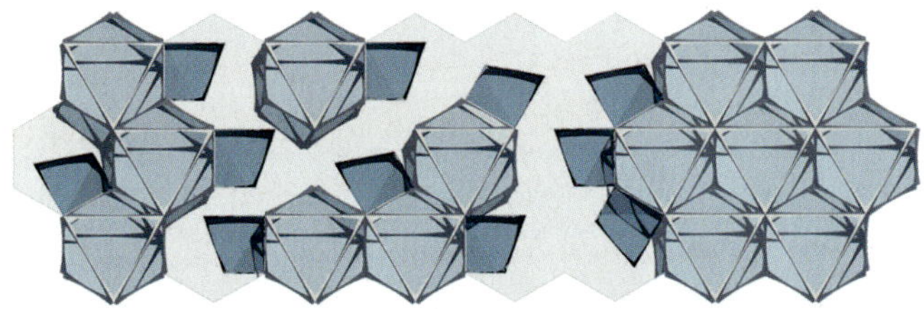

Copenhagen Habor

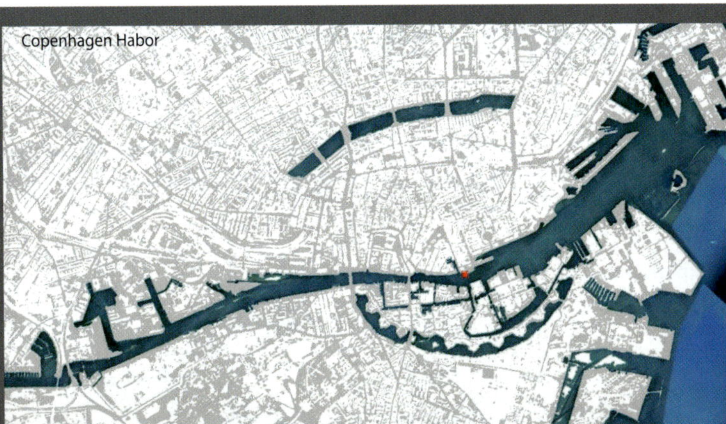

SITE

VIEW 01

VIEW 02

지속 가능한 건축에 관한 BIG의 생각

제15회 기후변화 당사국 총회기간 동안 진행된 지속가능성에 관한 토의의 한 가지 문제점은 그러한 논의가 항상 복지 그리고 궁극적으로는 삶의 질과 같은 문제들을 포기해야 하는 불쾌한 다이어트의 한 종류처럼 보인다는 것이다. 지속가능성은 흔히 환경에 좋지 않는 영향을 끼치기 때문에 따듯한 샤워를 오래하지 않거나 혹은 휴일 동안 장거리 비행을 하지 말아야 할 것 같은 청교도인 개념과 관련되어 있다. 그래서 지속가능한 삶은 '평범한' 삶보다 덜 즐겁다고 점차적으로 생각하게 된다. 만약 지속가능한 디자인들이 경쟁력이 있게 되면, 그땐 그들은 지속가능한 디자인들이 비-지속적 대안들보다 더 매력적이거나 호감이 가야 한다는 도덕적 혹은 정치적 이유를 들어 이 디자인들을 순수하게 홍보하지 않을 것이다. 우리 스스로에 대해 생각해 봤을 때, 만약 우리가 확실히 삶의 질을 향상시키는 어떤 지속가능성에 집중한다면 어떻게 될까? 지속가능한 삶의 방식이 고통스럽지 않고 기쁠 수 있는 곳은 어디인가?

대신에 우리의 작업은 어떻게 지속가능한 도시가 삶의 질을 향상시킬 수 있을지에 대한 수많은 실질적인 경험에 집중하는 것이다. 예를 들어 우리가 최근 진행한 상하이 국제 엑스포에서의 덴마크 파빌리온을 보자. 이 파빌리온에서 우리는 코펜하겐 같은 지속가능한 도시가 어떻게 삶의 질을 실제로 증가시킬 수 있는지에 대한 실전 경험을 공고히 하고자 하였다. 건축과 관련하여, 나는 엔진이 없는 공학적 생각을 좋아한다. 이 파빌리온에서 우리는 자연 환기 시스템을 연계시킴으로써 에어컨을 없앴다. 나선형의 형태는 공기를 끌어올려 환기구를 통해 방출하도록 했다. 우리는 여름에 18도의 온도를 장담할 수는 없었지만, 내부 온도는 외부 온도보다 5-10도 정도 낮은 온도를 유지함으로써 사람들이 편안함을 느낄 수 있도록 계획하였다. 우리는 덴마크와 코펜하겐에서 두드러진 수많은 것들, 예를 들면 자전거타기에 대한 생각을 찾음으로써, 그 지역의 실제적 경험을 이 파빌리온에서 보여주려고 노력했다. 덴마크 사람의 1/3이 자전거를 타고 출퇴근을 하며, 방문객들에게 덴마크를 방문하는 동안 무료로 사용할 수 있는 방문객용 자전거들을 제공하고 있다. 그래서 파빌리온에 들어오면, 사람들은 간단하게 코펜하겐 도시 자전거를 타고 파빌리온의 내 외부를 돌아다닐 수 있도록 계획하였다. 말로만 듣는 대신, 푸른색의 덴마크 자전거 트랙에서 자전거를 타고 돌아다닌다는 것이 어떤지를 경험하게 되는 것이다. 어린 중국 아이들이 노를 젓고, 수영을 할 수 있는 코펜하겐 항의 조그만 항구 욕조를 상하이에 가지는 것이다.

A THOUGHT ON SUSTAINABLE ARCHITECTURE AT BIG

One problem with the whole sustainability debate during COP15 was that it always was presented as a kind of unpleasant diet of giving up a lot of things such as welfare and ultimately quality of life. Sustainability is often associated with some puritan concept where you are not supposed to take long warm showers or take long distant flights for holidays ? because it's not good for the environment . So gradually you get the idea that sustainable life is less fun than 'normal' life. If sustainable designs are to become competitive then they should not promote themselves purely upon moral or political reasons ? they have to be more attractive and desirable than the non-sustainable alternatives. We thought to ourselves: What if we could focus on examples where sustainability actually increases the quality of life? Where the sustainable lifestyle isn't pain ? but pleasure.

What we do in our work is to instead concentrate on a number of practical experiences of how a sustainable city can increase the quality of life ? let us for instance look at our most recent commission ? the Danish Pavilion at the Shanghai World Expo. With the Danish Pavilion we have attempted to consolidate a handful of real experiences of how a sustainable city ? such as Copenhagen ? can in fact increase the quality of life. In terms of architecture I like the idea of engineering without engines. At the pavilion we eliminated air conditioning by integrating a natural ventilation system. The spiral shape makes the air flow up, it ejects through the holes. We cannot guarantee 18 degrees Celsius in the summer, but we can guarantee that the temperature inside will be five to ten degrees lower than outside so that you get a comfortable feeling. We've tried to pinpoint real experiences by finding a number of things we think are distinctive to Denmark and Copenhagen, for example the idea of cycling; third of all Copenhageners bike to and from work and the city has a flotilla of complimentary guest bikes for visitors to use while visiting Denmark. So in the pavilion, you can simply try a Copenhagen city bike and ride around in and outside the pavilion. Instead of hearing about it, you will experience what it's like to ride around on a blue Danish cycle track. We have a harbor bath in Copenhagen harbor, where the young Chinese people can paddle and swim more.

덴마크 파빌리온은 'Welfairytales'이라고 불린다. 이런 흥미롭고 상호작용하는 방법으로, 덴마크와 중국이 공통적으로 가지고 있는 요소들을 사용해 덴마크를 보여준다. 'Welfairytales'로 우리는 복지가 단지 부의 척도가 아니라 인간적으로나 환경적으로나 한결같은 삶을 살아갈 수 있는 기회임을 보여주길 원했다. 'Welfairytales'는 생활방식, 소비행태 그리고 성장이 지속가능성 및 사회적 고려사항들과 손잡고 함께 갈 때의 이야기이다. 이 파빌리온은 덴마크에서 우리가 무엇에 능숙한지, 즉 지구촌 사회에서 우리의 장소와 삶의 질에 관한 인간적 척도에 대한 전인적 시각을 가지려는 것이다. 어떻게 사람이 잘 살 수 있고 더 나은 환경을 디자인할 것인지에 대한 이야기는 동전의 양면 같은 이야기이다. 덴마크 파빌리온은 방문객에게 덴마크에 있는 도시가 정말 어떤가에 대한 경험을 줄 것이다. 왜냐하면, 스스로 경험한 어떤 것들이 전시에서 본 것 이상으로 훨씬 더 기억에 생생하기 때문이다. 일반적으로 우리는 경제적이고 환경적으로 지속가능한 새로운 형식들에 꽤 흥미를 가지고 있다. “엔진이 없는 공학”이라는 이름하에, 우리는 산출, 계산, 모의실험에 대한 현대적 능력을 통해 과도한 기계장치들을 없애는 새로운 방법들을 찾으려 하고 있다. 지속가능한 미래에 대한 동시대적이고 설득력 있는 전망들은 우리 건축가가 (그리고 인간이) 직면한 가장 흥미진진한 난제들 중 하나이다. 우리는 “더 나은 도시, 더 나은 삶”이라는 지속가능성에 초점이 맞춰져 있는 상하이 엑스포의 개념에 대해 고민했다. 어떻게 220개의 국가가 전시를 가질지, 혹은 이 엑스포는 결국 과대한 환경 기술적 전시로 끝나지 않을까 고심했다. 혹은 우리는 덴마크가 무엇을 중국에 제안할 수 있을까에 대한 분명한 시각을 찾아야만 했다: 그리고 우리가 제안한 방법이 매우 잘된 것처럼 보인다.

미래는 지금이다! 그리고 이제 가장 큰 도전은 우리의 도시와 건물들을 생태계처럼 디자인하는 것이다. 도시는 사람들과 차량들의 흐름만이 있는 곳이 아니라 물, 열, 빛과 에너지들이 지속가능한 방법으로 흐르는 곳이다. 모래 없는 모래시계와 같은 것이 아니라, 끊임없이 계속되는 운동 엔진들과 같은 건물들을 디자인해야 하고 또한 할 수 있다는 것이다. 이것은 또한 BIG에서 바로 지금 가장 집중하고 있는 것이다.

The Danish Pavilion is called Welfairytales. In an exciting and interactive way, it presents our country using elements that Denmark and China have in common. With Welfairytales, we wanted to show that welfare is not just about degrees of wealth. It is the opportunity to live a life that is humanly as well as environmentally coherent. A Welfairytale is when lifestyle, consumption and growth go hand in hand with sustainability and social consideration. The pavilion is a story about what we are good at in Denmark, namely to act holistically with an eye for both the human scale and our place within the global society ? about quality of life and how to design cities where human well-being and a better environment are two sides of the same coin. The Danish Pavilion will give visitors the experience of what it is really like in Danish cities. Because, something you have tried yourself is much more memorable than something you have just seen on display. Generally, we are quite interested in new forms of economical and ecological sustainability. Under the headline of “Engineering without engines” we are trying to find new ways of eliminating superfluous machinery through contemporary capacity for calculation, computation and simulation. Contemporary and convincing visions for a sustainable future is one of the most exciting challenges that we architects (and humans) face today. We thought about the concept of the Expo: “Better City, Better Life” as is focused on sustainability. We thought about how there will be 220 countries and it might end up being this orgy of environmental technology and maybe we should try to find a specific angle: What could Denmark possibly offer China? And it looks like this approach turned out very well.

The future is now! And now the biggest challenge is designing our cities and buildings like ecosystems. Cities where we don’t only channel the flows of people and cars, but also water, heat, light and energy in sustainable ways. We should (and can) design buildings like perpetual motion engines and not like hourglasses running out of sand. That’s also our biggest focus right now at BIG.

Bjarke Ingels

재료 디자인 :
탐구를 위한 새로운 개념들

MATERIAL DESIGN : NEW CONCEPTS FOR EXPLORATION

재료 디자인 : 탐구를 위한 새로운 개념들

스마트 재료

이 워크숍은 표면, 집합, 교차, 변조, 돌연변이와 같은 활동에 근거한 재료의 특성, 성능, 작용 그리고 디자인 전략의 복합적인 상호작용을 인식함으로써 재료들에 의해 건축에 영향을 끼치는 접근방식을 따른다. 이 방식은 현재 조성된 디자인 접근방식의 범주들을 초월하고 디자인 탐구를 위한 풍부한 기반을 제공한다. 그러나 재료와 시공 측면의 "전통적인" 재료 대신, 인하대학교 워크숍에서는 내가 수년 동안 관심을 가져왔고 하버드대학의 GSD에서 가르치고 있는 것과 같은 과제인 소위 "스마트" 재료라 불리는 재료를 실험하기로 한다. 전통적인 재료들은 단일상태의 성능반응과 같은 고정된 속성을 가지고 있다. 스마트 재료는 다양한 디자인의 상태에 영향이 미칠 수 있도록 일시적이거나 변형 가능한 속성으로 발전하고 있다는 점에서 많이 다르다. 왜냐하면 스마트 재료의 속성은 전통적인 재료들과 비교했을 때 변형가능하고, 사용에 있어 추가적 특이성을 지닌다. 그러므로 스마트 재료는 보다 구체적이고 전문화된 성능을 위한 재료의 발전에 있어 궤적의 논리적 확장으로 종종 여겨진다. 스마트 재료의 특성은 그것들의 주변 환경에 반응한다는 것이다. 하나의 상태에 최적화하기보다 다양한 환경 상태에 반응하는 재료의 능력은 이러한 재료들이 디자인을 위한 재료 열람표의 또 하나의 매력적인 추가요소로 묘사된다.

지난 몇 년 동안, 이러한 재료들의 상당 부분은 폭 넓고 다양한 방식으로, 대부분 상당히 평범하게, 상용화 되어왔다. 그러나 지금까지 비용과 유용성 측면이 건축분야에서 스마트 재료를 광범위하게 사용하는데 있어 제한적 요소로 작용하고 있다는 사실에도 불구하고, 우리는 이러한 스마트 재료가 가진 잠재성이 실제 얼마나 이용될 수 있을까를 알아보는 증가일로에 있는 수많은 프로젝트들을 보기 시작했다. 이번 워크숍에서 학생들에게 소개된 재료들은 다음과 같다:

> 광색성재는 빛의 강도 변화에 대해 역으로 색을 변화시키는 물질이다. 보통 이 재료들은 어두운 장소에서 색깔을 가지고 있지 않는다. 태양 빛이나 자외선이 적용되면 재료의 분자구조가 변화하게 되고 색을 띠게 된다. 관련 광원이 제거되면 색은 사라진다.

MATERIAL DESIGN : NEW CONCEPTS FOR EXPLORATION

Thomas Schroepfer

SMART MATERIALS

The workshop follows an approach that informs architecture by materials acknowledging the complex interplay of material properties, performances, operations, and strategies in design on the basis of exercises such as surface, aggregation, intersection, modulation, and mutation. This approach transcends currently established categories and offers a much richer basis for exploration. However, instead of "traditional" materials that are the focus of Materials and Construction, the workshop at INHA explores so called "smart" materials, a topic that has interested me for a number of years and that has let to a course under the same title that I teach at the GSD. Traditional materials have fixed properties and what is referred to as a single state performance response. Smart materials are very different from that in that they have been developed with transient or changeable properties that allow a multiplicity of design states to be affected. Because properties of smart materials are changeable, they allow, compared to traditional materials, a further specificity of use. Smart materials are therefore often considered to be a logical extension of the trajectory in materials development toward more selective and specialized performance. What is characteristic for smart materials is that they are responsive to their environment. This ability to respond to multiple environment states rather than to being optimized for a single state has rendered these materials a seductive addition to the material palette for design.

Over the last years, many of these materials have become commercialized in a wide variety of applications, most of them fairly mundane. However, despite the fact that until now cost and availability have, on the whole, restricted a more widespread use of smart materials in architecture, we are actually beginning to see an increasing number of projects that explore how the potential of smart materials can be exploited.(15) The materials that were introduced to the students during the workshop included:

Photochromics : are materials that change reversibly color with changes in light intensity. Usually they are colorless in a dark place. When sunlight or ultraviolet light is applied the

감온성재는 온도 변화에 따라 역으로 색이 변화하는 물질이다. 색의 변화는 정해진 온도에서 발생한다. 그것들은 페인트, 주조재료 및 많은 다른 조합으로 사용될 수 있다.

인광재는 짧은 파장의 입사광(X선, UV선 등)과 같은 보이거나 보이지 않는 빛을 생산하는 물질이다. 이것은 자극원이 제거된 후에나 검출 가능하다. 잔광효과 안료가 초록색, 빨간색 또는 파란색 빛을 생산해낸다. 그것들은 페인트, 주조재료와 같은 많은 재료와 합성되어 사용할 수 있다.

전자발광재는 세 개의 얇은 플라스틱 층으로 구성되어 있는 필름 물질이다. 아인산 가루로 도금된 중간층과 바깥의 두 전도층, 그 중에서 한 층은 투명한 층으로 이뤄져 있다. 전기가 하나의 전도층에서 다른 층으로 흐르게 되면, 아인산 가루 층은 빛을 방출한다. 전자발광재는 전류의 흐름에 의해 자극될 때마다 다른 색깔의 밝은 빛을 방출한다. 빛을 방출하는 동안에는 어떠한 열도 발생하지 않는다. 그것들은 현재 대부분 건물을 장식하거나 산업 및 공공차량의 안전성을 위한 빛을 만드는데 사용된다.

형상기억합금은 최소한 2개 이상의 다른 금속 요소로 이루어져 있는 물질로 가공 열처리 후 형태를 만들거나 역으로 온도에 따라 주어진 형태로 쉽게 변할 수 있는 물질이다. 이 결과는 두 가지 결정 구조 사이의 반복적인 위상 변화에 의해 나타난다.

다양한 재료를 탐색한 후, 학생들은 한 가지 또는 그 이상의 스마트 재료를 어떻게 건축에 응용될지에 대해 보여주는 것이 마지막 프로젝트의 팀 작업이 될 것이다. 캠퍼스 내 작은 부지가 주어졌고, 학생들은 그들이 선택한 스마트 재료에 대한 특별한 성질, 특징 그리고 속성에 대한 확실한 이해를 바탕으로 파빌리온을 디자인하여야 한다. 마지막 발표에서 각 팀은 도면, 사진, 영상뿐만 아니라 실질적 원형, 모델을 활용하여 스마트 재료가 적용되었을 경우의 효과 및 디자인 의도를 전달해야 한다.

molecular structure of the material changes ant it exhibits color. When the relevant light source is removed the color disappears.

Thermochromics : are materials that change reversibly color with changes in temperature. The change of color happens at a determined temperature. They can be used in paints, casting materials and many other combinations.

Phosphorescents : are materials that produce visible or invisible light as a result of incident light of a shorter wavelength (e.g. x-rays, UV-rays, etc.). This is detectable only after the stimulating source has been removed. Afterglow effect pigments can produce green, red, or blue light. They can be used in all kinds of materials contacts like paint, casting materials, etc.

Electroluminescents : are materials that as films consist of three thin layers of plastic: a middle layer with a phosphorous powder coating, and two outer conductive layers, one of which is transparent. As an electric current passes from one conductive layer to another, the phosphorous powder glows and emits light. EL materials produce a brilliant light of different colors when stimulated by an electric current. While they emit light they do not produce any heat. They are currently mostly used for making light strips for decorating buildings or for industrial and public vehicles safety.

Shape memory alloys : are materials that consist of at least two different metallic elements and have the property, after a thermo-mechanical treatment, to take up, reversibly and temperature-dependent, a shape they were given earlier. This effect relies on a repeatable phase change between two crystal structures.

After exploring the various materials students were asked to work in groups on a final project that would demonstrate how one or several of the smart materials might be used for an application in architecture. The students were given a site on the university campus for their intervention, a small pavilion. Their projects had to be based on a clear understanding of the special qualities, characteristics, and affordances of the smart materials of their choice. The final presentations had to convey each group's design intentions and the smart material effect in the application through a series of drawings, pictures, and animations as well as physical prototypes and models.

The FOREST of Optical Fiber

Various types of scenery within a forest can be created by exposure to the full spectrum of scattered light. This is achieved according to the interactive relationship between light emitters and absorbers. Louis I. Kahn also said that "Natural light gives mood to space by the nuances of light in the time of the day and the seasons of the year as it enters and modifies the space." Based on this premise, our experimental design was intended as a lush three-dimensional space in the form of an artificial forest.

Optical fibers were employed in the project. The key attribute of optical fibers is their extremely pure glass, called silica. Far less light is lost as it travels through such a fiber, compared with regular glass. Within a static physical fiber-framed structure, some interesting optical atmospheric phenomena such as scattering effects will occur, due to reflection and refraction of light waves. Optical fibers also can be used as sensors to measure temperature, in that they can be modified so that the quantity to be measured modulates the intensity, wavelength or transit time of light that travels through them. As applied in our project, lights that vary according to changes of weather, climate or location are emitted, thereby contributing to increasingly diverse emotional responses within the forest.

Concept

A diverse and interesting variety of forest states and corresponding sceneries will be represented with the lights.

Material

Optical Fiber

An optical fiber is a glass or plastic fiber that carries light along its length. Fiber optics is the overlap of applied science and engineering concerned with the design and application of optical fibers. Optical fibers are widely used in fiber-optic communications, which permits transmission over longer distances and at higher bandwidths (data rates) than other forms of communications. Fibers are used instead of metal wires because signals travel along them with less loss, and they are also immune to electromagnetic interference. Fibers are also used for illumination, and are wrapped in bundles so they can be used to carry images, thus allowing viewing in tight spaces. Specially designed fibers are used for a variety of other applications, including sensors and fiber lasers.

Principle

The operation of optical-fiber-based sensors to measure temperature and light intensity.

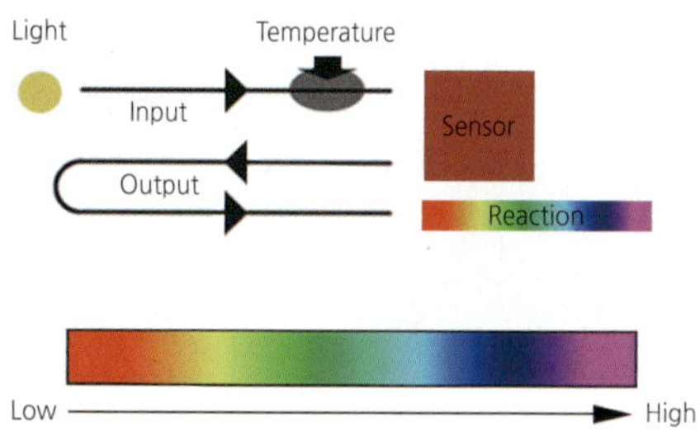

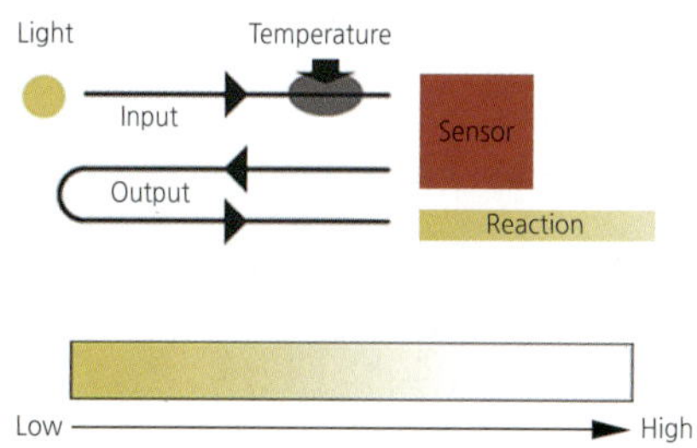

Section

The color and intensity of light in optical fibers within a room vary, since they are closely correlated with temperature.

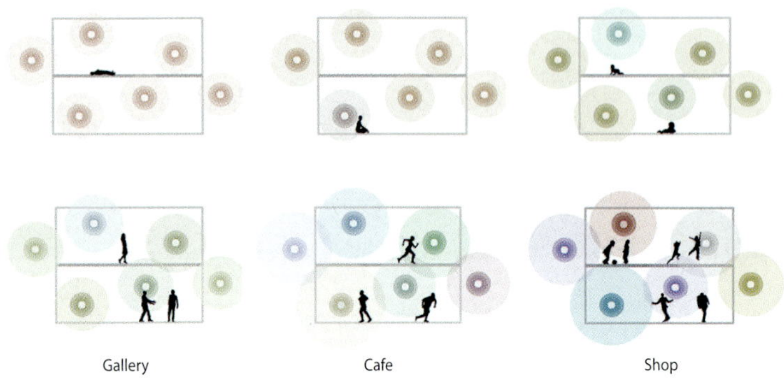

Floor Plan

Because light traveling through optical fibers responds to the number of users and their frequency of use, the space will become divided and spatial movement will be recomposed within the structure. This activity allows for flexible and changeable spatial layouts.

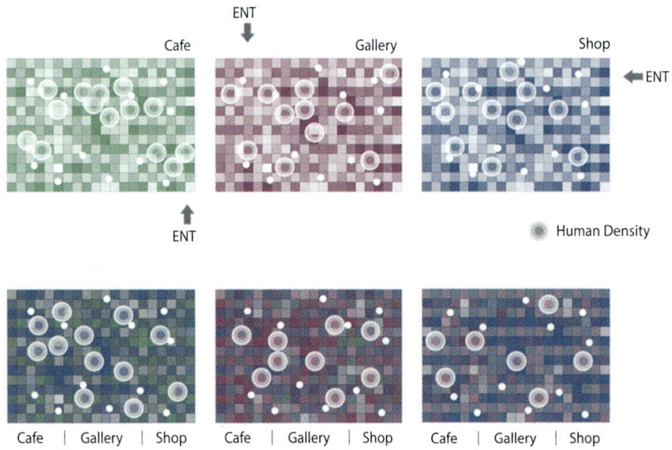

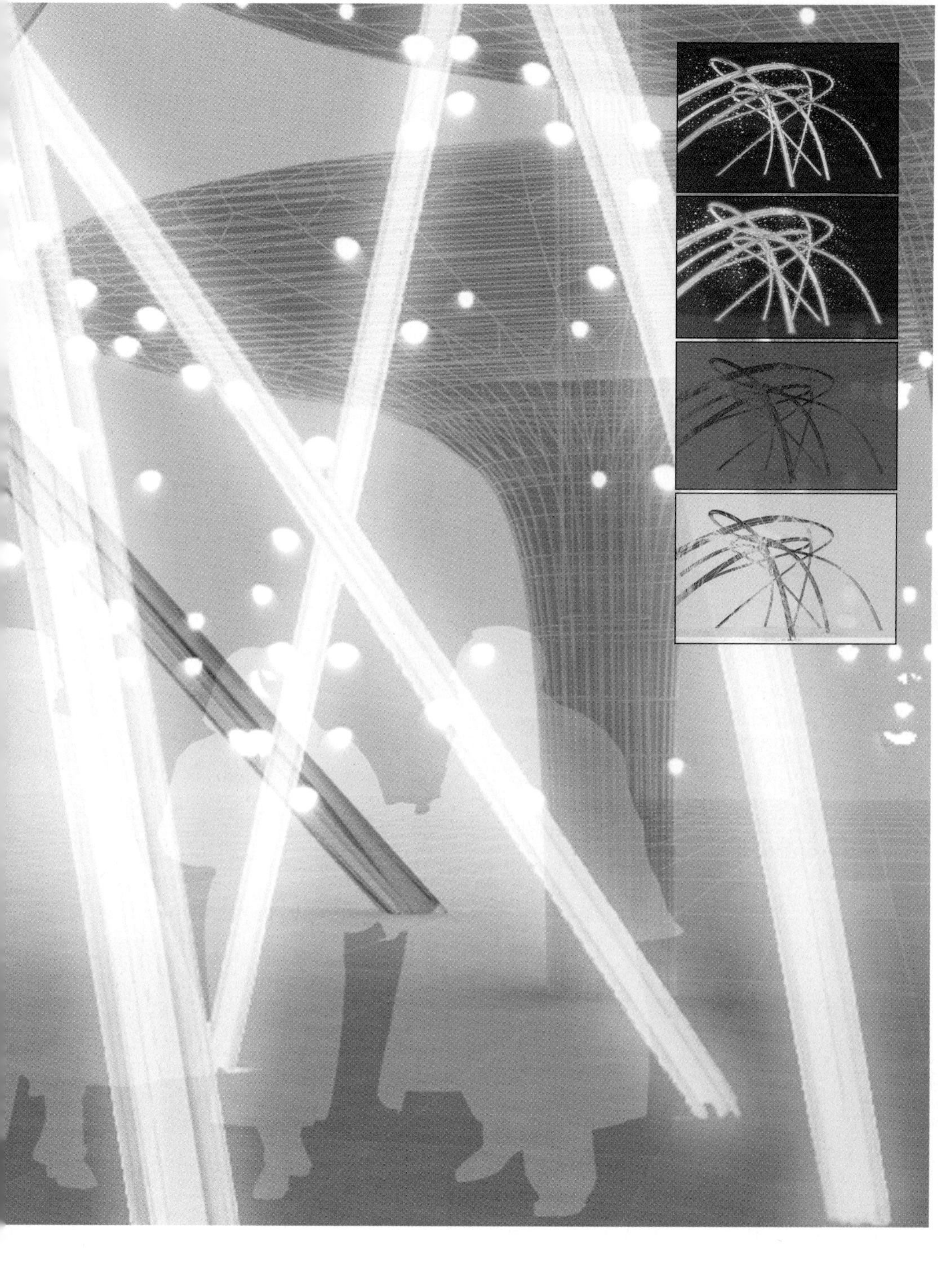

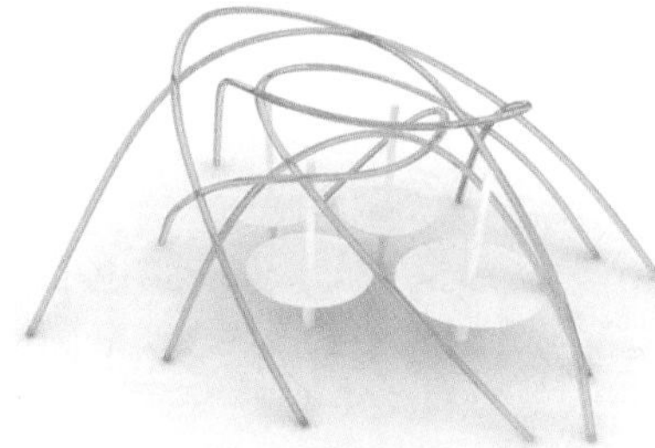

Perspective View

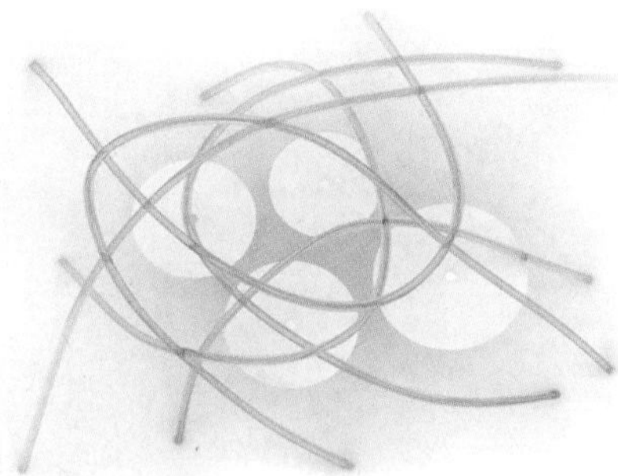

Top View

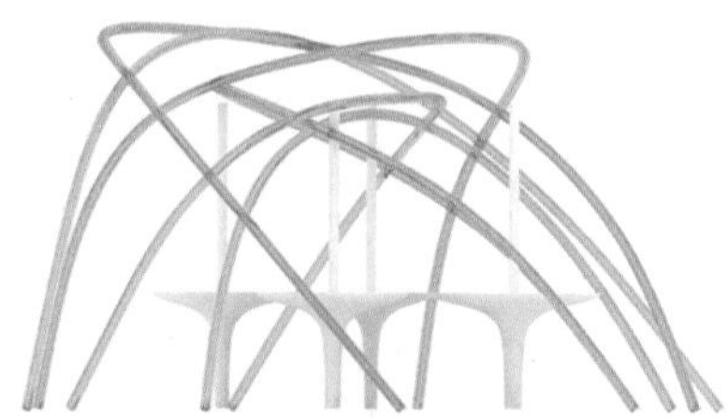

Left View

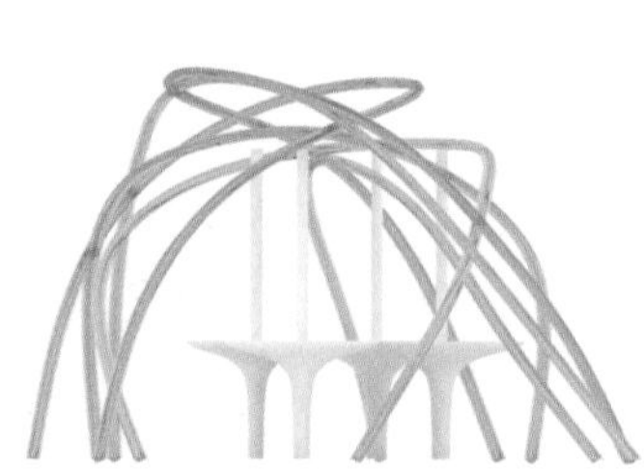

Front View

Contractible Surface

Ferrofluid

A ferrofluid (from the Latin ferrum, meaning iron) is a liquid that becomes strongly polarized in the presence of a magnetic field. It is a colloidal mixture composed of extremely small magnetic particles suspended in a liquid. The particles are coated with a soap or detergent to prevent them from aggolomerating

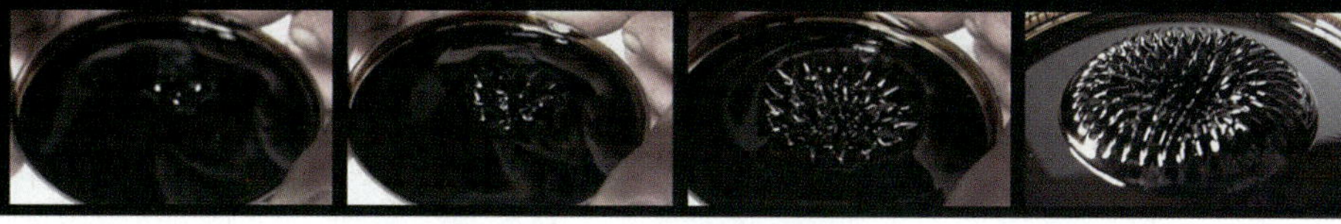

Ferrofluid under the influence of a strong vertical magnetic field

(Interval : A<B<C<D<E<F)

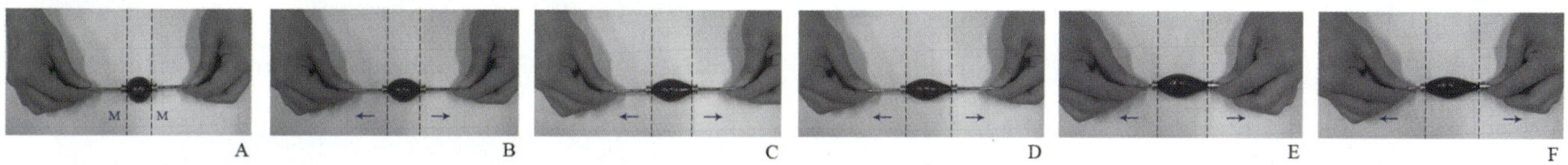

Magnetic Field and Opening

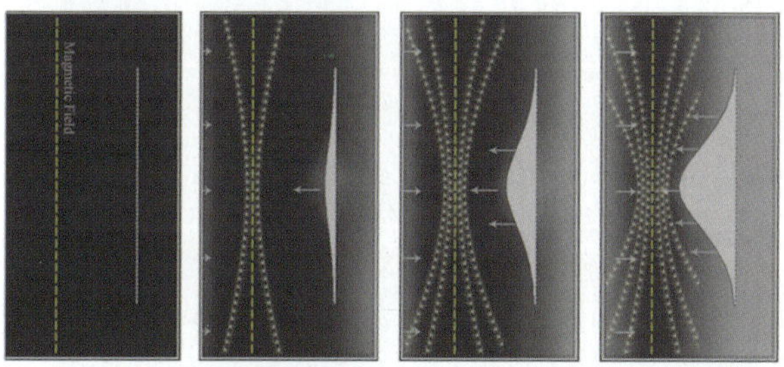

Design Strategies

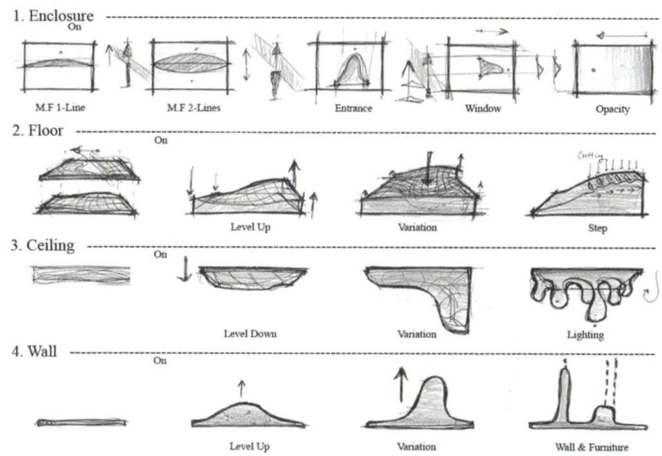

Basic Enclosure System - Inactivated / Activated

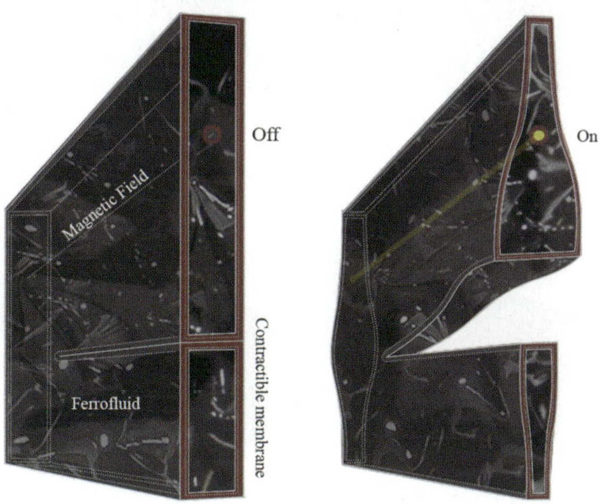

Opening / Contraction / Opacity

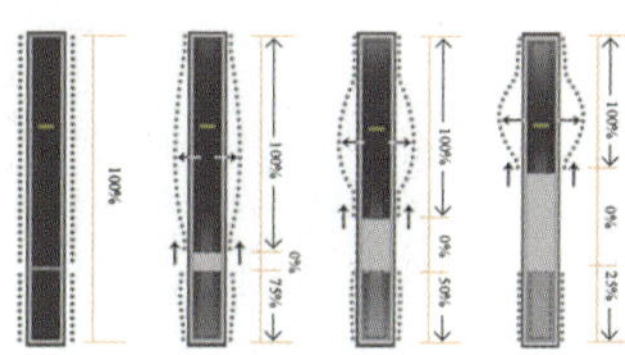

Ferrofluid liquid has been employed within thin contractible-metal-skin architectural components. When employed in various architectural applications, it enables the achivement of a level of spatial dynamism that flexibly responds to users, programs and other external environments.

Peristaltic Movement and Contraction

Similarity between Ferro Structure and Organic Movements.

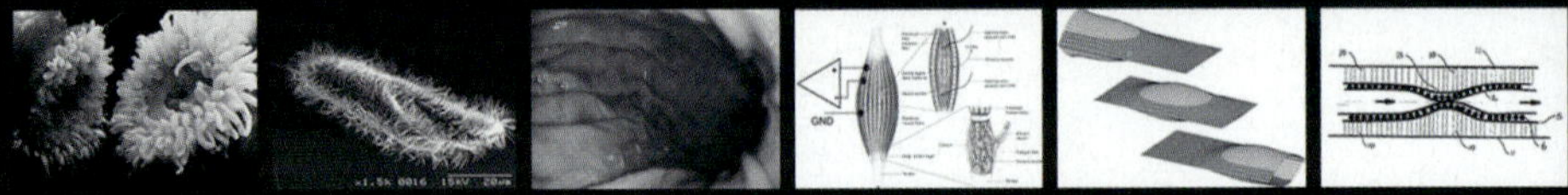

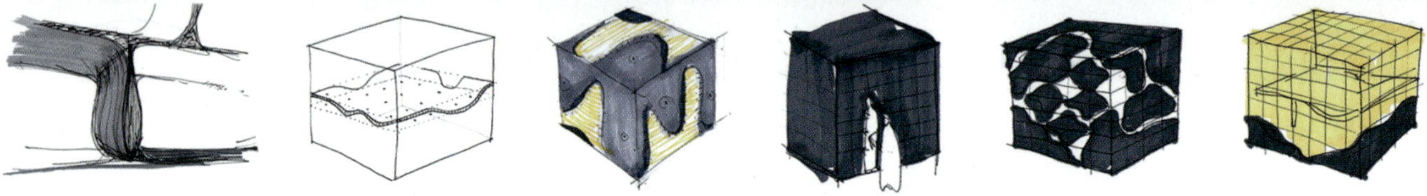

Concept - Samurai Story

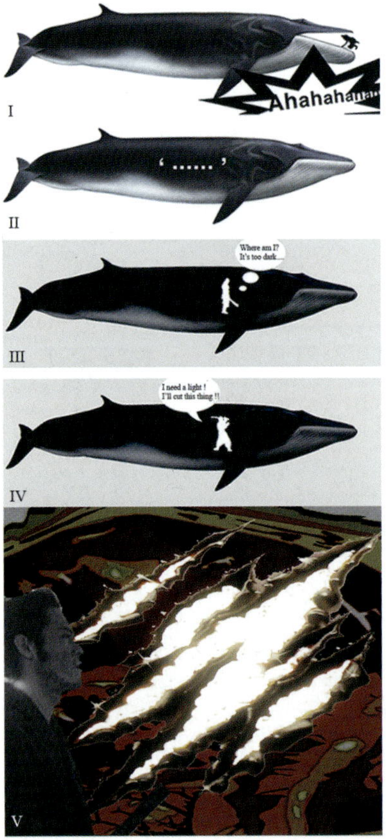

Ferrofluid Skin and Floor Applications

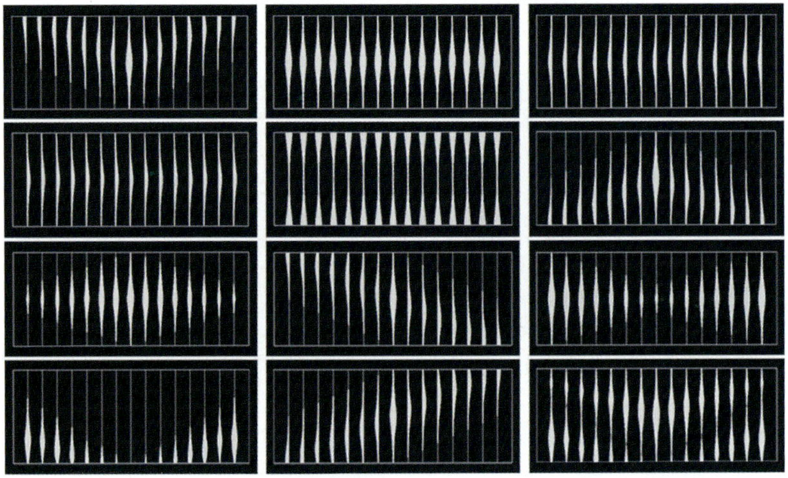

The contractible-metal-skin opens according to the pattern of magnetic fields

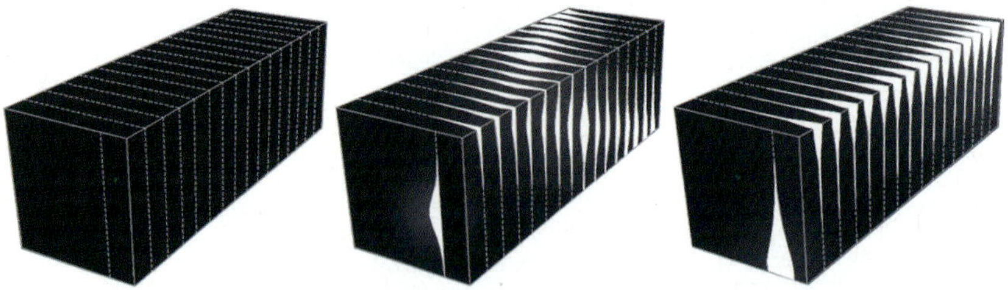

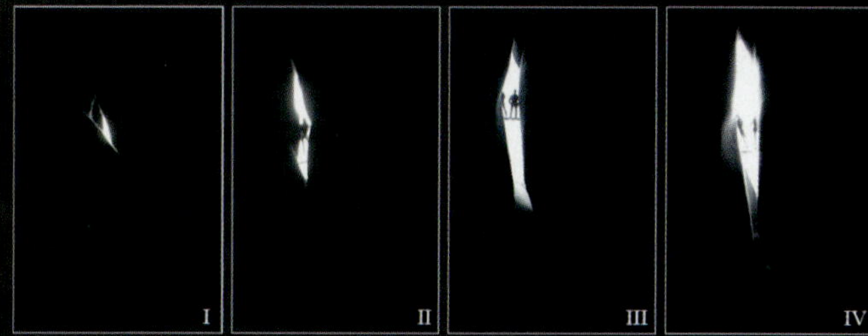

The Process of Wall Contraction

Floor Plan

Third Floor Plan

Second Floor Plan

First Floor Plan

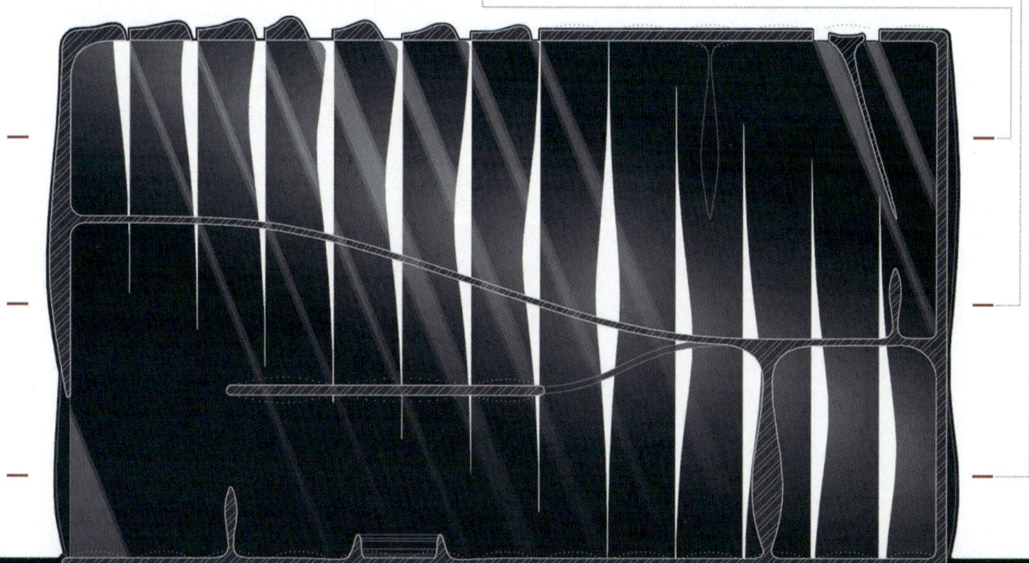

Cross - Section

Modeling Views

I, II - Entrance View

III, IV - Inner View (First Floor & Stand View)

Breathing Membrane

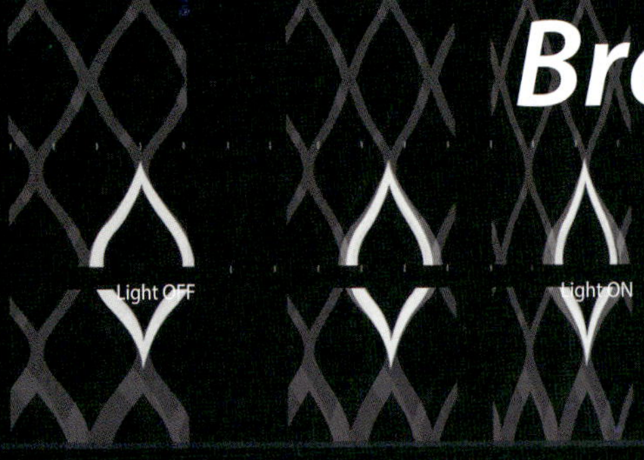

Light-reacting Smart Material

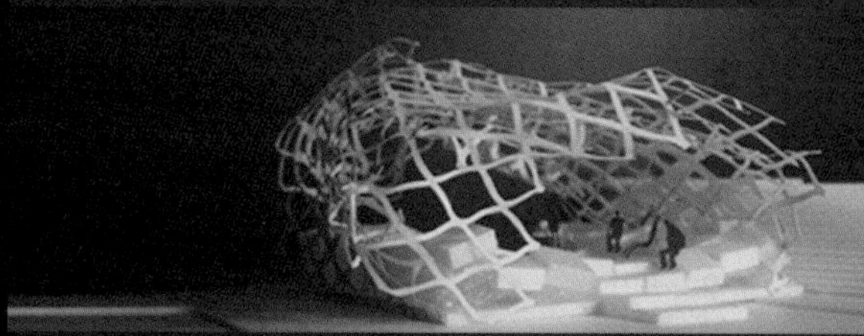

Since the project is located on campus, a few current and anticipated needs were considered in its development. In fact, the material structure was flexibly designed so as to serve distinctive campus requirements and programs.

Concept Diagram

This concept incorporates smart material that can change its color and shape in response to light. When applied to the project concerned, the material allows for the external façade cladding to dramatically change its shape in different situations.

Membrane Mechanism

Basic Component Transformation

- Changes the thickness of the wall according to the strength of lighting.

Structural Transformation

- Changes the space according to the volumetric transformation of the light-sensitive material.

Structural Transformation

- Allows for the opening and closing of the entire enclosure in a window-like manner.

Changing Architectural Environment

The structure can transform its own shape like a living organism, according to the needs of students. The enclosure as well as the flooring will become an architectural device used to make a transition from a certain program to another according to the needs of users. In the final analysis, it is anticipated that the project, in its various forms, will become one of the most recognizable and iconic buildings on campus.

Potential Programs - Music concert, art exhibition, fashion show, etc

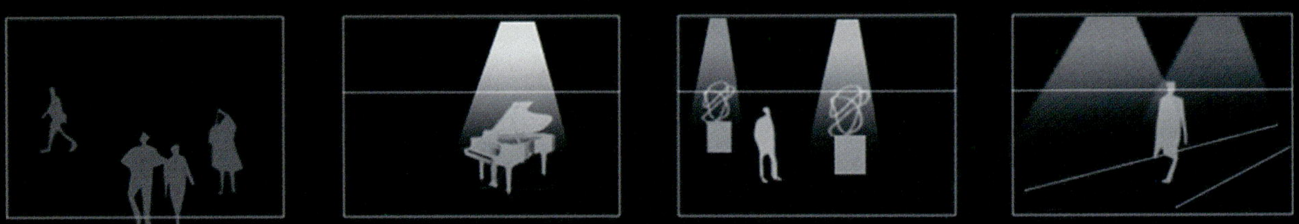

Changes in Floor Level - Floor levels will also vary according to the condition of natural as well as artificial lighting.

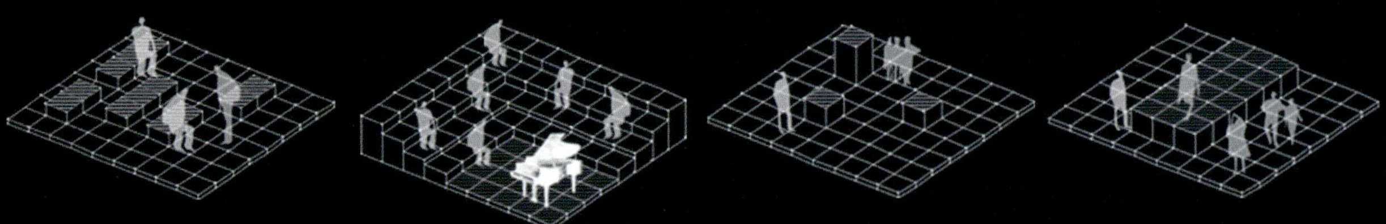

Diverse Enclosures

Bending Sandwich

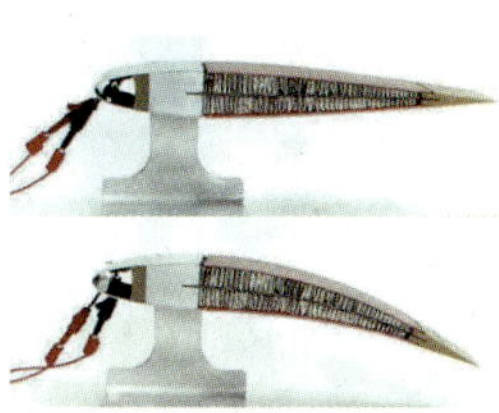

Electroactive Polymers (EPS)

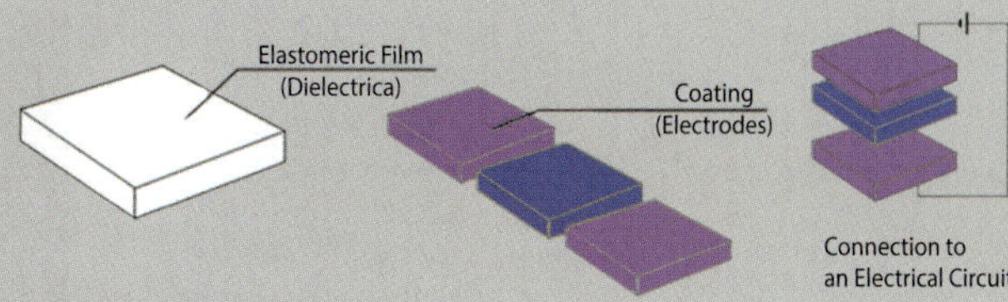

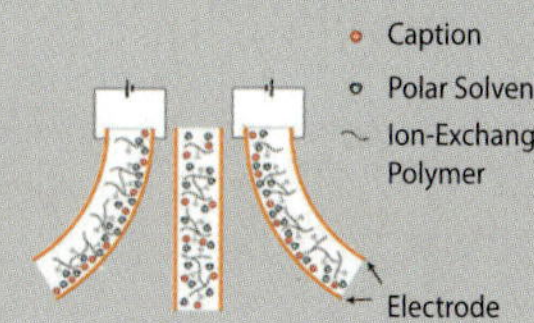

We chose EPS smart material for our project. When electricity is propagated through it, its shape can be transformed, in the manner of bending and folding as well as increases and decreases in its volume.

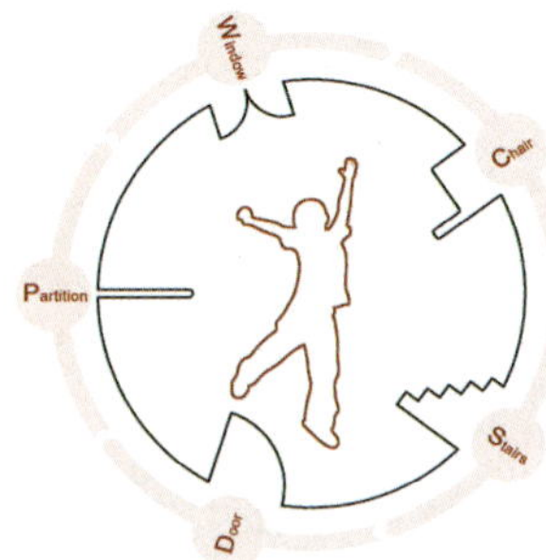

Having faith in its architectural applicability, we attempted to exploit various architectural potentials, in the form of a "bending sandwich, using the material.

Applications

Due to its flexible features, this material can transform its shape in response to basic human postures including seating, leaning, lying, and others. Thus it can be used for furniture, stair, partition, window and door purposes.

Central Management

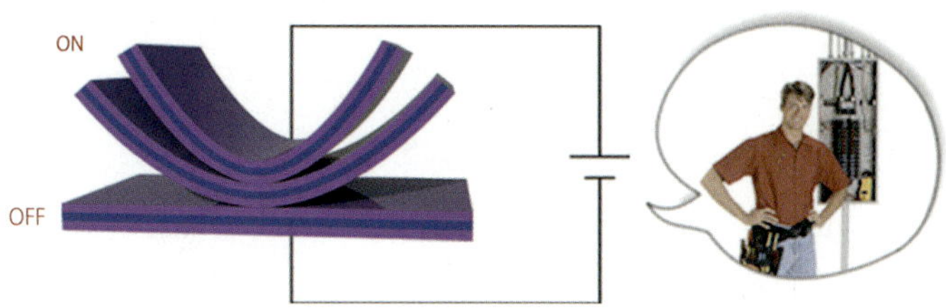

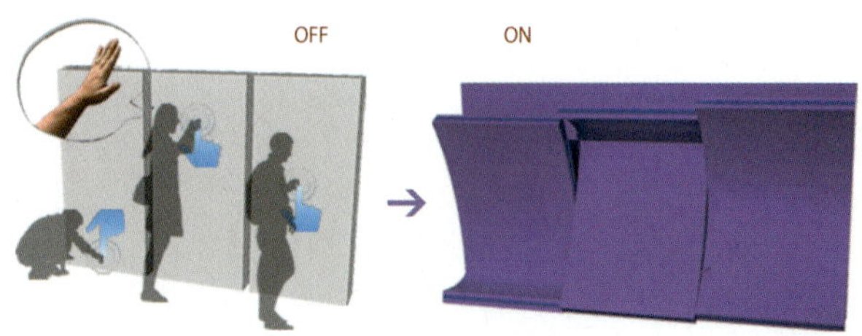

Program Scenario

Programs	Spring / Fall Summer / Winter	During the Term On Vacation	**Lounge** > Store > Gallery Lounge < Store < **Gallery**
Space	Sunny /	Rainy /	Cloudy / Windy
Form		Day /	Night

Grid System

Various programs are allocated on the 500 x 500mm basic grid.

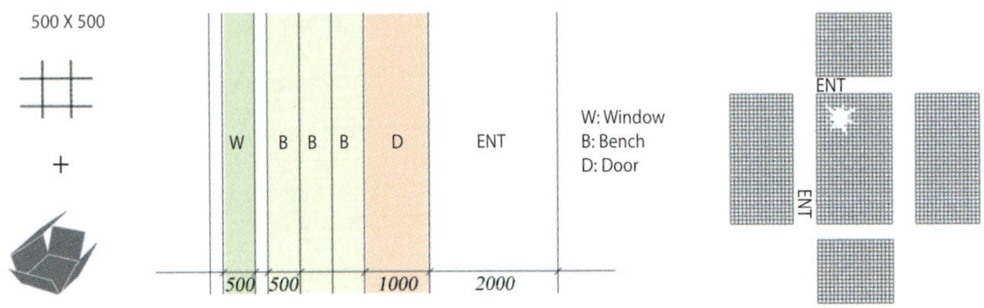

Program Scenario with the Basic Grid

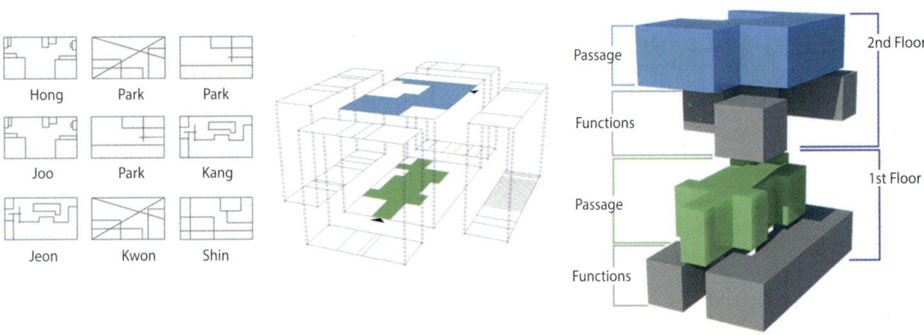

Facade Variations

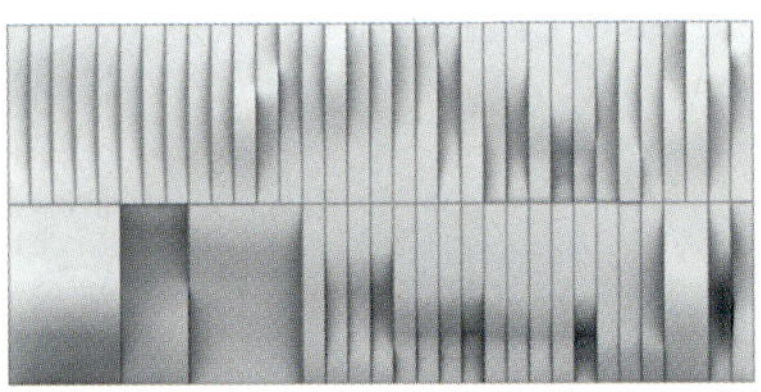

East Elevation

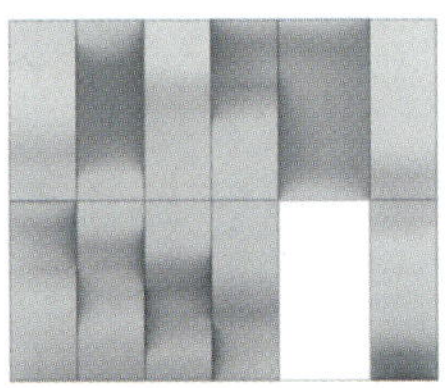

South Elevation

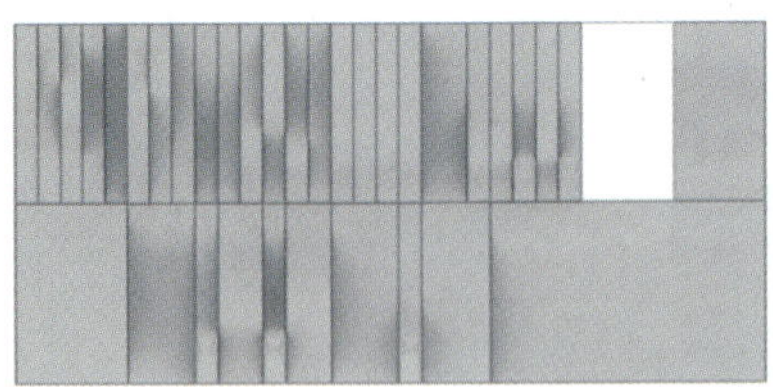

West Elevation

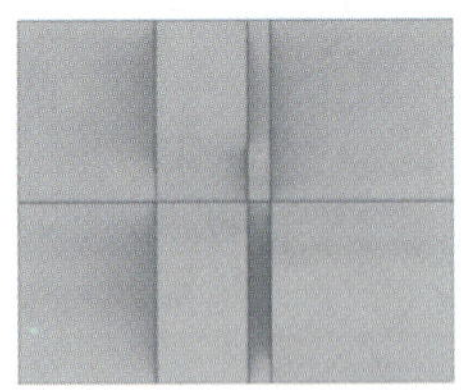

North Elevation

Day

Night

Cloudy

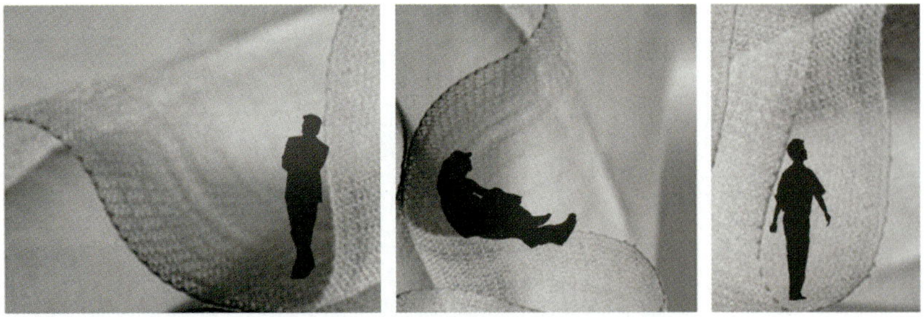

Flexible and Bendable Structure

The structure becomes floors, walls and ceilings.

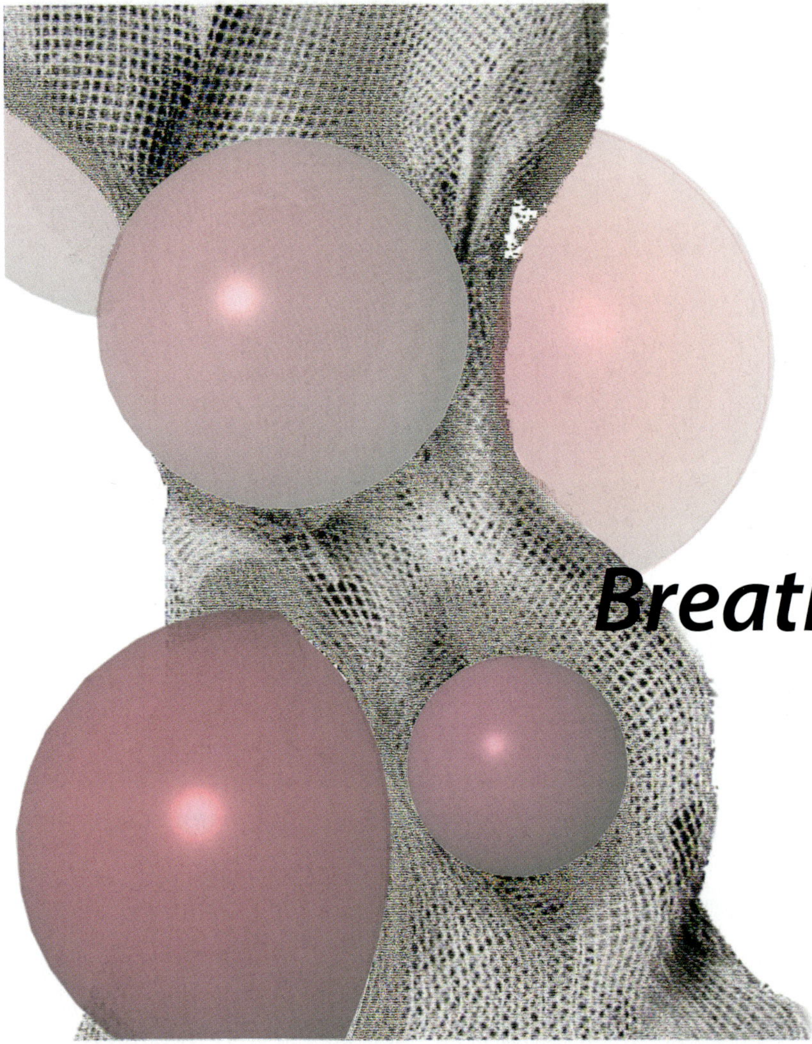

Breathing Spheres

What is Mesh...?

Mesh is a semi-permeable barrier composed of connected strands of metal, fiber, or other flexible and ductile materials. Given its properties, it has been used for building materials employed in cladding, roofing, and sheathing.

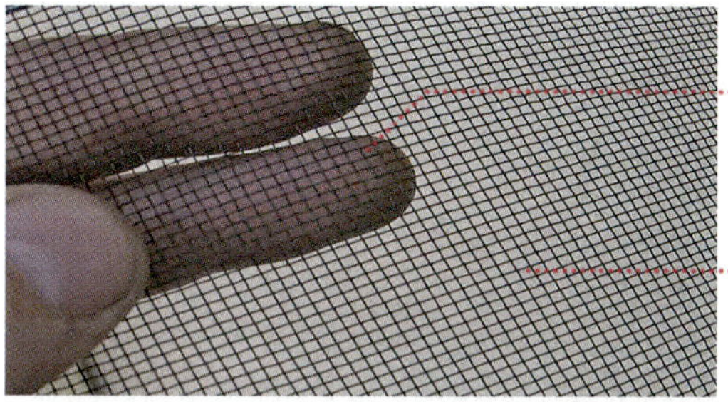

(A) **Permeability**

(B) **Woven thing**

consists of strands

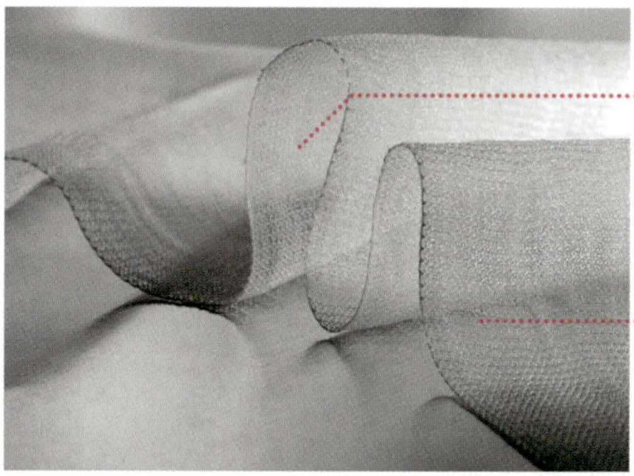

(C) **Easy to bend**

easy to handle
when we use it

(D) **Being piled up one on another**

easy to make patterns

In our project, we explore the possibilities of innovative designs that incorporate mesh and smart materials. We are particularly interested in the properties of smart materials that can be applied to diverse architectural designs.

Expansion (A)+(B)+(C)+(D) Process

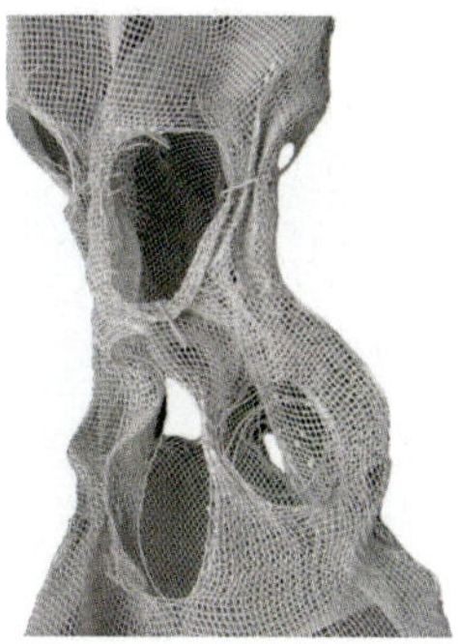

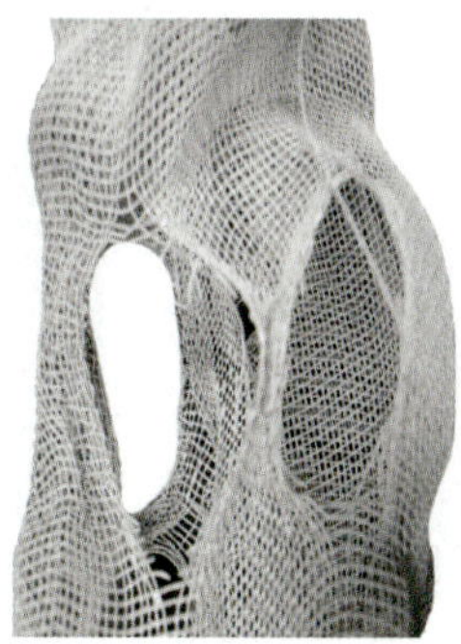

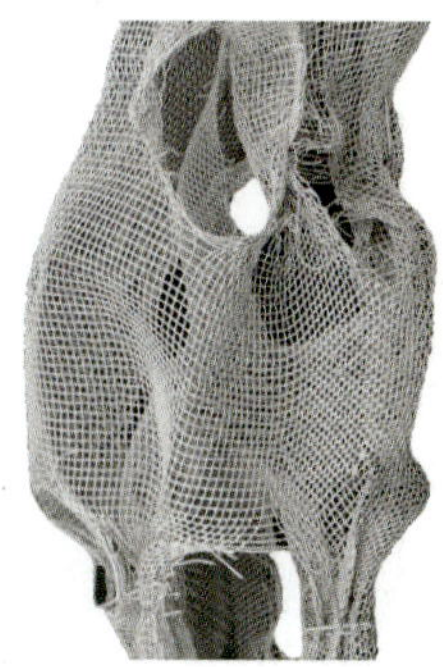

Mutual Contradiction

Mesh is similar to webbing or netting in that it is composed of multiple woven strands. Thus, changes of shape to suit a particular function are enabled. When a certain amount of load or force, such as expansion or compression, is applied along the neutral axis of the mesh surface, the mesh can be twisted, stretched and distorted.

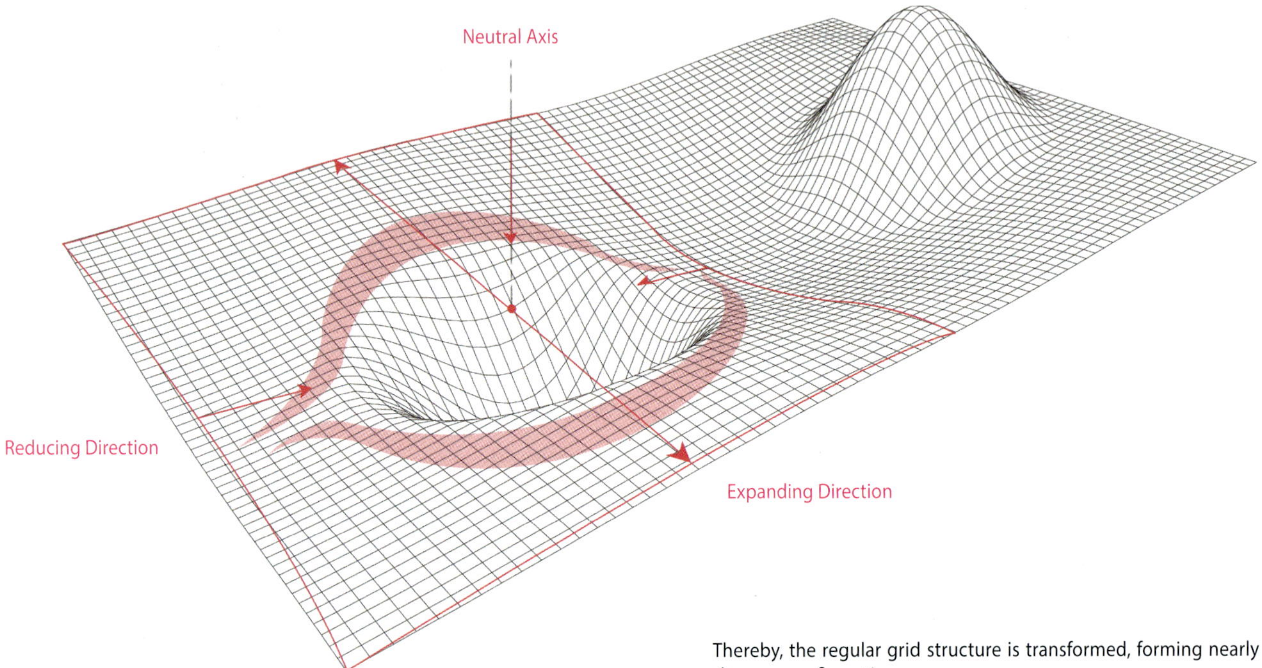

Thereby, the regular grid structure is transformed, forming nearly any shape or configuration.

Design Process

I. Rolling Out

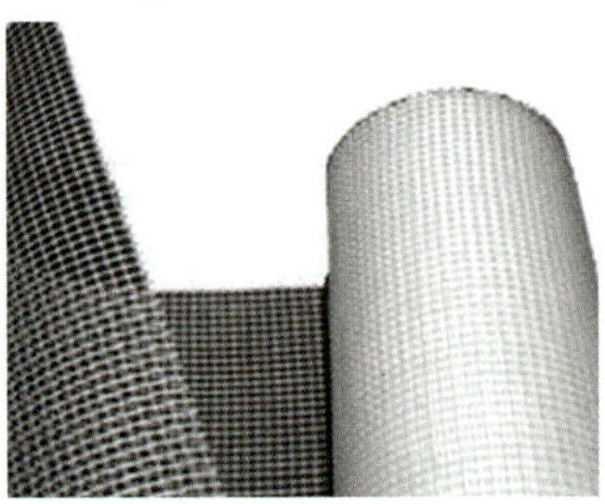

II. Gathering Meshes

III. Making Nodal Points

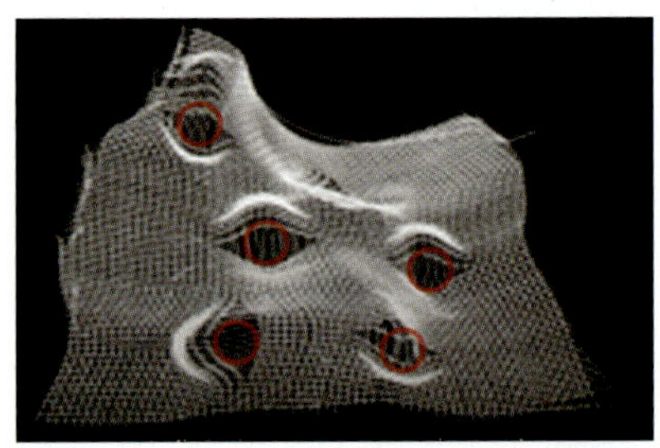

Formal Methodology

Rather than using mesh as an external cladding material, we used it as a structural element.

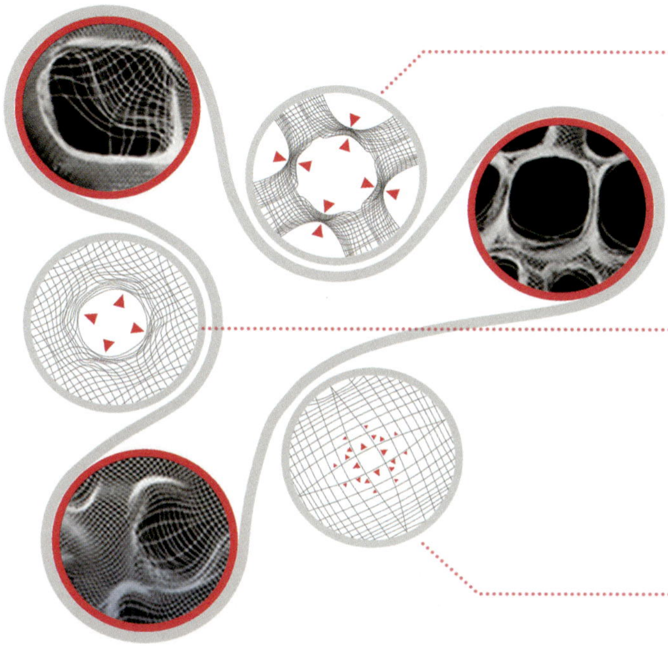

Step 1. Surface Porosity

Nodal points are formed on the surface.

Step 2. Hole Expansion

Each nodal point becomes a larger hole according to the given forces.

Step 3. Mesh Structure

Each hole becomes a structure, while reinforcing meshes.

IV. Bending Layers

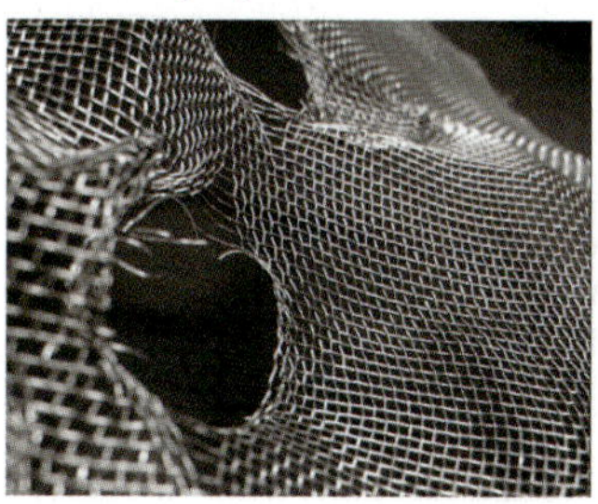

V. Stitching Holes Together

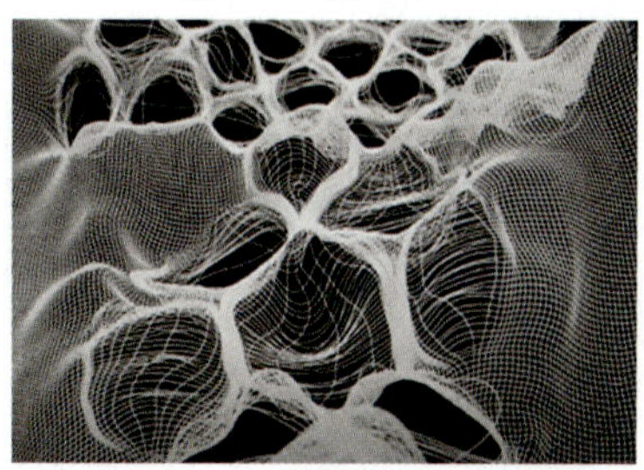

VI. Finalizing the Structure

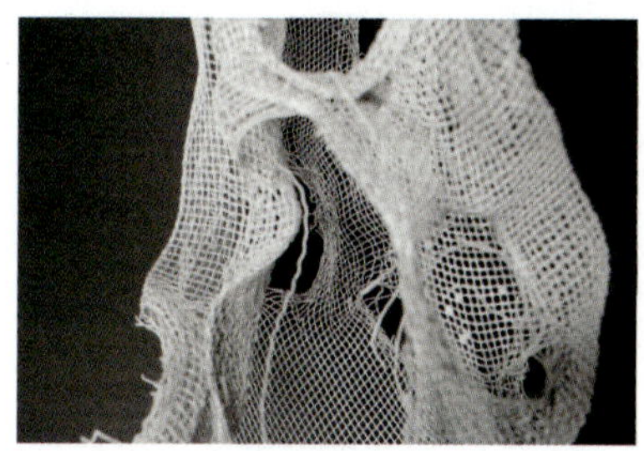

Application of Smart Material

The material we used in design development has a property that can change its color and transparency according to its CO2 concentration. That is, when the CO2 concentration within a ball is increased, the color is changed to a darker shade. This means that each ball becomes an index of how many people have stayed in it. A distinctive function, such as that of a café, reading room, or another type of space, was assigned to each sphere.

Primary Factors

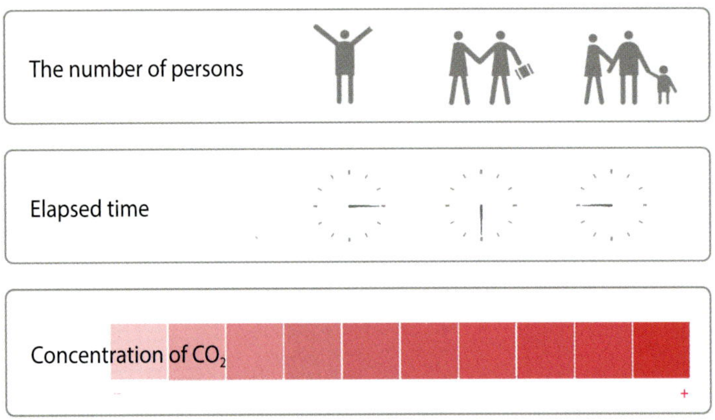

Phenomenon of Spheres

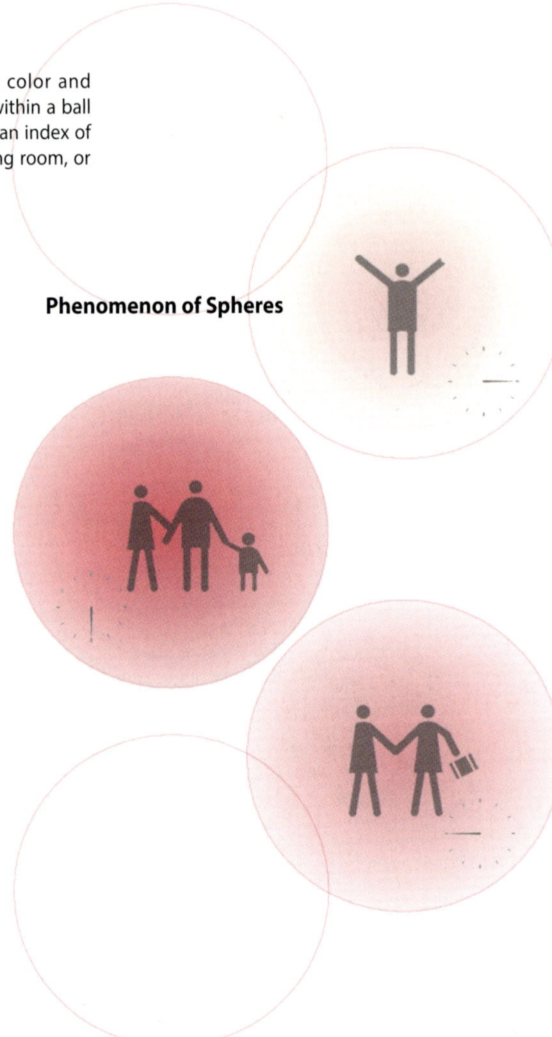

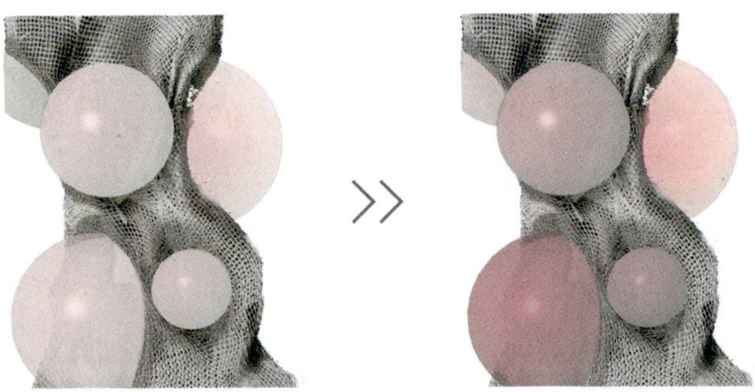

Interface Sphere

According to the amount of CO2 emitted by its human occupants, each ball displays its color slightly differently. Here, human beings become the subjects of a building's expression.

Mesh and Sphere

The entire building consists of a mesh structure containing smart-material spheres.

Plan

with CO2 concentration

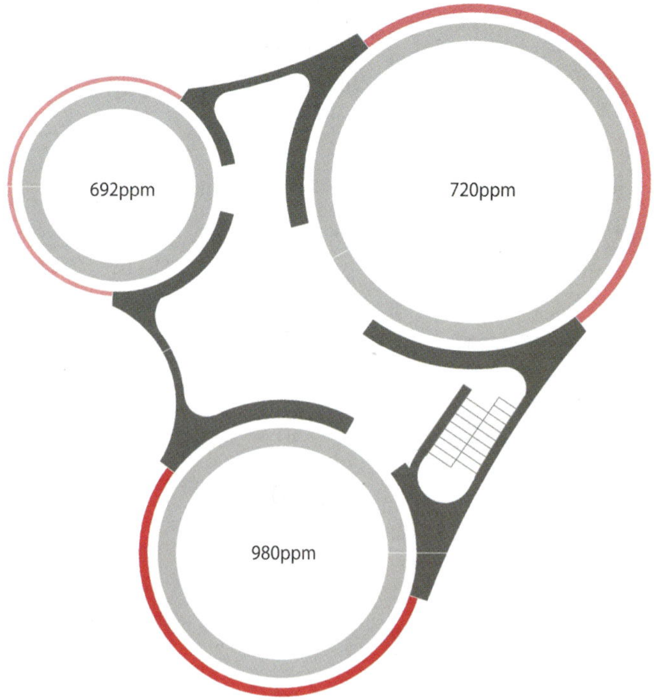

Note

The smart material reacts to the concentration of CO_2.

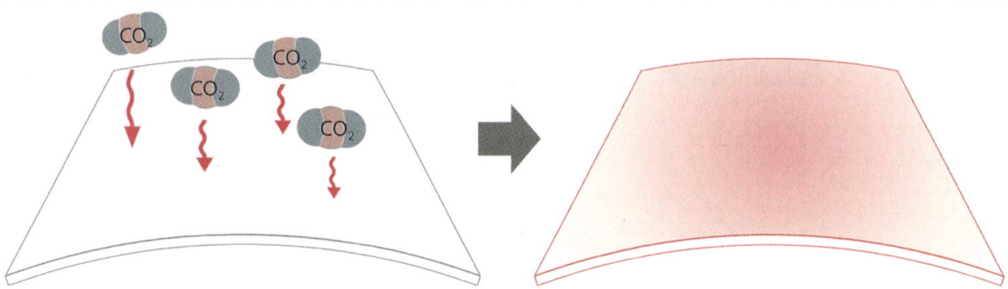

Mimetic Skin

Hyper Gel is made of super-elastic polyurethane. Like a shape-memory material it can be deformed when below a critical temperature, robustly recover its original shape when heated. How this basically works is, traces of physical effects on the material remain recorded in its various sensory areas for some period of time. The depth of a given trace is directly proportional to the degree of the pressure that had been exerted on it. The time required for shape recovery is proportional to the duration of that pressure.

The chief ingredient of HyperGel is polyurethane.

Physical Characters (P: Pressure, T: Time)

Chemical Characters

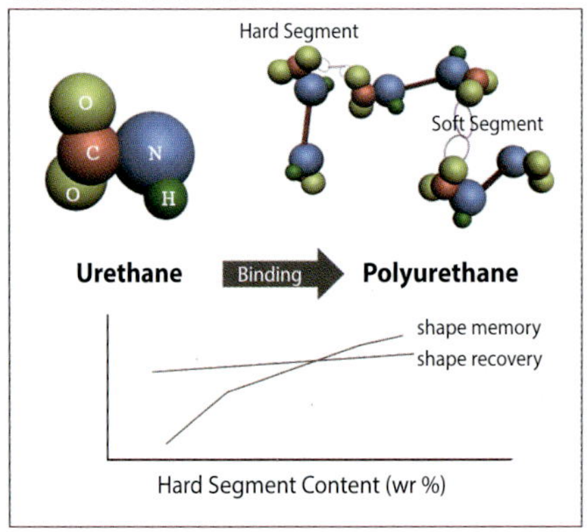

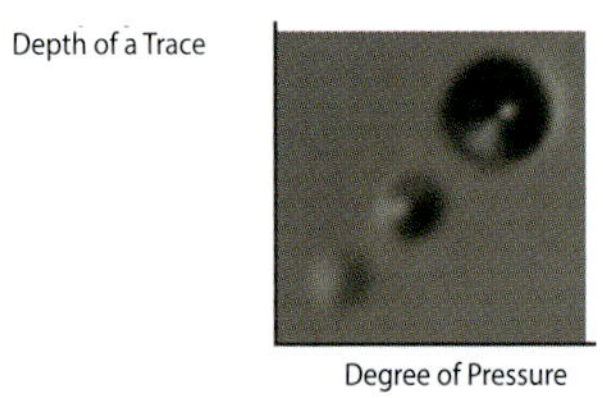

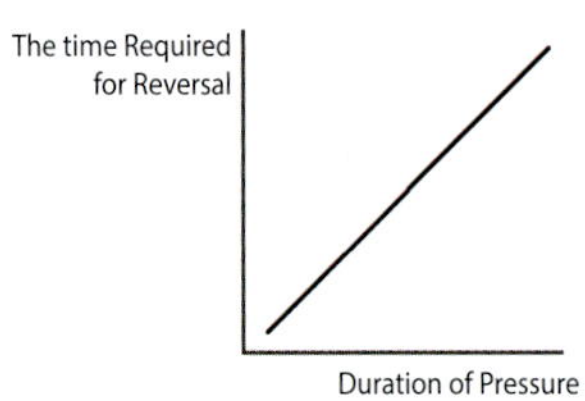

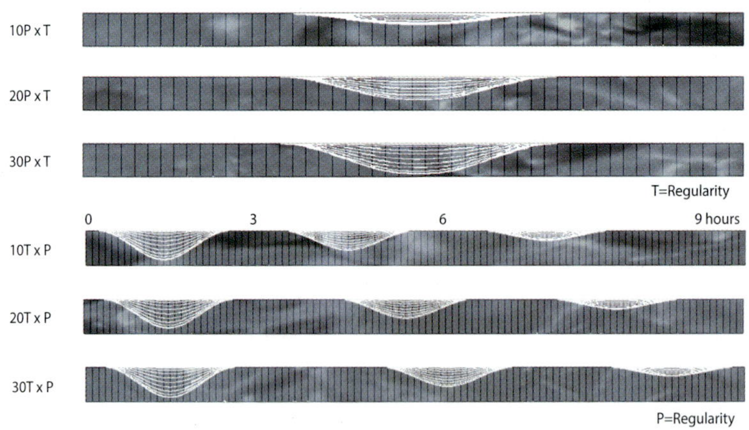

Case Study of Shape-Memory Materials

01. Brassiere

02. Mousepad

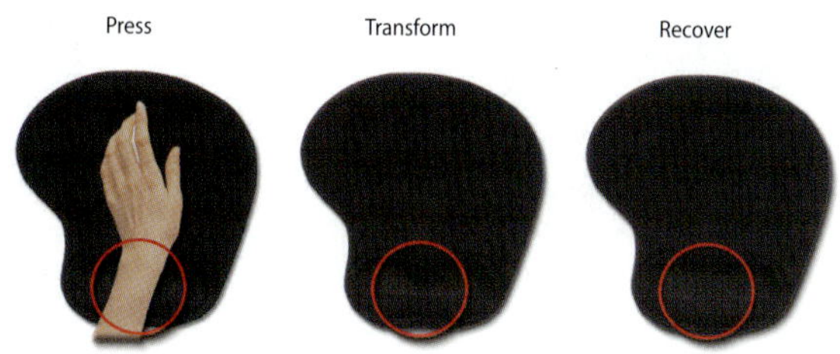

HyperGel Applications

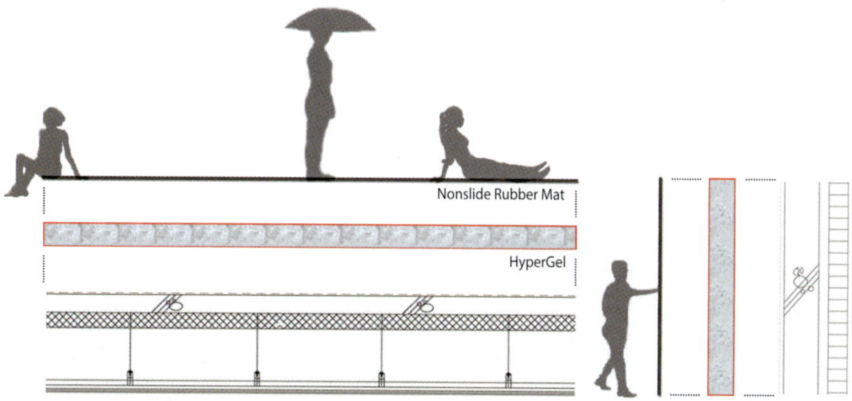

Grafting

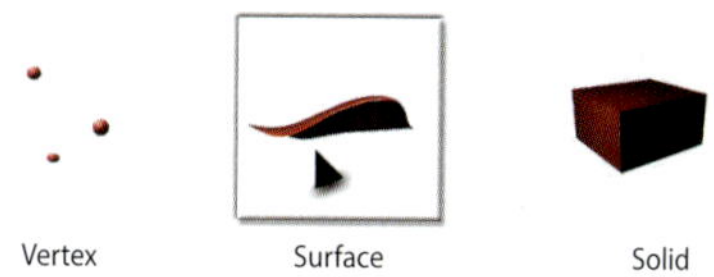

A shape-memory material can remember its original shape under certain conditions of influence that is exerted on it, such as walking, napping, sitting and pressing. In the present case, traces of visitors' behaviors are recorded on various surfaces of the structure such as the walls and floors.

Different traces are made by unique individual activity.

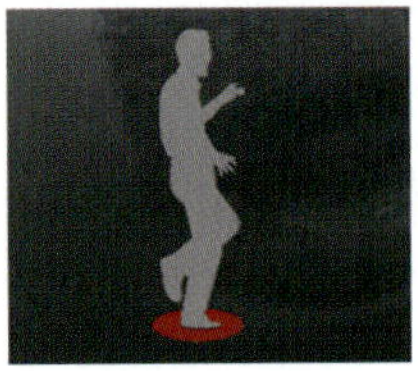

Walk

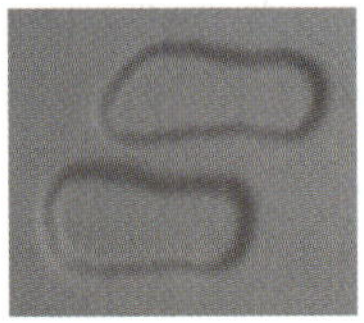

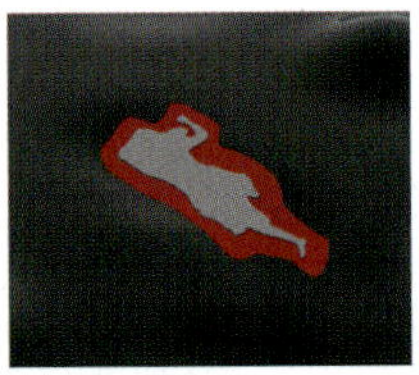

Nap

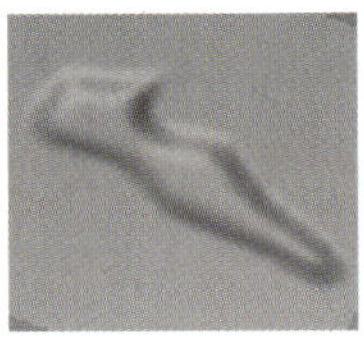

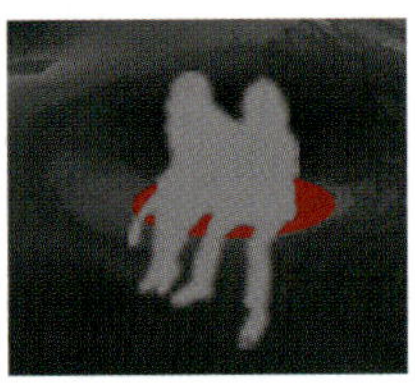

Sit

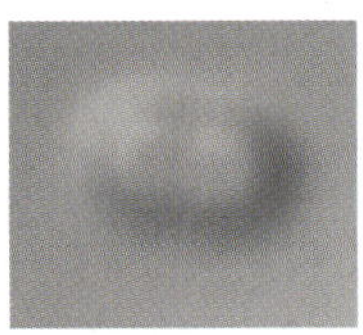

Touch

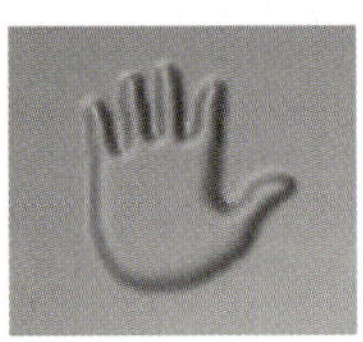

Scenario One: Activity Trace

A person is looking for a spot to nap.

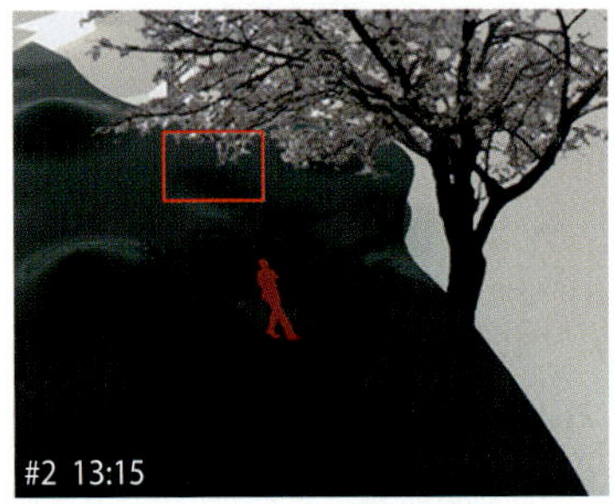

He lays on the ground adjacent to the spot someone had laid under the shade of a tree.

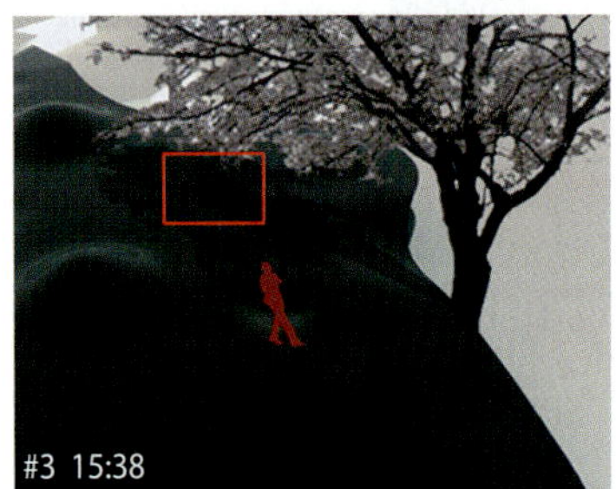

As time goes by, traces are found, here and there.

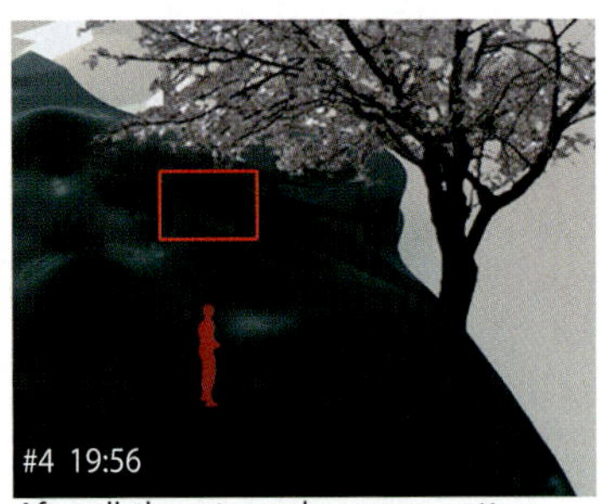

After all, these traces become a pattern for the building facade.

If a small load is applied to HyperGel sheets, they exhibit a correspondingly elastic behavior. Increases in load will cause the randomly oriented variants to align in a direction that minimizes the stress.

Scenario Two: Deformation and Elasticity

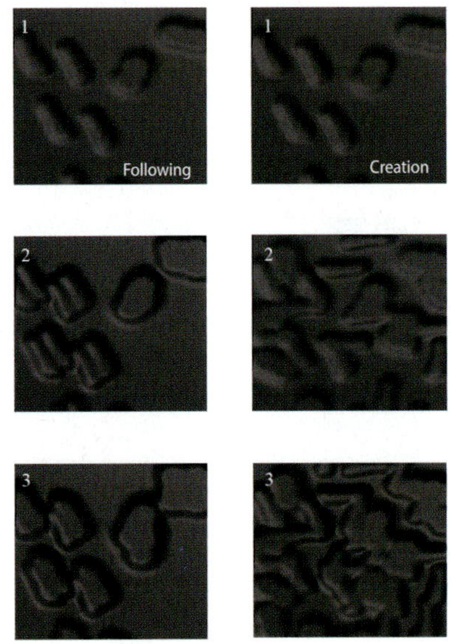

After plastic deformation at low temperatures, a shape-memory alloy restores itself to its initial configuration upon the supply of heat. At higher temperatures, the material exhibits other behavior: it can be reversibly deformed under a constant load.

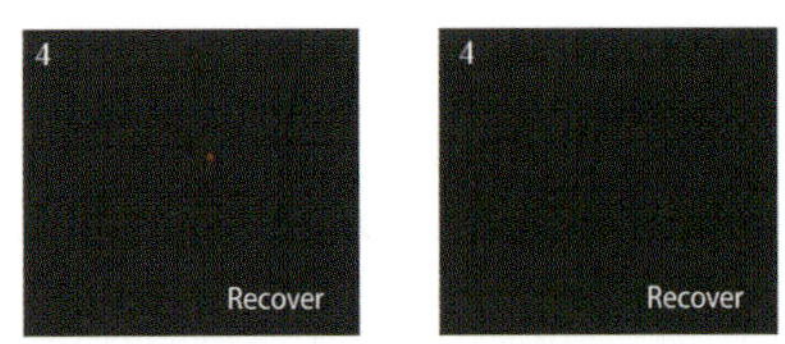

Scenario Three: Detective Space

No any other sign but footsteps

Various activities of visitors on the surface of the structure can be traced back. This is the functionality of what we call Mimetic Skin. The Hyper Gel sheets remember and record various activities performed by students so that it can create unique structural patterns.

HyperGel Grafting

Right View

Top View

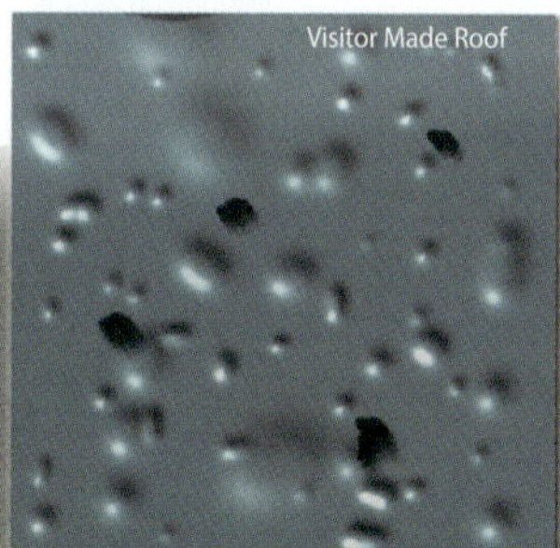

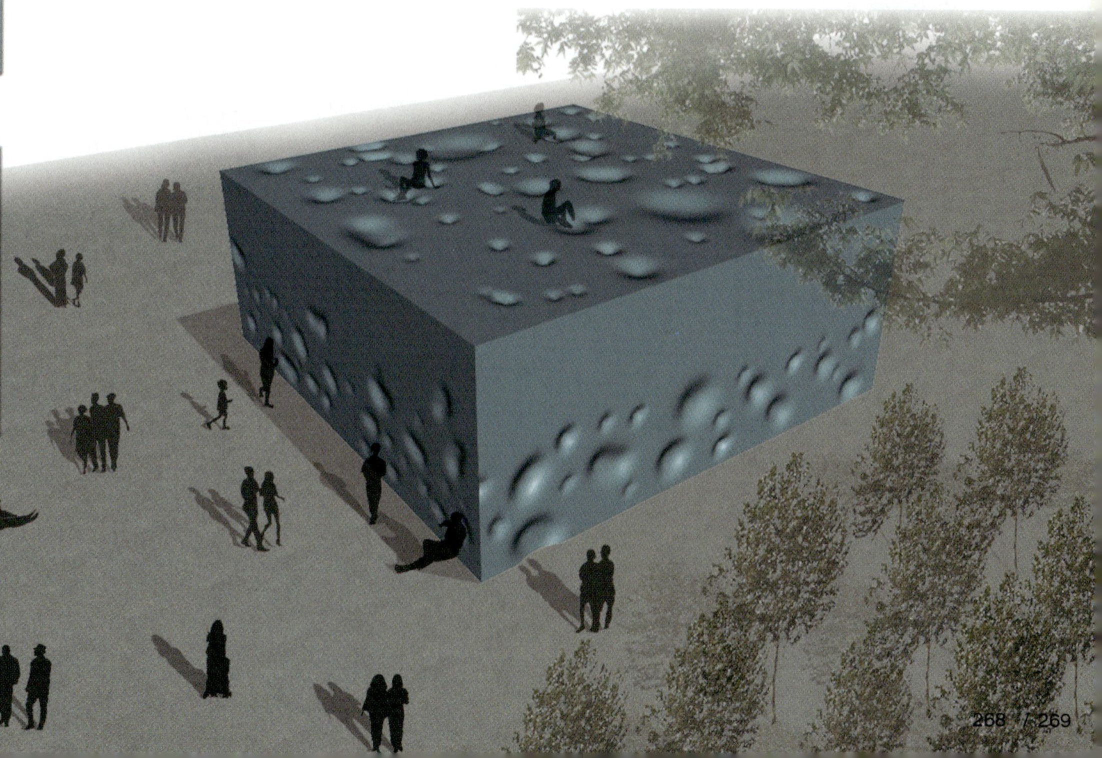

The Sponge Forest is a simulated natural space. It was realized by using a net frame as well as polyurethane spray foam. The foam served as a mold for the concrete, creating a variety of irregular interior building components. The interior roofs, walls, ceilings and other odd shapes also were formed out of polyurethane foam, so that vine plants would grow from them. The final design gives the appearance of a forest existing within a glass box. This project will be located at Inha University campus and used as a versatile space in which students can gather day or night under either natural or artificial lighting, respectively.

Forest

Cave

PLUGGED IN

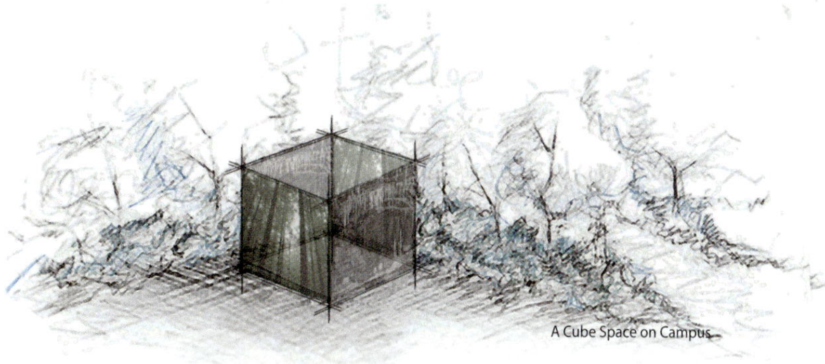
A Cube Space on Campus

Urethane Foam Features

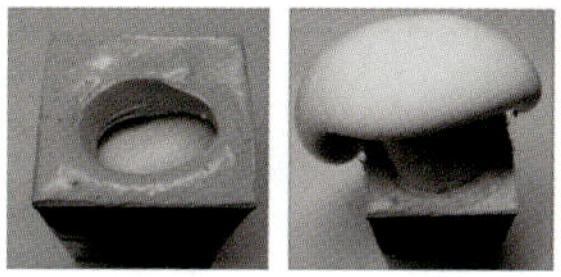
01 Exposing Poping up

02 Adhesion

Soft Skin Columns(Structure)

01 The material has two features: expansion and adhesion. When it is sprayed and exposed to the air, it expands to many times its original dimensions. And when it expands, its properties are changed so as to be similar to those of a porous and soft sponge. Thus, the foam usually is used to make mattresses or cushions.

02 In addition, when an external force is applied to the urethane foam, it becomes adhesive. If such an external force is continuously applied, the foam becomes increasingly hard, to the extent that it becomes building columns.
Based on an understanding of these features, we used the material to create a natural forest-like interior.

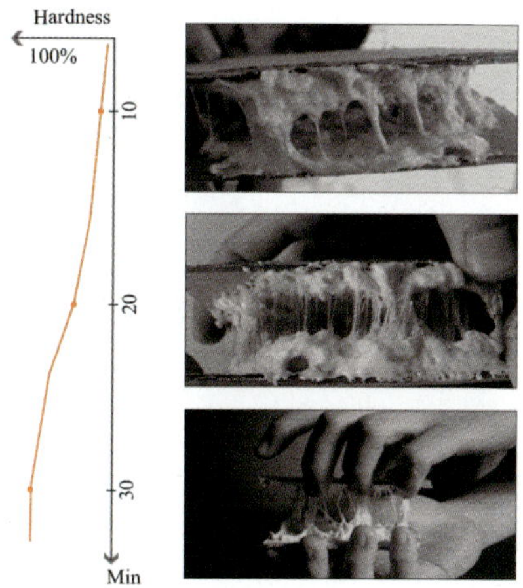

Memory Foam Sponge

The material was developed by NASA in the 1980s. It has a unique feature, in that it consistently re-forms to its original shape after compression. Another feature is its softness at higher temperatures.

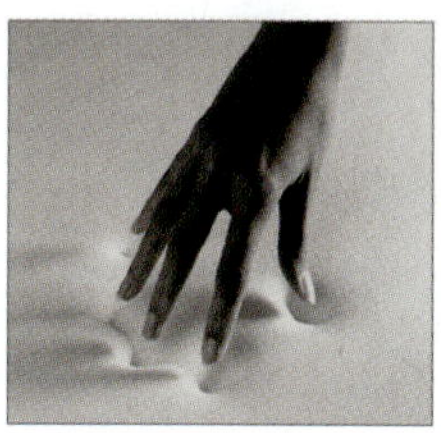
Memory Foam Sponge

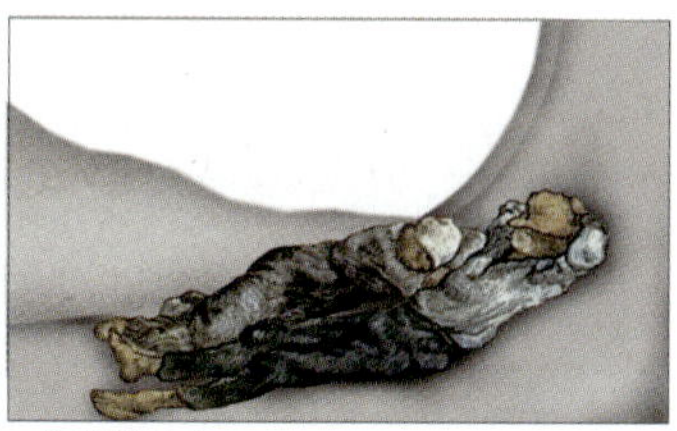
Soft Skin to Lean

+

Net Frame Structure

Design Development

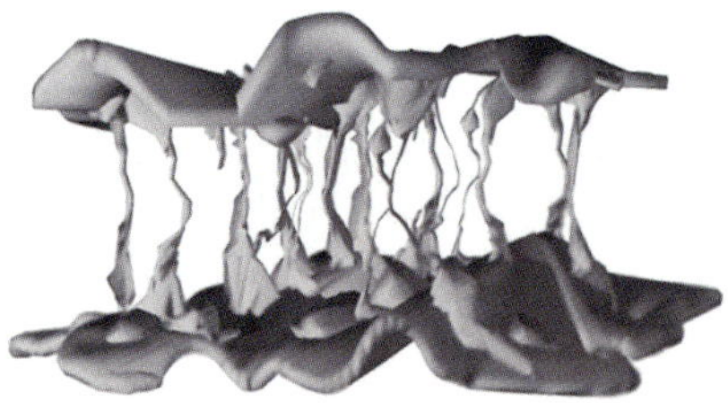

Step 1. Forming

A basic model is developed according to the form-making process.

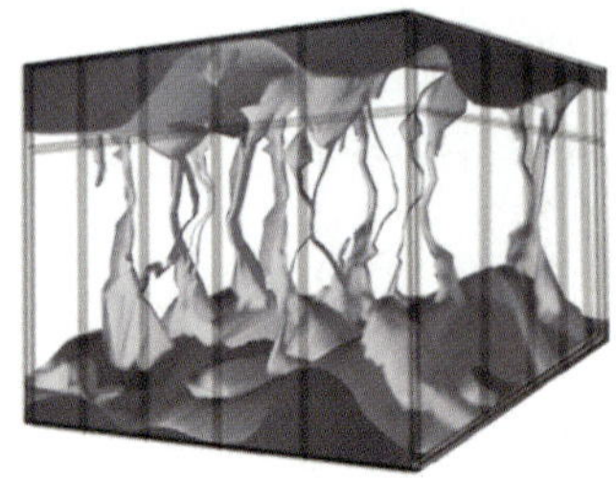

Step 2. Cutting

A rough model is cut to the required size.

Shape of Net Structure

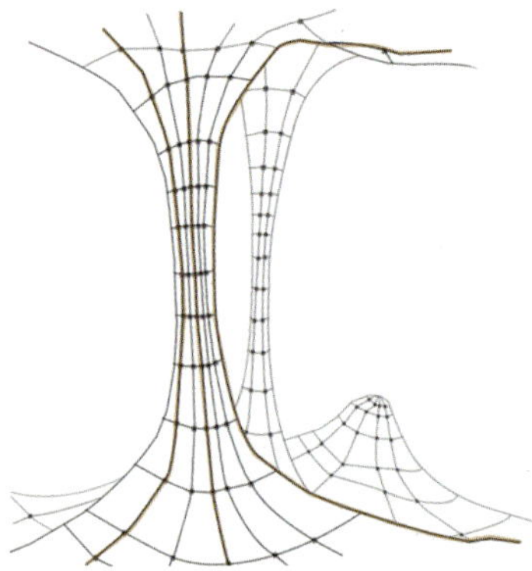

Skin

Joint

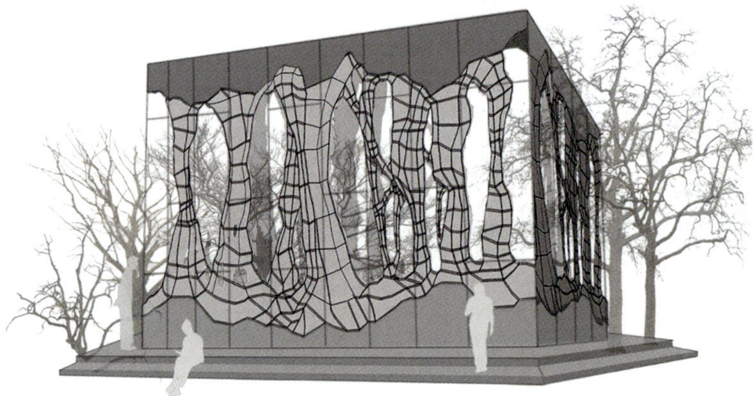

Net Structure

Potential Behaviors

Various structural behaviors are anticipated, and includestanding, kneeling, sitting and lying, among others. In addition, plants such as ivy can grow and propagate along the structure.

A. Lying

B. Sitting

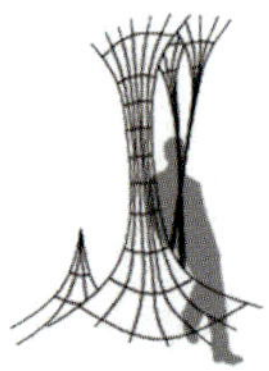

C. Leaning

Net Structure with Plants

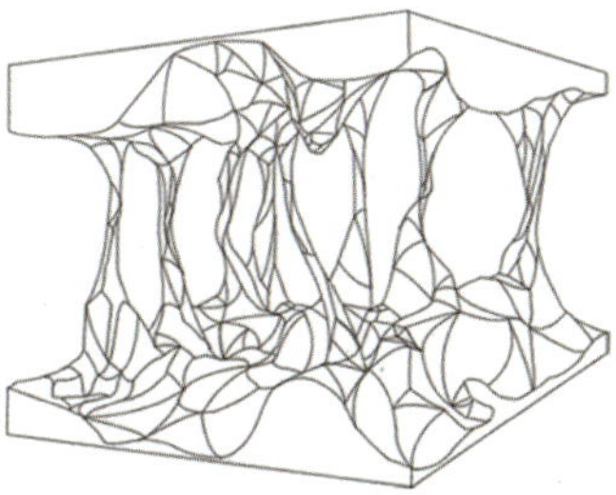

Step 3. Net Framing

The model is reconfigured with the net framing structure so that it is reinforced as a structure.

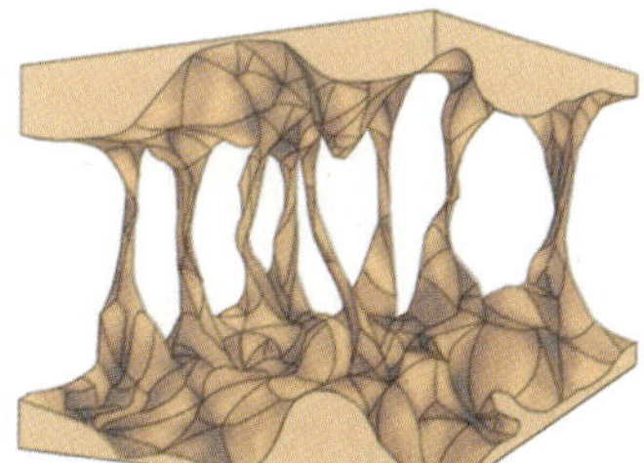

Step 4. Adding Memory Foam Sponge

Memory form sponge is added to cover the net framing structure.

Sponge Forest

This project focused on developing an experimental collaborative project unlike any conventional construction, incorporating a flexible building structure by means of illumination- and temperature-sensitive smart material. Within this focus, the project will maintain a strong linkage between spatial transformation and material capability. This project initially tested with papers in order to determine the potential shrink-wrap capabilities of a smart-material structure that can easily be changed and deformed. That is to say, the structure, rather than rely on extrinsic mechanical systems, self-changes, in its entirety (including roof and floor), according to temperature and illumination.

Paper Shrink-wrap Exploration (folding, tearing, bending, skewing, distorting, etc)

Polymorphic-shape-Shifters: Characteristics

We chose polymorphic-shape-shifters as our project materials. These are special materials that can change their shape in response to temperature. They have a "memory" that allows them to be deformed into a temporary configuration and then be restored to the original parent geometry by the application of heat. Accordingly, these materials would be applicable in a variety of climates. Shrink-wrap is perhaps the most familiar example of a shape-memory polymer.

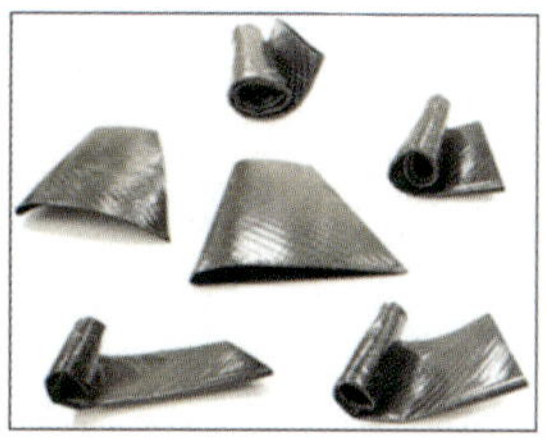

Design Experiments

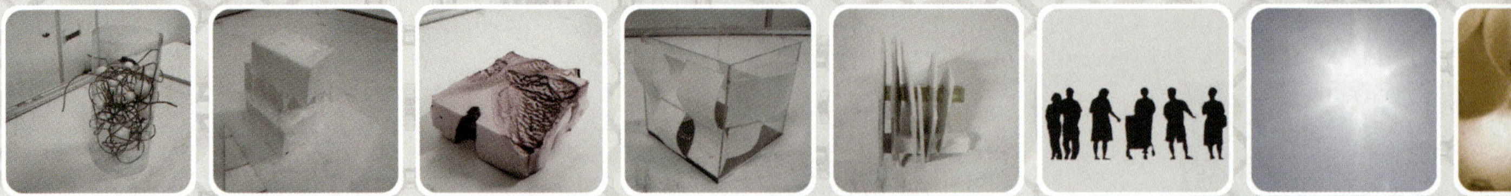

Initial material exploration

Test of material reaction to temperature and lighting

Shrink-wrap Shape Change

It shows the folding capability of the Polymorphic-shape-Shifters.

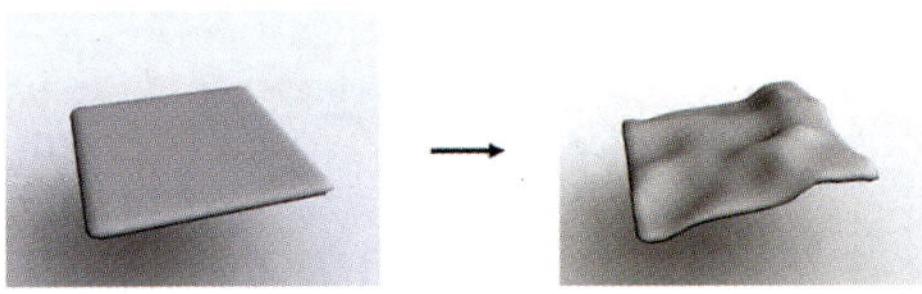

Temperature React

It shows the expansion of the Polymorphic-shape-shifters through increasing the temperature.

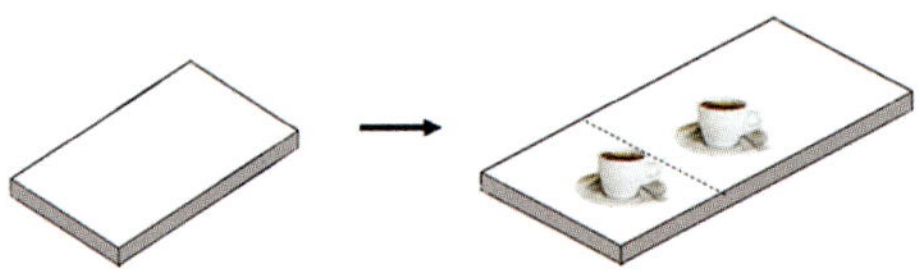

Shape Transformations

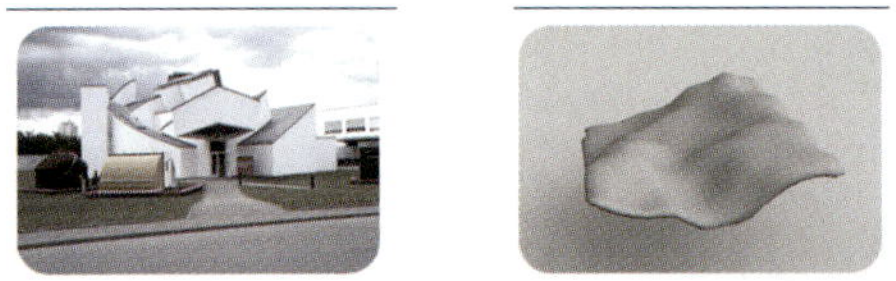

Conventional Roof (fixed) | Roof of Flying Carpet (flexible)

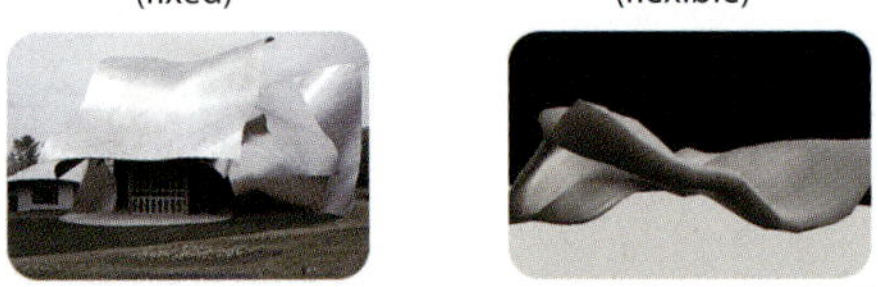

Space Plan

Four Directional Door and Wall Elements (Polymorphic-shape-shifters)

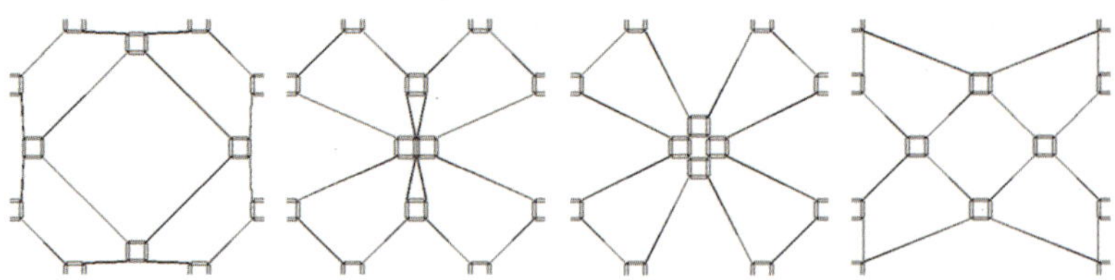

Space Blooming Variations

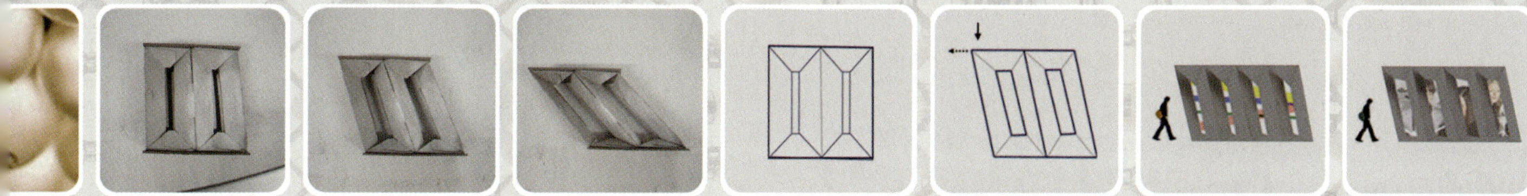

Alternative search : paper shrink-wrap exploitation, paper folding, skewing, distortion exploitation

Potential shape variations with regard to human activities

Wrap Pavilion

Gelatin is known as a translucent, colorless, brittle, nearly tasteless solid substance, derived from the collagen inside animals' skin and bones. Gelatin's ability to form strong, transparent gels and flexible films that are easily digested, soluble in hot water, and capable of forming a positive binding action have made it a valuable commodity in food processing, pharmaceuticals, photography, and paper production.

Jelly

A clear jelly made of gelatin typically has been used as a glaze or garnish or to make a mold of meat, fish or vegetables. It has some important properties such as strength, viscosity, adhesive strength, tensile strength or elasticity, swelling capacity, foaming characteristics, reactions to grease, color, and so on.

Gelatin - Used Almost Everywhere

Edible Gelatins

Photographic Gelatins

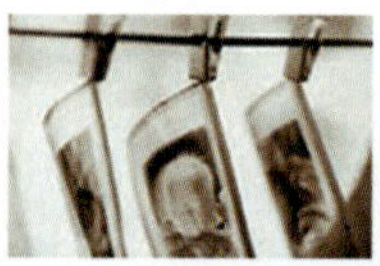

Pharmaceutical Gelatins

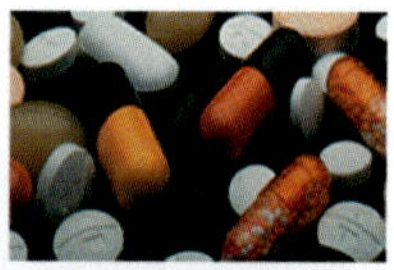

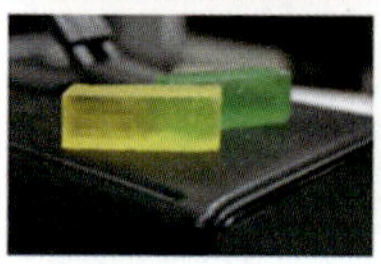

Colorful Sweetish

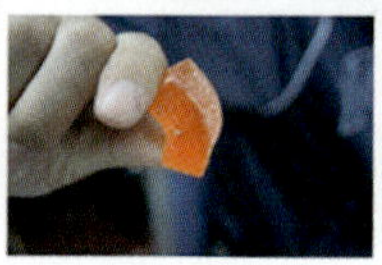

Yielding Viscosity

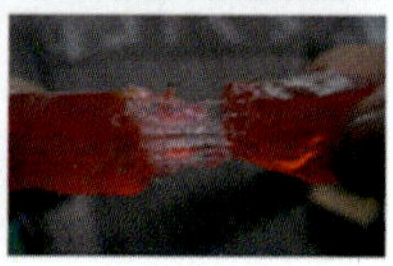

Translucent

Unique Characteristics of Gelatin

When heated, gelatin changes to liquid (sol) form. When cooled, it solidifies back into gel form. This sol-gel transformation is reversible. This functionality of being easily transformed from liquid to gel form, and back again as required, is one of the most significant characteristics of gelatin.

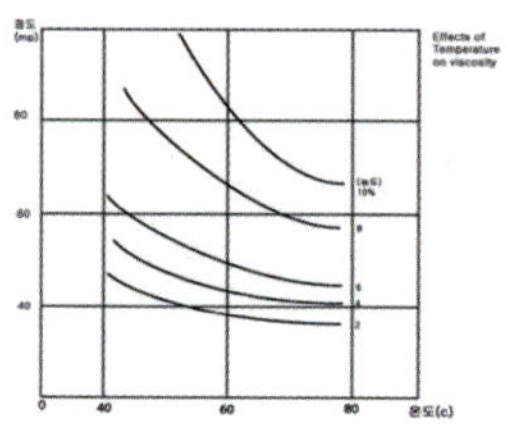

Viscosity - Temperature

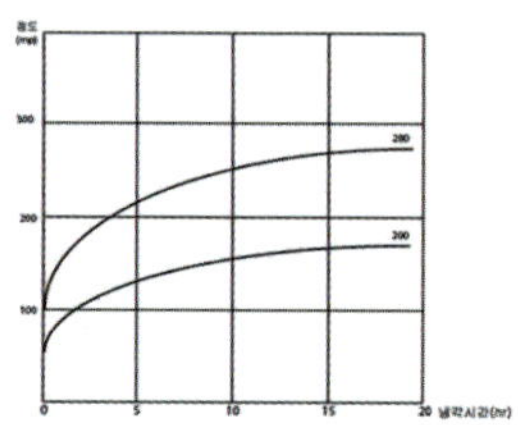

Viscosity - Cooling Time

Design process

Jelly

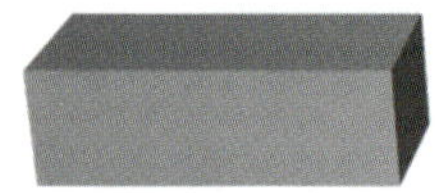

Twisting

Split

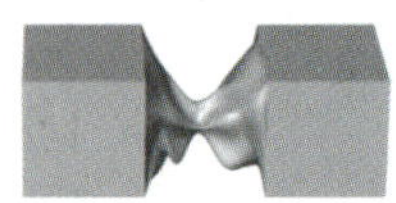

penetration

Material Experiments

Diverse experiments with jelly help us to better understand the unique property of the material.

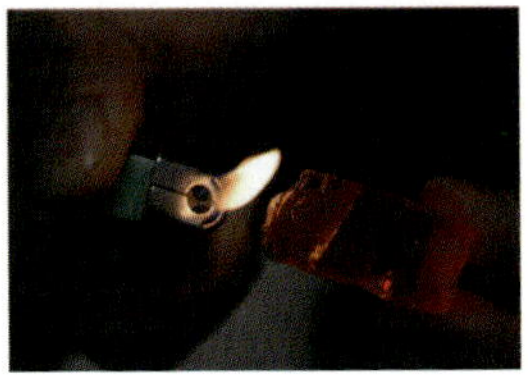

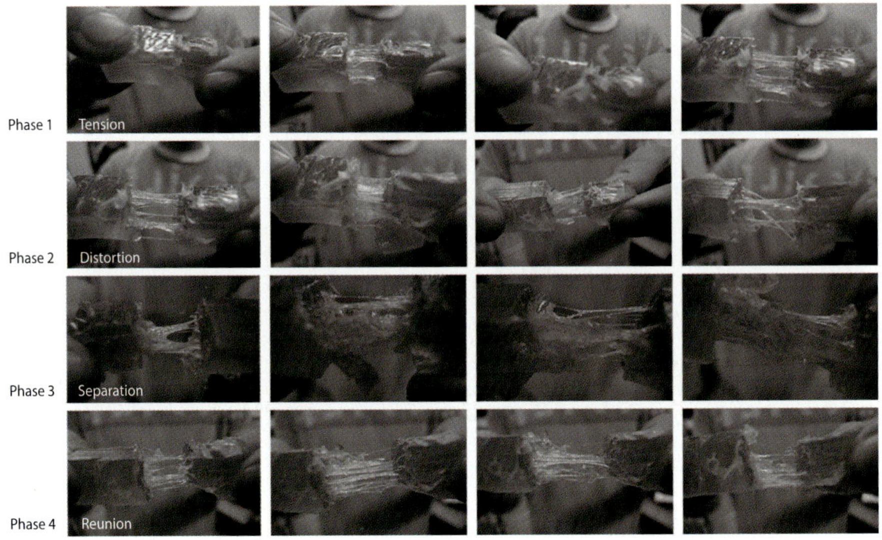

Material Applications

Given these important properties of jelly, it is also employed for architectural purposes.
For example, jelly is incorporated into architectural steel structures such as floors, walls and windows.

Structure

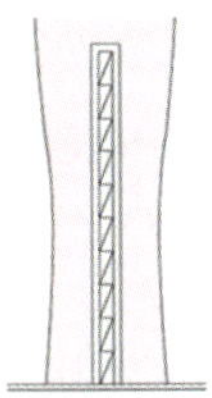

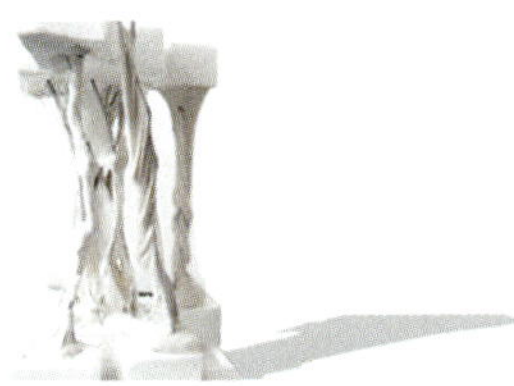

Wall

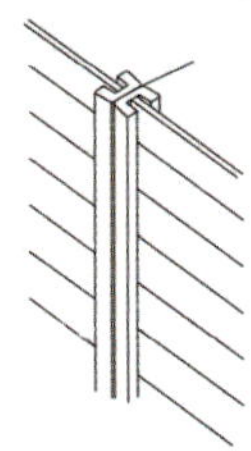

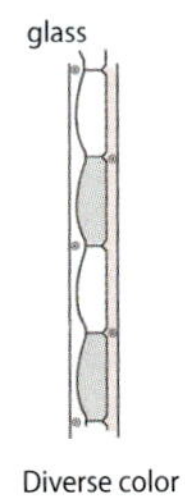

Window

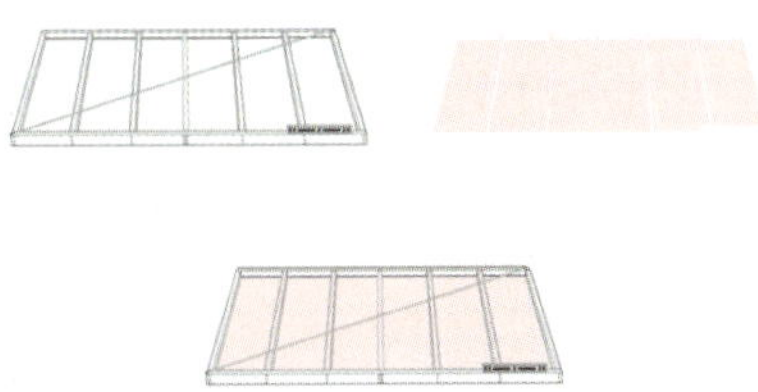

Basic Unit

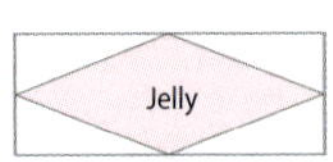

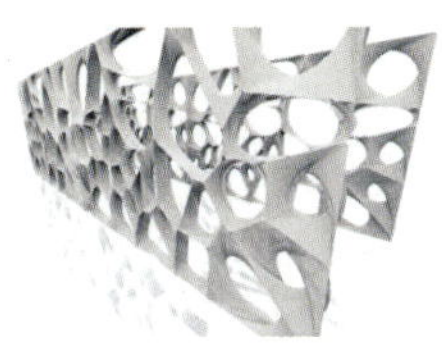

Diagrams

The project called, "Wrap Pavilion," is a complex structure having two additional functions so that each structure serves as a particular function as a single unit. The first is a function which involves flower box. The second is a function which involves freestanding fountain structure. A complex series of jelly structures is clustered first and then covered with glass wall layers. It is expected that the final design provides diverse aesthetic, eco-friendly, and visible pleasure to people on campus.

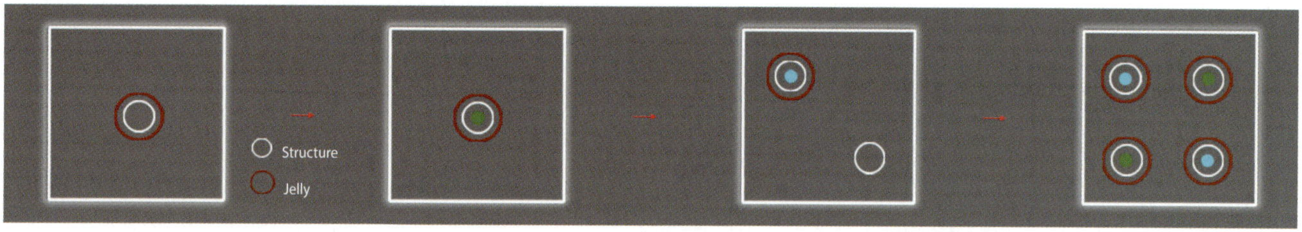

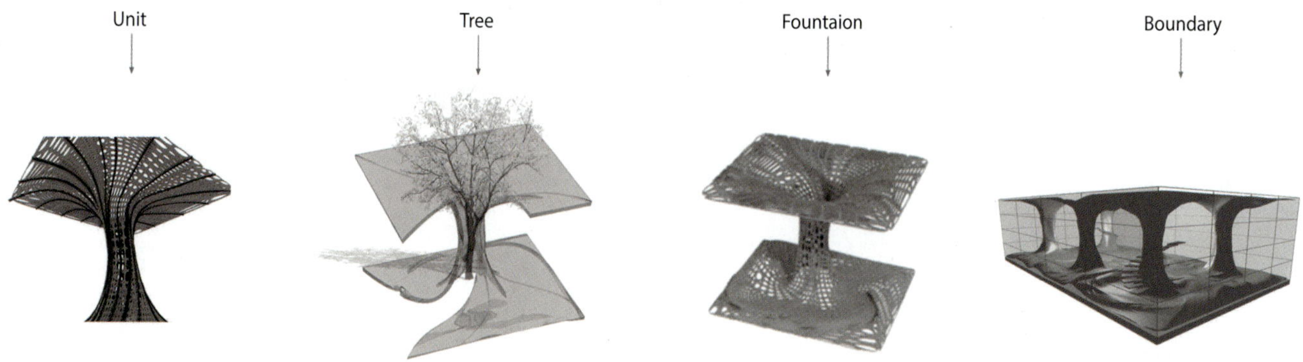

Activities

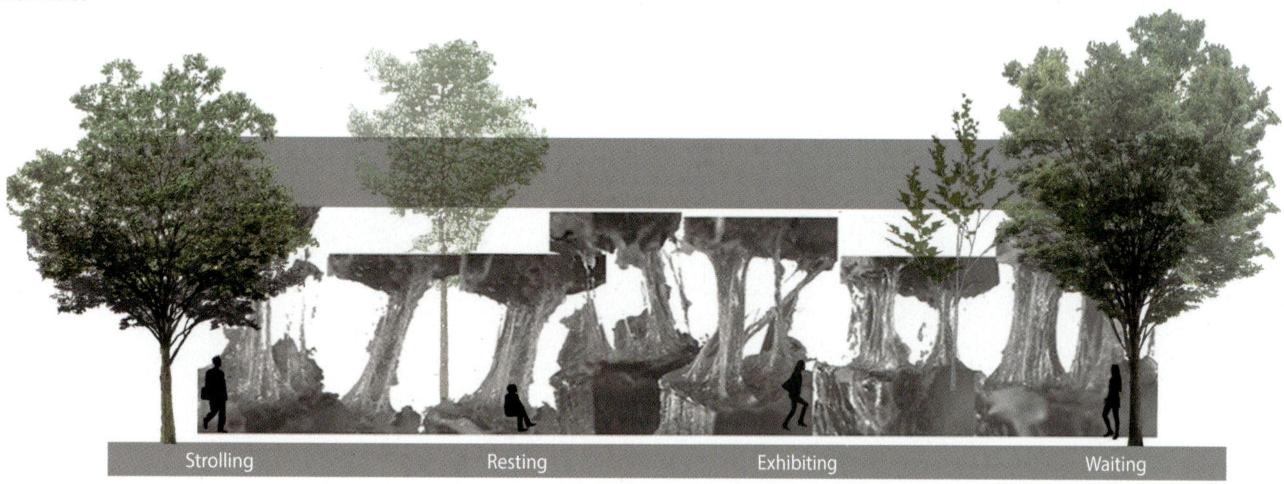

Flexible Cafeteria

Basically, this project set out to re-design an existing lounge building and adjacent areas on campus at Inha University into a new 24-hour student lounge and study space with reading and relaxation facilities. Although the building is located at the heart of the campus, at present it has not been fully utilized, having been accessed only during the day.

Smart Tab

Flexicomb

Flexicomb

Flexicomb is a honeycomb-like material made of bundled drinking straws. Basically, thousands of closely packed polypropylene tubes form the flexible honeycomb matrix, which bends in the convex direction while remaining rigid in the concave. This translucent material is a re-evaluation of a disposable everyday product—plastic drinking straws. Flexicomb can be bent, sprung, and compressed to form sculptural installations, lighting, desktop accessories, and furniture prototypes.

Structure

When a force is applied to the Smartcomb structure, it becomes more compressed, thereby becoming strong enough to support a considerable weight.

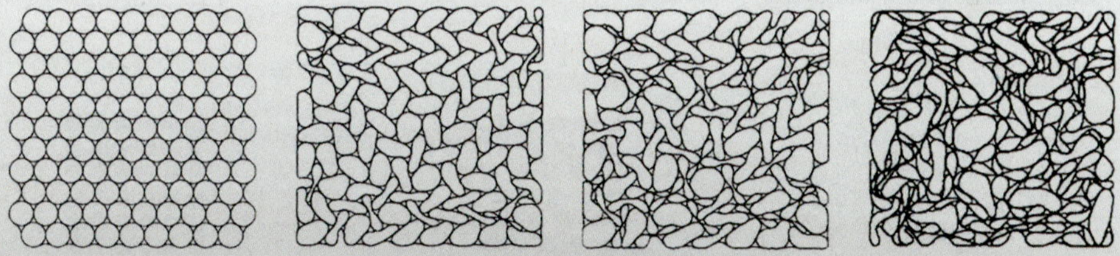

Lighting

Imagine a cross between a beehive and a slinky: Flexicomb is a light-hearted new material that combines the properties of both. Each popete light is made of more than 6,000 drinking straws bundled within a translucent matrix that transmits and diffuses light. The current line of Flexicomb lighting includes the Column and Teardrop pendants, a sconce, and a four-foot wrap for standard fluorescent ballast.

Flexible Wall

The Flexicomb-composed wall can be expanded or contracted according to need.

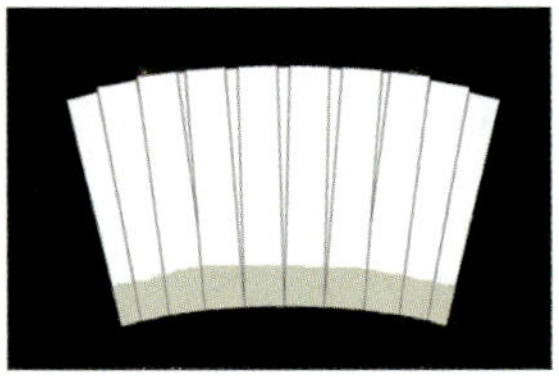

S.M.A

The two unique properties described above are made possible through a solid-state phase change that involves a molecular rearrangement and occurs in the shape-memory alloy. Typically when one thinks of a phase change, a solid-to-liquid or liquid-to-gas change is first comes to mind. A solid-state phase change is similar in that a molecular rearrangement occurs, but the molecules remain closely packed so that the substance remains a solid.

Lighting

Expansion and contraction of the wall also allows for control of daylight penetrating into a building's interior.

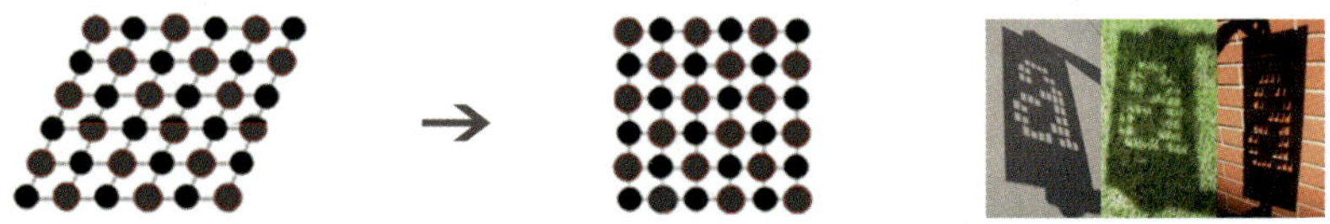

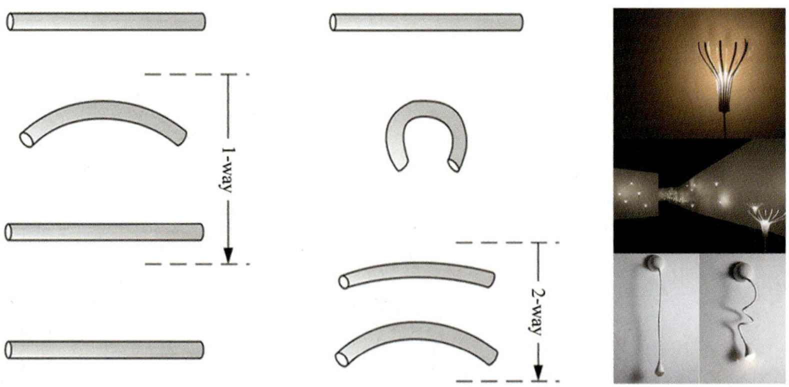

Media Core

When the Flexicomb-composed wall is moved down, the inner glass wall of the staircase is exposed, thus forming a media core.
staircase is exposed, thus forming a media core.

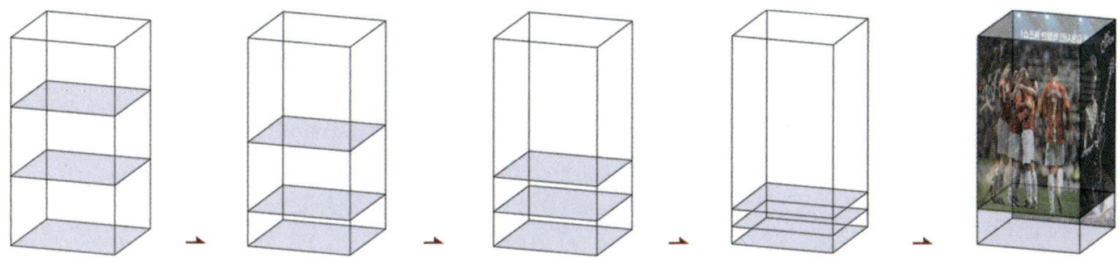

Smart Tab

When a flow of electricity is permitted, a sturdy plate made of smart tab material easily bends; when the flow of electricity is stopped, the plate returns to its original shape.

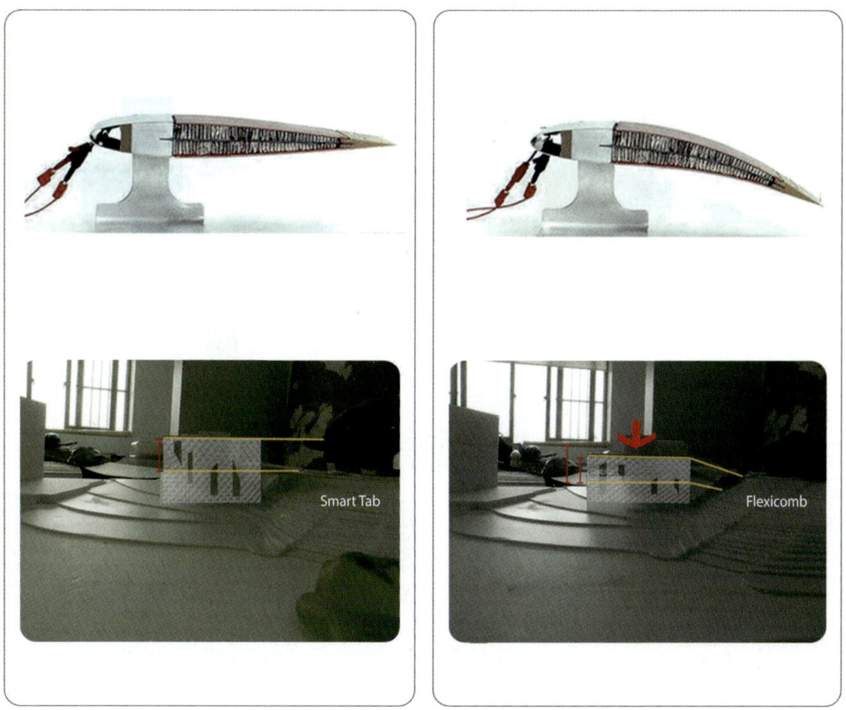

Applications

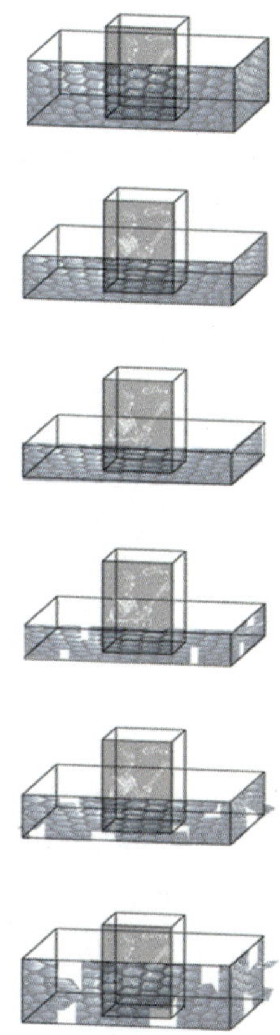

재료 디자인

도입

지난 십여 년 동안, 전 세계적으로 실무 건축가들과 교육자들은 재료 사용에 대한 획기적인 연구와 실험을 해오고 있다. 나는 인하대학교에서 진행한 워크숍에서 학생 및 교수들과 함께 재료에 대한 새로운 분류법에 기초한 건축적 가능성들을 살펴보았다. 이 접근방식은 나 개인의 디자인 작업뿐 아니라 몇 년 동안 하버드대학교 대학원 (GSD)에서의 수업으로 발전시켜왔다. 그 핵심은 프로젝트나 프로그램의 제약을 두지 않고 재료의 가능성에 대한 추상적 탐구를 하면서, 사물에 대한 촉각과 감각의 직관을 강조하는 재료 연구에 있다. 이 방식은 일반적으로 재료의 활용 목적과 소재의 함량에 근거하여 재료와 자재를 다루는 건축적 분류 체계와는 많이 다르다. 대신, 재료를 다루는 방식은 관습적 상황을 배제한 실크기 모형을 제작하면서, 고유한 품질과 특성을 가지고 작업하는 잠재성을 강조한다. 이렇게 함으로써 재료가 지니는 질감, 탄력, 투명성, 유동성, 취약성 그리고 반응성과 같은 성질의 한계와 가능성이 즉각적으로 나타나게 된다. 또한 순수한 재료는 크기가 없으므로 디테일에서 다양한 크기의 건축물에 이르기까지 적용할 수 있음을 동시에 상상될 수 있다.

인하대학교에 진행된 워크숍의 초점은 일명 '스마트 재료들'이라고 불리는 것들이다. 이 용어는 빛, 온도, 전기장의 활용과 같은 물리적 그리고/혹은 화학적 영향에 반응하여 색이나 모양이 변할 수 있는 속성을 지닌 재료들을 뜻한다. 이 워크숍에서 사용한 재료들은 건축 디자인으로 적용 유망한 광색성재, 감온성재, 전자발광재 그리고 형상기억합금 등이다. 이틀 동안 교수와 학생들은 조립, 생산, 시공 방법들에 대해 연구하였다. 건축 디자인에서의 스마트 재료의 잠재성에 관해선 이후에 인하대학교 캠퍼스에 설치될 작은 파빌리온 디자인을 통해 연구되었다.

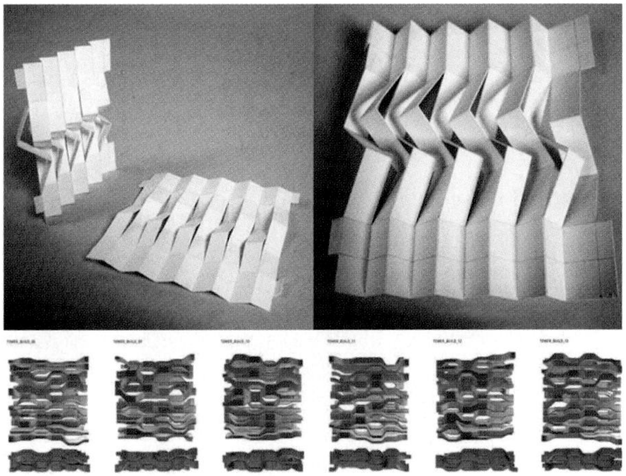

Fig. 1 Smart Materials course, example student work
(project by Arash Adel Ahmadian and Simon Bussiere)

MATERIAL DESIGN

INTRODUCTION

Over the last decade, design practitioners and educators throughout the world have developed a strong interest in the study and innovative exploration of the use of materials. In the workshop I directed at INHA University in June 2008, I explored with students and faculty the possibilities of informing architecture based on a new taxonomy of materials, an approach that I have developed through my own design work as well as through my teaching at Harvard University's Graduate School of Design (GSD) over the last years.[1] At the core of this approach lies an investigation of materials that emphasizes a tactile and sensorial immediacy of physical artifacts, while establishing an abstract exploration of their potential sans project or program constraints. This approach differs significantly from currently prevalent architectural classification systems dealing with materials and building products, which are traditionally based in applications and material content only. Rather, the way materials are approached emphasizes the potential of working with inherent qualities and properties on a 1:1-scale stripped raw of their conventional context. In such an approach, material qualities such as texture, elasticity, transparency, fluidity, fragility, and responsiveness instantly indicate the range of opportunities and limitations and emphasize that "pure" material is scale-less and hence can be simultaneously envisioned for applications of both detail and building scales.

The focus of the workshop I gave at INHA were so-called *smart materials*, a term used to describe materials that have changeable properties and that are able to reversibly change their shape or color in response to physical and/or chemical influences such as light, temperature, or the application of an electric field. The materials chosen for exploration in the workshop are very promising for use in architectural design and include photochromics, thermochromics, electroluminescents, and shape-memory alloys. Over two days, students and faculty investigated methods of fabrication, production, and construction. The potential of smart materials for architectural design was subsequently explored through the design of a small pavilion located on INHA University's campus.

배경: 재료 디자인 - 총체적 관심

하버드대학교 GSD에서의 연구와 혁신적인 탐구 중에서 강한 관심을 끄는 사례는 2002년에 시작된, 소위 "재료 컬렉션"이라는 것이다. 이후 '실체가 없는/극단적 재료: 건축, 디자인과 재료들'이라고 명명된 교수진과 학생들의 전시 및 출판물이 뒤따랐다. 이 전시는 2002에서 2008년 동안 GSD의 설계교수진들과 공동으로 건축학과 학과장인 토시코 모리가 기획하고 관장했다. 또한 이 프로젝트에는 재료과학, 음악, 조명 디자인, 전기음향 분야의 연구자들도 공동 참여하였다, 이 전시는 물리적 공간, 재료의 탐험, 재료의 효과, 그리고 다가오는 미래의 재료와 디자인 응용에 대한 예측을 경험하도록 계획되었다. 그리고 표면, 모서리, 현상, 실체라는 과제에 초점을 맞춰 네 그룹으로 나뉘어졌다. 모든 설치품들은 이 분야에서 진행되고 있는 연구를 대표하는 실물 크기의 시제품과 실험, 그리고 모형들이었다. 각 전시 그룹들은 합판, 고무, 폼블록, 부직포, '에러로젤'과 같은 재료들을 연구하였다. 이외에도 빛, 소리, 냄새와 같은 감각적 요소들을 재료로써 인식하고 탐구했다. "표면"이라는 과제에서는 '호마소트'라는 재료의 익명의 성질을 가지고 현재까지 알려지지 않은 방식들로 작업하는데 초점을 맞추었다.

"모서리"라는 과제에서는 가장자리, 접합, 코너와 같은 주제에 초점을 맞추고 재료의 공간적, 촉각적, 경험적 성질을 확장하기 위하여, 줄달음질, 주름, 고름과 같은 섬유산업으로부터의 기술을 차용했다. "실체"라는 과제에서는 불투명과 투명이라는 재료를 가지고 작업함으로써 창문/벽의 차이를 시험하기 위해 '에러로젤'이라는 재료의 두께 및 체적을 사용했다. "현상"이라는 과제에서는 무게와 신체의 위치에 반응하는 능력을 알아보기 위해서 폼블록을, 흡수성과 촉각적 질감을 알아보기 위하여 부직포를, 그리고 숨겨진 구조체의 그림자를 투영하기 위하여 광섬유 조명을 사용했다.

GSD의 교수와 학생들의 작품을 소개하는 것 이외에도, 이 전시회는 창의적 과정으로서의 재료 연구라는 전제가 보다 큰 흐름 내에서 운용된다는 개념을 강조하였다. 이 전제는 이후 새로운 교육 과정뿐만 아니라 교수들의 일련의 연구 활동에 의한 건축 작품에 반영되어 있다. 나의 접근방식 발전에 중요한 이러한 발현의 두 가지 예는 2003년부터 GSD에서 가르쳐온 강좌인 "재료와 시공: 기술, 구성 그리고 전략 입문"과 디자인 교육과 참조 도구로써 교과과정에 통합된 대학 내의 재료 연구 도서관과 데이터베이스인 "재료 컬렉션" 이라는 것이다.

재료와 시공: 기술, 구성 그리고 전략 입문

"재료와 시공: 기술, 구성 그리고 전략 입문"이라는 수업은 첫 학기 건축 핵심 교과과정에 있는 6주간의 집중 과정이다. 이 과정은 학생들에게 건축의 전통적 혹은 대안적 재료, 제작이나 시공 방법에 대해 소개하는 강의, 세미나, 워크숍 시리즈로 나뉘어져 있다. 특히 학생들에게 일련의 건축 실험들을 통해서 물성, 촉각 그리고 제작 과정을 연구해 볼 수 있는 여러 워크숍은 이 과정의 핵심적인 역할을 한다. 이 과정은 컴퓨터 모니터 화면과는 확연히 다른 실크기 모형을 제작하면서, 건축물에 적용되는 복잡한 여러 켜의 재료나 공정 자료를 추출하기

BACKGROUND: MATERIAL DESIGN - A COLLECTIE INTEREST

An example for the strong interest in the study and innovative exploration at the GSD is the so-called Materials Collection initiative that was launched in 2002.[2] It followed a faculty and student exhibition and publication titled, *Immaterial/Ultramaterial: Architecture, Design, and Materials*.[3] The exhibition was organized and curated by Toshiko Mori, the Chair of the GSD Architecture Department from 2002-2008, in collaboration with a number of other members of the school's design faculty. The project further included collaborators from fields like materials science, music, lighting design, and electro-acoustics. *Immaterial/Ultramaterial* was designed to be experiential through a harnessing of physical space, materials explorations, celebration of effects of materiality, and speculation about the coming era of materials and their use in design. The exhibition was divided into four groups that focused on the themes of *Surface, Edge, Phenomena,* and *Substance*. All installations were full-size prototypes, tests, and mock-ups that represented ongoing research in these areas. The exhibition groups explored materials such as Homasote, plywood, rubber, foam, felt, and Aerogel.[4]

In addition, sensory components such as light, sound, and smell were recognized as materials and explored as well. *Surface* focused on the anonymous quality of Homasote to rework it in ways unperceived so far. *Edge* borrowed techniques from textiles such as darting, pleating, and tabbing, to focus on themes such as edges, junctions, and corners, and to extend the materials' spatial, tactile, and experiential qualities. *Substance* used the thickness and massing of Aerogel to challenge the window/wall distinction by working with the material in between opacity and translucency. *Phenomena* used foam for its capability to respond to weight and body position; felt for its absorptive and tactile quality, and fiber optic lighting to project shadows of hidden structures.

Beyond showcasing work produced by GSD faculty and students, the exhibition reinforced the notion that the interest in materials and material processes operated within a larger movement that focused on the premise of material research as a process of innovation in design. This premise subsequently manifested itself in architectural projects by faculty, new academic curricula as well as a series of research activities. Two examples of such manifestations that have been important for the development of my approach are *Materials and Construction: An Introduction to Techniques, Composition, and Strategies,* a course I teach at the GSD since 2003 and the Materials Collection, the school's material research library and database that is integrated in the course as a design teaching and reference tool.

MATERIALS AND CONSTRUCTION: AN INTRODUCTION TO TECHNIQUES, COMPOSITION, AND STRATEGIES

Materials and Construction: An Introduction to Techniques, Composition, and Strategies is an intensive six-week module, set within the context of the first semester architecture core program. It features a series of lectures, seminars, and workshops that introduce students to the role

위한 것이다. 이로 인해 디자인 공정이나 개념을 발전시키거나, 특정 작업방식이나 속성에 맞는 건축적 용어를 개발하기 위해서이다. 이 과정은 여러 측면에서 GSD 건축과의 핵심 디자인 수업들뿐 아니라 그 외 “재료와 시공” 수업에서 강조되는 기계적이고 수동적인 방식뿐 아니라, CNC 공작 기계와 3차원의 급속 제작기와 같은 디지털 기술을 탐구하는 여러 수업들의 기초교육이 된다.

디자인 연구와 교습 도구로서의 "재료 컬렉션"

“재료 컬렉션”은 “재료와 시공” 수업과 같은 개념적인 전제 하에 구성되어 있다. 이는 재료 특성 및 시공 작업을 설명하는데 사용되는 특정 용어를 개발하면서, 여러 층의 재료와 공정 자료를 추출하는데 사용되고 있다. 가상 검색 엔진과 실제 견본제품이라는 이중 체계는 연구 과정의 중요한 부분이다. “재료 컬렉션”에서 이용 가능한 견본품들은, 프로젝트 혹은 프로그램의 제약 없이 추상적인 연구를 하는 동안에 즉각적인 촉감과 감각을 느낄 수 있게 해 준다. 고유한 재질과 속성들은 실물 크기를 통해 실제로 경험되고 “과자점”의 물품 목록과 같이 분류된다. 질감, 탄력, 투명성, 유동성 및 파손성은 재료의 기회와 한계의 범위를 즉각적으로 보여주게 된다. 순수한 재료는 크기가 없고 그런고로 디테일과 다양한 크기의 건물로 적용할 수 있음을 동시에 상상할 수 있다. 이 분류 시스템은 자료의 내용물에 따라 재료들을 분류한다. 그리고 그것들을 주요 특성(예를 들면, 절연성) 또는 형태(예를 들면, 직물)에 따라 배열한다. 재료는 소정의 지정된 프로그램 (예를 들면, 바닥)의 관점에서가 아니라 속성의 맥락에서 표현된다. 결과적으로, 전통적으로 컴퓨터 스크린의 반사율을 감소하는데 사용되는 필름이 건물의 입면에 적용 가능함을 발견할 수 있다. 예상 밖의 검색을 통해서 기대하지 않았던 발견을 할 기회를 얻는 것이다. 이 데이터베이스는 용어 및 언어의 발달뿐만 아니라 데이터 추출 또는 계층화의 행위를 강조한다. 또한 용어와 분류의 상호 참조 목록을 설정한다. 예를 들면, 어떤 이는 물질 함량, 제조 운영, 등록, 상품의 형태 및 용도에 따라 단순 또는 복합적 검색을 구축할 수 있다. 전통적인 방식인 재료의 종류(예를 들면, 바닥: 나무, 바닥: 돌)나 그 적용에 기초가 되는 재료와 빌딩 제품에 대한 건축의 분류 시스템 (예를 들면, CSI- Construction Specification Institute)과는 달리, “재료 컬렉션”은 재료의 형태 (벌집 구조), 속성 (반사), 그리고 조립공정 (천공)에 따라 검색 가능하다.

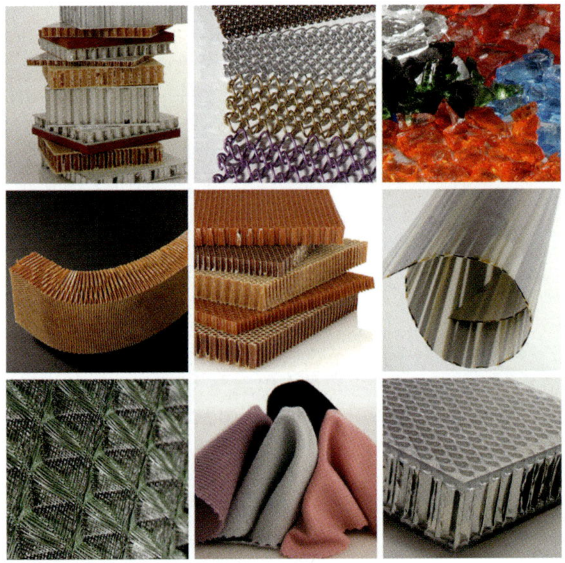
Fig. 2 Materials Collection, material samples

대부분의 일반 도서관에서의 자료 검색 행위처럼, 재료 데이터베이스의 검색 과정에서 예상치 못한 발견을 할 수도 있다: 가능한 한 가지 시나리오는 직물에 대한 조사에서 시작할 수 있다 - 아마도 고분자나 “천연” 소재를

of traditional as well as alternative materials and methods of fabrication and construction in architecture. At the core of the course are a number of workshops in which students investigate materiality, tactility, and fabrication processes through a series of architectonic exercises. The pedagogic approach is to extract *layers* or *strata* of material and process data from the complex nature of their embedded application in building to develop a language specific to operations and properties and to develop a thought and design process on a 1:1 scale, leading to the ultimate scale of construction that is often distant from the computer screen. The course sets, in many respects, the groundwork for explorations in the GSD architecture core design studios as well as a series of subsequent courses that, in addition to considerations of traditional modes of mechanical and manual production that are emphasized i*n Materials and Construction*, explore digital technologies such as CNC machine tools and three-dimensional rapid prototyping.

THE MATERIALS COLLECTION AS A DESIGN RESEARCH AND TEACHING TOOL

The *Materials Collection* is structured under the same conceptual premise as *Materials and Construction*, and is thus used supportively to emphasize the extraction of *layers* or *strata* of material and process data, allowing for the development of specificity in the terminology used to describe material properties and construction operations. Its dual system of a virtual search engine and physical samples is critical to the process of investigation.[5] The physical artifacts available in the Materials Collection provide a tactile and sensory immediacy, while establishing an abstract exploration sans project or program constraints. The inherent qualities and properties are experienced on a 1:1 scale, stripped raw of their conventional context, and set within an eclectic "candy shop" of materials. Texture, elasticity, transparency, fluidity, and fragility instantly indicate the range of opportunities and limitations. The pure material is scale-less and hence can be simultaneously envisioned for applications of both detail and building scales. The classification system organizes materials by their material content, and groups them according to their main property (i.e. insulating), or form (i.e. textile). Materials are presented in the context of properties and not in terms of prescribed applications (i.e. flooring). As a result, one may find a film traditionally used to reduce reflectance in computer screens applicable to building façades. But it is through serendipitous browsing that one might chance upon unexpected discoveries. The database emphasizes the act of data extraction or stratification as well as the development of terminology and language. It also establishes cross-referenced lists of terms and classifications. For example, one can construct a simple or compound search according to material content, fabrication operations, properties, commodity form, and applications. Unlike architectural classification systems of materials and building products (e.g. CSI - Construction Specification Institute), which are traditionally based in applications and material content only (i.e. flooring: wood, flooring: stone) the Materials Collection also allows a search according to form (honeycomb structure), property (reflective) and fabrication method (perforated).

Much like the browsing act of the physical library, the navigation process of the database can lead to unexpected discoveries: a possible scenario could begin with a search for textiles - perhaps

찾고자 기대하나 - 그러나 비단만큼 부드러우나 매우 질긴 얇은 금속 섬유로 구성된 직물을 찾게 되기도 하고; 혹은 화씨 5000도의 열 저항을 견디는 세라믹 섬유로 구성된 직물을 찾기도 한다.

특정교재로서의 "재료 컬렉션"이 "재료 및 시공" 수업에 사용되는 방법도 설명 될 수 있다. 이 수업에서, 학생들은 재료의 건축적 운용과 고유한 속성에 초점을 맞춘 1:1 재료 실험과 같은 일련의 단기 프로젝트들에 관여하게 된다. 학생들이 작업할 연습 과제로는 표면, 집합, 교차, 직물 구조 그리고 모듈화 등이 있다.

"표면"이라는 과제에서, 학생들은 "그림의 바탕이 되거나 모형의 재료가 되어 주로 다른 무언가를 표현하기 위해 사용되기는 재료"인 종이를 탐구한다. 이러한 관습적인 해석에 도전하고 스스로의 특성을 가진 재료인 종이에 대한 보다 나은 이해를 위해, 이 연구는 실험적인 것과 개념적인 것 모두를 다룬다. 이미 알고 있는 속성을 가진 종이 재료를 그대로 받아들이는 대신에, 학생들은 밀도, 투과성, 부드러움, 거침, 인장, 압축, 불투명과 반투명이라는 여러 특성 중에서 한 가지 또는 몇 가지의 특성을 표현하는 작품을 만들어야 한다. 다양한 연구를 통해, 학생들은 종이의 특성을 이해하게 되고, 종이의 한계뿐만 아니라 종종 놀랄만한 잠재력을 가진 종이의 물성을 발견하기 시작한다. 학생들이 이 작업에 적용한 방식들은 자르기, 접기, 뚫기, 가늘게 자르기, 잡아 뜯기, 찢기, 분쇄하기, 엮기, 코팅하기, 적층하기 그리고 접착하기 등이다. 이 종이 프로젝트와 함께 "재료 컬렉션"의 연구자와 재료의 표현방식을 조율한다. "표면" 과제의 경우, 데이터베이스 검색은 전에 언급된 엮기, 접기, 또는 코팅 방식으로 수행된다. 이외에도 연구원들은 창의적인 변형을 위한 모델 또는 시제품으로서 직물 같은 다양한 견본 재료들을 모은다.

"집합"이라는 과제에서, 학생들은 여러 재료의 층 쌓기라는 생각을 구현하기 위해 산업적으로 제작된 제품인 합판을 가지고 작업한다. 학생들은 합판에서 층의 특성을 그려냄으로써 합판의 잠재성을 조사한다. 학생들에게 비슷한 특성을 가진 다른 자재들과의 연계 가능한 시공 자재를 개발하도록 한다. 구멍을 뚫고, 비스듬하게 만들고, 분할하고, 연마하고, 조각하고, 자르고, 갈고, 쌓고, 주조하고, 구부리고, 접착하는 등의 방식으로 재료에 적용한다. "집합" 과제에서, "재료 컬렉션"에 모인 일련의 나무 제품들뿐 아니라 간단한 쌓기 구조부터 복잡한 조인트까지의 적용 가능성을 입증하기 위해 다양한 재료의 조합으로 구성된 일련의 적층 구조를 학생들에게 설명한다. "재료 컬렉션"은 이제 재료의 내용물(예를 들면,"나무")뿐만 아니라 형태/작동(예를 들면, "적층")을 통한 자료 탐색으로 접근될 수 있다. "교차" 과제는 "집합" 과제를 기반으로 하고 이 연구를 더 복잡하게 만든다. 다음으로 학생들은 합판과 플렉시 유리로 작업한다. 하나는 불투명하고 다른 하나는 투명한 재료로, 학생들은 두 축의 교차점과 한 모서리라는 두 개의 결과물을 만들기 위하여 모든 공간 축의 주요한 교차점을 개발하는 과제를 진행한다. 두 재료는 접착제 없이 서로 연결되어야 한다는 단 하나의 제약조건이 주어진다. 첫 단계로, 학생들은 이 추상적인 시공체계가 만들 수 있는 공간 배열에 관한 다양한 가능성을 스케치 한다. 그런 후, 그들은 바로 그 두 재료를 가지고 작업에 들어간다.

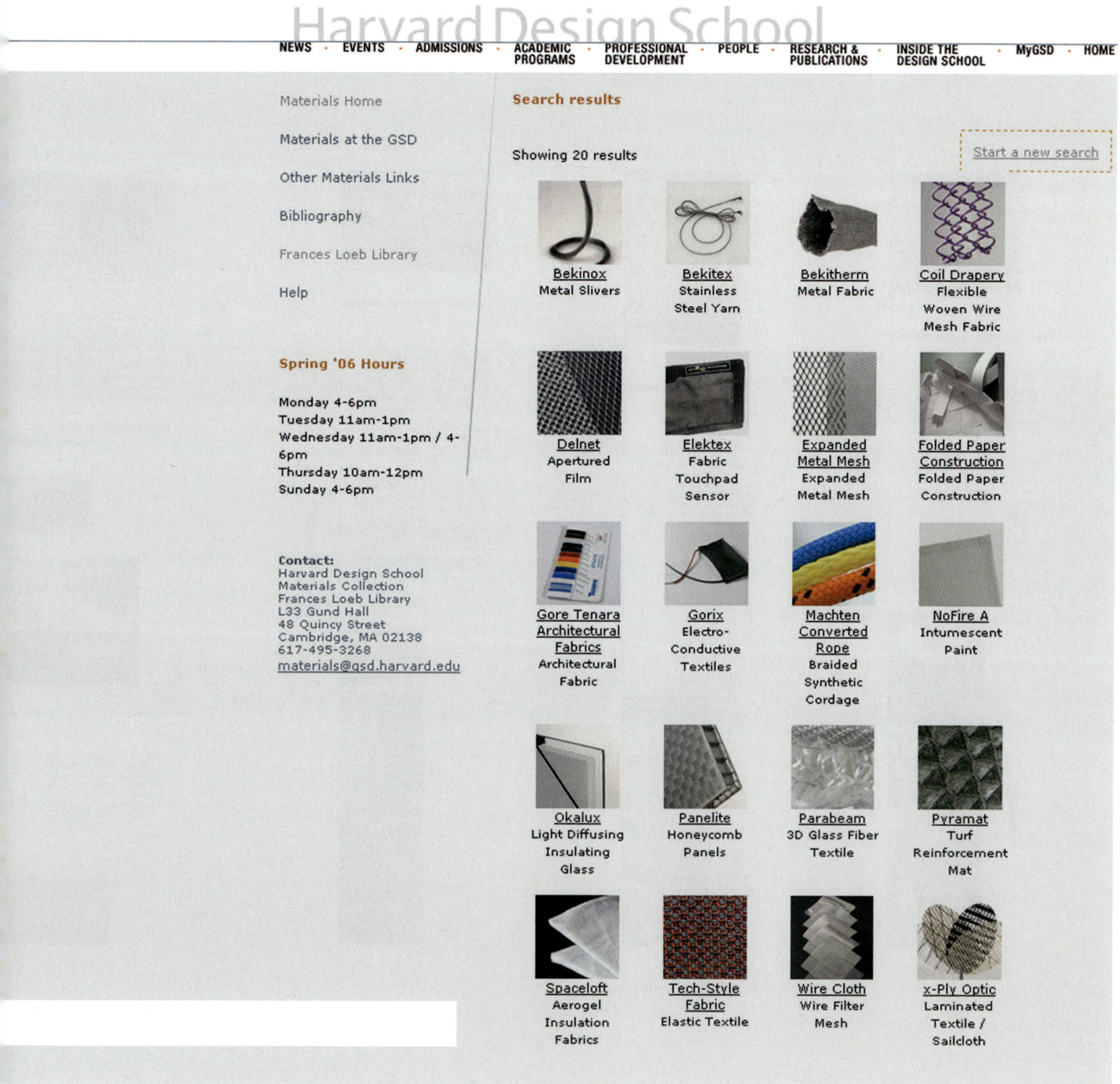

Fig. 3 Materials Collection, webpage.

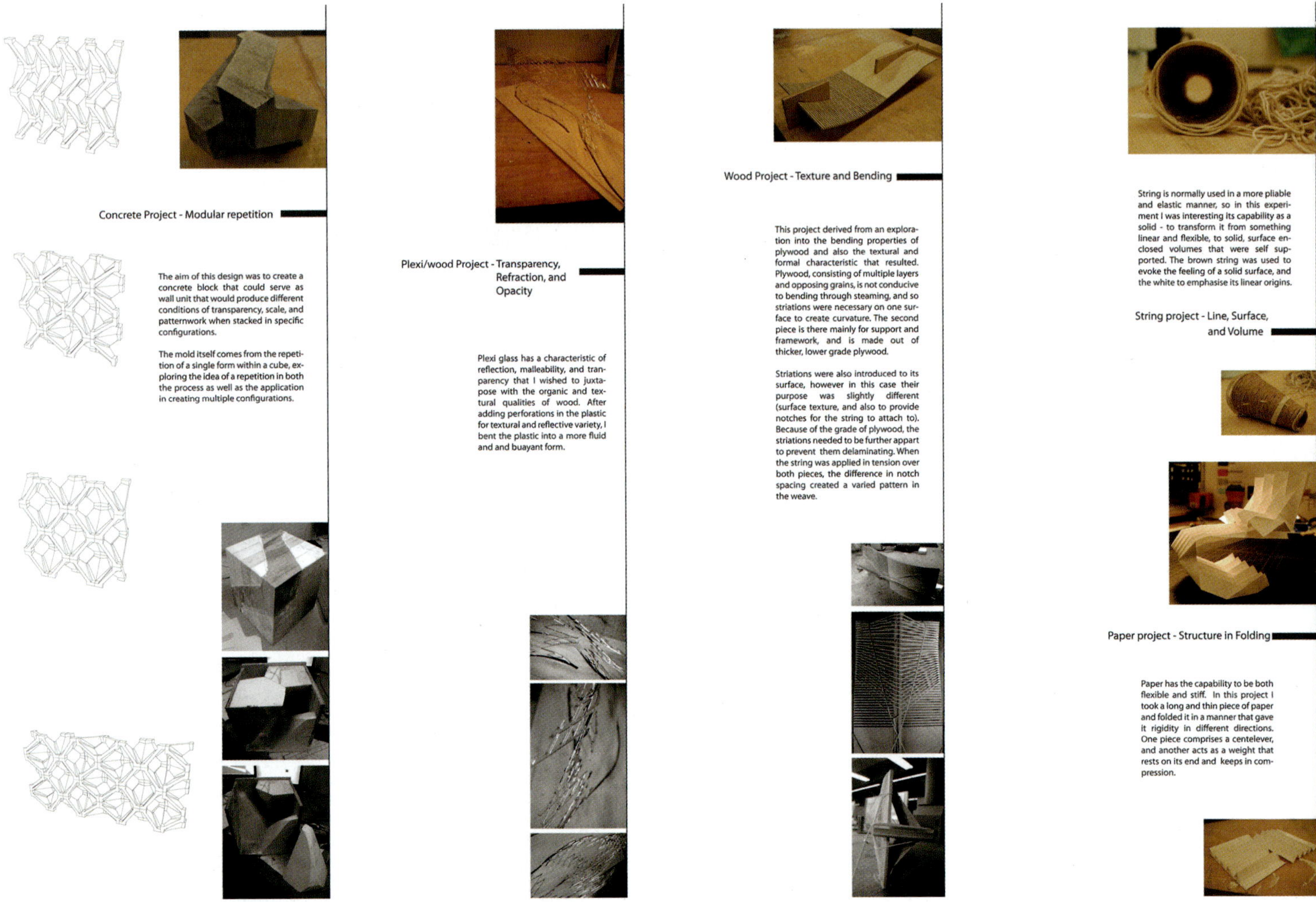

Fig. 4 *Materials and Construction*, example student projects (projects by Tommy Pao)

expecting only polymer and "natural" material content - but encounter textiles composed of thin metal fibers that are as supple as silk, but extremely tear-resistant; or textiles composed of ceramic fibers that boast resistance to heat of 5,000 degrees Fahrenheit.

Fig. 5 Materials and Construction, example student work (group installation)

The particular use of the Materials Collection as a teaching tool can be illustrated with the way it is used in *Materials and Construction*. In the course, a series of short projects engages students in 1:1 material exercises, focusing on architectonic operations and inherent material properties. Exercises students work on include *Surface, Aggregation, Intersection, Textile Tectonics*, and *Modulation*.

In *Surface*, students explore paper, a material that is "often used to represent something else, for example as a base for drawing or a model material and that is therefore often conceived as being neutral." In order to challenge this conventional reading and to gain a better understanding of paper as a material with its own properties, this exercise is both a hands-on experiment and a conceptual one."[7] Instead of accepting the neutral quality of the material, students are asked to produce a specimen representing one or several of the following qualities: dense, porous, smooth, rough, tensile, compressive, opaque, and translucent. Through various operations they start to gain an understanding of paper's properties and discover its materiality that has its own limitations as well as an often surprising potential. Operations that students apply in this exercise include cutting, folding, puncturing, shredding, ripping, tearing, pulverizing, weaving, coating, laminating, and gluing. Along with the paper project, a materials presentation is coordinated with the *Materials Collection* staff. In the case of *Surface*, a database search is conducted for the before-mentioned operations: *weaving, folding*, or *coating*. In addition, the research staff gathers a variety of material samples, such as textiles, as prototypes or models for imaginative translation.

In *Aggregation*, students work with plywood, an industrially manufactured product that embodies an idea about accumulating layers of material. The students investigate plywood's latent properties by drawing from, among other things, its laminar qualities. They are asked to develop a unit of construction that anticipates and enables connections to other units of like quality. Operations that are applied to the material include drilling, laminating, beveling, splitting, polishing, carving, cutting, sanding, stacking, molding, bending, and gluing.[8] In the context of *Aggregation*, a group of wood products archived in the *Materials Collection* is presented to the students as well as a series of laminated structures of various material compositions to demonstrate possibilities ranging

Fig. 6 Three-prong Bridge, example student work (project by Jenny Myers)

"직물 구조"라는 과제에서, 학생들에게 접착제, 세탁용 전분, 설탕물, 액체고무를 포함하는 다양한 경화제뿐만 아니라 면실타래, 면끈, 삼노끈 등이 주어진다. 1차원적 재료를 가지고 학생들은 한 재료 또는 다른 재료를 조합하여 서로 묶고, 휘감아보기도 한다. 학생들은 먼저 평평한 표면을 만들어본 후, 체적을 만들고, 뜨개질, 코바늘을 사용한 뜨개질, 직조, 편조, 봉제하는 방식으로 재료의 연결부위에 대해 탐구한다.

"모듈화"라는 과제에서 학생들은 고체이며, 불투명하고 일반적 재료이나 거의 어떤 형태라도 만들 수 있는 콘크리트를 탐구한다. 일체식 틀을 제조하면서, 학생들은 콘크리트 타설 방식 그리고 양생되는 동안 중력에 노출되는 것뿐만 아니라, 고체의 상태에서 재료의 특성에 남아 있을 잠재성을 시험한다. 다른 몇몇 과제들처럼, 이 과제의 목표는 모든 공간의 축을 고려한 기본 시공 자재에 관한 것이다. 학생들은 예각, 경사진 가장자리, 둔각, 부드러운 가장자리, 모서리가 둥글게 된, 열린 채 끝나는 등의 여러 모서리를 만드는 가능성을 탐구하고, 거푸집 틀을 자유롭게 하는 것뿐만 아니라, 강도와 실제 타설에 관한 재료의 한계에 대해서도 주의 깊게 고민한다. 이 과제를 위한 "재료 컬렉션"의 검색에는 타설 그리고 거푸집 같은 작업을 포함한다.

설계수업에서의 디자인

네 학기 동안 학생들에게 건축 실무 디자인을 소개하는 디자인 핵심 스튜디오의 첫 수업으로 진행되는 "재료와 시공"은 "디자인과 시각 연구 입문"이라는 수업과 함께 진행된다. 첫 학기 동안, 학생들은 점차적으로 복잡한 건

from simple stacking to complex joints. The *Materials Collection* can be accessed now via a search by material content (i.e. "wood") as well as form/operation (i.e. "laminate"). *Intersection* builds on *Aggregation* and but makes the task more complex. Students now work with plywood and Plexiglas. With these two materials, one opaque and one transparent, they are asked to develop a primary intersection of all spatial axes to produce two resultant details: one intersection for two axes and one corner condition.[9] A constraint is that the two materials have to be connected to each other without the use of glue. As a first step, students are asked to sketch various permutations of spatial alignments that this abstract system of construction can produce. They then work directly with the two materials.

In *Textile Tectonics*, students are provided with a spool of cotton thread, cotton string, and hemp twine, as well as various stiffening agents including glue, laundry starch, sugar water, and liquid rubber. Starting with the one-dimensional material, students are asked to string or twine either with one material or a combination of them. They explore connections in a manner of knitting, crocheting, weaving, braiding, sewing or laminating to create first flat surfaces and then volumes.[10]

In *Modulation* students explore a solid and opaque universal building material that can take on almost any form: concrete. Producing a monolithic cast, they test the operation of pouring and the potential that lies in the material's particular quality in solid condition as well as its exposure to gravity during its curing. Like in some of the other exercises, the goal is a basic unit of construction that takes into account all spatial axes. Students explore the possibilities of articulating formed edges, e.g. acute- angled, beveled-edged, obtuse-angled, soft-edged, rounded, open-ended, etc. and carefully consider the material limitations in terms of thickness, the actual pouring, as well as freeing the cast of the formwork.[11] Searches in the Materials Collection for this exercise might include pour and cast operations.

MATERIAL DESIGN IN THE STUDIO CONTEXT

Materials and Construction is taught in parallel to *Introduction to Design and Visual Studies in Architecture*, the first of a four-semester sequence of design core studios that introduce students to the practice of architectural design. Over the course of their first semester, students work on various design exercises of increasing architectural complexity. Based on their explorations in *Materials and Construction* and with the *Materials Collection*, materials and various forms of material operations find their way into the studio context and become, for many students, more than solving merely technical problems - they become an essential part of their explorations in the design projects. The following examples of student work illustrate how material design becomes essential technique for design studio projects.[12]

The first project illustrates how students applied cutting, folding, and weaving operations in a first semester three-week exercise titled *Three-prong Bridge* in which

축적 문제들에 대한 다양한 설계 작업을 한다. "재료 컬렉션" 그리고 "재료와 시공" 수업에서의 연구를 기초로 재료와 재료를 다루는 여러 방식들은 설계 수업 시간에서 그 활용도를 찾게 되고, 많은 학생들에겐 단지 기술적인 문제를 푸는 것 이상이 된다 - 이러한 연구들은 디자인 프로젝트에서 탐구해야 할 주요한 부분이 된다. 다음에 나오는 학생 작품들은 어떻게 재료 디자인이 설계 프로젝트에서 주요한 기술이 되는지를 보여준다.

첫 프로젝트는 학생들이 삼각형의 정원에 매달린 구조를 디자인하도록 하는 "세갈래 다리" 라는 프로젝트이다. 첫 학기 3 주 동안 학생들은 어떻게 자르고, 접고, 엮는 작업방식이 디자인에 적용하는지 보여준다. 학생들은 정원을 조사하고, 삼각형 그리드에 따라 능숙하게 자르고 접는 작업을 적용시켰다. 결과물인 삼차원 오브제들은 이후에 하나의 오브제로 구성되기 위해 서로 엮이게 된다.

다음은 내장형 강당의 경우이다. 학생들은 5주간에 걸쳐 주어진 창고에 길을 포함하는 대규모 이벤트 공간을 디자인 하였다. 이 프로젝트에서는 학생들이 어떻게 삼각형의 표면과 접고 자르는 작업을 통해 강당의 복잡한 형태를 유출해 내는지를 보여주고 있다. 이 방식들은 "재료와 시공" 수업에서 많은 학생들이 시험한 기술들이다.

Fig. 7 Embedded Auditorium, example student work (project by Brian Yang)

첫 학기 이후에도 "재료와 시공" 수업에서의 여러 과제들은 건축 핵심 스튜디오에서 건축적 탐구를 위한 기반이 된다. 건축 핵심 스튜디오의 네 번째 수업, 즉 마지막 스튜디오 학기인 GSD 집합주택 설계 스튜디오에서 진행한 다음의 세 가지 예로 설명할 수 있다. 집합주택 설계는 "집합"이라는 이전의 과제로 연구를 시작한다. 주거단지를 개발하는데 있어 첫 단계로서, 학생들은 일련의 단위 주거의 추상적 형태를 만들게 된다. 이 과제는 학생들이 합판의 얇은 층으로 이뤄진 특성 같은 차원 및 재료의 속성에 기반을 두고 시공 부재의 집적을 디자인하는 "재료와 시공" 수업과 많은 유사점들을 보여준다. 집합주거 건축의 문맥에서, 단위주거의 집합적 구성은 주호와 주거타입의 크기에 좌우된다. 두 경우 모두에서, 학생들은 단지 전체 디자인이 각 단위세대의 부분적 조합으로 구성되나, 각 부분적 구성이 전체 디자인의 반영되어 보이지 않는 그러한 디자인을 하도록 요구된다.

다음 두 학생의 작품은 최종 디자인에서 "집합" 과제의 영향을 보여준다. 대지조건에 대한 반응으로, 학생은 지반면에 소매업과 주거가 공존하는 2개 층이 있고, 높은 공공 플랫폼, 그리고 위로 띄워 올려 진 높은 주거로

students are asked to design a suspended structure in a triangular courtyard. The students took the footprint of the courtyard and skillfully applied cutting and folding operations along triangular grids. The resulting three-dimensional objects were subsequently woven to constitute one object.

The following is an example of *Embedded Auditorium*. Students are asked to design a large event space including passages in a given warehouse over the course of five weeks. The project shown here documents how the student derived the complex shape of the auditorium through folding and cutting operations and surface triangulation. These are techniques that are tested by many students in the context of the *Materials and Construction*.

The exercises of *Materials and Construction* set the groundwork for explorations in architecture core studios beyond the first semester as well. This can be illustrated with the following three examples from the GSD *Housing Architecture* studio, the fourth and last core studio semester of the architecture core program. *Housing Architecture* starts with an exercise titled *Aggregation*. As a first step in developing housing blocks, students are asked to develop a series of components as volumetric abstractions of living units.[13] The exercise shows many parallels to that of *Materials and Construction* in that students design aggregations of units of construction based on material properties and dimensions like the laminar quality of plywood. In the context of the *Housing Architecture*, the design of aggregations of housing units is based on an investigation of dwelling type properties and dimensions. In both cases, students are asked to design aggregations in that the geometry of the whole should be a result but not a reflection of the geometry of the parts.[14]

The following two student project examples illustrate the impact of the *Aggregation* exercise on their final design. In response to the conditions found on site, the student chose to propose a mixed-use housing project, with the main attributes being two floors of retail and live-work units on the ground level, a raised public platform, and an elevated mat-housing scheme hovering above. Throughout the project, the impact of the early *Aggregation* exercise was apparent. Voids of varying scales measure the transition from the most public to the most private realms. The abstract studies became a major driver for the design process and translated into a strategy that encompassed transitions from public to private from the scale of the city to the scale of the individual units.

In the case of the second example, it was again the early *Aggregation* exercise that became in many respects crucial for the understanding of the project. Here the student explored the computer as a design tool for aggregation. The serial nature of housing and its response to urban conditions suggested a unique opportunity for the use of scripting. According to the project thesis, the script, or 'algorithm,' if properly written, can address

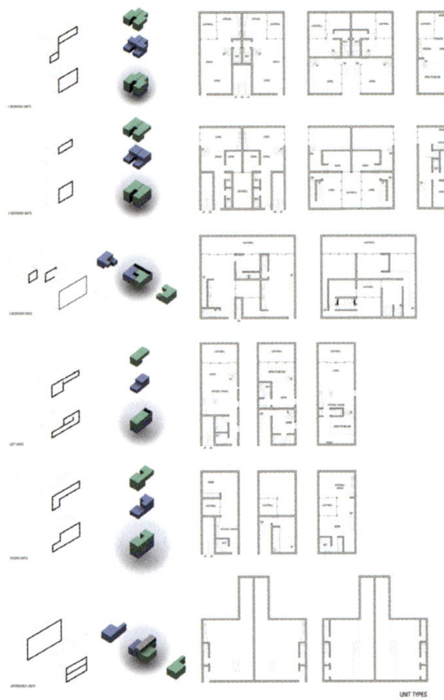

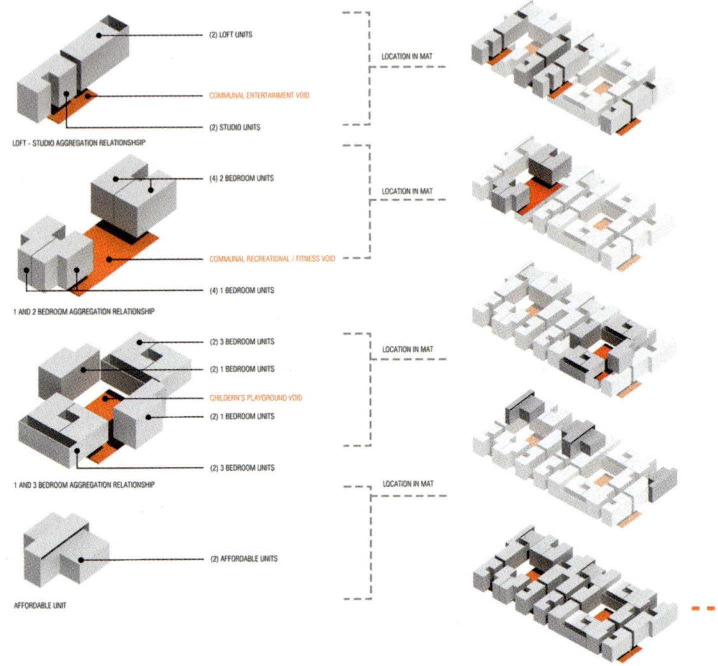

구성된 주상복합 프로젝트를 제안하였다. 초기의 “집합” 과제의 영향이 이 프로젝트에서 분명해졌다. 다양한 크기의 빈 공간들은 가장 공공적인 영역에서 가장 사적인 영역으로의 전이공간으로 여겨진다. 이 개념적 연구들은 설계과정의 주요 추진요인이 되고, 공공에서 사적인 것으로, 도시의 스케일에서 개인 단위의 크기로의 전환을 아우르는 하나의 전략으로 바뀐다.

두 번째 예시는, 여러 관점에서 이 프로젝트를 이해하는데 있어 중요한 초기 “집합” 과제에 해당된다. 이 과제에서 학생들은 디자인 도구로 컴퓨터를 이용하였다. 컴퓨터 스크립트라는 독특한 방식으로 연속성을 지니면서 도시 상황에 반응하는 집합주택을 구현하였다. 적절히 사용된다면, 스크립트 또는 알고리즘은 디자인 의도를 컴퓨터 논리로 변환시켜 여러 기준들을 짚어줄 수 있다는 것이다. 한편, 코드의 매개변수들도 조절가능하고, 코드가 실행될 때 마다 같은 기준에 기반을 둔 대안이나 알고리즘의 도움으로 만들어진 새로운 집합체를 만들게

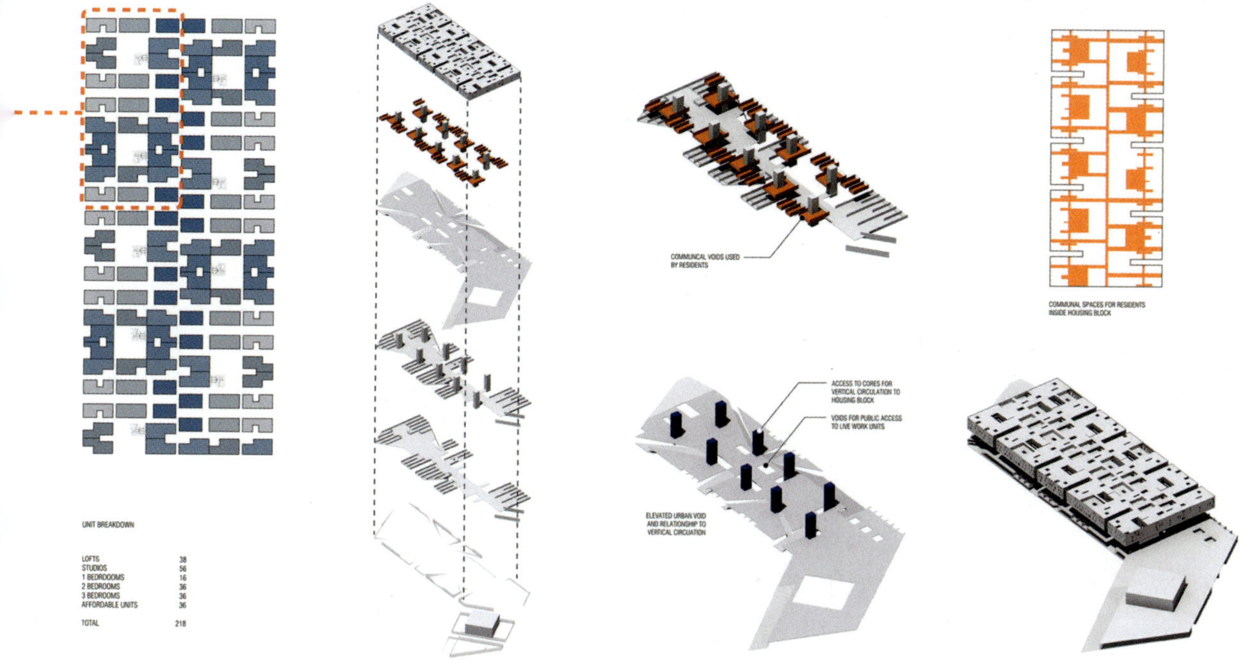

Fig. 8 Housing Architecture, example student work (project by Benny Ho)

these criteria and others, translating design intentions into a computational logic. The code's parameters, meanwhile, can be adjusted so that each time the code is executed it produces a new scheme, offering an alternative solution that is based on the same rules of logic, an aggregation produced with the help of the algorithm. Thus the student was able to produce multiple solutions at rapid speed and evaluate them according to which parameters (or computational logics) he found to make the most successful solution for the given housing problem.

COMPUTING PERMUTATIONS - A HUB FOR THEORETICAL AND TECHNICAL DISCUSSION

Faculty and student projects like the ones discussed above are continuously selected

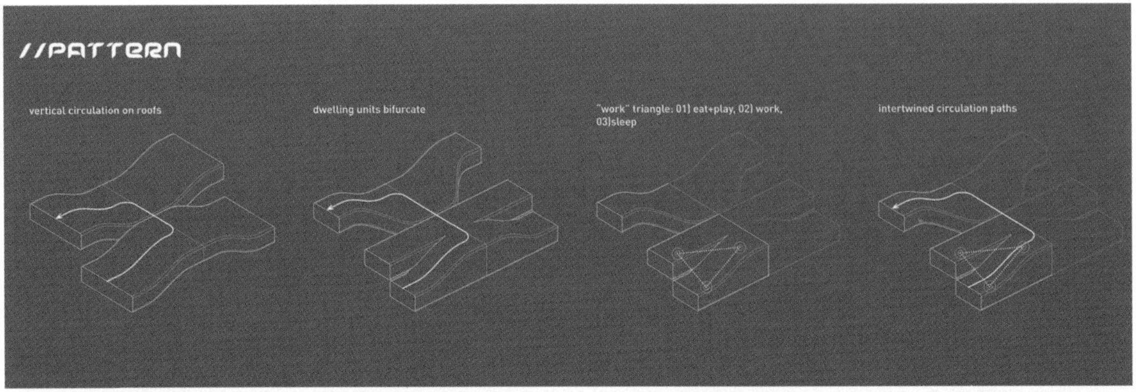
//PATTERN
vertical circulation on roofs
dwelling units bifurcate
"work" triangle: 01) eat+play, 02) work, 03)sleep
intertwined circulation paths

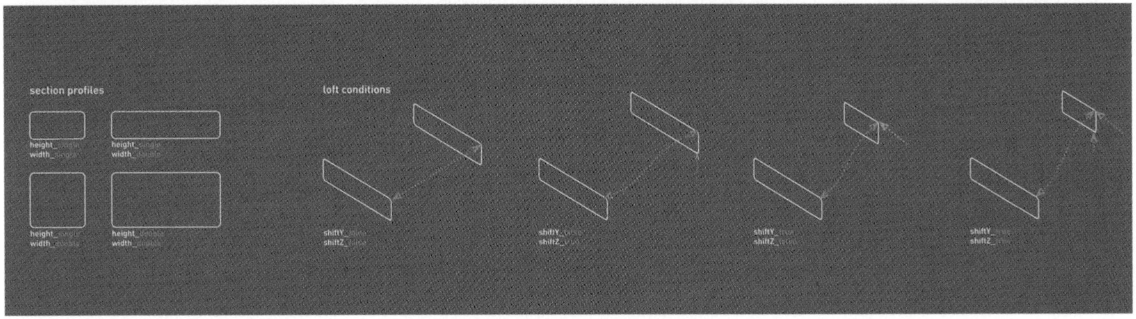
section profiles
height_
width_
height_
width_
height_
width_
height_
width_
loft conditions
shiftY_
shiftZ_
shiftY_
shiftZ_
shiftY_
shiftZ_
shiftY_
shiftZ_

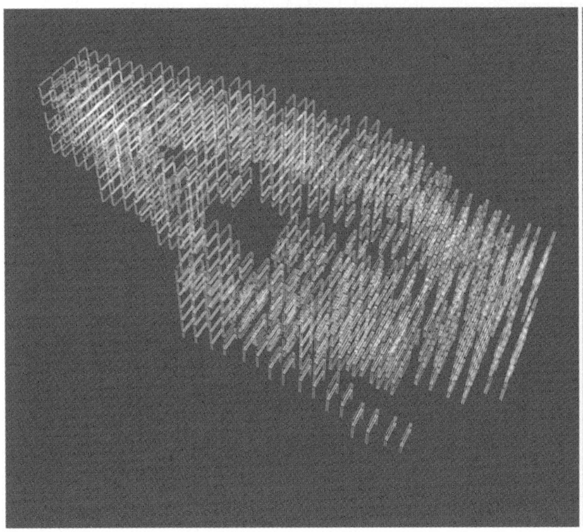

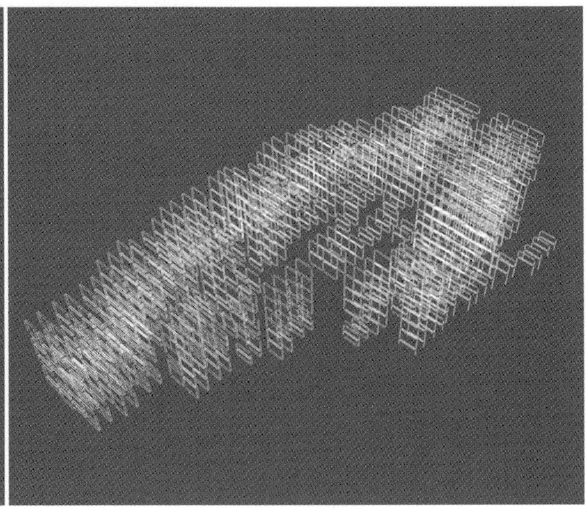

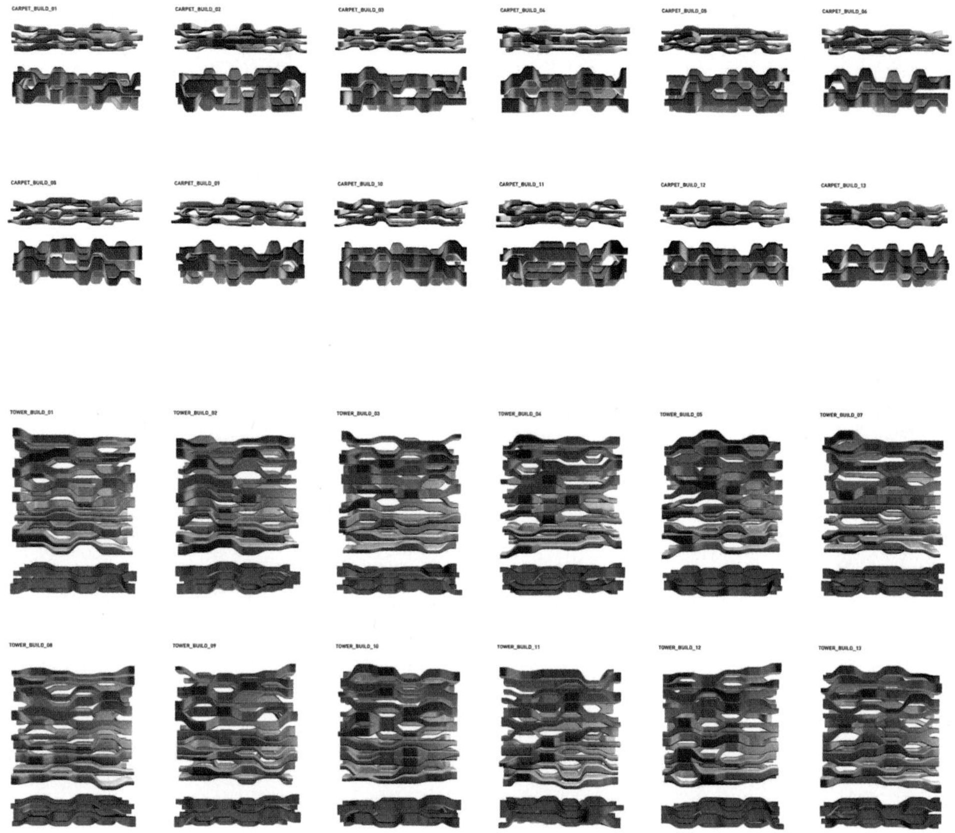

Fig. 9 Housing Architecture, example student work (project by Josh Dannenberg)

for archivelng in the Materials Collection and become part of a bigger collection of material explorations. The act of archiving creates an inventory of precedents to build upon and use as design reference. More importantly, it generates an indexing process of archetypes and categories of operational strategies for architectonic approaches. The descriptive language of form and process completes a feedback loop between the teaching process and the categorization system of materials. With this, the Materials Collection and its facilities, already an important research and teaching tool in integrating a material culture continue to grow and become an integrative aspect of design.

Thomas Schroepfer

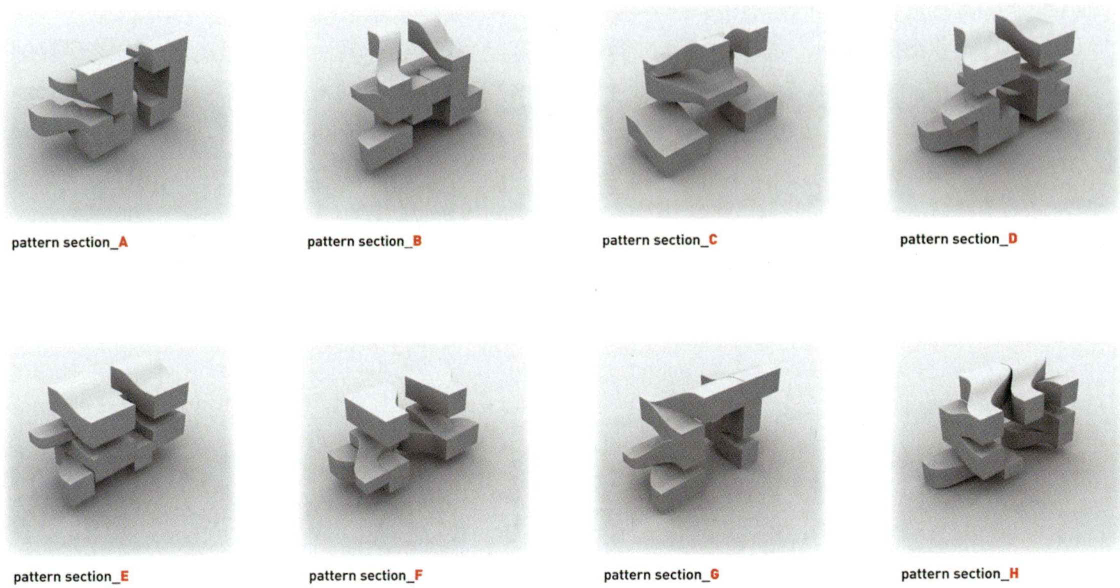

Fig. 9 Housing Architecture, example student work (project by Josh Dannenberg)

된다. 따라서 학생은 다수의 해결책을 빠르게 만들어 낼 수 있고, 주어진 주거 문제에 가장 성공적인 해결책을 만들도록 자신들이 찾은 어떤 매개변수(또는 계산 논리)에 따라 그 해결책들을 평가할 수 있다.

연산 순열: 이론적이고 기술적 논의를 위한 중추

이러한 교수와 학생들의 프로젝트들은 지속적으로 축적되고 보관되어 재료 탐구의 자료로 남을 것이다. 이러한 자료들은 디자인 참고용으로 사용되거나 참고 자료집을 만들기 위한 선례 목록이 된다. 더욱 중요하게도, 재료의 건축적 운영 전략에 관한 여러 범주들 그리고 원형들의 색인화 과정이 되는 것이다. 형태와 과정을 설명하는 서술적 언어는 교육 프로세스와 재료 분류 체계 사이의 피드백 고리를 완성한다. 이것으로 이미 재료를 통합하는 데에 있어서 중요한 연구와 교육 도구인 “재료 컬렉션” 및 관련 시설들은 계속 확대되며 디자인 과정의 중요한 통합 자료가 된다.

참고문헌

01. This text is based in part on my articles "Integrating Material Culture" in Journal of Architectural Education, Issue 60 Volume 2 (with Liat Margolis) and "Exploring Materiality in Design" in Folio 08.

02. The name Materials Collection is derived from the Library's taxonomy, classifying its various collections under the General Collections, the Visual Collection, and the Special Collection.

03. Toshiko Mori, ed. Immaterial/Ultramaterial Cambridge: Harvard University Graduate School of Design / New York: George Braziller, 2002.

04. Homasote is a gray board that is made out of paper. Paper comprises more than 98 percent of Homasote board and is its structural component, with nearly all board strength derived from bonding of cellulose fibers to each other. Aerogel is a low-density solid-state material derived from gel in which the liquid component of the gel has been replaced with gas. The result is an extremely low-density solid with several remarkable properties, most notably its effectiveness as an insulator.

05. The Materials Collection initiative unfolded in a collaborative manner, which included the Dean of Academic Affairs, Chairs of the Architecture and Landscape Architecture Departments, Director of Loeb Library, faculty, research students, and the Computer Resource Group (CRG). Loeb Library Director Hugh Wilburn and Liat Margolis, a GSD Landscape Architecture graduate and former material research director at Material ConneXion, developed the archiving process and classification system (both physically and digitally). The protocol was to integrate the new archive and digital database into the existing library infrastructure, while simultaneously reaching for an active curricular participation, whereby the online database links to the Loeb Library HOLLIS catalog online and once more, to the listing of courses offered along with faculty and student names and respective projects.

06. The online database allows for compound searches of materials by the following fields of data: keyword (searches the entire description); material name, form - commodity form, properties or process of manufacturing that best describes the material's characteristics (i.e. composite, textile, electroluminescent, lumber, louver, erosion control structure, coating, sintered media) - multiple entries can be selected from a drop-down list; Composition - material content - multiple entries can be selected from a drop-down list; Vendor Name and Location. The search results consist of a detailed account describing material composition, properties, manufacturing processes, and current applications. Links to the vendor website and to online specifications and testing data are hot-linked, while six images show various views, including structural details, phase changes (i.e. on/off) and so on. The physical archive organizes the collection according to material content and furthermore by its main form/property. It cross-referenced to the database by a digitally generated random accession/I.D. number that indicates the year it was collected. Likewise, the sample shelf location is noted in the database. Therefore, one can begin their search with a specific inquiry and then experience the sensorial properties, or vice versa.

07. Surface, exercise description by Toshiko Mori

08. Intersection, exercise description by Nader Tehrani

09. Textile Tectonics, exercise description by Toshiko Mori

10. Textile Tectonics, exercise description by Toshiko Mori

11. Modulation, exercise description by the author

12. GSD 1101: Introduction to Design and Visual Studies in Architecture. All exercise descriptions are by Preston Scott Cohen (studio coordinator). All student work examples are from sections instructed by the author.

13. GSD 1202: Architectural Design: Aggregation, exercise description by Monica Ponce de Leon (studio coordinator). All student work examples are from sections instructed by the author.

14. Ibid.

15. Michelle Addington et al. Smart Materials and Technologies in Architecture. Cambridge: Harvard University Graduate School of Design, 2002.

비평

The F.O.R.E.S.T. of Optical Fiber는 통신용 재료로 만들어진 작은 크기의 섬유를 이용하여 불투명한 체적에 빛이 투과되는 순간의 현상을 실험하는 작품이다. 이 작품은 실내외를 연결하는 그물망처럼 엮여있는 섬유를 왜곡하면서 다양한 빛의 효과를 만들어 낸다. 광섬유는 콘크리트 등이 가지는 압축강도에 부정적인 영향을 미치지 않기 때문에 이 작품에선 광섬유를 이용한 하중 전달 구조체를 만들 수 있는 가능성을 좀 더 짐작하게 한다. 고체물이 빛에 혼합되고 녹아든다.

Contractible Surface는 유연막 안에 포함된 페로플루이드라는 재료로 만들어진 작은 건축물에 대한 시나리오이다. 구조체 내에 만들어진 여러 자기 장치를 활용함으로써, 건물의 외피가 수축하거나 확장되고 그 결과 다양한 개구부와 표면 변형이 가능하게 된다. 건물이 숨을 쉬고 살아 있다.

Breath Membrane 은 광색성의 재료와 기억형상합금의 조합을 제안한다. 다양한 외피 형태, 체적의 변화 그리고 다양한 정도의 반투명성을 이용하여 변화하는 프로그램적 수요에 대응하기 위한 건물 외피를 만든 작품이다. 빛으로 인해 건물에 생동감을 주게 된다.

Bending Sandwich 는 피복 재료의 변형을 이용하여 열리거나 닫히는 건물의 외피를 만들기 위해 전기 활성 고분자 재료를 사용한다. 건물의 외피가 활기를 띤다.

Breathing Spheres 는 그물망에 매달린 상태로 구조체와 통로 공간이 형성된 일련의 구 형태의 건물을 제안한다. 구를 감싸는 내부 표피는 실내 공기의 질에 따라 반응하면서 표피의 색깔과 불투명도가 변화하게 된다. 이 표피는 실내 거주자들의 수와 활동 등을 암시하게 된다. 전체의 연출이 여러 활동을 나타내는 교환대같이 역할을 한다.

REVIEW COMMENTS

Thomas Schroepfer

The F.O.R.E.S.T. of Optical Fiber explores ephemeral phenomena of light transmitting opaque volumes through the use of small size fibers that are cast in a carrier material like small pieces of aggregate. The project distorts a matrix of fibers that connects the exterior with the interior of the building and produces a range of light effects. The project speculates about speculates about the possibility of producing load-bearing structures, as optical fibers do not have a negative effect on the compressive strengths of carrier materials like concrete. Solids meld and melt into light.

Contractible Surface develops a scenario for a small building made of ferrofluid material that is contained in a flexible membrane. Through the activation of various magnetic devices embedded in the structure, the building skin contracts and expands and results in a number of openings and surface deformations. The building breathes and lives.

Breath Membrane proposes a combination of photochromic materials and shape memory alloys to produce a building skin that responds to changing programmatic needs, through variable surface configurations, changing volumes, and various degrees of translucency. Light brings life to the building.

Bending Sandwich uses electroactive polymers to produce a building skin that can open and close through deformations of its cladding material. The skin comes alive.

Breathing Spheres proposes a series of spheres for occupation that are suspended in a mesh that provides structure and circulation space. An interior surface coating of the spheres reacts to changes of the inside air quality and results in changes of opacity and color thus indicating the number and activities of its occupants. The ensemble acts like a switchboard of activities.

Mimetic Skin uses HyperGel, a highly elastic polyurethane, as a continuous surface layer. The result is a soft space that records activities as deformations for a limited time before changing back

Mimetic Skin 은 연속된 표면층을 만들기 위해 고탄력의 폴리우레탄 재료인 HyperGel을 사용한 작품이다. 건물이 원형으로 회귀하기 전 한정된 시간 동안 변형함으로써 여러 활동을 기록하는 유연한 공간을 만들게 된다. 이 공간은 사용자에 반응하면서 지속적으로 새로운 자국이나 흔적을 남기게 된다. 표면에 같은 패턴들이 지속적인 흔적을 만들어 냄으로써 어떤 패턴의 극치를 이루는 결과물을 만들게 된다.

Sponge Forest 는 사용자의 몸무게에 반응하면서 변형되는 어떤 부드러운 공간을 만들기 위하여 최고의 탄성력을 지닌 폴리우레탄 재료인 HyperGel을 사용한 작품이다. 두 개의 켜 사이에 접착력 있는 재료로 채워짐으로써 두 켜가 서로 분리되어 당겨질 때 동굴 같은 내부공간을 만들게 된다. 이 과정에서 구조물의 상부와 하부를 연결하는 수많은 기둥과 같은 구조물이 만들어지게 된다. 움직임에 의해 공간이 지속적으로 변화하게 된다.

Flying Carpet 은 다형성 장치를 이용하여 빛과 온도에 반응하면서 형태 변환되는 지붕 구조물을 만든 작품이다. 이 똑똑한 지붕은 주변 지역의 날씨를 안내하는 역할을 한다.

Wrap Pavilion 은 젤리의 특성을 탐구한 작품이다. 이 재료는 구조 철망에 적용되어 여러 방식으로 변형되게 된다. 이 구조물은 기존 주변 나무들을 둘러싸는 빈 수직 요소들을 나타내는 일련의 내부 공간을 만들게 된다. 구부리거나 분리하거나 찢는 다양한 전략을 이용하여 인공적이고 동굴 같은 내부공간을 만들게 된다. 현존 구조들을 감싸는 방식은 새로운 거주공간이나 고밀화 공간을 만드는 것보다 선행한다.

Flexible Cafeteria 는 건물의 벽에 재사용된 빨대로 만들어진 Flexicomb를 사용하고 동시에 다양한 프로그램의 수요에 따른 공간의 수직 팽창이나 수축이 가능하도록 기억형성 합금을 사용한 작품이다. 그 결과, 파빌리온에서 열릴 예정인 여러 행사들을 광고하기 위한 네 개의 입면과 중앙동선 코어로 구성된 3개 층의 건물이 한 개의 층으로 변형되게 된다. 여러 프로그램들이 확장 가능한 공간 내에 수용되게 된다.

to its original form. The space reacts to its occupants with ever-new patterns of imprints. Mimesis leads to synthesis of apotheosis.

Sponge Forest explores HyperGel, a super-elastic polyurethane material to create a soft space that deforms in reaction to the weight of its occupants. The shape of the grotto-like interior is generated through pulling apart two layers covered with an adhesive material between them resulting in a number of "columns" that connect the bottom and top layers of the structure. Space morphs constantly with movement.

Flying Carpet proposes the use of polymorphic shape shifters for the construction of a "flying" roof that can change its shape in reaction to light and temperature. The intelligent roof broadcasts the weather in its context.

Wrap Pavilion investigates the properties of jellies. The material is applied to a structural steel mesh and deformed in various ways to produce a series of interior spaces that feature hollow vertical elements wrapping around existing trees. The various strategies include bending, splitting and tearing and produce an artificial, cave-like interior. The wrapping of existing structures precedes new habitations and hyperdensification.

Flexible Cafeteria uses Flexicomb, a material made from recycled drinking straws for the building's walls, and shape memory alloys that are embedded within these to allow for vertical expansion and contraction of the spaces according to varying programmatic needs. This results in a building with three floors that can be collapsed into one revealing a circulation core with four media facades that advertise upcoming events taking place in the pavilion. Multiple programs are accommodated within the expansible space.

시각적 신체 그리고 움직이는 신체

THE VISUAL BODY AND THE MOVING BODY

시각적 신체 그리고 움직이는 신체

시각 미디어는 20세기에 다양한 지역으로 급속히 퍼져나갔다. 사진, 영화예술, 컴퓨터는 시각에 의존하는 커뮤니케이션 수단들이다. 이러한 종류의 미디어는 간접적으로 우리의 육체적 감각을 변화시키고 있다. 같은 방식으로, 다양한 형식의 의사소통 수단이 급격히 발전함으로써 신체적 감각에도 큰 변화를 가져왔다.

예를 들면, 워드 프로세서의 확산으로 인해 우리는 손으로 한자를 쓰는 물리적 행위(즉, 우리는 한자를 읽는데만 익숙해져 있어, 쓰기는 불편하다)를 잊어버리고 있다. 또한 CAD의 보급으로 인해 우리는 다이어그램을 그리는 작업이 간단한 업무가 되어버렸다. 이로 인해 컴퓨터 화면에서 그려지는 객체의 실제 규모를 파악하기는 어려워지고 말았다. 또한 도면을 그리는 행위는 큰 다이어그램을 그리기 위해서 팔과 몸을 써야 하는 광범위한 활동에서 손가락으로 마우스를 클릭하는 행위로 변화했다. 핸드폰으로 인해 공중전화의 필요성과 편지를 보내는 일이 점차 줄어들게 되었다. 사람들의 반응을 기다리는 시간도 또한 사라져갔다.

다시 말하면, 이러한 미디어로 인해 육체 활동은 점진적으로 저하되고 있다. 그러나 동시에 인간의 육체는 큰 변화가 없어 왔다. 특히 가상의 공간을 쉽게 경험할 수 있음에도 불구하고, 건축공간에 관한 한 어느 시대에서든지 여전히 공간 사이를 신체적 움직임을 통해 경험할 수 있는 그 무엇으로 인식하고 있다. 이러한 종류의 경험은 시대불문하고 건축의 진정한 가치 중의 하나로 손꼽혀 왔다.

이번 워크숍에서는 20세기 시각적 경험에 의존하여 성장해온 우리들을 위해서 건축 공간을 통해 활동적인 신체를 되찾는 방식을 검토해보고자 한다. 이것은 단순한 움직임을 의미하는 것이 아니라 시각적 신체의 개입을 의미한다. 신체와 시각 사이의 연결과 관련된 공간들에 대한 문제들을 고찰해주길 바란다.

THE VISUAL BODY AND THE MOVING BODY

Chiba Manabu

The 20th century saw the rapid spread of visual media in a variety of areas. Photography, cinematography, and computers are all forms of communication that rely on visual sense. This kind of media has indirectly changed our physical sense. In the same way, the rapid advance in myriad forms of communication has brought about large changes in our physical senses.

For example, due to the spread of the word processor, we have forgotten the physical act of writing kanji by hand (that is, although we can still read, we cannot write), or similarly with the spread of CAD, it has become a simple task to draw up diagrams, but it has become difficult to grasp the physical scale of an object. Plus, the act of drawing has changed from large movements with the arms and body over a large diagram, to clicking a mouse with the fingertips. Mobile phones have removed the need to seek out public phones, and the occasions to send letters have also lessened. The time waiting for a person's reaction has also vanished.

In other words, these kinds of media contribute to the gradual degradation of the moving body. However, at the same time, the human body has not gone through any large changes. Especially in regards to architectural spaces, in any age, despite how easy it is to create virtual experiences, they are still something that is first experienced by physically moving through them. This kind of experience goes beyond the ages and is carried on as one of the true values of architecture.

This workshop is to examine ways to reclaim the active body through architecture and spaces for those of us having grown used to the visual experience in the 20th century. This does not mean simply moving about, but how the visual body interposes. Please examine the problem of spaces as they relate to the connection between the visual and the physical.

Tantalizing Space

In technological advancement, particulary in media, people want more immediate reaction that ignores the connection between the visual and the physical. But we think the experience of our human body is still acquired in the relationship between the visual body as an attractor and the moving body as an actor.

Through the delay of the process of the moving body, the space of the moving body can be expanded and multilayered, which can generate various phases and amplify the desire. This expanded space would offer more experiences to the moving body in the process.

The spatial logic is based on a simple premise : multilayer that locates between public space as seeing and private space as meeting. The multilayer is arranged by depth, density and conditions of space, And the programs, such as a living room, a terrace, a garden and so on, are interposed between the layers and juxtaposed each other. Then the layers are mosaicked furniture wall as if people gather up the curtains one by one while moving to the private space.

Consequently, the idea is in between the transformable multilayers. That is the variation by multilayers acquires various experiences in the moving body rather than just touching the space directly. Therefore, the active body is able to be reclaimed through the Tantalizing Space for those of us who have grown with the visual experience in a contemporary society

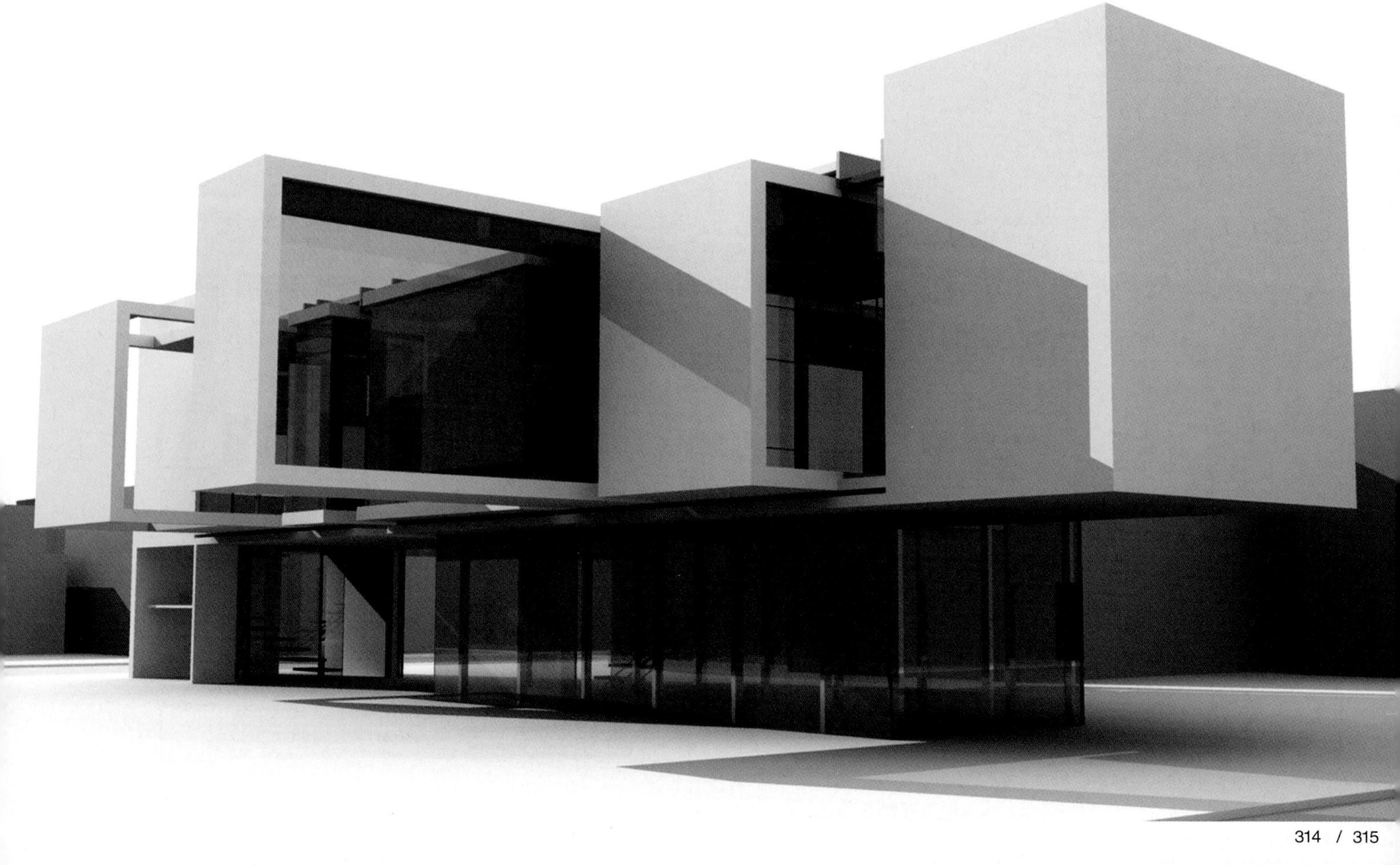

Delay of Reaction Process

The space for the moving body are expanded and multilayered by creating the delay of moving process.

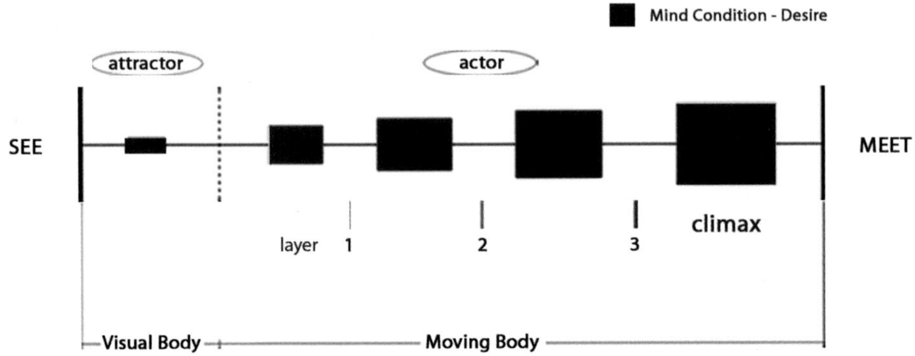

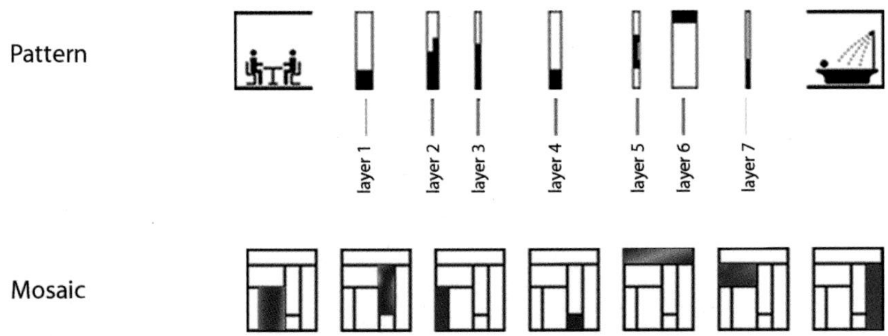

Multilayer

Multilayers are distincted and arranged on the basis of depth, density and conditions of space.

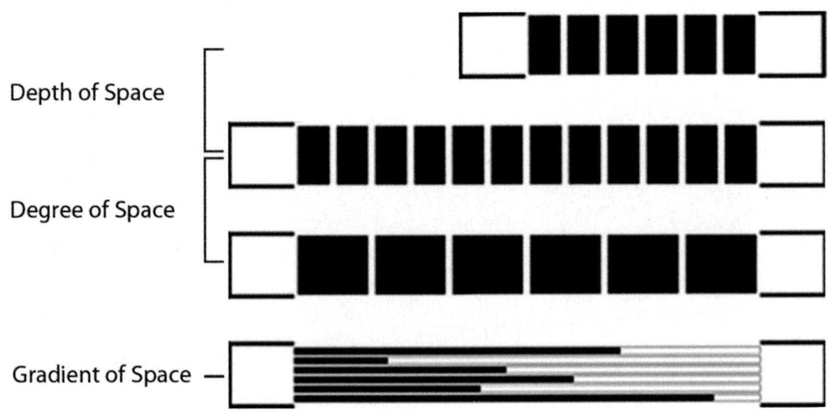

Spatial Logic

For the evolution of our design, layers are located between the public and private spaces. Then programs are interposed between the layers and juxtaposed to each other. Finally the layers are transformed into 'furniture walls'

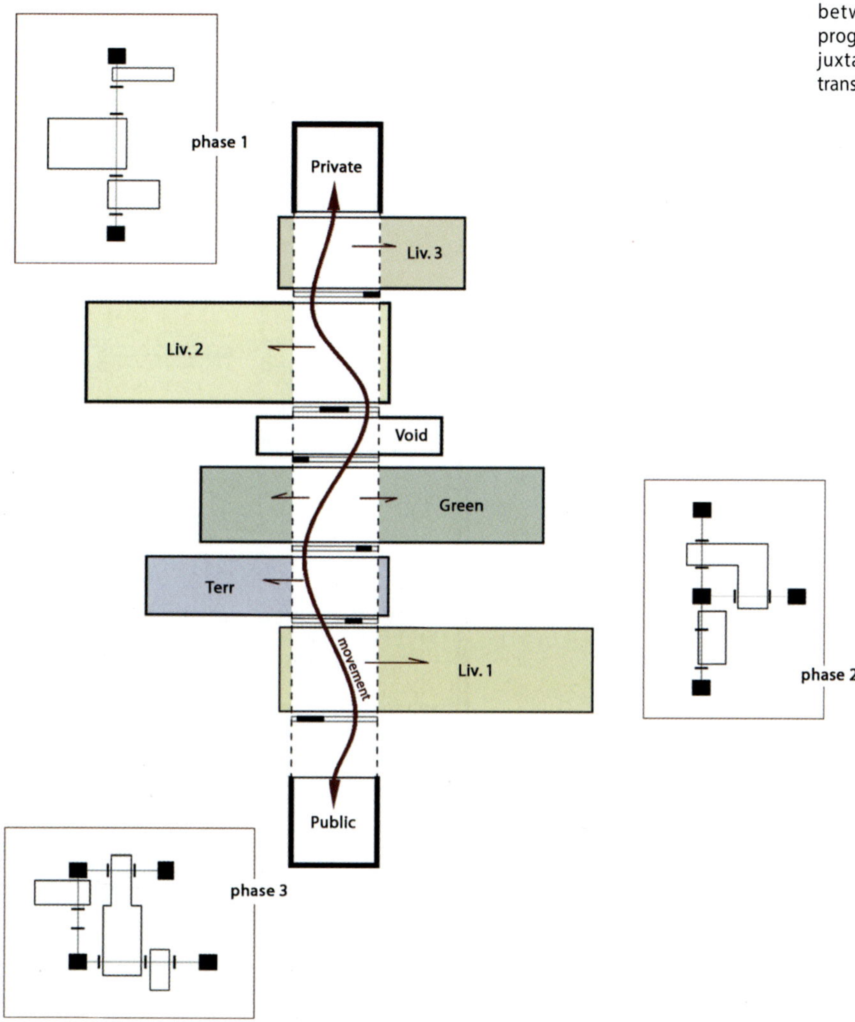

Process

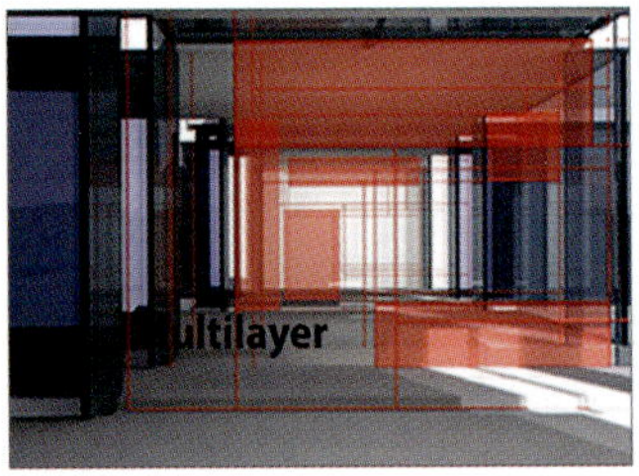

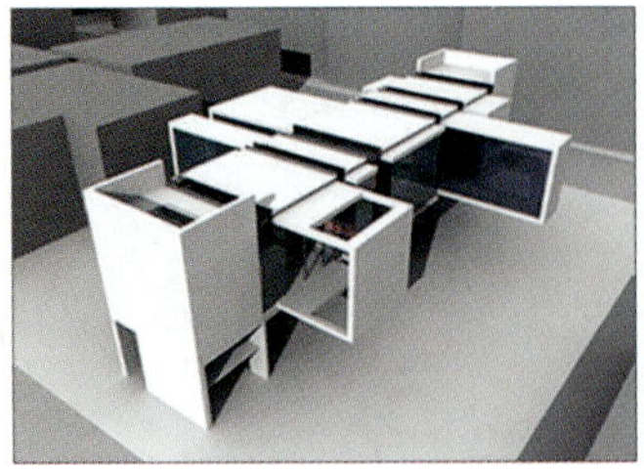

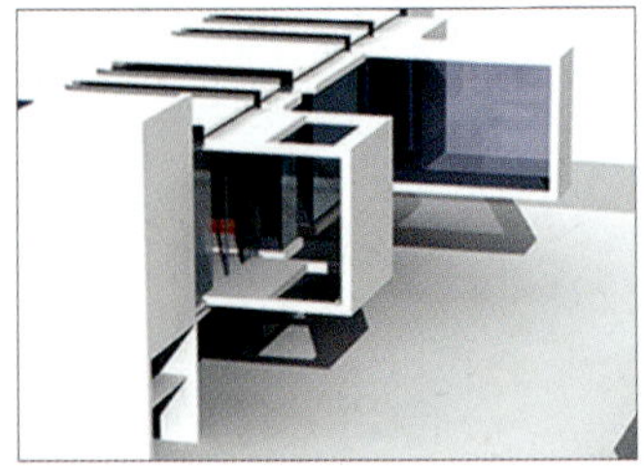

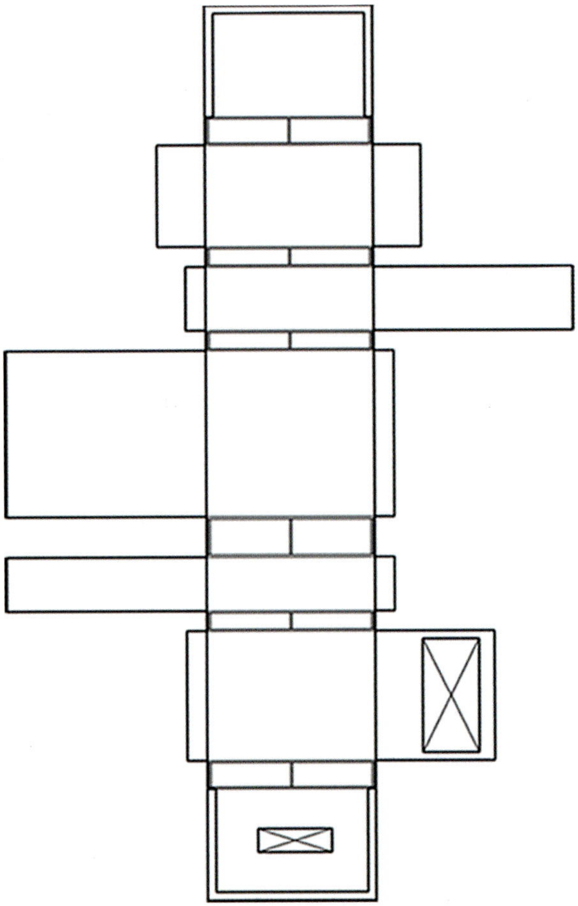

Roof Plan

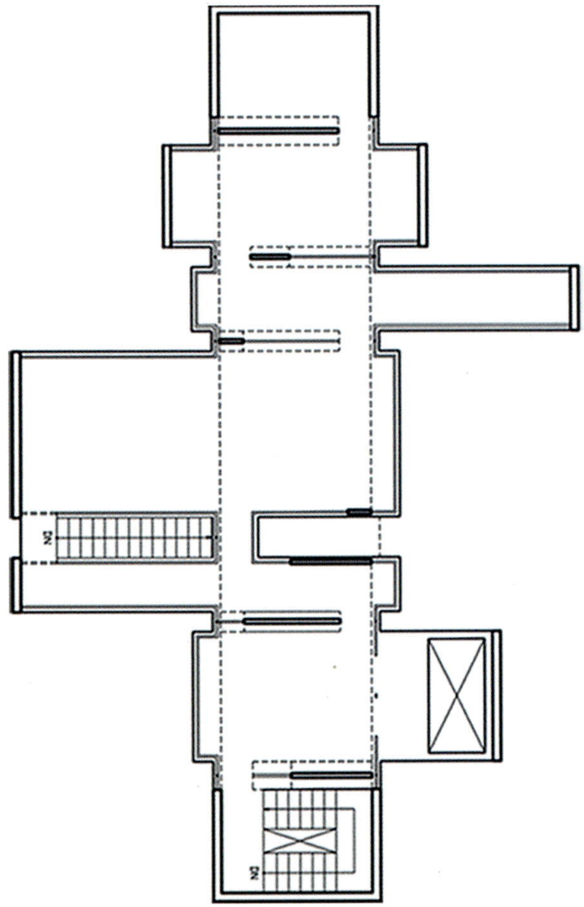

First Floor Plan

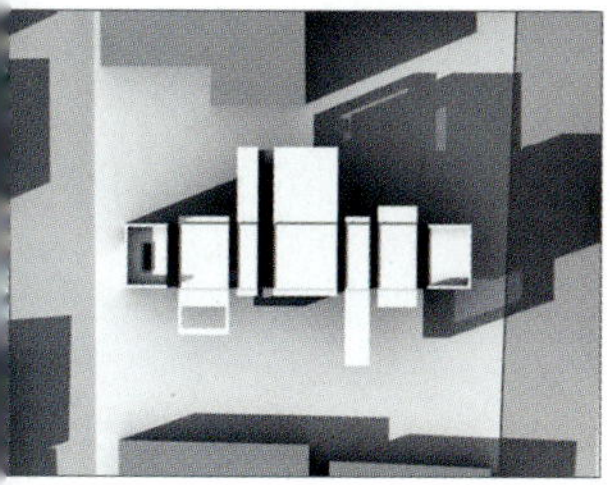

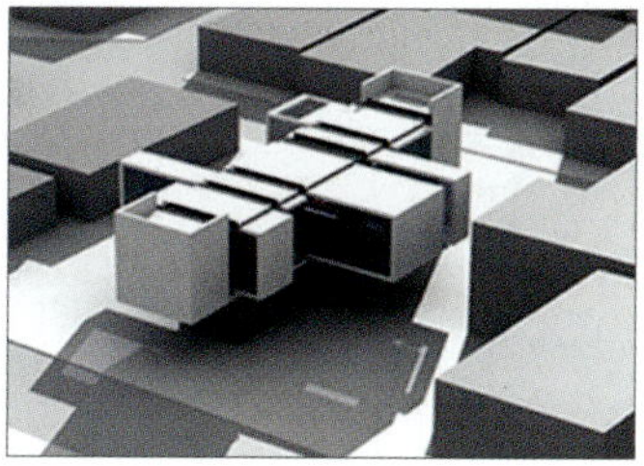

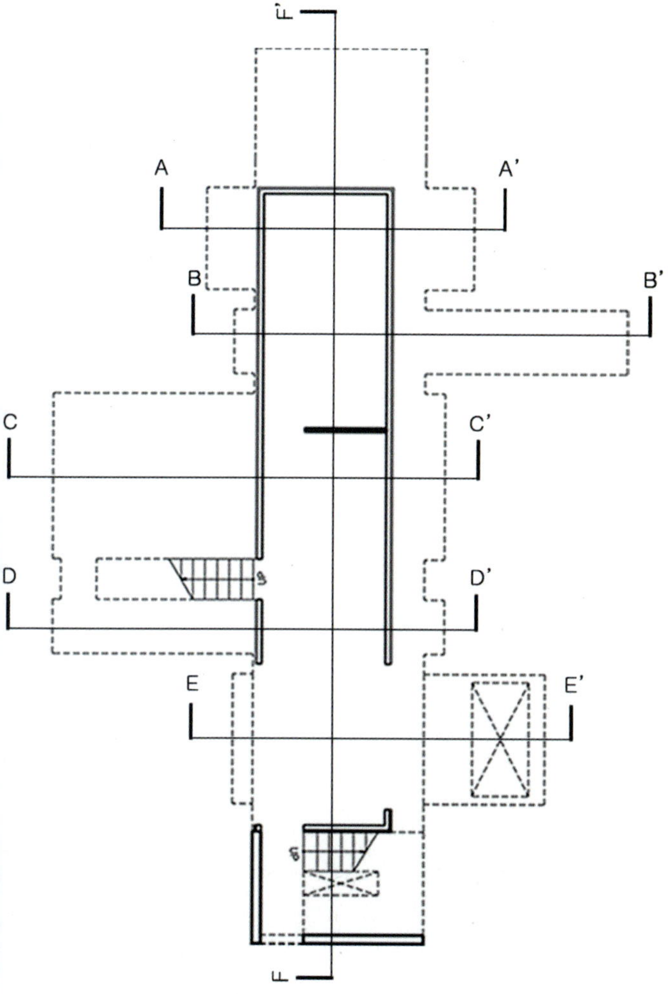

Ground Floor Plan

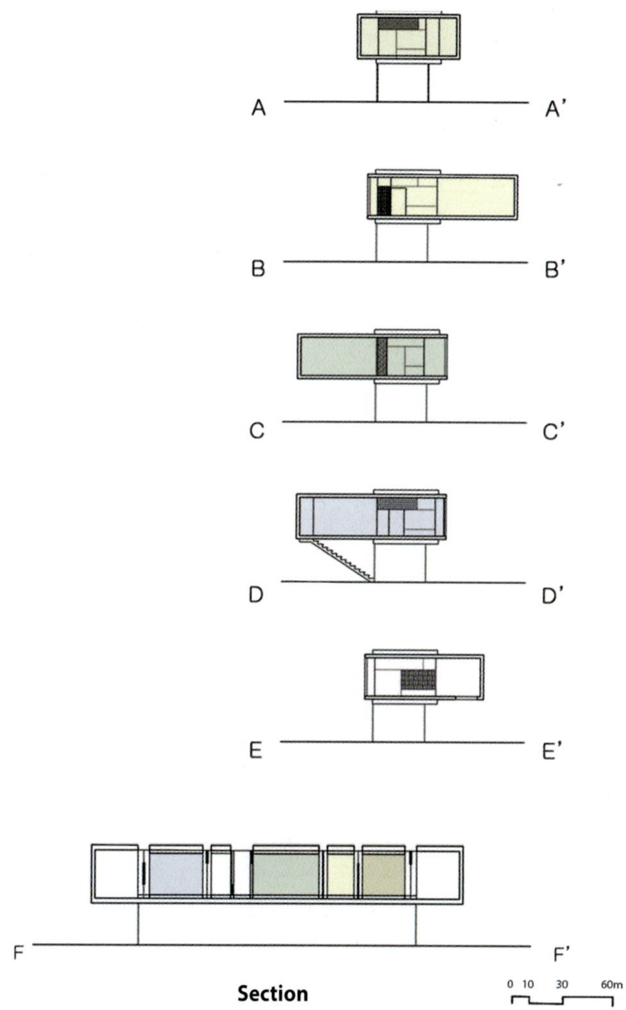

Section

Share the same house

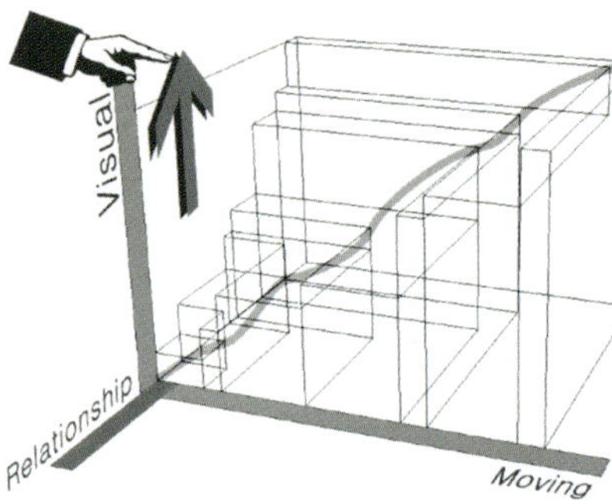

For the given theme, we are interested in some kinds of 'situational' relationship between a young couple.

Every couple presents unique situational problems, while affecting their everyday life, visually and physically. We examine various situational behaviors that can happen between the couple. For example, let's imagine the couple who has a family dispute of any kind at one night. Although they live together physically in a house, their mental distance is too far. Similarly, it could happen in a prision. Although prisoners live very closely together physically, they cannot reach readily, since the prisoners are kept separate from the others.

Because many patterns occur over and over again between the couple, some of the issues with regard to their material behaviors that impact the visual body and the moving body are considered for the project.

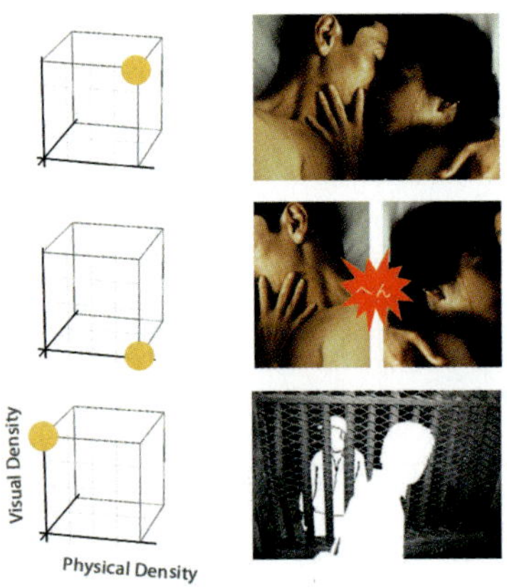

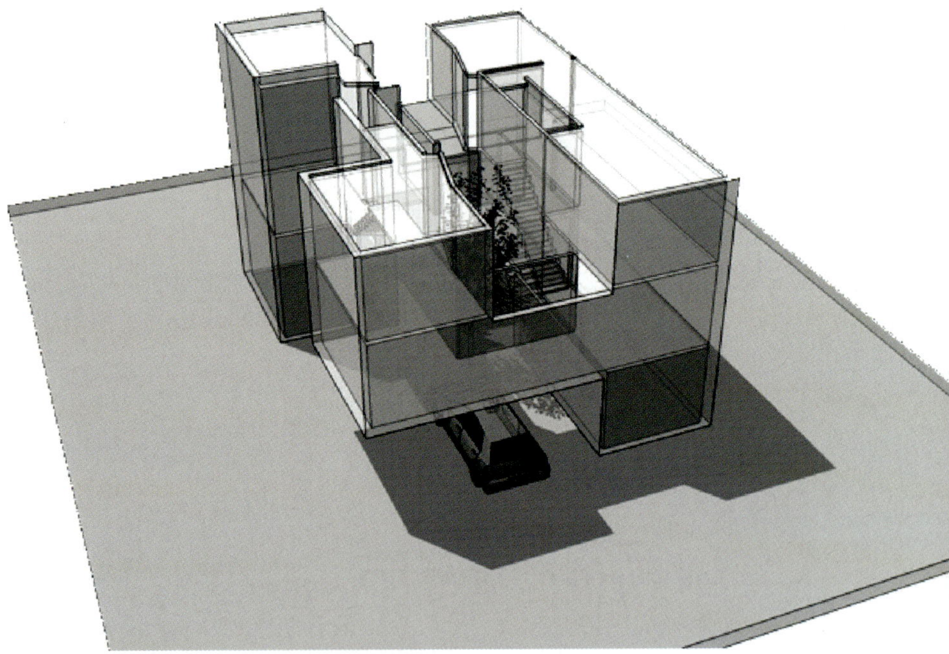

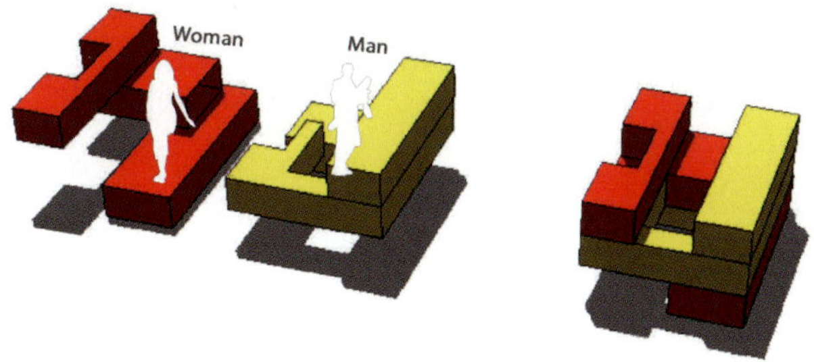
Woman
Man

The architectural elements between the visual body and the moving body.

The level

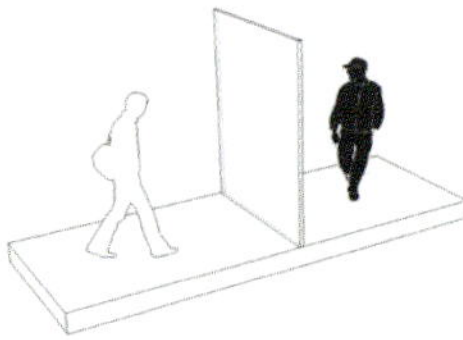

The glass

The gap

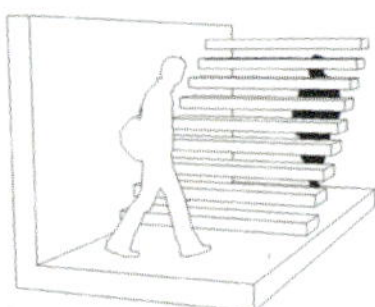

The stair

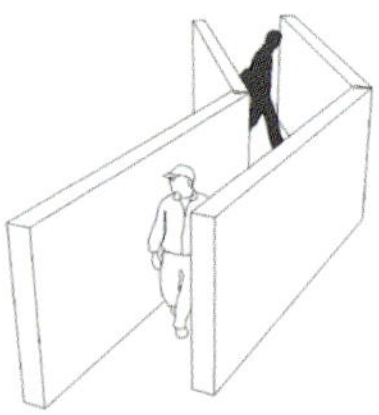

The direction

The lighting

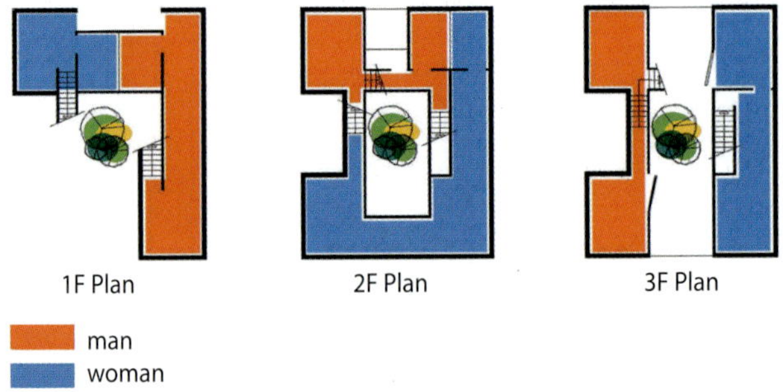

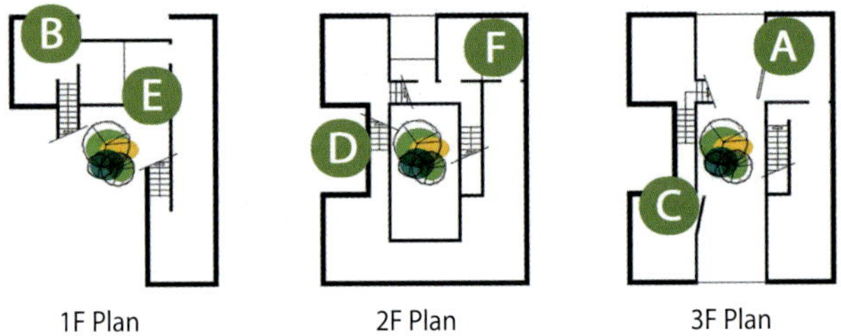

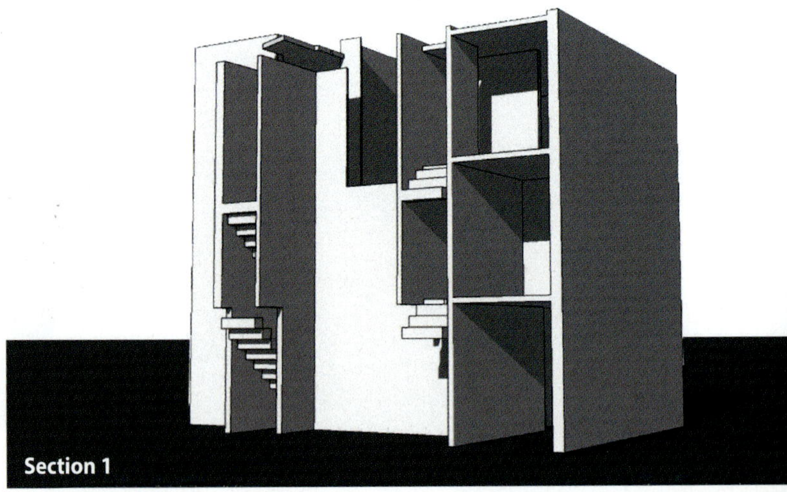

Synopsis

In this project we take a case of the dwellers who want to live in the same house but at the same time they like to keep a distance between themselves by maintaining their privacy. They like to share the visual relationship but not by reaching and touching to each other.

For this, we arrange the architectural elements such a way that the dwellers can recognize and feel closer to each other through architectural setting and visual clues while they stay or move inside their own rooms separated from each other.

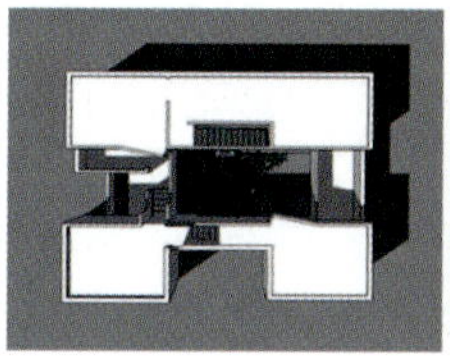

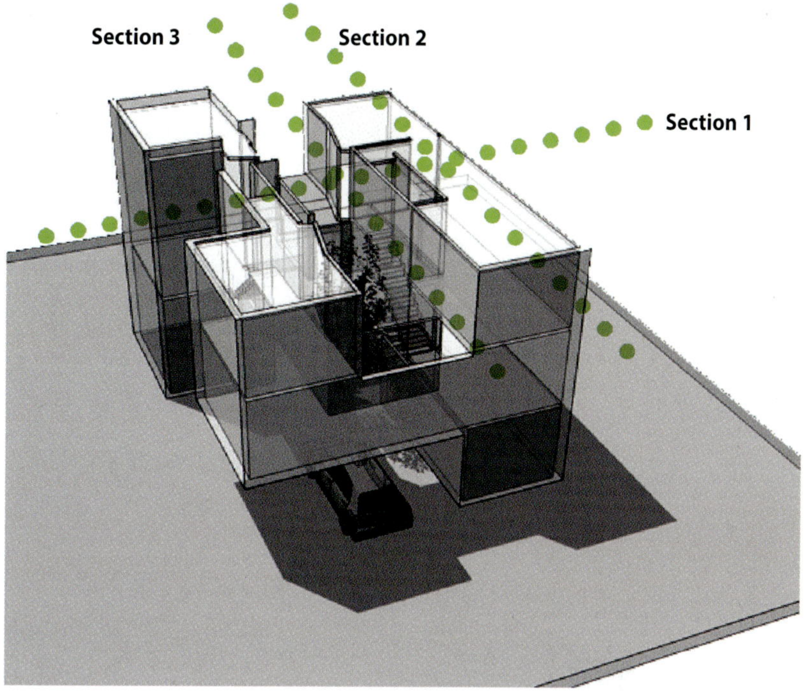

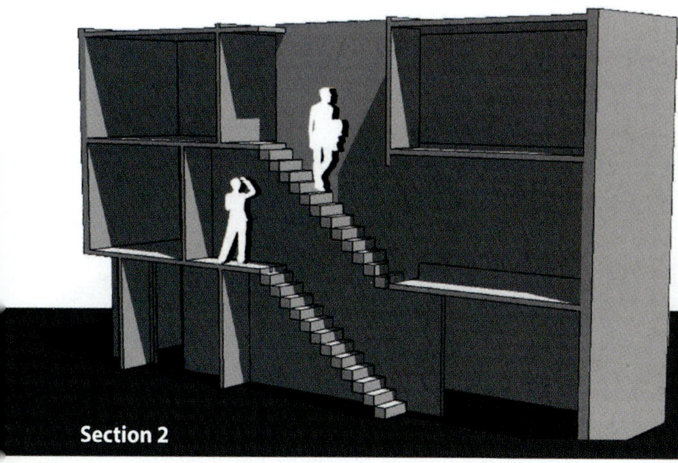

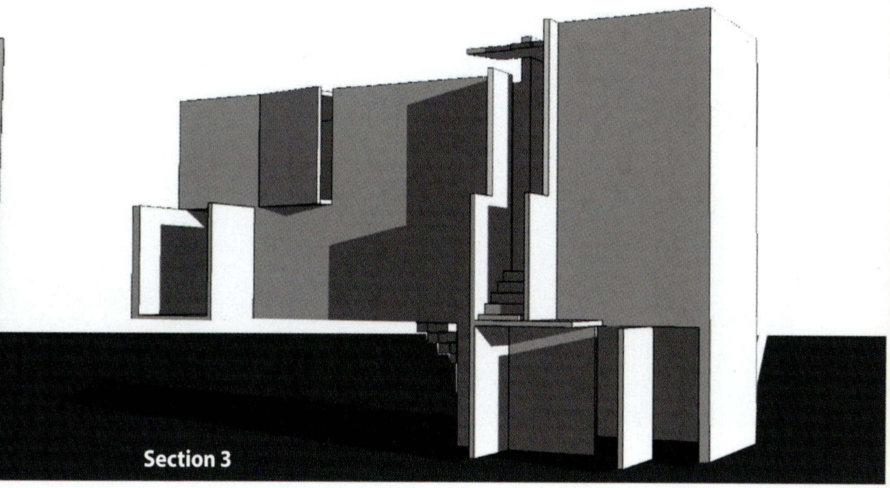

Box in box

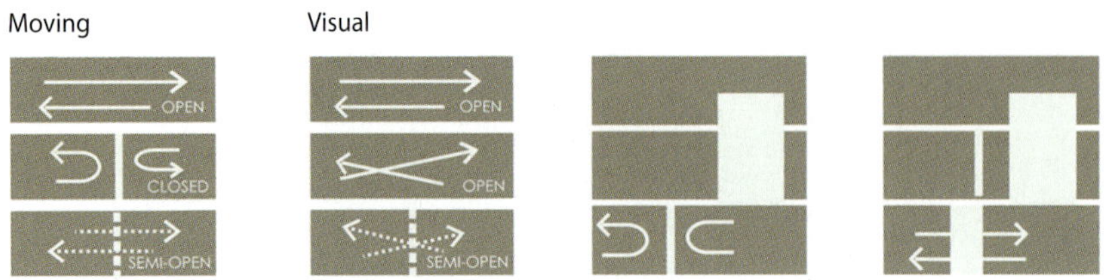

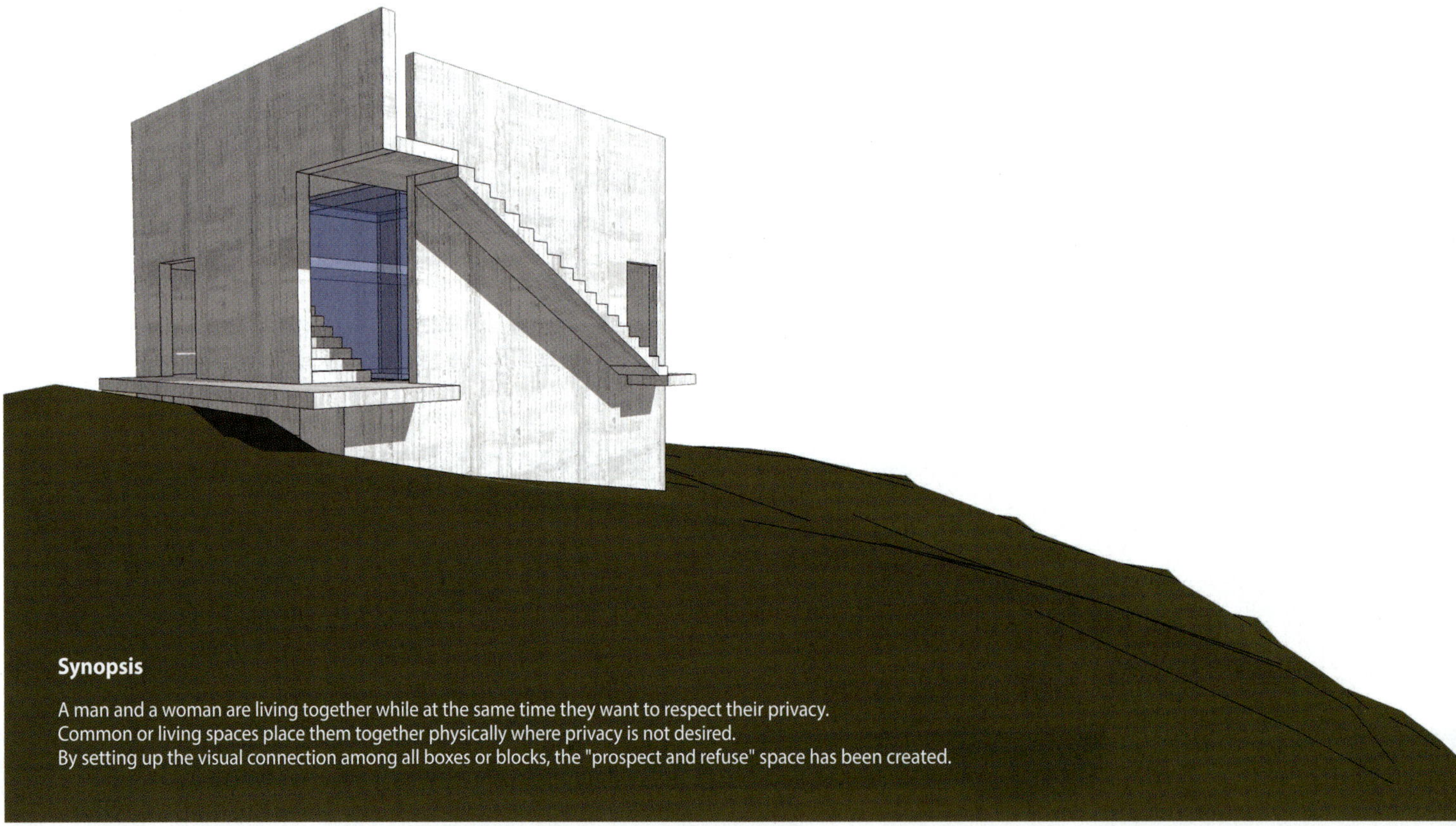

Synopsis

A man and a woman are living together while at the same time they want to respect their privacy.
Common or living spaces place them together physically where privacy is not desired.
By setting up the visual connection among all boxes or blocks, the "prospect and refuse" space has been created.

Visual sense is the most important factor to perform an action. Various visual factors are connected with various actions, thus making more abundant experiences.

We juxtapose a box in the other box as transparent space in a building. This factor is important to make reciprocal action between the moving body & the visual body.

Concept

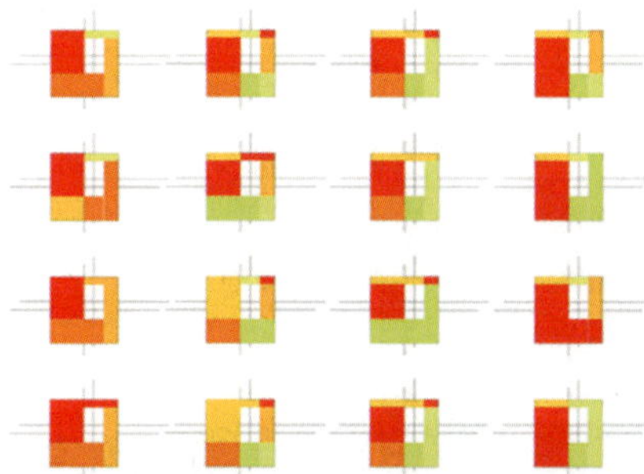

Space composition

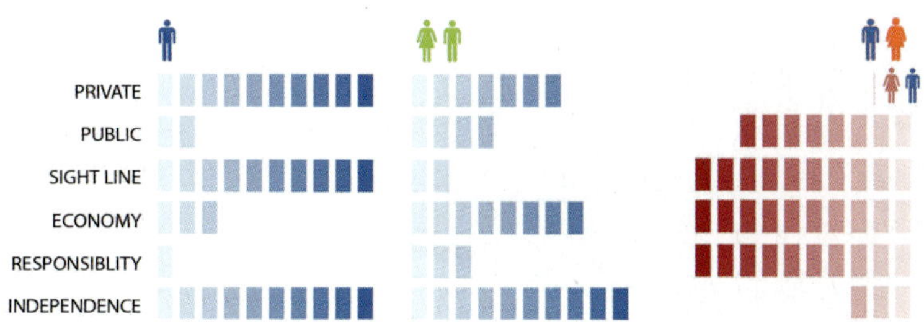

Diagram

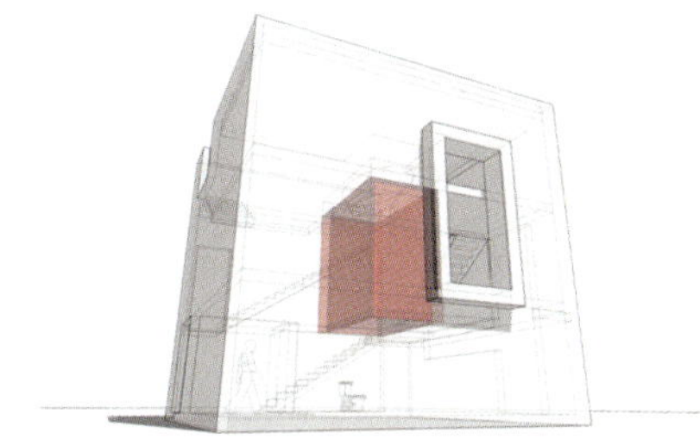

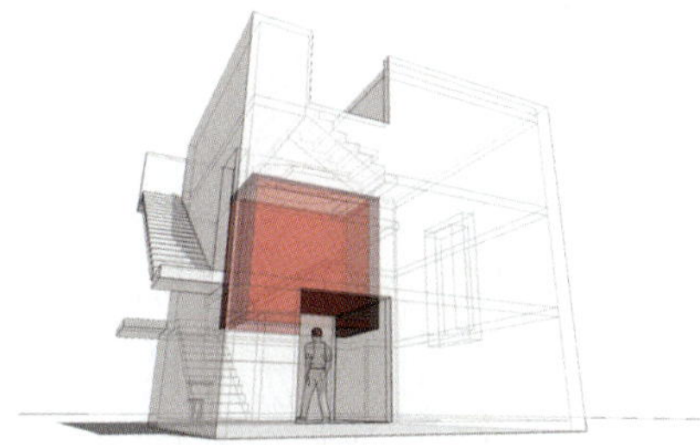

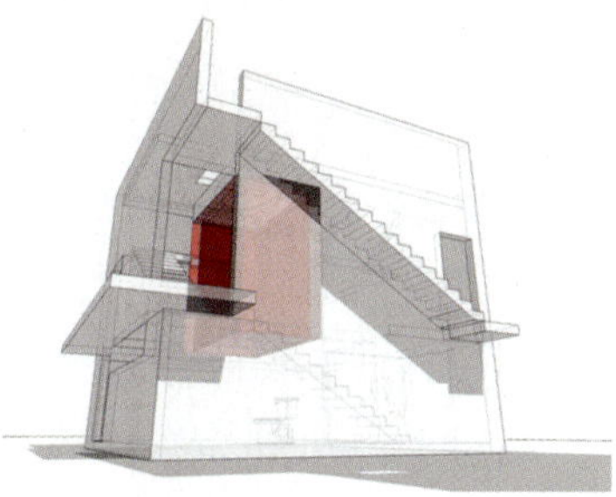

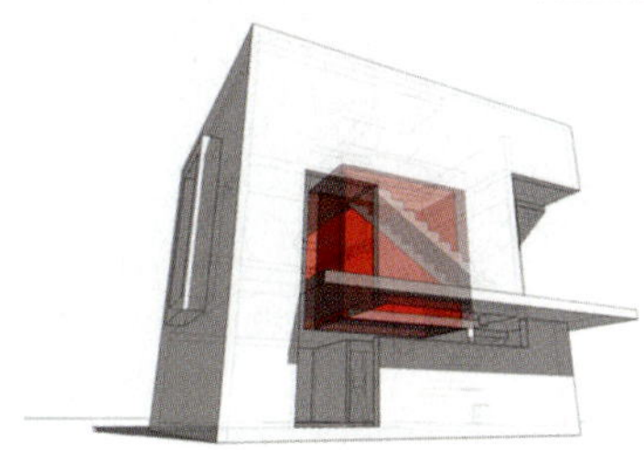

Jump into the Forest

In this contemporary age our life is becoming digital-dependent. In a single room, sitting on a chair with out moving our body we virtually feel the space of outside or objects only by seeing and hearing on digital screen. But the sensation we get by the digital screen can never be real. For getting the true sensation of a space or an object we have to feel by all human senses.

For the given project 'the visual body and the moving body' we choose a program of a kindergarten. Through this program we aimed to move the body of kids for satisfying the visual curiosity and fascination, thus inspiring the kids to enter into the real space and scope to feel the natrue through all senses by crossing and attending it physically.

Building & Urban

Forest & Urban

Instrusion of urban space into building

Instrusion of urban space into building

Step 01

The intrusion of urban space and urban greens to the buildings provides a chance to see the nature very closely. Visual fascination of nature attracts our body from inside to move outside into the nature.

Inner - Inner   Inner - Exterior

Sense of Sight VS Synesthesia

Step 02

The blocks of class rooms and bamboo trees are arranged by using symmetry, sub-symmetry, pinwheel and reciprocal transformations influenced by the Froebel gift.

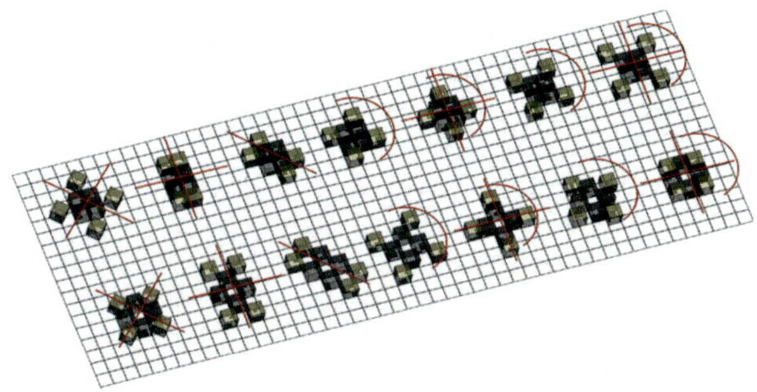

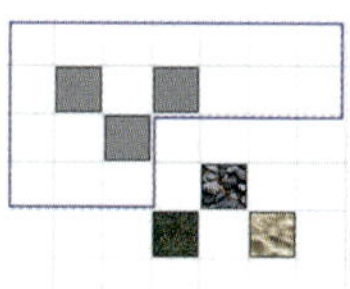

Touch

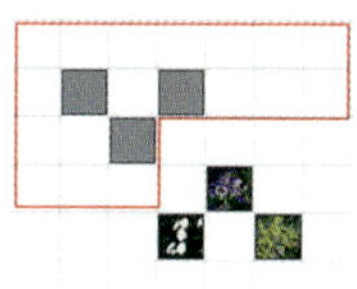

Smell

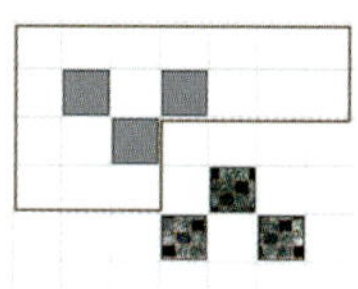

Sight

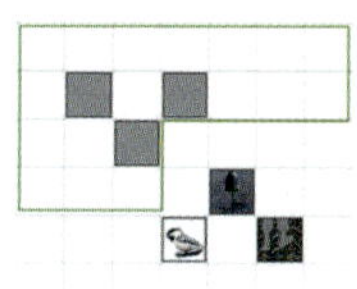

Hearing

Step 03

Inner space and outer space are interconnected visually, but seperated by spatial barrier composed by Froebel arrangement, inspiring students to move along, crossing the bamboo trees and getting the feeling of all kinds of sensations.

Elevations

Phase 01 Schematic progress of the arrangements of classroom blocks (4m X 4m X 4m) on different floor levels based on the Froebel block.

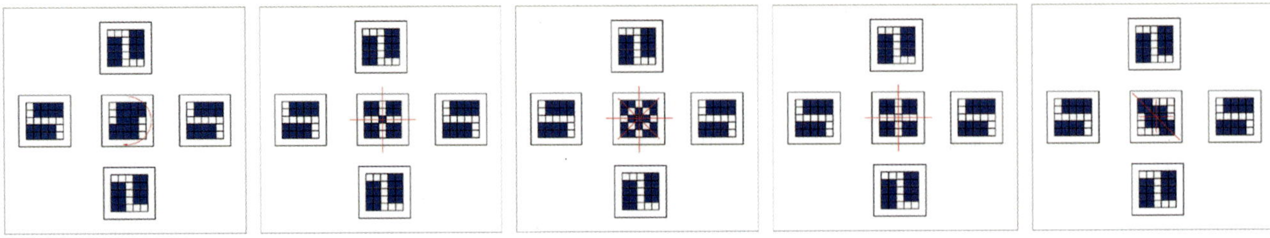

Phase 02 Elimination of some solid blocks on each floor to make voids on the building so that the voids will act as windows connecting the building with the outside.

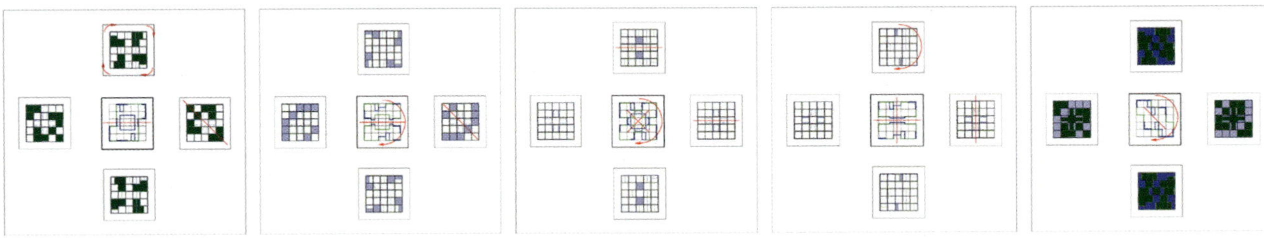

Phase 03 Incorporation of the peripheral open corridor and slopes which connect each block and floor from ant location in the building. Screens that imitate the pattern of plan influenced by Froebel game are placed on the corridor once again according to the Froebel pattern.

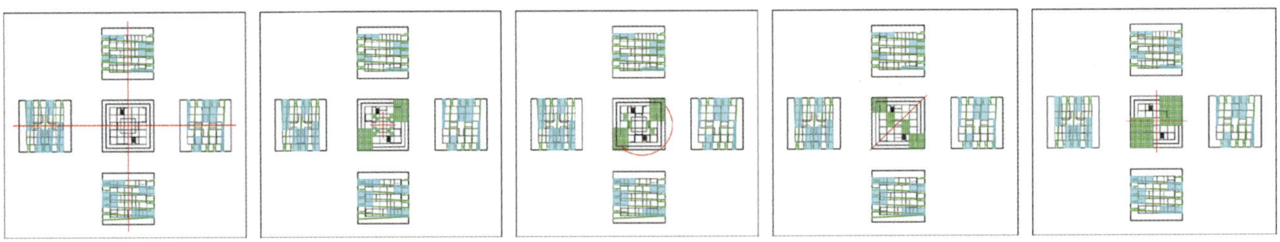

Final Phase

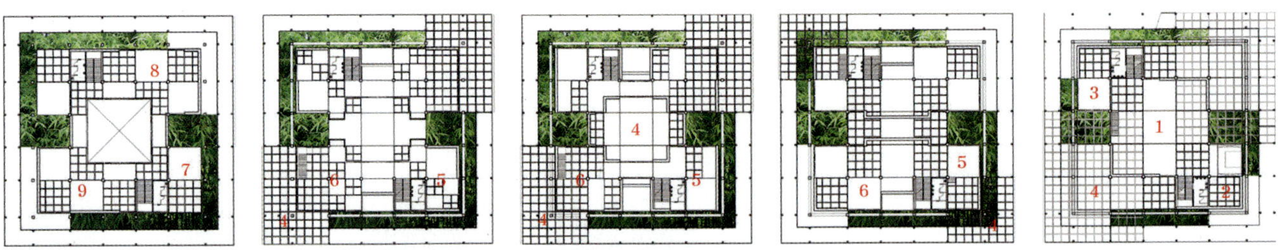

5th level 4th level 3rd level 2nd level 1st level

1. conventional play room 2. Kitchen 3. waiting room 4. play ground 5. study room 6. class room 7. terrace 8. staff room 9. president room

Sense of Sight

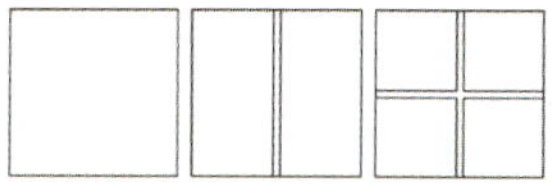

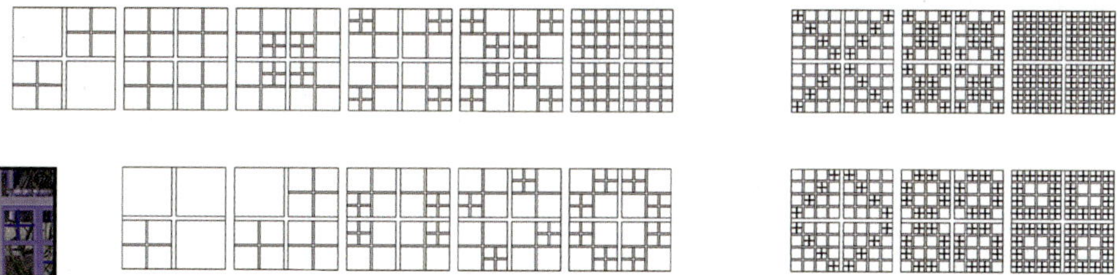

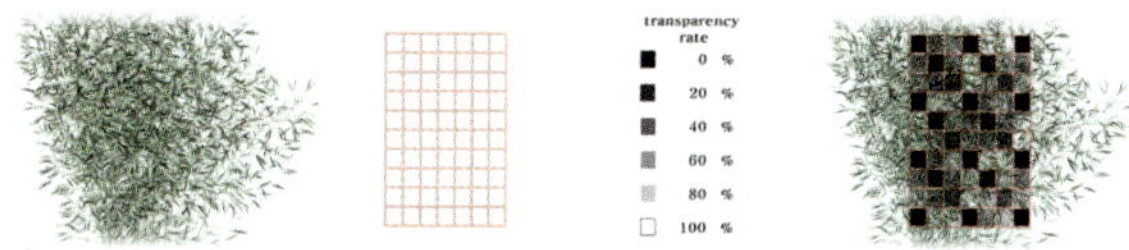

The density of daylight that is filtered through the windows is controlled by the varied density of patterns composed by applying the Froebel game. The visual sense of experiencing the different lux of light, produced from a variety of densely patterns on windows, inspires the body to fulfill the curiosity of visual sense from other windows.

The gentle and symphonic sound that comes from the bunch of bamboo trees, the singing of different birds dwelled in the bamboo trees, and the varied sounds come from the floors during walking of running of students inspire the body to move to satisfy the sensual query of hearing.

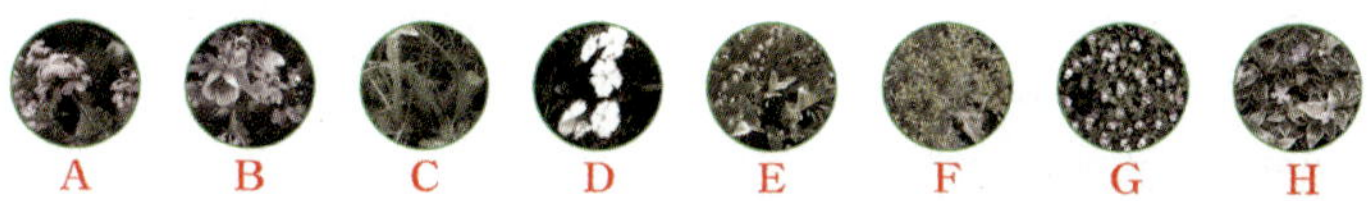

Sense of Smell

Various scents of flowers and building materials attract the body to move for satisfying the sensual curiosity of different smells.

Different floor textures of corridor and rooms give a variety of textural experience that motivates the body to move for getting the next other touching senses.

Sequences of various sensing agents are arranged such a way that it wall create a ryhthm to move the body to get a range of different senses.

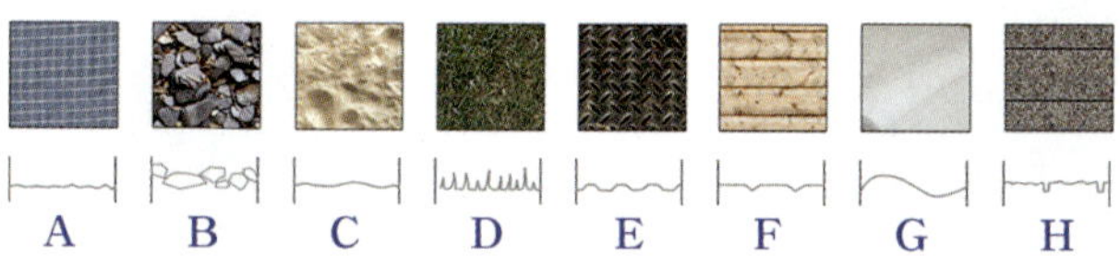

A-E - H- D- F -D -D - H- D- F -E - A - C- A- C -D - C- A- C -D - F -D - F -E - C- F -D - F -E - C - D -D - A - E - D -D - A - E

B - C - D - D - C - B - D - G - D - G - B - B - C - B - B - C - A - B - C - B - A - B - C - B - B - A - H - H - A - B

Schematic floor plans that show the locations of various sensing agents.

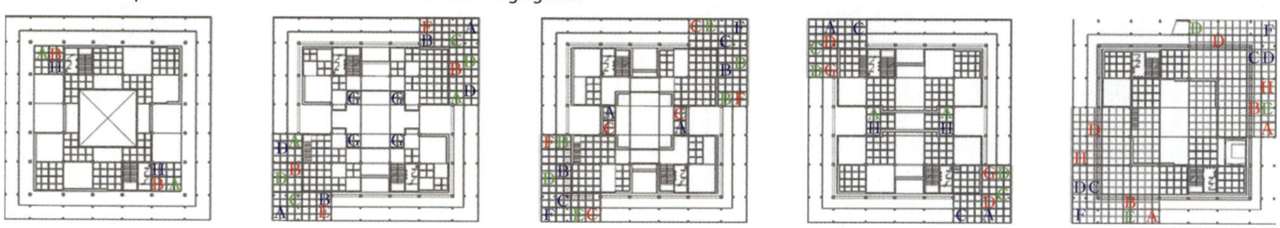

Active moving for Extreme visual

We intend to conceptually correlate the visual body and the moving body in this project. As our design methodology, we think about combining and rearranging a varied range of number and size of blocks within a typical structural frame, thus consisting of walls, floors and roofs. These blocks are movable within the frame and allow creating a unique flexible space according to user's needs and desires. While making chairs, tables and furniture, users choose appropriate sizes of blocks.

User participation is directly related to project success. We consider a variety of behaviors and activities that users perform to achieve an extreme visual-spatial output. The most significant concept is what we call 'extreme visual'. That is, let's imagine that two rooms share a wall. When one changes the wall by morning blocks, the other in the opposite room will imagine what will happen to the neighbor. This activity causes an extreme visual-spatial design where the moving body and visual body are interrelated.

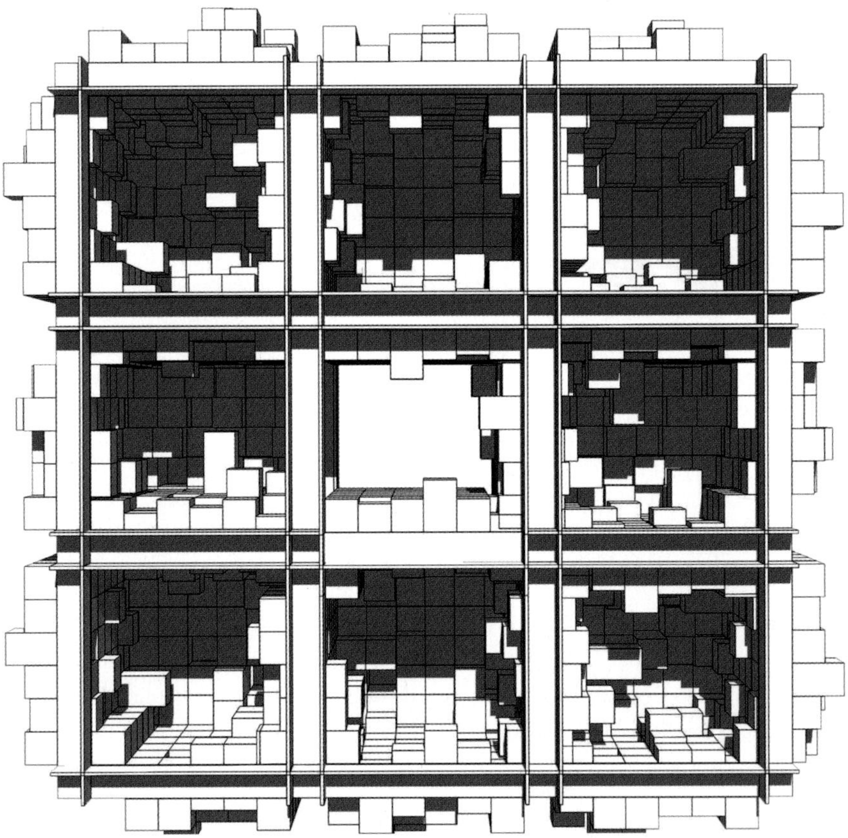

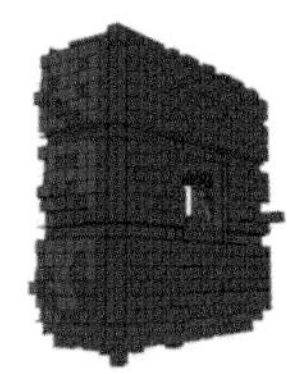

VISUAL?
INTERACTIVE ACTION
?
?
VISUAL
MOVING
FACTOR
GAP
BODY & SENSE
STEP 1
STEP 2
STEP 3

House of the sense

With the given theme, the visual body and the moving body, we use all human senses for the development of the project. Although the sense of sight is obviously the first one to enter into play when we design architectural spaces, we incorporate all other senses, like hearing, touching and smelling in the project. For example, we employ different kinds of materials in the design : rough or soft textile, punching metal or mesh to evoke a sense of touching.

We take movement as our main theme for the project. First of all, we design a particular unit where a particular sense is needed to experience the space. Accordingly, by passing a series of unit room, people can experience various spaces with different senses. It means that external stimuli activate the senses : it also influences on the shape of the architectural space so that other external stimuli may cause.

Although conceptual, we like to propose an architectonic space where these ideas are incorporated.

Intersection diagram

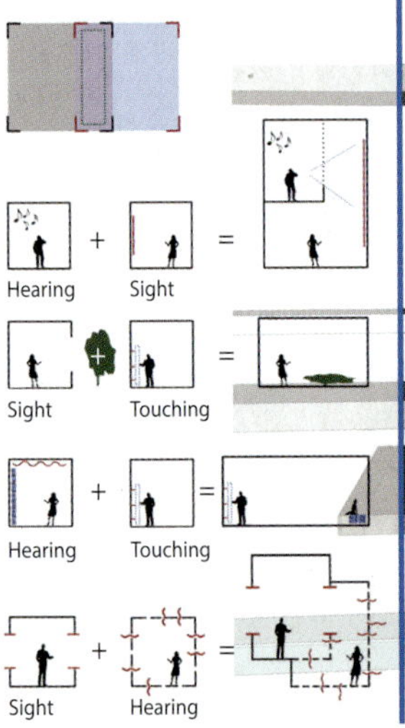

Process

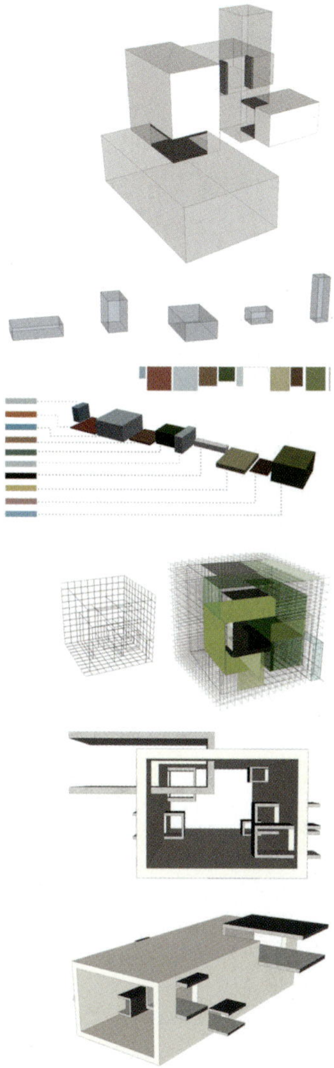

Elements for the induction of the moving

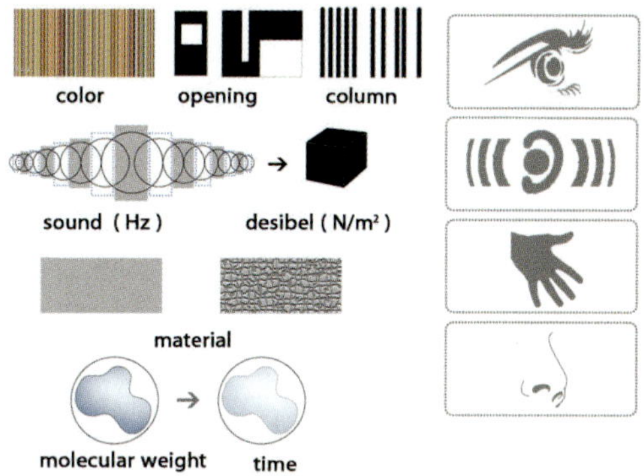

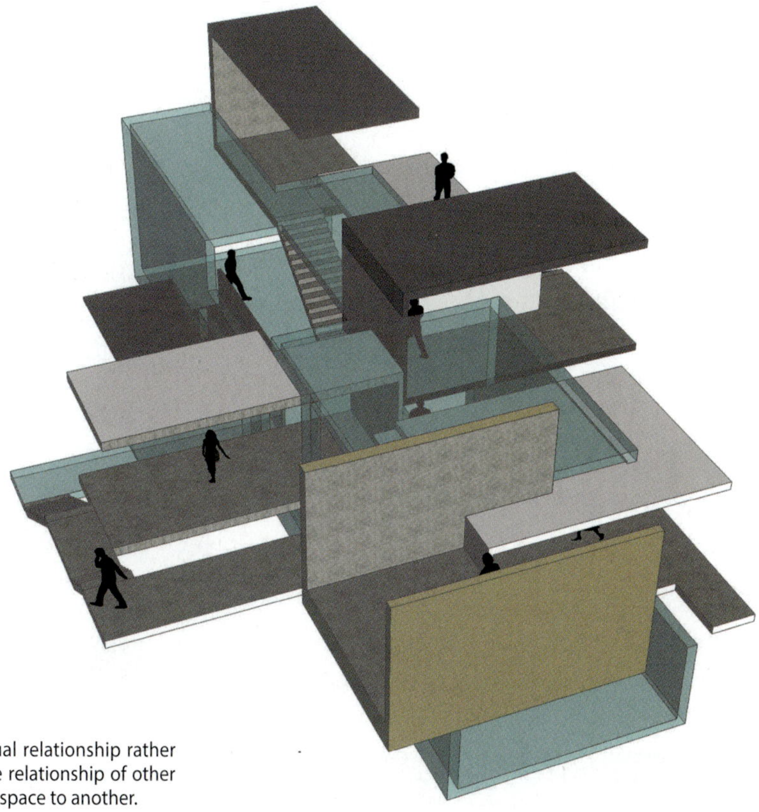

Professor Chiba Manabu focused on the visual relationship rather than the sharing of space. We focused on the relationship of other senses that cause to move the body from one space to another.

Illusion House

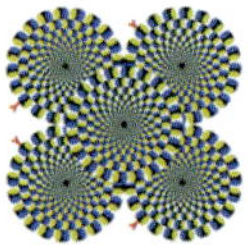

In our project, we use the notion of illusion that is generally known as 'a distortion of a sensory perception'. Among others, we focus on 'apparent movement' that is an optical illusion of motion produced by viewing a steady, rapid succession of a series of still prictures of a moving object. Motion picture is the case of utillizing an illusion of motion that produces the visual impression of continuous movement.

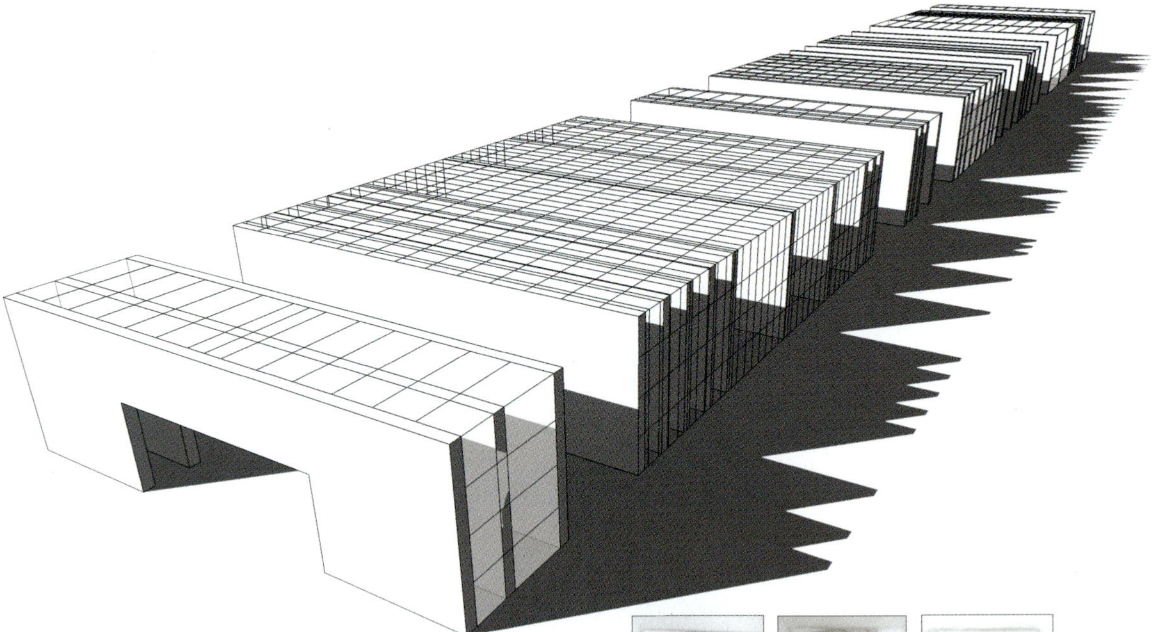

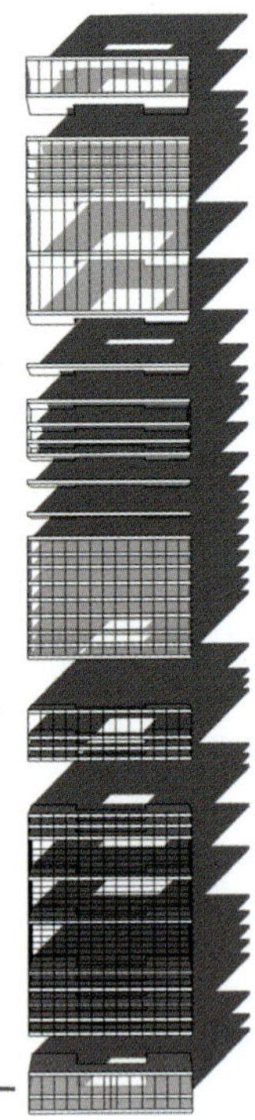

Modeling

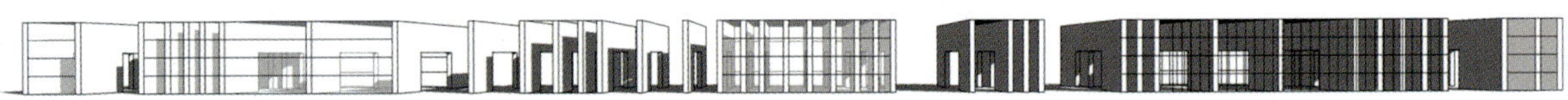

East Elevation

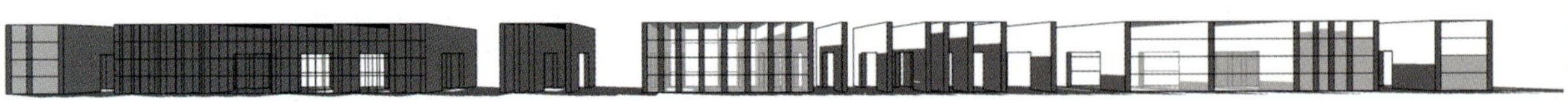

West Elevation

Program Arrangement

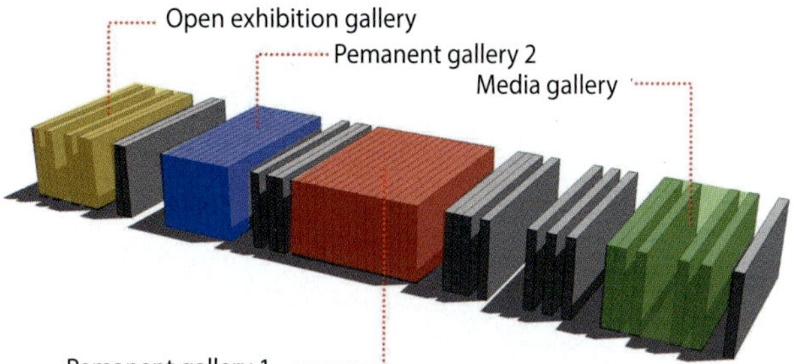

Process

We like to create a fluid and illusory space by using the idea of 'apparent movement'. For this, first of all, a serise of objects (buildings) are ryhthmically lined up at some distances in the same direction. When light is cast onto the objects, then shaded areas will be dynamically created. The internal pathway, that connects a series of arranged buildings, is designed to create an illusion of movement.

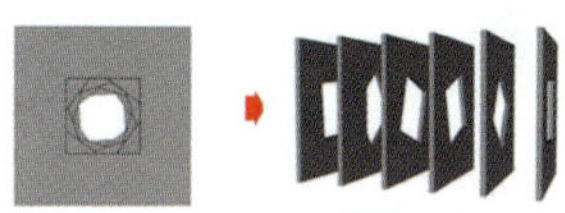

For the pathway, each cutout area of the buildings is designed in different rotations along the focal point, thus creating a whirlpool pattern. It creates an ultimately twisted pathway where a series of walls, roofs, and floors are sloped. Accordingly, when one enters the interior space, she/he will experience a twisted space where walls, roofs and floors are constantly rotating. Of course, the perception of motion and optical illusion occur when one physically moves into the pathway.

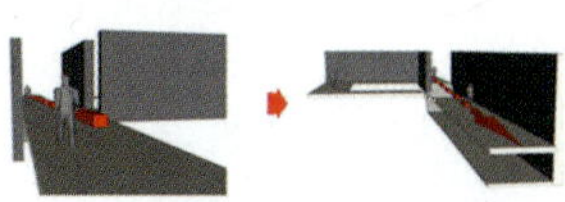

When standing up in front of the entrance, one will imagine the pathway is connected like a tunnel, as what one sees through the whirlpool pathway visually. However, by walking into the path way, one will soon recognize the discreet gaps and other bypaths between the buildings instead of a connecting tunnel.

Corridor as an Integration

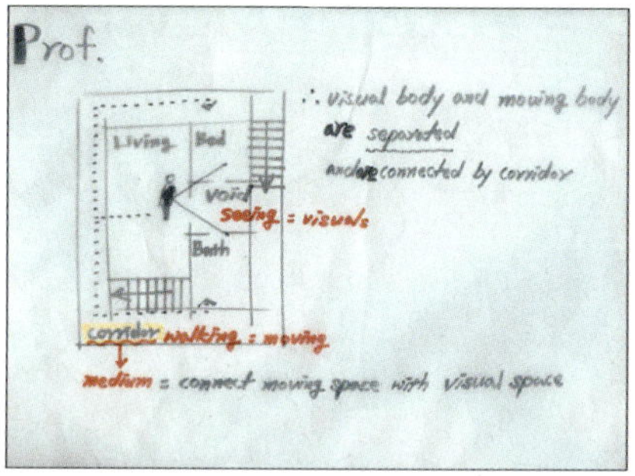

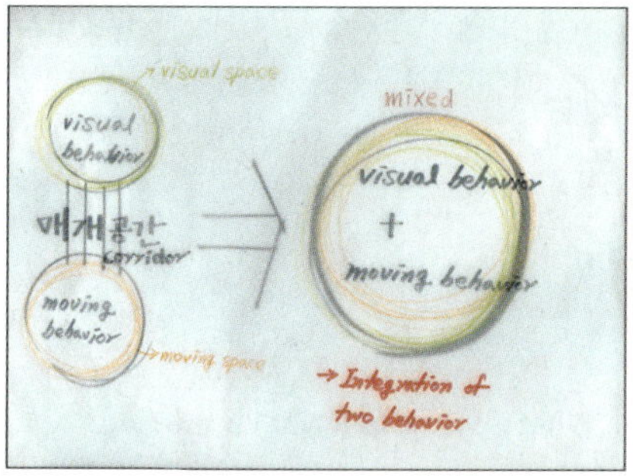

Our project is premised on an assumption that 'visual behavior' and 'moving behavior' are taken place in different dimensions of time. And these are connected through a corridor. Thus the corridor acts as an intergrated space where the two types of behavior are accommodated.

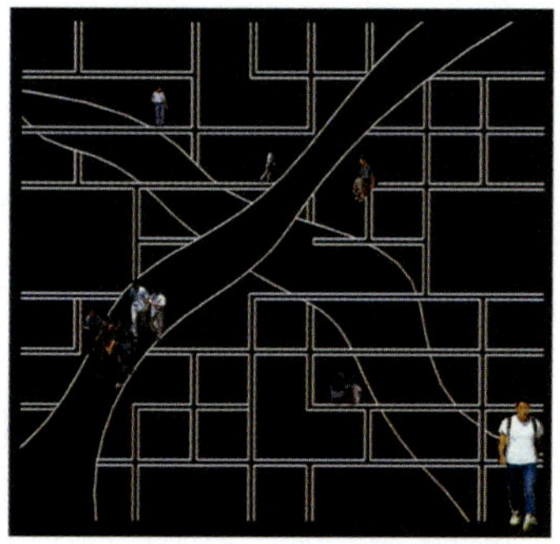

The corridor has double faces when it is composed of the translucent material. Users' behaviors in interior can be reflected to the exterior, thus giving some inspiration to users at exterior. For our project, these sorts of corridors are inserted in a typical gridiron space.

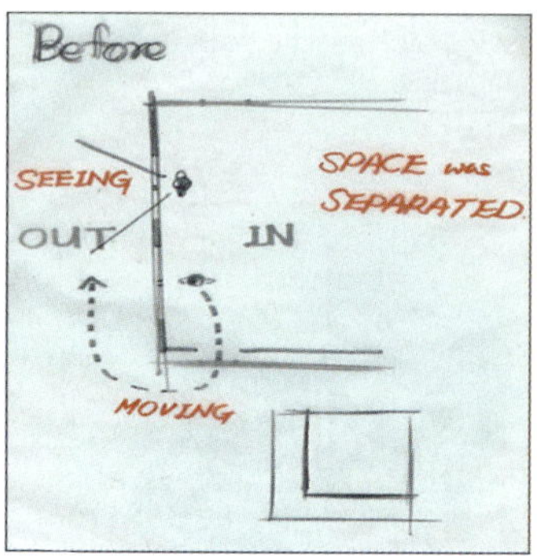

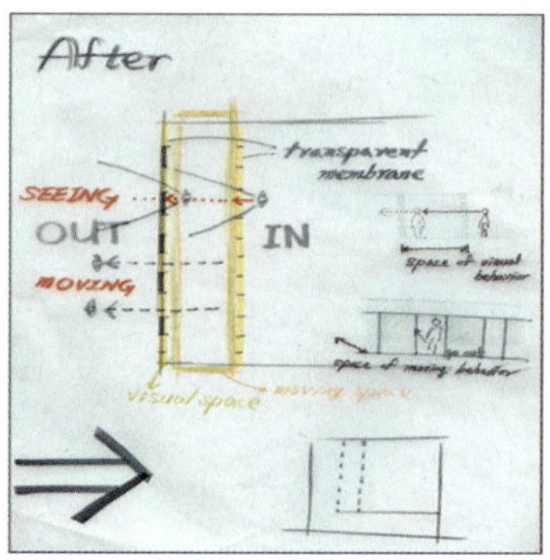

For our design experiment, we wrap an existing corridor with translucent skin so that workshop participants can experience the project, inside and outside.

Viving in Housing
Viving = Visual + Moving

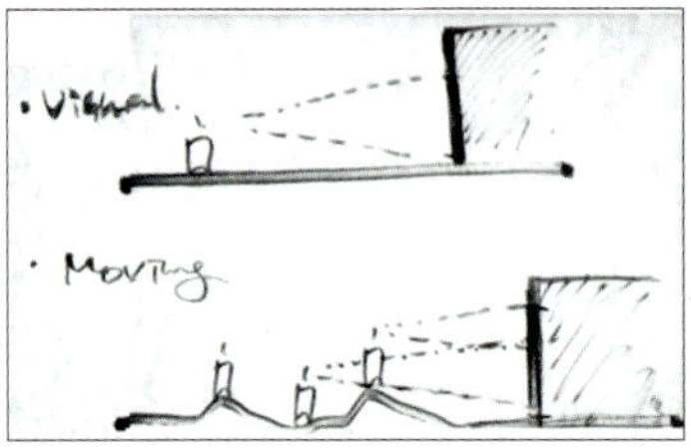

Step 01. What is visual and what is moving?

We take human being as a key element for our project since the two notions, the visual body and the moving body, concurrently happen with regard to human being. We introduce two different layers to express the concurrence of the two notions in architecture.

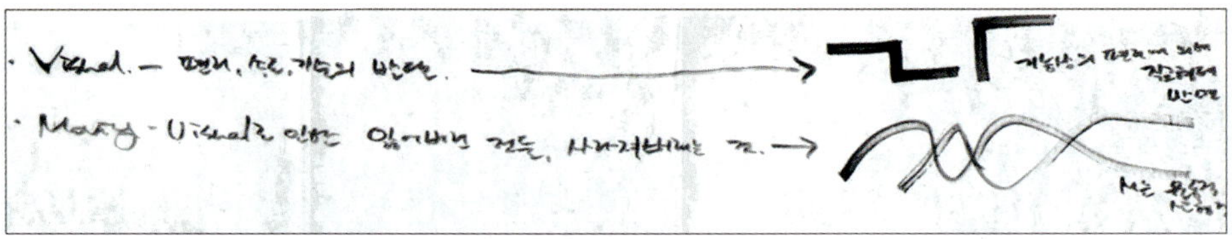

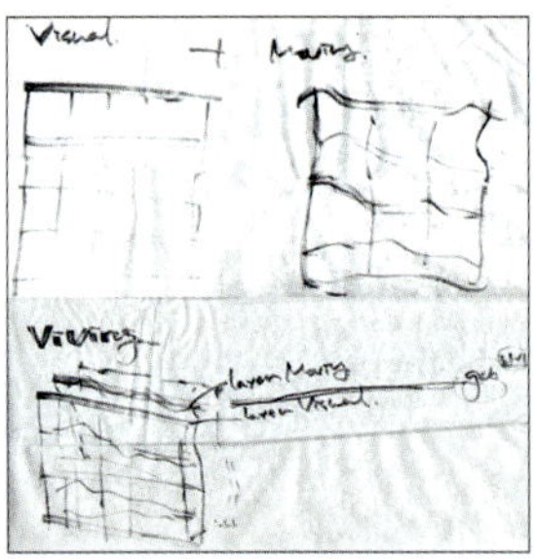

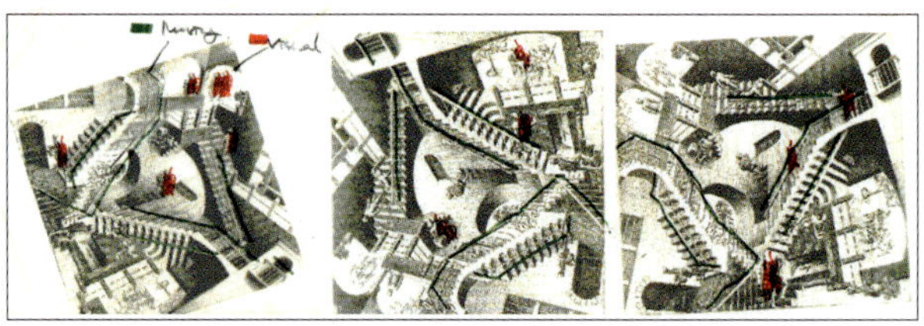

**Step 02.
Characteristics of 'visual layer' and 'moving layer.**

For the project we start designing with the definition of 'visual layer' as tranquil, straight line and costant, and 'moving layer' as active, curved line and changeable.

Step 03. The mixture of the two layers.

By interwining the two layers, we get an interesting mixture. We call it 'viving'. By adopting the idea of 'viving' we intended to make tranquil as well as dynamic space as it reminds the impressible and illusive space of the paradoxical world like M.C. Escher's lithograph print, 'relativity' (1953)

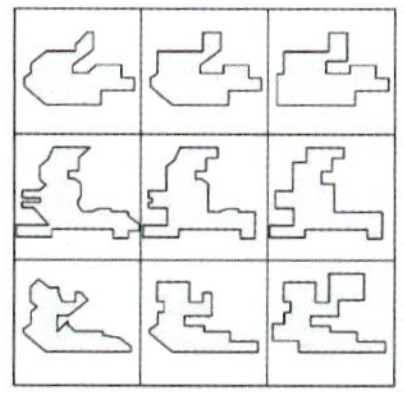

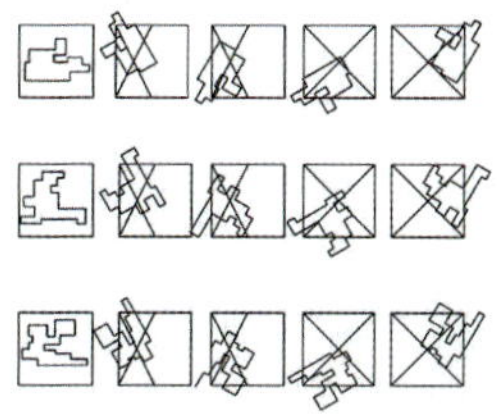

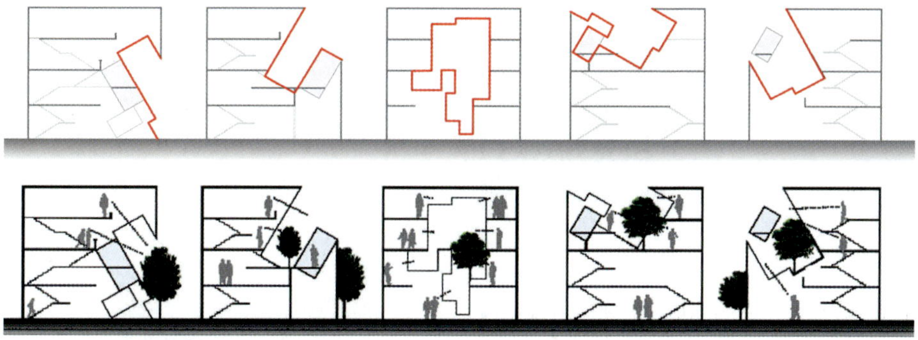

Step 04.
Presentation of the layers.

We pay attention to the subway route map of Seoul to search for some dynamic as well as calm property. Among various subway routes, we take a few routes, extracting some three dimensional space forms

Step 05. Final Shape

Since we define the visual layers as tranquil property, we make the layer with boxy frames. A few 3D experimental models out of the subway route map are inserted within the frames in rotation. Finally, we develop the conceptual design into architecture.

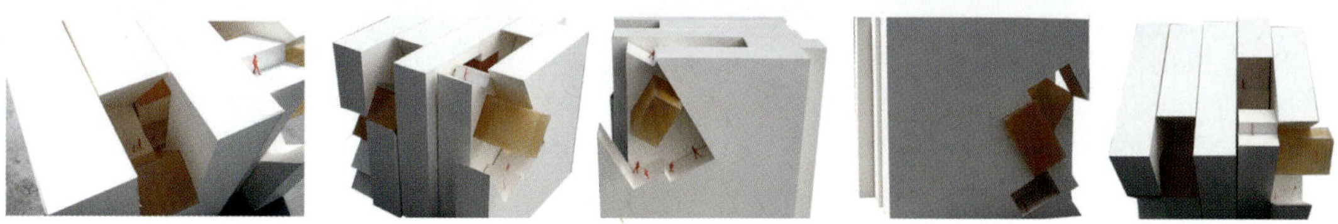

Non-distance house

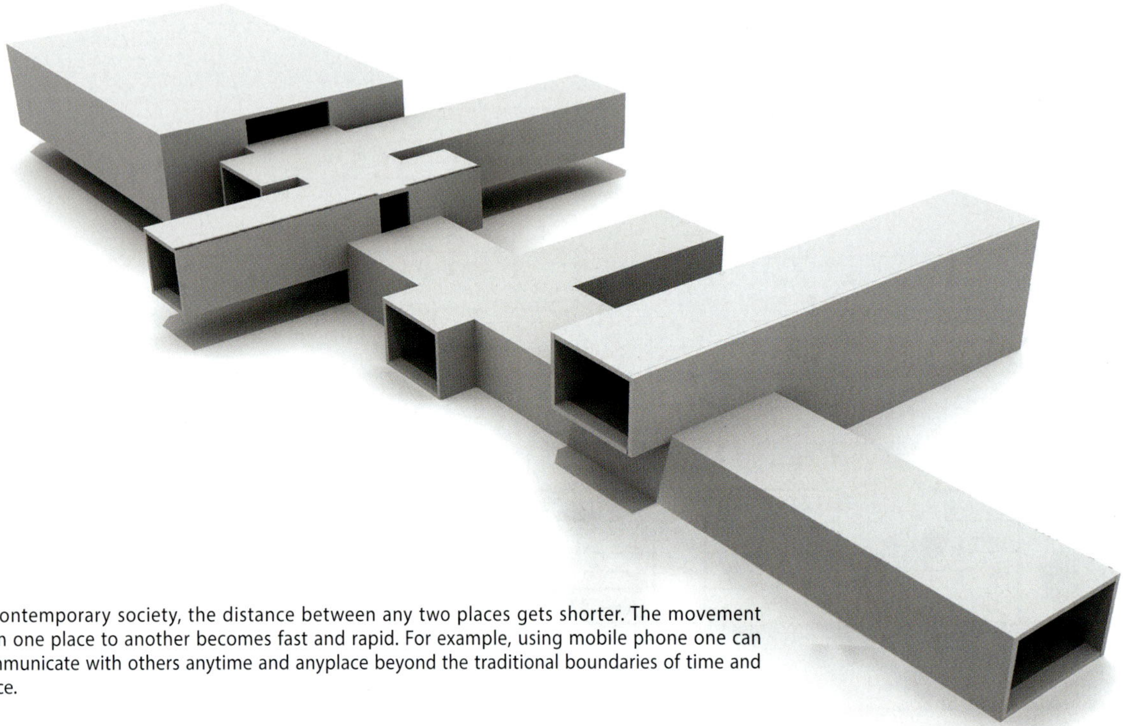

In contemporary society, the distance between any two places gets shorter. The movement from one place to another becomes fast and rapid. For example, using mobile phone one can communicate with others anytime and anyplace beyond the traditional boundaries of time and space.

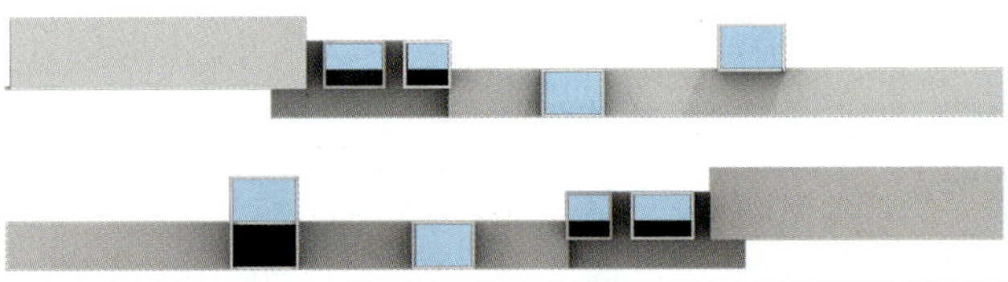

Elevaion

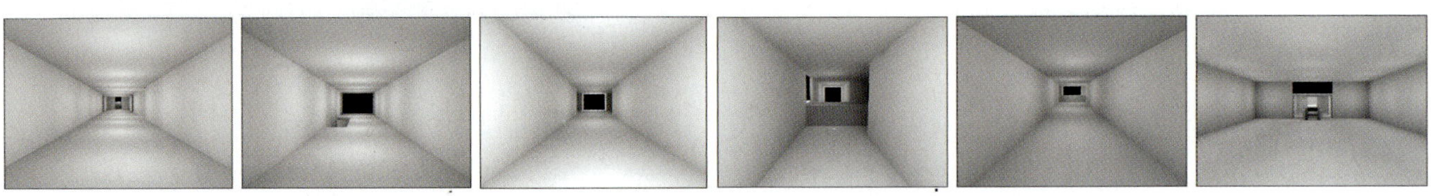

a b c d e f

Concept

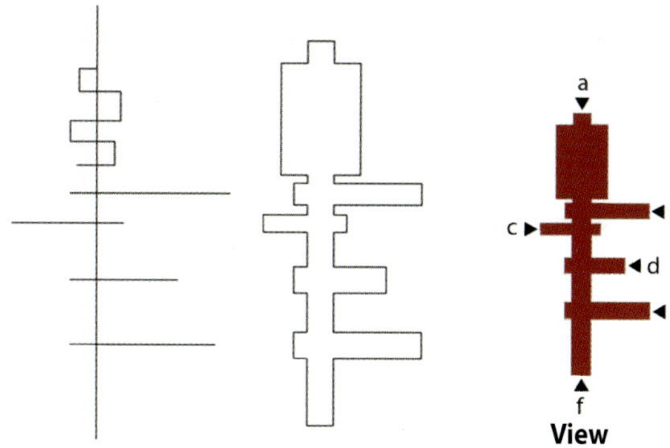

Plan

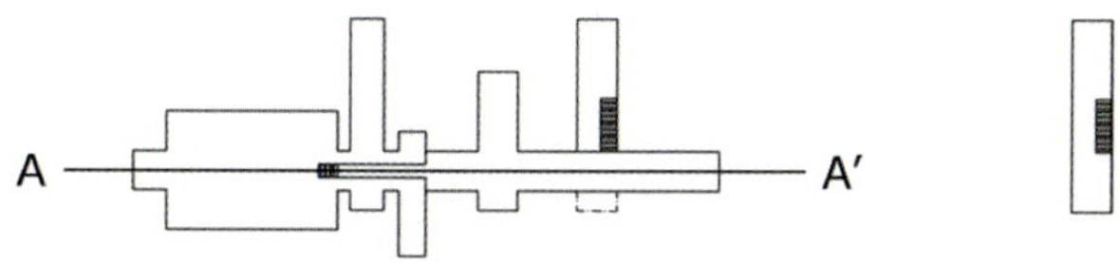

+1.5m Plan

+4.5m Plan

Section A-A'

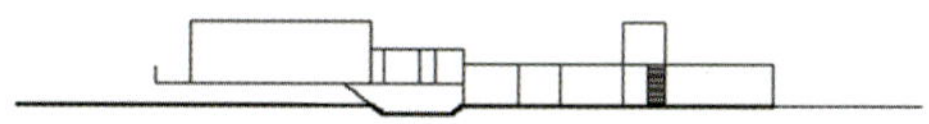

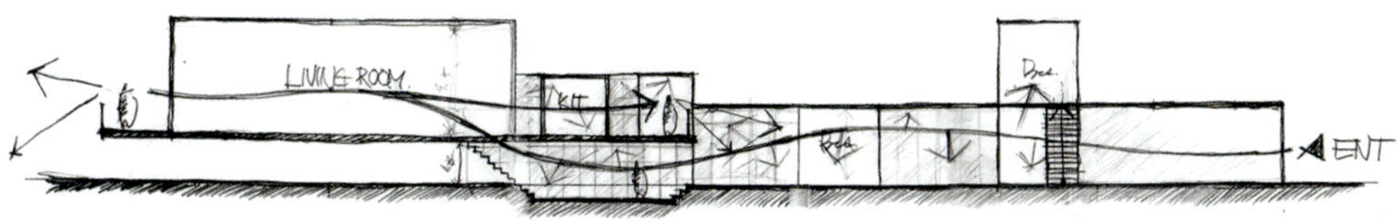

Modeling

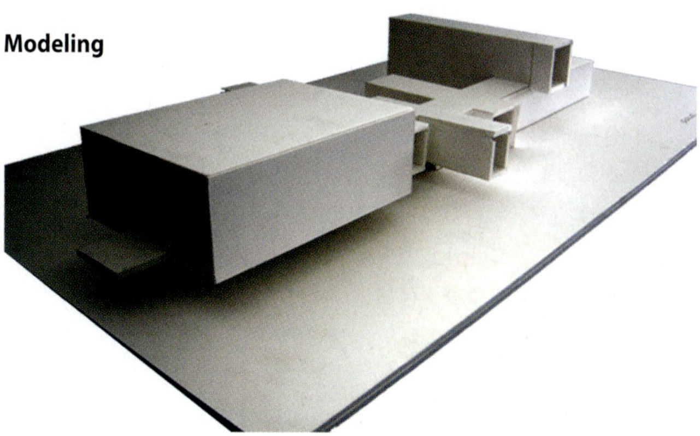

Process

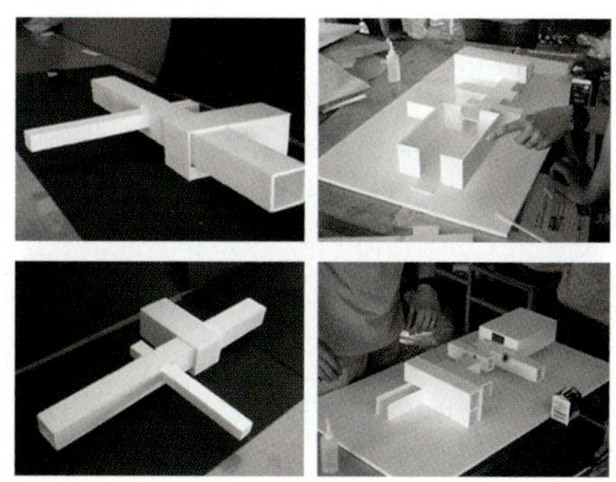

강연

존경하는 교수님과 학생 여러분, 저는 치바 마나부입니다. 인하대학교에서 여러분들과 만나게 되어 매우 영광입니다. 월드컵 축구 경기 때문에 오늘밤은 모두에게 특별한 밤일 것이라 생각합니다. 불행하게도 일본은 오늘 아침에 졌습니다.

저는 이번 워크숍이 인하대학교 건축학과에서 개최하는 17회 워크숍이라고 알고 있습니다. 그리고 이번 워크숍은 오직 이틀이라는 제한된 시간을 가지고 있다고 들었습니다. 매우 빡빡한 일정이 될 것 같습니다. 짧은 시간 동안에 여러분들은 함께 소통하면서 디자인을 발전시키게 될 것입니다. 여러분 중에 일부는 건축 공부를 이제 막 시작한 학생들이거나 마지막 학기를 남겨둔 학생들, 대학원 과정에 있는 학생들이라고 알고 있습니다.

워크숍 주제로 적절한 건축적 디자인에 대해 생각해 보았습니다. 여러분들은 이미 이번 워크숍의 주제와 주제문을 읽었을 것이라 믿습니다. 저는 이번 주제가 매우 개념적이지만, 건축에 있어서 매우 본질적인 것이라고 생각합니다. 때때로 건축은 문자 그대로 가상에 속해있는 동시에 매우 현실적인 실체입니다. 우리들의 일반적인 인식 속에는 여러분들이 공간을 바라볼 때, 시각뿐만 아니라 때때로 여러분들이 만지고 느끼는 색깔, 질감, 모양 등과 같은 모든 감각들을 사용합니다. 여러분들은 감각을 통해서 주변 환경을 인식합니다.

20세기에 들어서, 새로운 첨단 기술과 디지털 미디어는 시간과 공간이라는 전통적인 영역을 넘어서 시각적 소통을 확장 할 수 있게 하였습니다. 요즘 여러분들은 다른 사람들과 의사소통을 하기 위해서 휴대전화를 사용합니다. 여자 친구나 남자 친구에게 낭만적인 편지를 쓰는 대신 휴대전화를 통해 친구들과 연락을 취하는 것이 더 편하게 느껴질 것입니다. 이러한 새로운 소통 수단은 여러분들이 세상을 바라보고 공간을 인식하는 감성에 영향을 끼칠 것이라고 생각합니다. 만약 여러분들이 휴대전화를 가지고 있다면 여러분들은 시간과 공간에 대해 많은 생각을 하지 않을 것입니다. 여기서 제가 이번 워크숍에서 여러분들의 프로젝트를 위해 몇 가지 힌트를 설명해주도록 하겠습니다.

LECTURE

Distinguished faculty and students, my name is Manabu Chiba. I am deeply grateful to all of you for your presence here at Inha University in Korea. Tonight is very special for all of you because of the World Cup soccer game. Unfortunately, Japan lost in the morning.

I know that this is the 17th workshop held at Inha University Department of Architecture. As far as I know, we have only a limited amount of time towards completing the workshop, only two days. That must be a very tight schedule. Within such a short time frame, you are asked to develop a design while communicating with all of you during the workshop period. I think some of you just started learning architecture and some of you are already toward the last year of your study and in a graduate program.

I like to think about architectural designs pertinent to the workshop theme. I believe that you have already read the theme and description of the workshop. It's very conceptual, but I think it is very essential for architecture. Sometimes architecture belongs to literally virtual but at the same time architecture is very real thing. In our ordinary perceptions when you view space, you always use all human senses, not only visual, but also, sometimes you touch, you feel many things with color, texture, shape, and so on. You perceive the surrounding environment by the human senses.

Besides, in the 20th century, the new cutting-edge technology and digital media allow to expand visual communication beyond the traditional boundaries of time and space. Nowadays, you use mobile phone to communicate with others. Perhaps, you never write romantic letters to your girlfriend and boyfriend. You just ring them from your mobile phone. I think this sort of new communication method is affecting the sensitivity how you see the world and how you perceive the space. If you have mobile phone then, you don't think so much about the time and place. Here I try to explain about a kind of hint that you use for your project throughout the workshop.

I believe you all know surfing. Surfing is a sort of thrilling sports where you ride waves in the ocean. You ride on a board and need balance to stay up while the wave takes you up and down.

저는 여러분 모두가 서핑에 대해 알고 있으리라 생각합니다. 서핑은 여러분들이 바다에서 파도를 탈 수 있는 전율적인 스포츠 중의 하나입니다. 여러분들은 보드를 탈 때, 파도가 위 아래로 움직이는 동안 깨어있는 균형감각을 필요로 합니다. 여기에는 여러분들이 보드를 타기 전에 알아야 할 많은 요소들이 있습니다. 예를 들면, 여러분들이 어떻게 파도를 잡고, 어떻게 저을 것이며, 어떻게 물속으로 다이빙할 것인지, 어떻게 일어설 것인지 등에 대해 배워야 합니다. 그러나 서핑보드와 환경과의 관계는 매우 중요한 요소입니다. 만약 여러분들이 같은 파도를 타는데 다르게 디자인된 보드를 사용한다면 여러분들은 완전히 다른 감각을 느끼고 다르게 감명 받을 것입니다. 그러므로 보드를 디자인하는 것은 근본적으로 중요한 것입니다.

여기 또 다른 매우 개념적이고 흥미로운 주제가 있습니다. 1980년대에 조르지오 알마니는 세계적으로 패션계를 이끌었던 사람 중의 한 사람으로, 그는 옷을 정교한 재봉, 훌륭한 재단 그리고 우아함으로 결합시켰습니다. 특히 그의 디자인은 남성 정장에서 매우 잘 나타나 있습니다. 그의 디자인에서 가장 중요한 개념은 신체라인을 찾아내는 것이었습니다. 그에게 있어서, 신체는 삼차원적이고 많은 곡선으로 이루어진 것으로 그의 디자인은 이러한 매우 정확한 곡선들로 가득 차 있습니다. 그것이 바로 그의 디자인의 혁신적인 점이었습니다. 흥미롭게도, 일본 패션계의 가장 성공한 디자이너 중 한 명인 잇세이 미야케는 옷을 디자인하는데 있어서 완전히 다른 개념을 제창했습니다. 인간의 몸이 삼차원적일지라도 잇세이 미야케의 디자인은 '주름'이라 불리며 완전히 평평하게 디자인 되었습니다. 여러분들은 어느 상점에서든지 주름옷을 발견할 수 있습니다. 만약 여러분이 테이블에 옷을 벗어 놓는다면 이 옷은 완전히 평평해질 것입니다. 그러나 이 주름옷은 여러분들이 옷을 입을 때, 항상 여러분들의 신체와 옷 사이에 여백이 존재하는 그런 옷입니다. 그리고 이것이 그의 디자인에 있어서 중요한 주제이자 핵심인 것입니다.

이 두 명의 디자이너는 사람을 위해 옷을 디자인합니다. 그러나 그들의 디자인은 완전히 대조적입니다. 알마니는 옷을 신체에 맞추려 한 반면에, 잇세이 미야케는 옷과 신체 사이의 여백을 즐기려 했습니다. 여기서 인간의 신체와 주변 환경과의 관계를 바라보는 또 다른 흥미로운 점이 있습니다. 어떤 환경이 당신에게 편안하거나 흥미롭습니까? 저는 여러분들에게 답을 주지는 않겠습니다. 때때로 매우 부드럽고 달라붙는 옷이 여러분을 편안하게 해줄 수 도 있지만, 신체와 옷 사이의 여백이 여러분들을 더 편안하게 해 줄 수도 있기 때문입니다. 제가 말할 수 있는 것은 옷은 여러분의 신체를 사랑하는 건축보다 작은 환경이라는 것입니다. 만약 여러분들이 좋은 옷을 입는다면 매우 행복하고 편안한 감정을 느낄 것 입니다. 그러나 여러분들이 난해하고 불편한 옷을 입는다면, 하루 종일 불편하고 불만스러운 감정을 느낄 것 입니다.

이 개념은 건축의 경우와 마찬가지로 근본적인 문제입니다. 우리는 매일 건축적인 공간을 경험합니다. 공간의 시각적 경험은 우리의 신체와 관련이 있습니다. 지금 이 시간, 저는 여러분들이 공간의 시각적 이해와 동적 경험에 대한 확실히 깨닫기를 바랍니다. 우리는 이번엔 이 두 가지를 분리하여 생각할 것입니다. 시각적 경험과 관련해서, 여러분들은 방을 보거나 혹은 창문을 통해서 쉽게 바깥환경을 볼 수 있습니다. 왜냐하면 창문은 투명

There are many factors that you must know before riding the board. For example, you need to learn how to catch a wave, how to paddle, how to duck dive, how to stand up, and so on. However, the relationship between surfboard and the environment is a significant aspect. If you use the different design of the board on the same wave, you get completely different impression and different feel. Therefore designing the board is fundamentally important.

There is another interesting topic that is very conceptual. In the 1980s, Giorgio Armani was acknowledged as one of the world's leading fashion designers whose clothes combine exquisitely tailoring, superb cut and elegance. His design, particularly men's suit, was very successful. The most important concept of his design is that he tried to trace the bodyline. For him, the body is three dimensional and lots of curves, and his design was full of these very precise curves. That's his innovation. Interestingly enough, one of the most successful Japanese fashion designers, Issey Miyake, said about the completely different concept of designing clothes. Although the human body is three-dimensional, Issey Miyake's design is completely flat, called pleats. You can find pleats from any shop-store. If you put on a table, that clothes will be completely flat. That means when you wear clothes it will have always a gap between your body and cloth, and that was his important theme or point of his design.

The two designers design clothes for human being, but their designs are completely contrastive or opposite. While Armani tried to make clothes fit to body, Issey Miyake enjoyed the gap between clothes and the body. This is another interesting point with regard to the relationship between the human body and the environment. Which environment is interesting or comfortable for you? I am not giving you the answer. Sometimes, very smooth and skinned clothes may make you comfortable. Or the gap between the human body and clothes may make you feel comfortable. So, clothes, I can say, is a smaller environment than that of architecture that loves your body. If you wear a nice cloth, then you will feel very happy and comfortable. But if you wear uneasy and uncomfortable clothes, then you will feel bad and unsatisfied the whole day.

This concept is fundamental in the case of architecture. We experience architectural space everyday. The visual experience of the space has to do with our body. Now, this time I want to make you very clear about the visual understanding of space and the moving experience. We will think little separately this time. Per the visual experience, you can see a room or outside environment through a window easily, because the window is clear. If the window is screened, then you cannot see any. But you should experience the outer environment in different ways. Which means you can just move out. So the visual understanding of the space and the moving experience sometimes can be similar and sometimes can be completely different. Therefore, when we think about a space, we think about the visual understanding of the space and the moving experience as well.

This is the plan of the house that I designed. I will show you more images tomorrow morning. This is a living space, bedroom, staircase and corridor. And this is a kind of courtyard, this is void space. What I try to show you here is that each space is very strongly connected visually, like one

하기 때문입니다. 만약 창문이 막으로 가려져 있다면 여러분들은 어떤 것도 볼 수 없을 것입니다. 그러나 바깥 환경은 다른 방식으로 경험해야 합니다. 여러분들이 바깥으로 움직여야 한다는 것을 의미합니다. 따라서 공간에 대한 시각적 이해와 동적 경험은 유사하기도 하고, 때로는 완전히 다를 수 있습니다. 그러므로 우리가 공간에 대해 생각할 때, 우리는 공간에 대한 시각적 이해와 동적 경험에 대해 잘 생각해 볼 필요가 있습니다.

이것은 제가 디자인한 집의 평면입니다. 저는 내일 아침 여러분들에게 더 많은 사진들을 보여줄 것입니다. 이것은 거실이고, 침실, 계단, 복도입니다. 그리고 이것은 빈 공간인 일종의 중정입니다. 제가 여기서 보여주고 싶은 것은, 거실에서 다른 모든 실들을 볼 수 있는 것처럼, 각각의 공간이 시각적으로 매우 강하게 연결되어 있습니다. 각각의 실들은 매우 작지만 창문을 통해서 서로 강하게 연결되어 있습니다. 이를 통해서 침실에서 욕실을 볼 수 있습니다. 혹은 거실에서 침실과 욕실을 명확히 볼 수 있습니다. 거실과 침실, 욕실이 여러분들과 매우 가깝고 각 실들이 서로 가깝게 있다고 느낄 것입니다. 그러나 이 실들에 가기 위해서는 여러분들은 이 복도를 통해서 걸어가야 합니다. 즉, 시각적 거리와 이동 거리가 매우 다르다는 것입니다. 시각적으로 여러분들이 가깝다고 느끼지만 멀리 이동해야 합니다. 이 집에 거주하기 위해서 여러분들은 시각뿐만 아니라 여러 방식으로 당신의 감각들을 사용해야 합니다. 때때로 여러분들은 있는 곳에서, 침실에서 자고 있는 여러분들의 배우자를 바라볼 것입니다. 여러분들은 매우 편안하게 느낄 것입니다. 왜냐하면 여러분들의 배우자가 매우 가깝게 있기 때문입니다. 그러나 동시에, 그녀에게 가기 위해서는 여러분들은 걸어야 하고, 그곳에 가는 것에 대해 의식해야 합니다. 이 프로젝트에서의 저의 의도는 시각적인 관계성과 동적 경험을 제공하는 것입니다. 저는 이 두 가지 경험 사이에서의 큰 차이를 주고자 했습니다. 그리고 저는 젊은 부부가 이곳에서, 항상 가깝지 않지만 떨어져 있지도 않은 것처럼 지내면서, 그들의 시간을 보내기에는 좋은 경험이 될 거라 생각합니다. 두 사람의 거리는 여러 다른 수준으로 바꿔 생각할 수 있습니다. 저는 아마도 가장 안정적인 환경 중의 하나가 이것이라고 생각합니다.

내일 여러분들은 이 집에 대해 보다 많은 사진들을 보게 되면서, 공간들이 어떻게 조직되었는지 이해하게 될 것입니다. 이 워크숍에서 여러분들은 시각적, 동적으로 공간을 이해하는 것에 대해 생각해보게 될 것입니다. 그 다음 이 두 가지 요소를 이용하여 공간을 생각해 볼 것입니다. 그런 후, 여러분들이 시각적, 신체적 경험을 인식할 수 있는 그러한 공간을 디자인해 볼 것입니다.

오늘밤은 여기까지입니다. 내일의 워크숍을 기대하겠습니다.

can see all other rooms from the living room. Each room is very small but strongly connected to each other through the windows. You can see the bathroom from bedroom clearly through this window. Or, you can see bedroom and the bathroom clearly from the living room. You may feel that the living room, bedroom and the bathroom are very close to you and to each other as well. But to go these rooms you have to move through this corridor. Similarly to go to bedroom from the living room, you must walk from here to bedroom through the corridor. So, the visual distance and the walking distance are very different. Visually you feel close but by moving it is far. To use this house you have to use your senses in many ways not just visual. Sometimes you are here and you are looking at your wife sleeping in bedroom. You feel very comfortable because your wife is very close. But at the same to go to her, you have to walk and you should really be conscious about going there. My intension in this project is to provide the visual relation and the moving experience. I tried to make a big gap between these two experiences. And I thought that this is a good experience for young couple to spend their time here; not always close, not always separate. The two persons' distance could be translated in many different levels. I thought, perhaps this is one of the most comfortable environments.

Tomorrow you will see more images of the house, and come to understand how the spaces are organized. So for this workshop you try to think about the understanding of the spaces visually and movingly, and then try to think the space by using these two parameters. Then design any kind of space where you can be conscious about your visual and body experience.

This is all for tonight. So I am very much looking forward to this workshop.

Chiba Manabu

파라모던 / 스프링텍쳐

PARAMODERN / SPRINGTECTURE

파라모던 / 스프링텍쳐

파라모던

나는 모더니즘 이론의 추상화 과정을 높이 평가한다. 이런 추상화 개념을 받아들여 모더니즘의 경계를 초월한 새로운 개념을 연구하고 있는데 이것을 "Paramodern"이라 명명하였다. 나는 모더니즘 자체가 지금도 여전히 유효하다고 생각한다. 그러나 공간이 과도하게 획일화 되어있는 진부함을 볼 때, 모더니즘이 인간에게 그다지 유용하지는 않아 보인다. 그러므로 내가 생각하기로는 우리가 현대의 삶을 지지하는 건축을 상상할 수는 있지만, 여전히 지금으로부터 수십 년 전인 20세기 초의 모더니즘의 귀중한 측면들을 본받고 있다고 본다. 이러한 생각은 "Paramodern"에 기초하고 있다. "Paramodern"이라는 이름은 또 다른 모더니즘 혹은 대안을 추구하는 태도로부터 출발한다.

스프링텍쳐

이 구조물은 지붕, 벽, 그리고 바닥을 형성하기 위한 하나의 편평한 면으로 구성된 나선형의 연속체로 정의되고, 서로 연계된 불연속의 'springtecture'를 만들게 된다. 이 구조는 일련의 곡률과 직선으로 묘사되는 연속체들이지만, 하나의 활성 면에 하나의 확장된 건축 공간을 결합한다. 분기된 공간들은 'Bunyutai'처럼 부분적으로 공유하는 요소를 가지고 건축물에서 그 내부와 외부, 앞과 뒤를 불연속적으로 움직이는 하나의 생산적 관계를 만들기 위한 테두리들을 형성한다.

프로그램

이번 워크숍에서 건축프로그램은 약 200m^2 크기의 카페를 포함한 서점, 화장실, 조리실 등을 포함한다.

PARAMODERN / SPRINGTECTURE

Shuhei Endo

PARAMODERN

I think highly of the process of abstraction in the modernism's theory. I took over this "abstraction" and formed new idea of conception transcending border of the modernism, which I named "Paramodern". I agree that Modernism itself is still very effective, but it has also not really serviceable side for human, for instance, boredom of excessive homogeneity of space. Therefore I thought that we can imagine an architecture which supports our contemporary life but still inherits valuable aspects of modernism, that is decades far from now - early 20th century. This idea is the basis of the paramodern. The name "paramodern" derives from attitude to seek for "alternative" or "another" modernism, i.e. "para"-modern.

SPRINGTECTURE

The structure is defined by the spiraling progression of a flat continuous surface, to form its roof, walls, and floors, creating a 'springtecture' of linked discontinuities. While this progresses by describing a series of arcs and straight lines, it combines an active plane surface with an expanded architectural space. The ramified spaces shape their edges (interior / exterior, front / back) to form a productive chain that moves discontinuously from exterior to interior and back to exterior in an architecture of partially shared elements or 'Bunyutai'.

PROGRAM

Book Shop with Café (About 200m2) / Bookshop, Café, Rest room, Kitchen, etc.

Site 01

Kyung-Bok Place

IKyung-Bok Palace is located in northern Seoul, South Korea. It was the main and largest palace of the Joseon Dynasty and one of the five Grand Palaces built by the Joseon Dynasty.

The palace was originally constructed in 1394 AD, by Jeong Do-jeon, a Korean architect. It underwent various reconstructions and eventually ended up as a massive 330 buildings complex. Standing on 410,000 square meters of land, it was a symbol of majesty for the Korean people and the home of the royal family.

In 1911, the Japanese invaders destroyed all buildings of the palace complex except for 10 buildings, which were transformed into the headquarters (Government House) for the Governor-General of Korea during the Japanese colonial period. There is no photographic record of the site before 1911.

Many Koreans still hope to resurrect some parts of the original palace. Archeological work has brought 330 building foundations to light. However, the exact design, color, height, etc will never truly be determined.

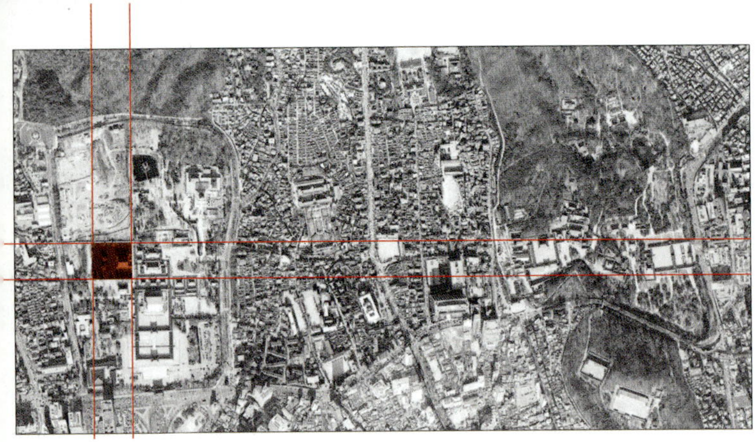

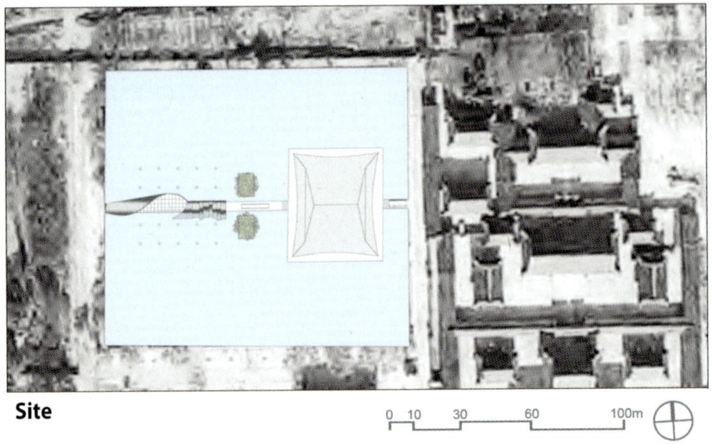

Site

from Modern to Para-Modern

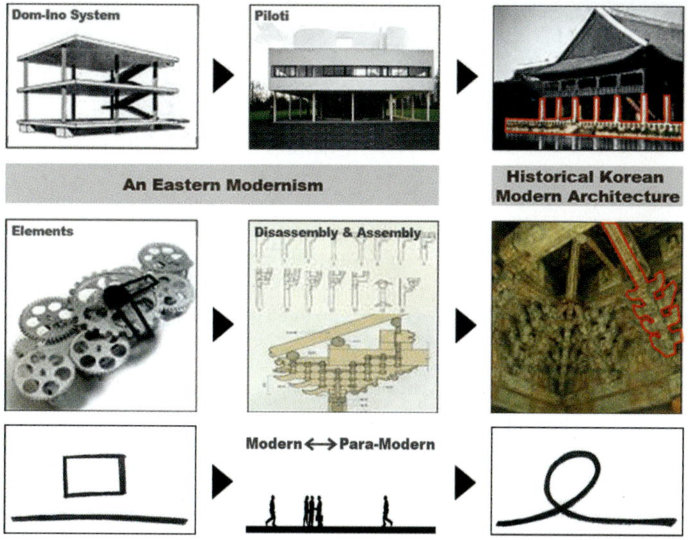

Conceptual Development

Paramodern is another definition of Modernism. Modern architecture is tectonic and elemental; yet Paramodern architecture integrates all tectonic elements through continual skins. By the 'decalcomania' method, we have tried to make a historic passage from Modernism to Paramodern which provides a search for new forms of expression.moving body are considered for the project.

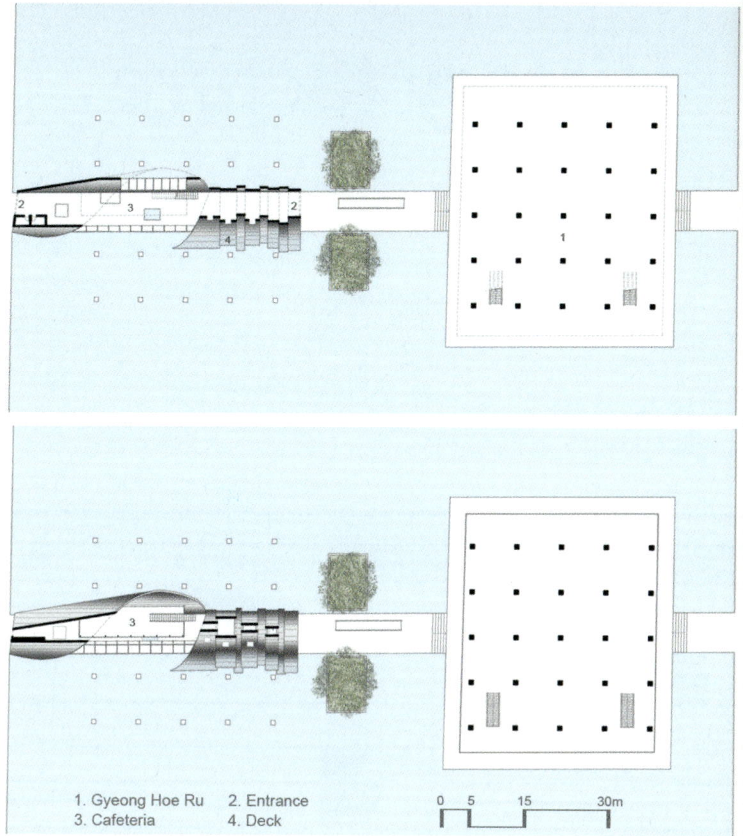

Plan

Section

History tecture

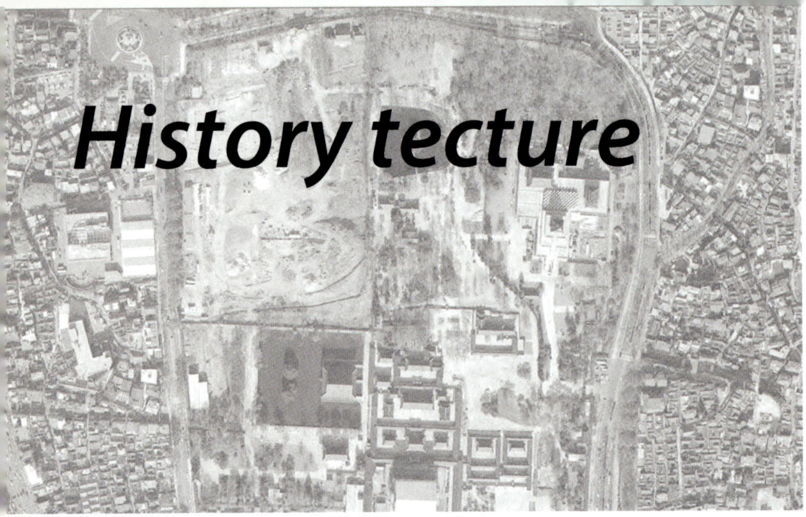

For the development of the project with the given program in 'Kyoung-Bok Palace', we basically gave emphasis on three premises. Firstly, how can we make the physical relationship between our new building and old one? Secondly, what should we do to make new building as a media of history? Finally, what should be the most suitable form of building for visitors' convenience?

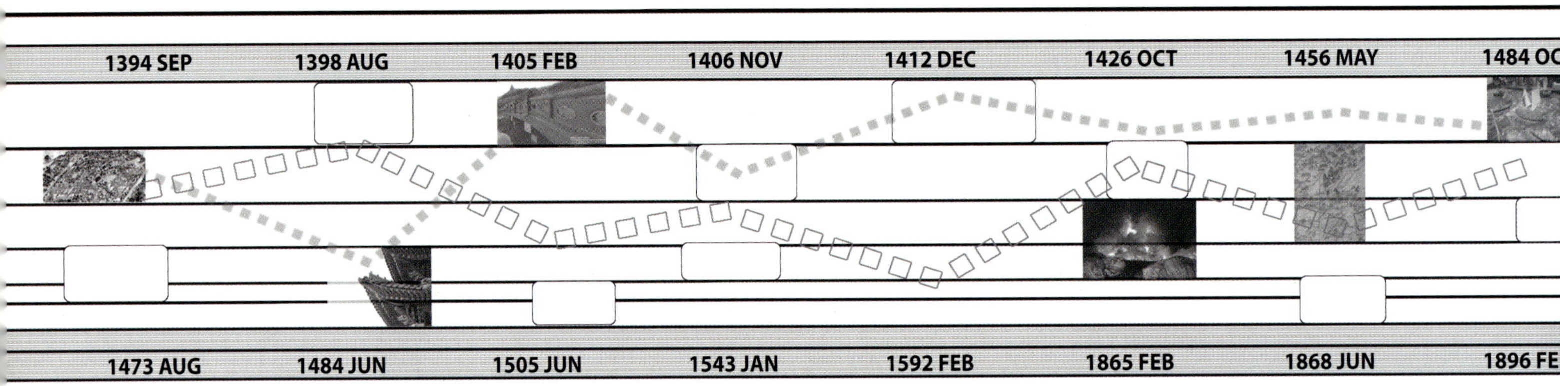

Specification for critical points

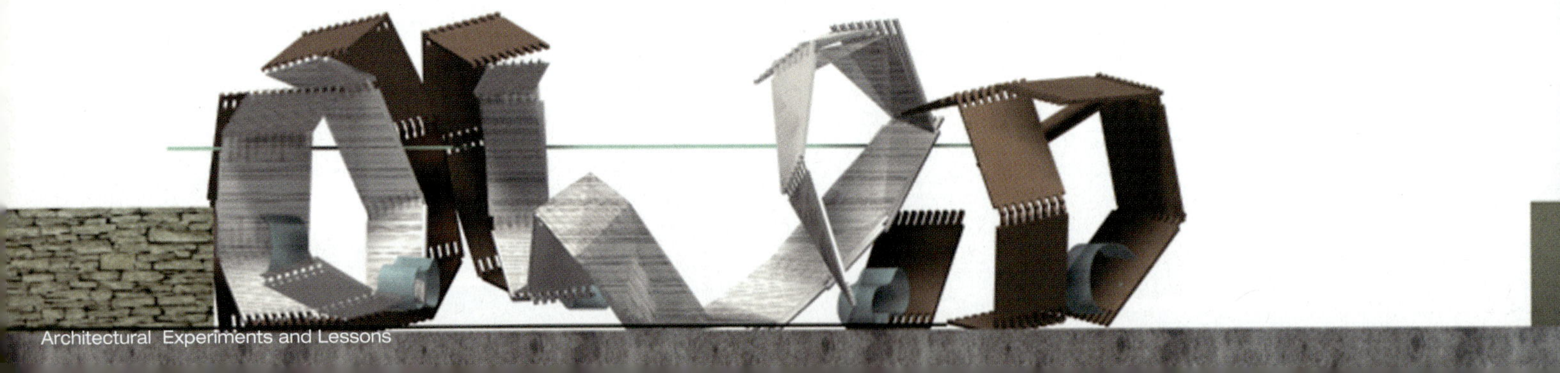

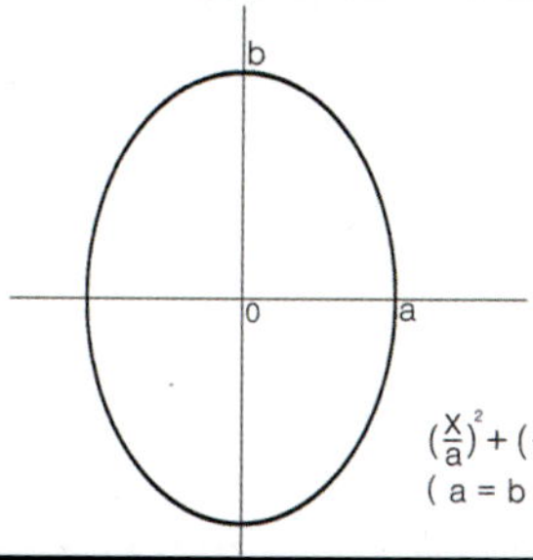

$$\left(\frac{x}{a}\right)^2 + \left(\frac{y}{b}\right)^2 = 1$$
$$(a = b \neq 0)$$

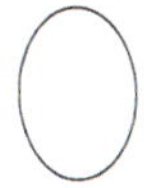

Prototype

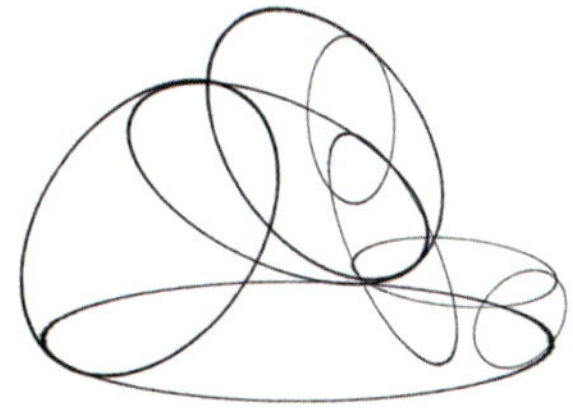

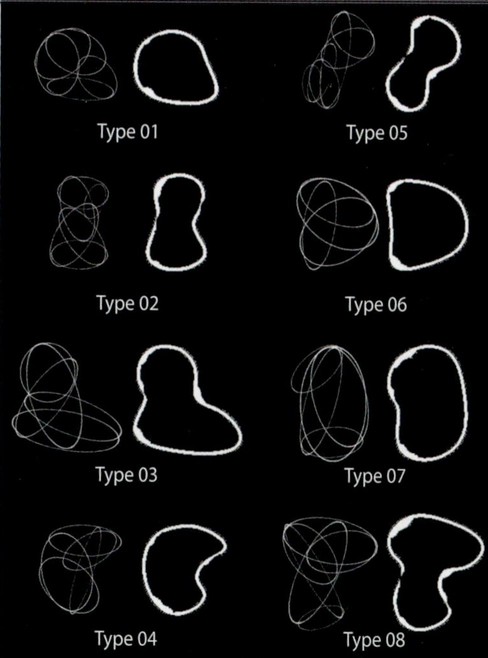

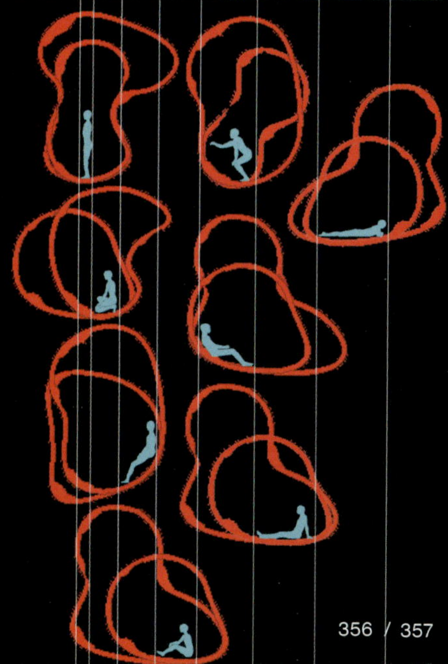

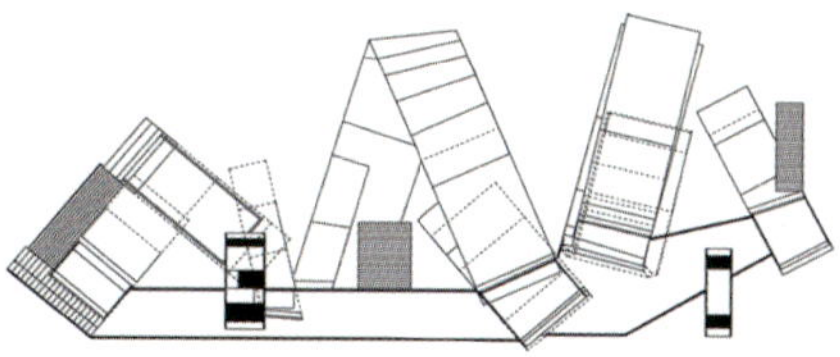

Plan

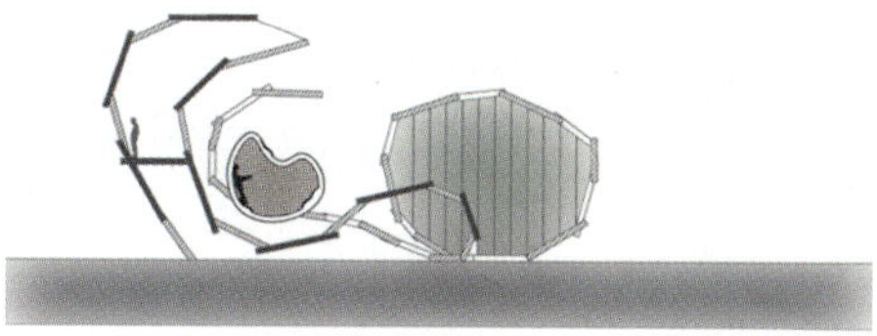

Section

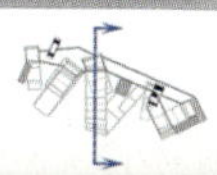

Site 02

Tapgol Park

The 'Tapgol Park' is one of the most famous parks in Seoul which carries the history of Korea. The site of this park was originally a Buddhist temple complex named 'Heungboksa' in the Goryeo era and 'Wongaksa' in the Joseon Dynasty, respectively. The park has become historical among the Koreans when independent fighters declaimed the Declaration of Independence here on March 1, 1919. Later in 1897 J.M. Brown, a British counselor to the Daehanjeguk (Empire) turned this park into the first modernized park in Korea.

This park is also known as 'Pagoda Park' as there are many stone monuments and pagodas. Its name was changed on May 28, 1992 into the 'Tapgol Park' named after its original Korean name. With an octagonal pavilion known as 'Palgakjeong' (Tangible Cultural Property No.73) in the center, there are valuable historic relics, including 'Wongaksaji Sipcheung Seoktap' (Wongaksaji 10-story stone monument) (National Treasure No.2), 'Wongaksabi' (National Treasure No.3) and the stone support of 'Angbuilbu' (a sundial). There is also '3.1 Independence Movement ('Sam-il-geul') Memorial Monument', a mural of '3.1 Independence Movement', a statue of Euiam (Son Byeonghui) and a monument of Manhae (Han Yongun).

A

B

C

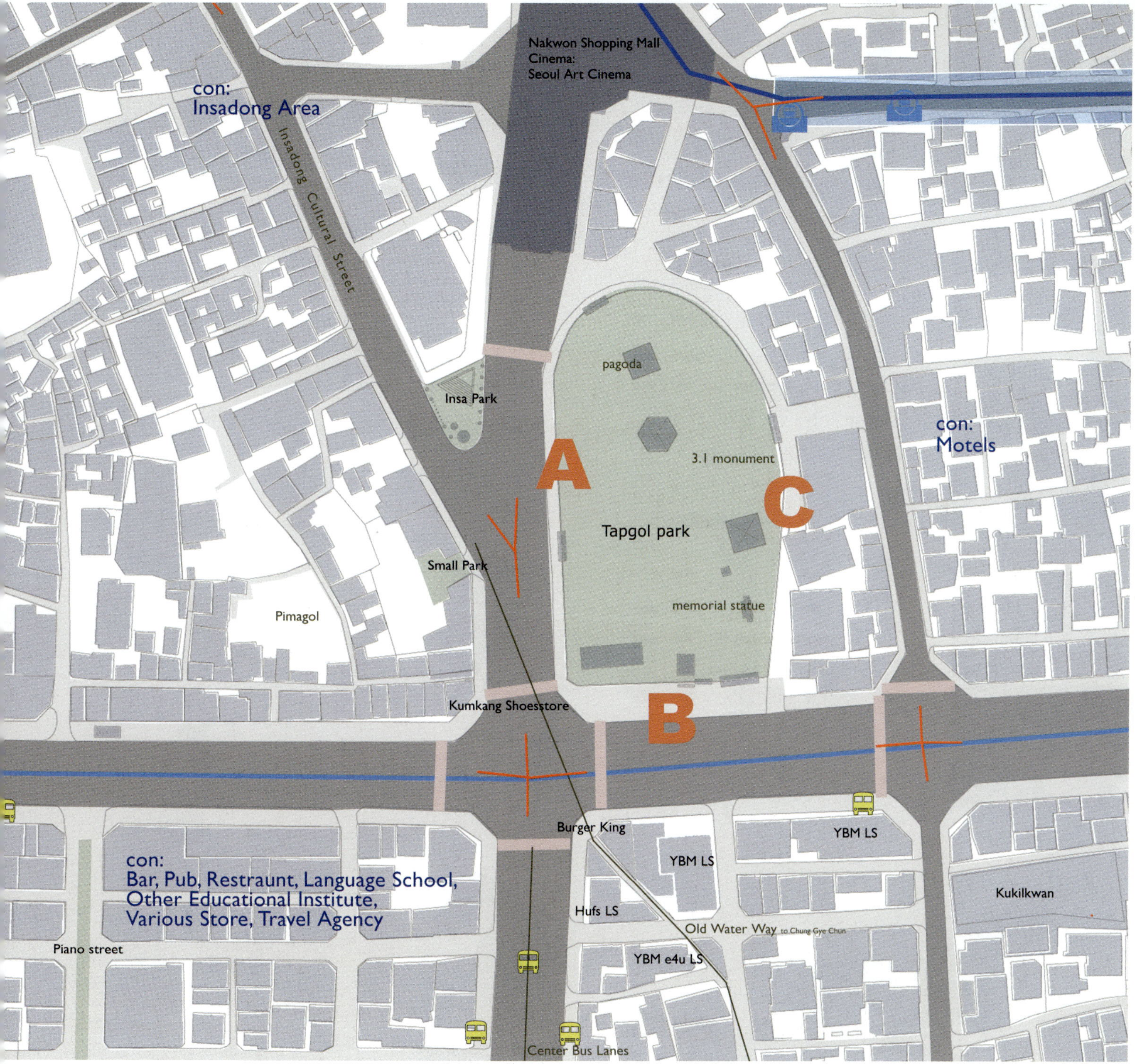

Nakwon Shopping Mall
Cinema:
Seoul Art Cinema
con:
Insadong Area
Insadong Cultural Street
pagoda
Insa Park
A
3.1 monument
con:
Motels
C
Tapgol park
Small Park
memorial statue
Pimagol
Kumkang Shoesstore
B
Burger King
YBM LS
YBM LS
con:
Bar, Pub, Restraunt, Language School,
Other Educational Institute,
Various Store, Travel Agency
Kukilkwan
Hufs LS
Old Water Way to Chung Gye Chun
Piano street
YBM e4u LS
Center Bus Lanes

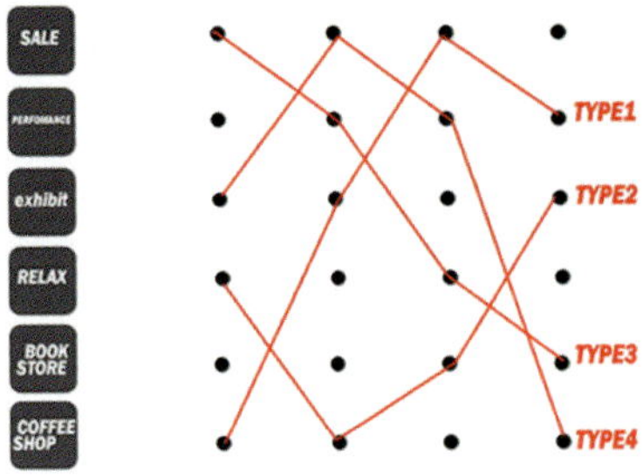

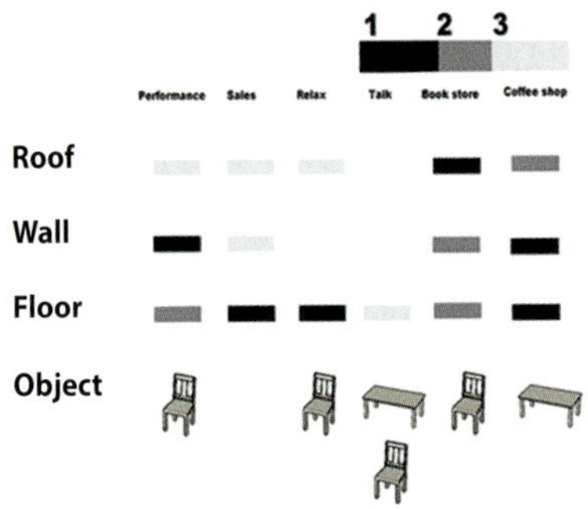

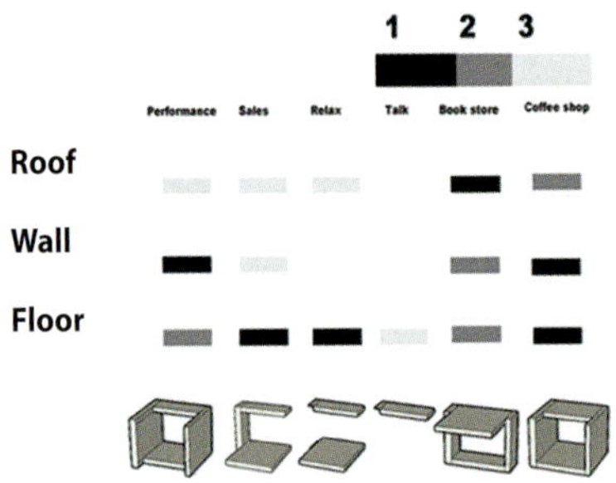

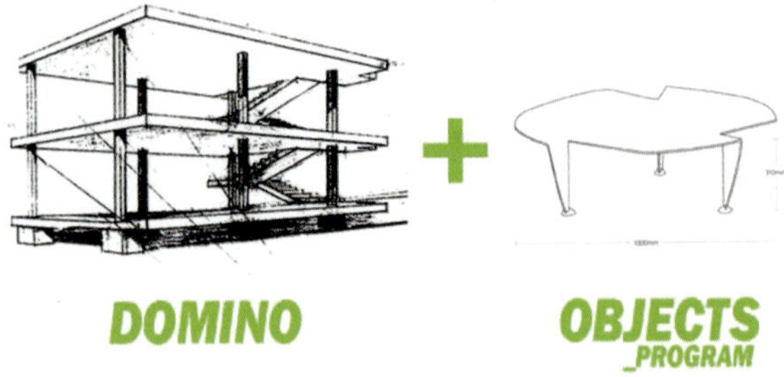

Insa-dong around the Tapgol Park is the place where many young and old people move around and chat together, experiencing various Korean traditional events. Nevertheless, the park has currently been left out, characterizing as an isolated and non-active island within the busy city surroundings. This project attempts to create a transitional space that assimilates the city-island with the flow of city activities, thus making the non-active space of the park lively. Here, a variety of activity spaces and cultural events are to be provided in the park.

SITE

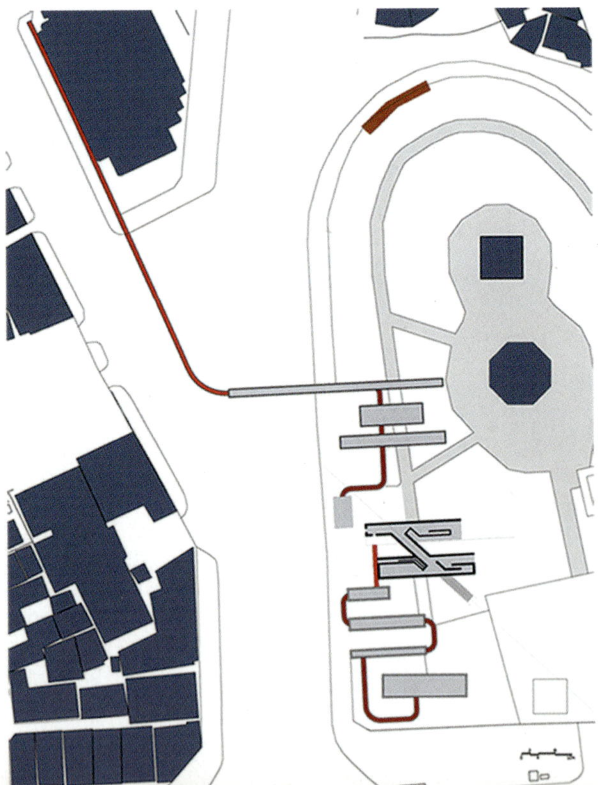

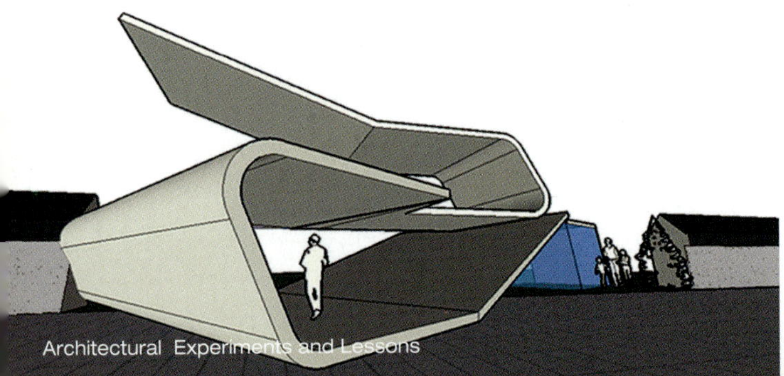

Domino + Objects

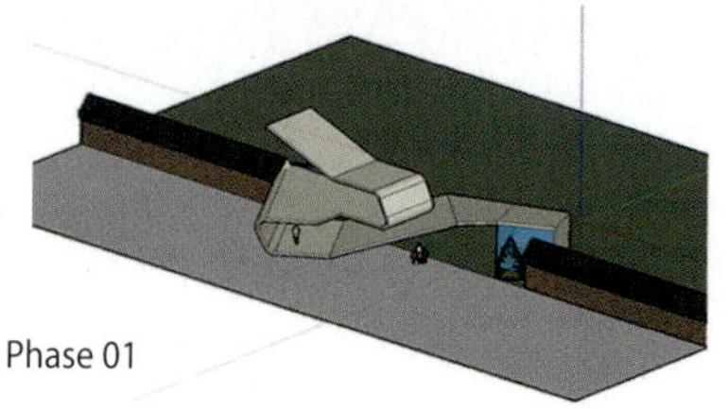

Phase 01

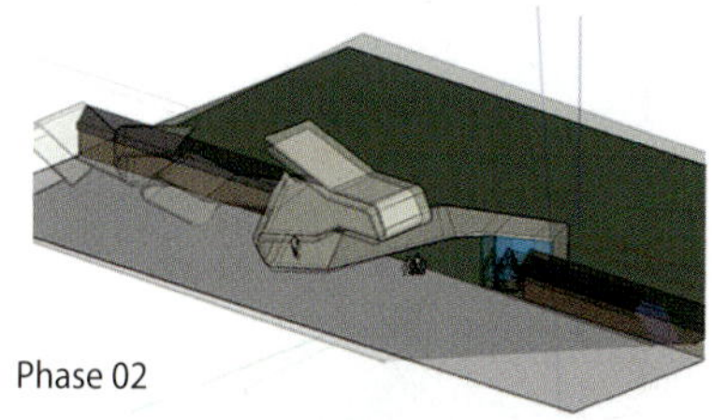

Phase 02

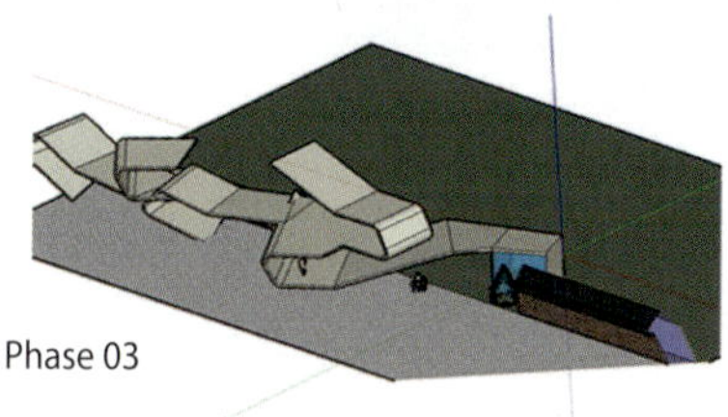

Phase 03

1:50 Scale Model

Concept Sketch

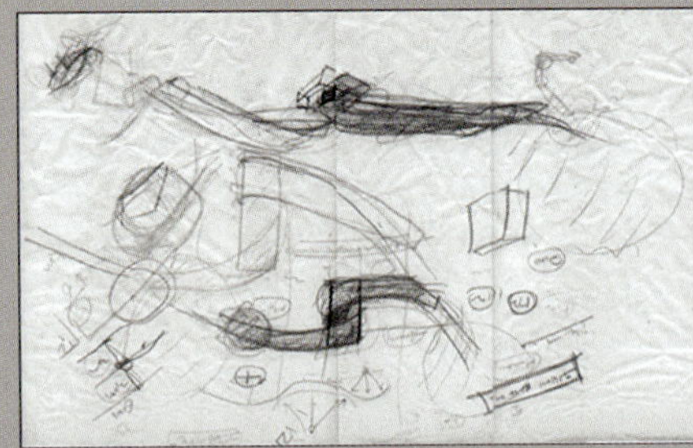

Insa-dong is a renowned cultural district located in city center. Next to Insa-dong, Tapgol Park is an urban minority's shelter and the place where the aged and homeless peoples spend their times. Besides, the park is one of the major green zones at the heart of Seoul. Although the two areas are located next to each other, they are disconnected. In this project, we like to link the two areas closely together. We intended to design bridges that connect the two distinct areas. These bridges will attract the peoples of busy Insa-Dong area and the elderly peoples of serene Tapgol Park through music shop and cafeteria by using auditory sense and palate sense respectively. Consequently, the peoples of the two areas will get a chance to interact each other, making the area around complementary.

City in the Park

1st Floor Plan

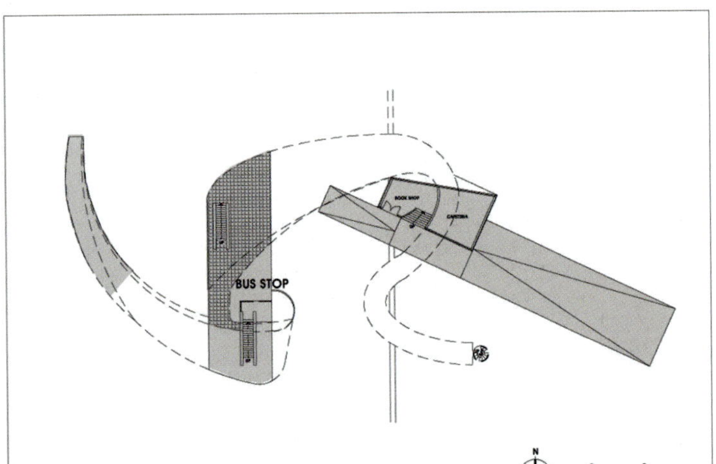

Main Floor Plan

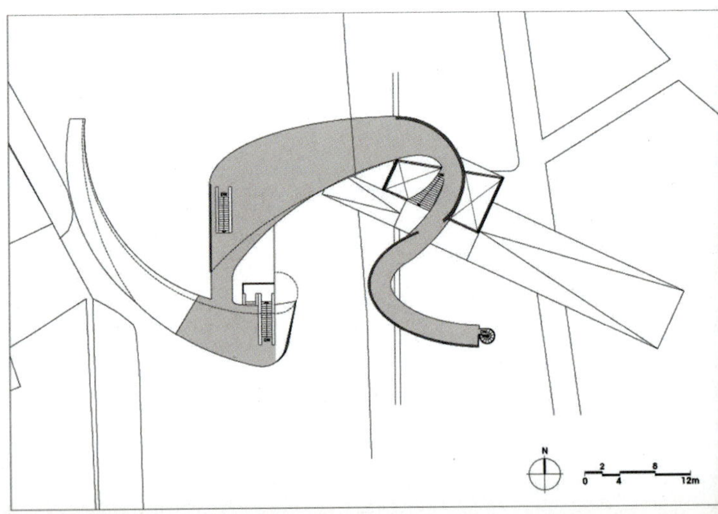

Model

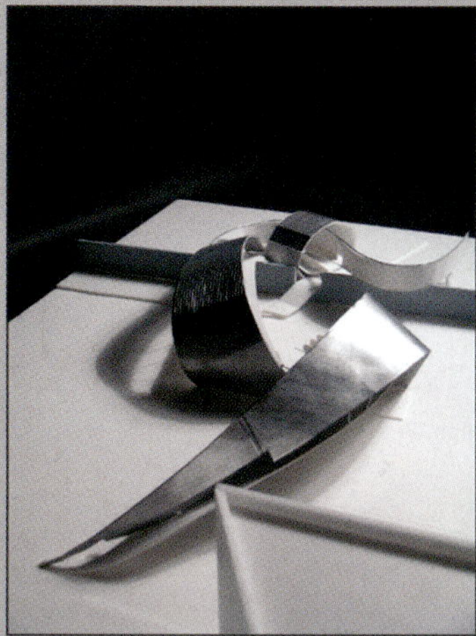

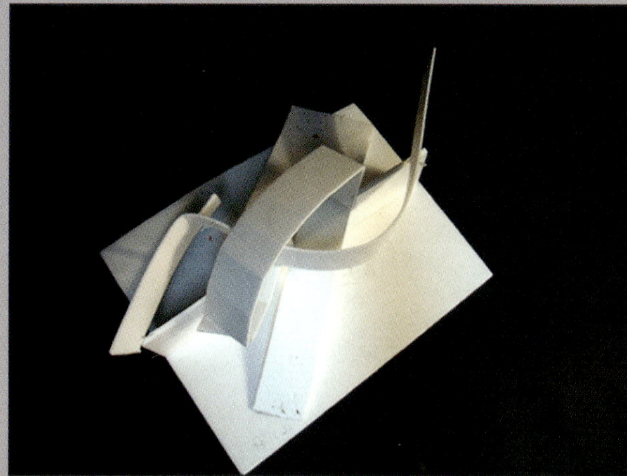

Esperanto for Brace

Site context & Analysis

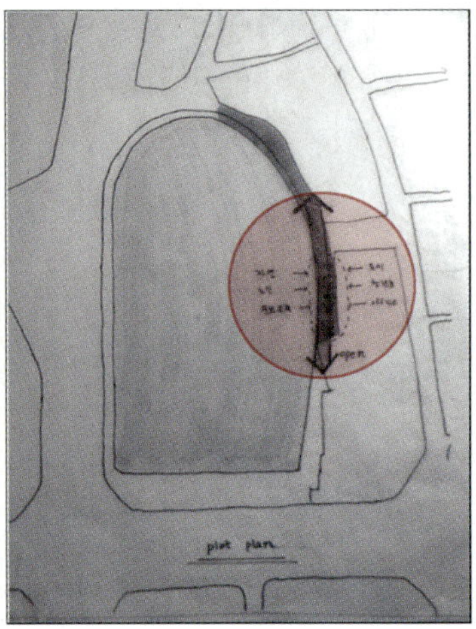

Plot Plan

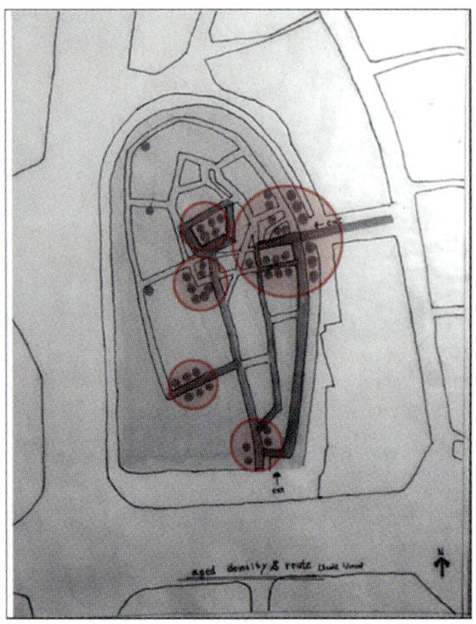

Aged Density & Route

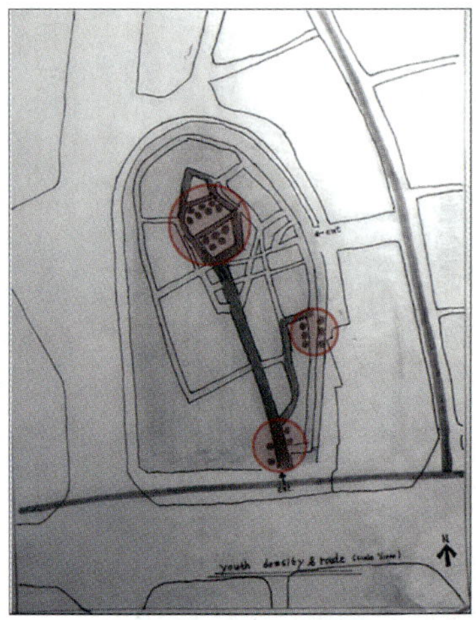

Youth Density & Route

Concept Sketch

Nature Aged Culture	Corrider Atrium	Urban Youth Office

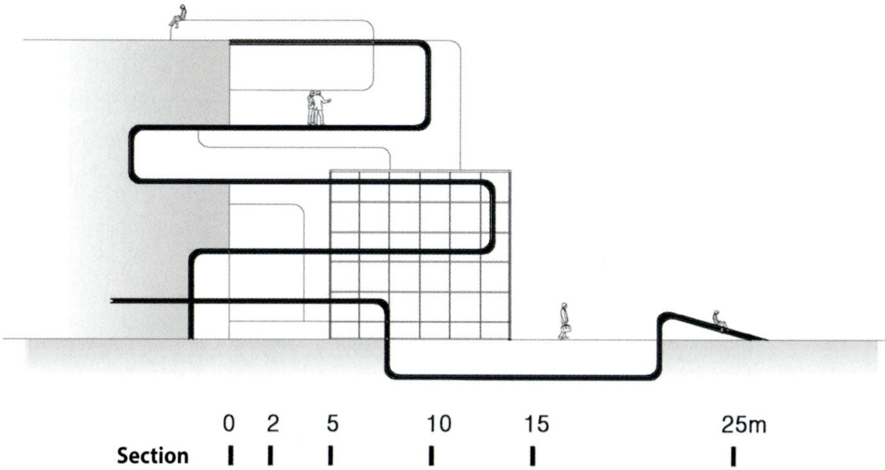

Tapgol Park is a place where elderly and homeless peoples spend their times for their leisure time. Near Tapgol Park, Insa-dong and Jongro are the busy places for young people while Tapgol Park is an area for the elderly. In this project, we attempt to combine the young busy peoples of Insa-dong to the homeless and old peoples of Tapgol Park, restoring the declining street by designing a corridor and an atrium along the street.

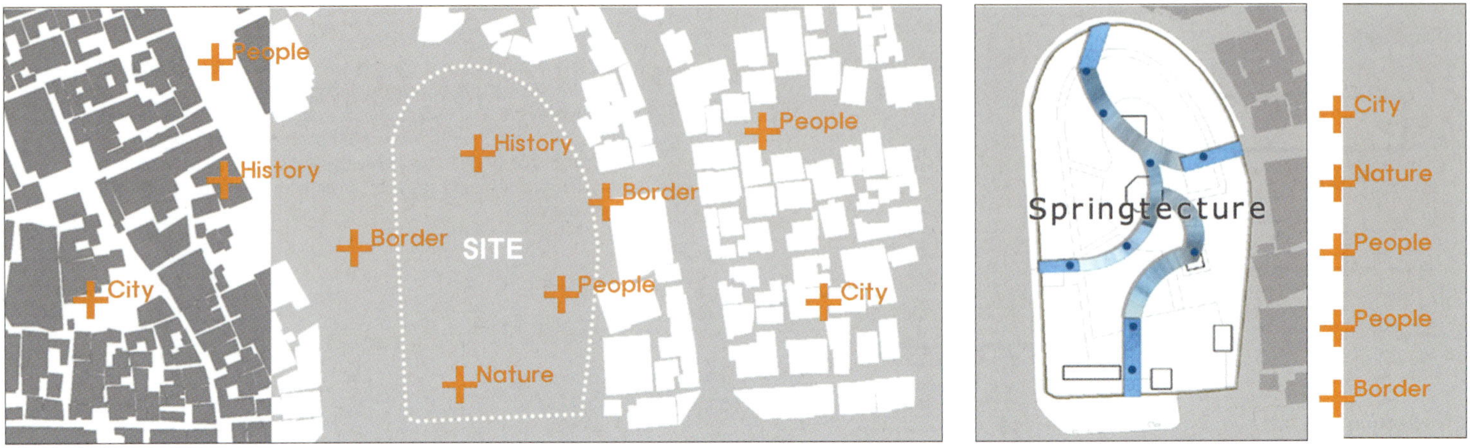

Generation to Generation

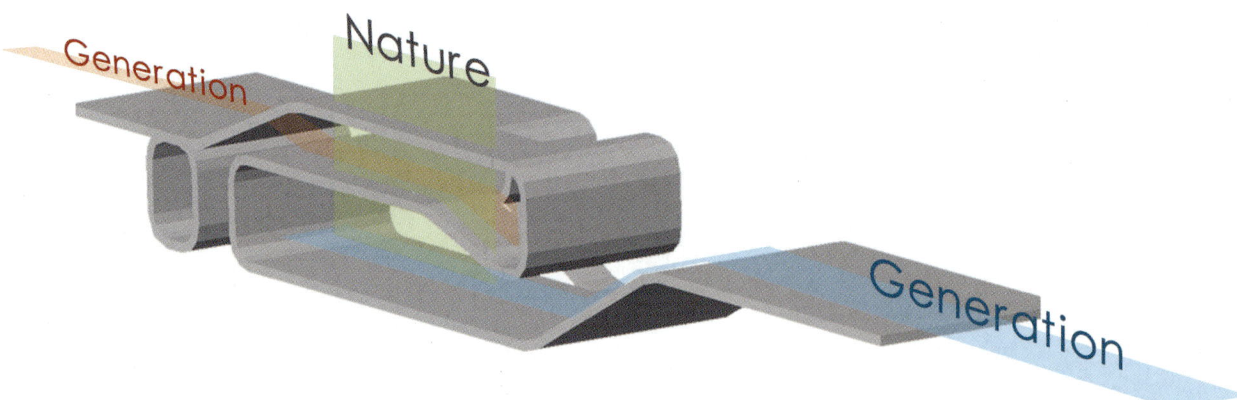

Our site is Tapgol Park which is a serene place in city center. It is also near to the busy Insa-dong. In this park old peoples hang around and spend their relax time. This area has been secluded from the lively Insa-dong. Our intension for this project is to connect the two separated areas (serene Tapgol Park and busy Insa-dong area) and the two disconnected generations (old & young) through their mutual interaction. For this purpose, we attempt to design a passage, which will connect the places of generations.

Concept Image

The project is intended to connect urban park (Tapgol Park) and traditional street (Insa-dong) in Seoul. They are currently disconnected and alienated. Tapgol is one of the famous green zones in Seoul where the aged and homeless peoples spend their leisure time. This park is a deteriorating place when contrasted to the flourishing Insa-dong. We would like to link between Insa-Dong and Tapgol Park by using spiral bridges.

Site Analysis

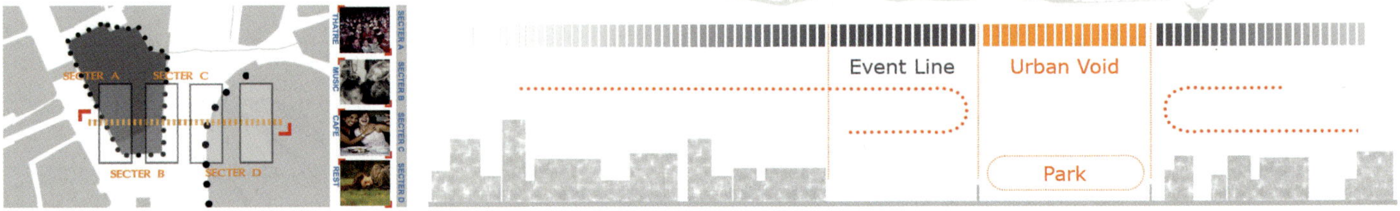

Step 01. Site research

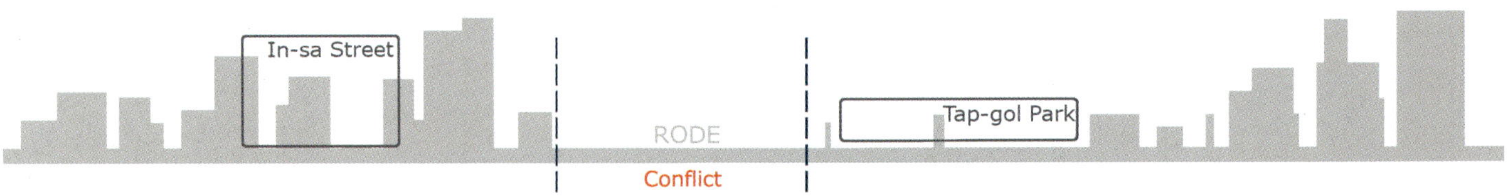

Step 02. Decomposed program

Step 03. Connect program

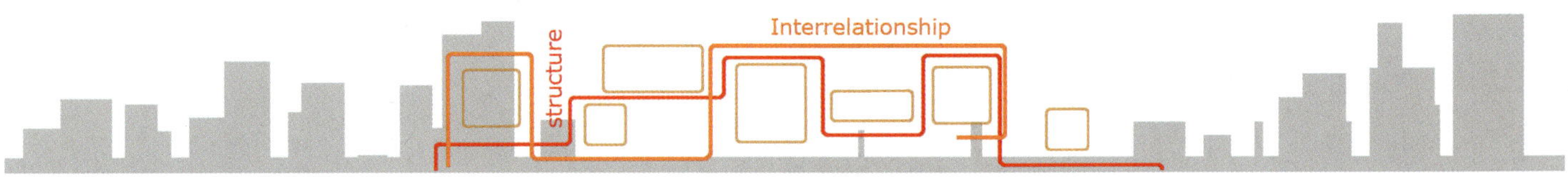

step 04. Form by program & structure

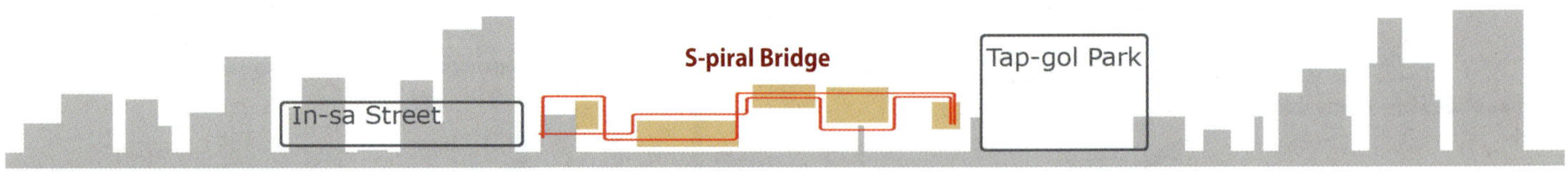

S-Piral Bridge

Insa-dong, around the Tapgol Park is thriving town and many events happen in this area. Tapgol is one of the famous green zones in Seoul. We hope that Insa-dong and Tapgol Park can be connected by something, and we use spiral bridges.

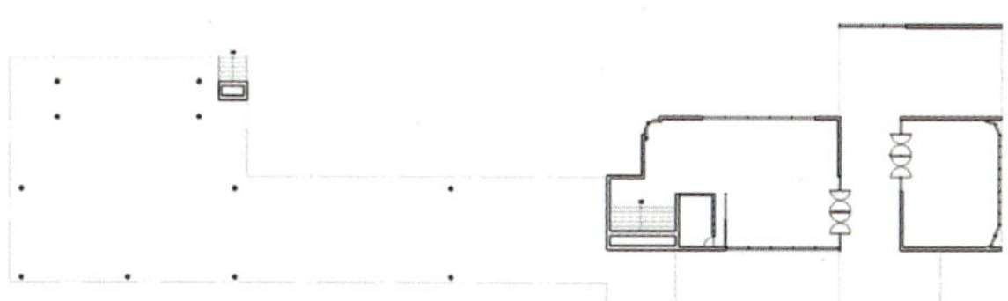

1st Floor Plan

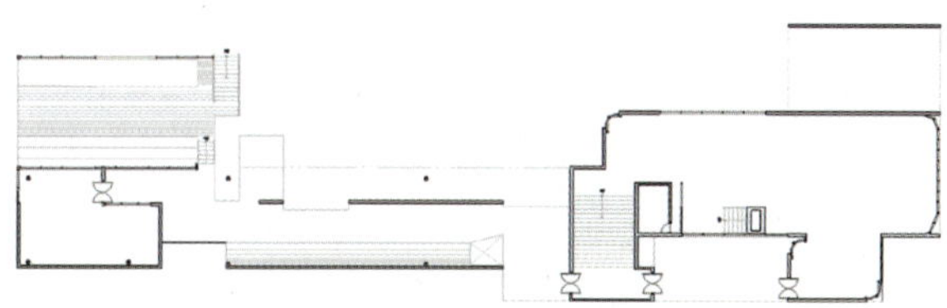

2nd Floor Plan

Site 03

Namsan Park

Mt. Namsan (265m above sea level) is a symbolic mountain located at the center of Seoul. Although not so high, Mt. Namsan is very popular for city dwellers of Seoul as a recreational site due to its location and view at the top. At the top of Mt. Namsan, there are various facilities such as Palgakjeong (octagonal hall), Seoul Tower, Maritime Aquarium, fountains, botanical gardens and Namsan Library. One may take a cable car to the top or walk up the stairway path. Other than this path, there are many other walkways to Namdaemun, Haehyun-dong, Taegyero 3(sam)-ga, Jangchung Park, Itaewon, Huam-dong etc.

Namsan Park is a historical site. One will find Bonghwadae (beacon mound) at the top because it was once the center of capital defense. During the Joseon Dynasty (1392-1910) the capital was changed to Hanyang (current Seoul). To protect the city from invasions, castle walls were built on the 4 major mountains like Mt. Bukaksan, Mt. Inwangsan, Mt. Naksan and Mt. Namsan. On Namsan peak, five beacons were built to report the news from local governments to the central government with a five-signal system. Also on the top of Mt. Namsan, the Palgakjeong Pavilion and Seoul Tower (479.7m) provide the whole view of Seoul and the West Sea beyond Incheon.

Nam moutain

Scenic walks

Palgakjeong pavilion

Beacon mound

Site Vector

Access Diagram

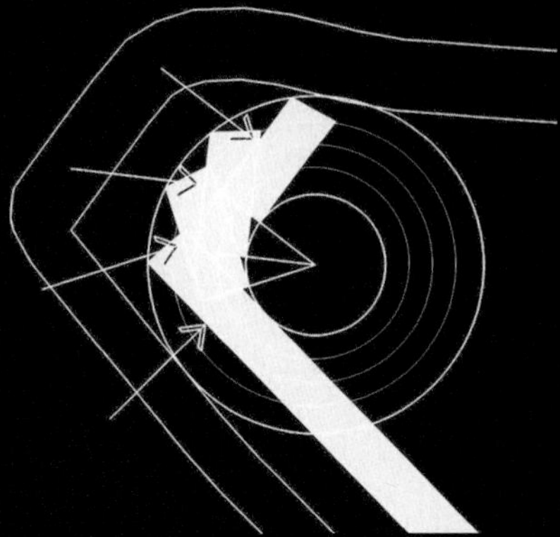

3D Concept

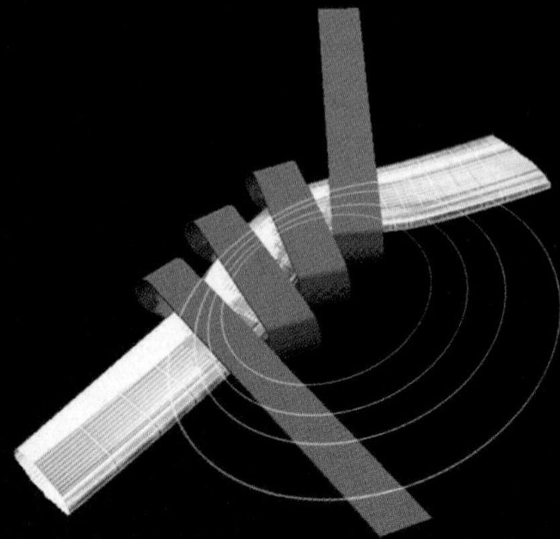

Liquid Curtain

The notion introduced in this project is so-called "pellucid water pipe" that flows inside and outside of the structure, interactively by molding the pipes as spring. Therefore, people experience the water-flow space inside-out and outside-in. Here, a series of "pellucid water pipe" layers act as liquid curtain to wrap functional spaces that work as bookshop, café, etc.

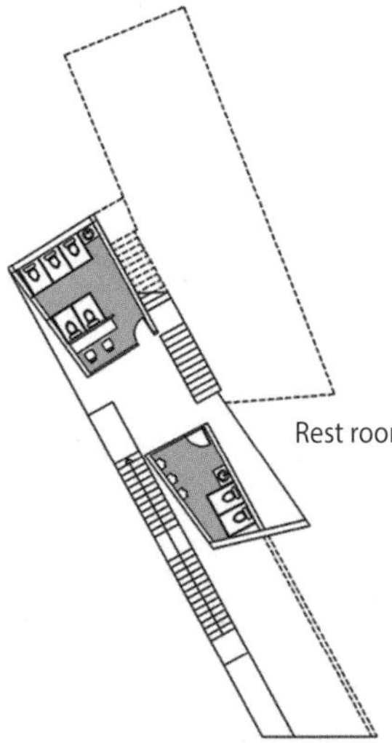

1st Floor Plan 0 2 5 10

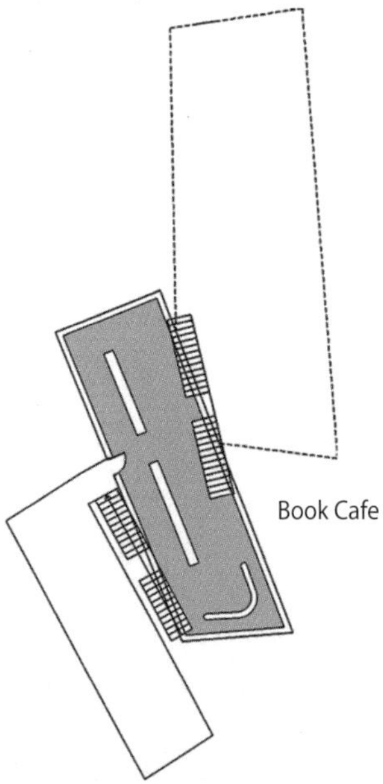

2nd Floor Plan 0 2 5 10

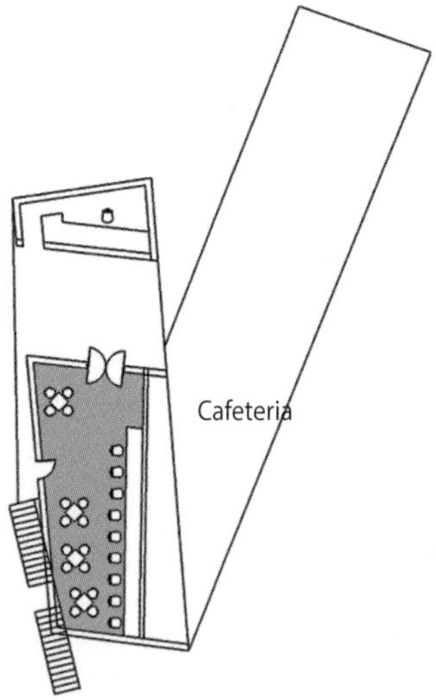

3rd Floor Plan 0 2 5 10

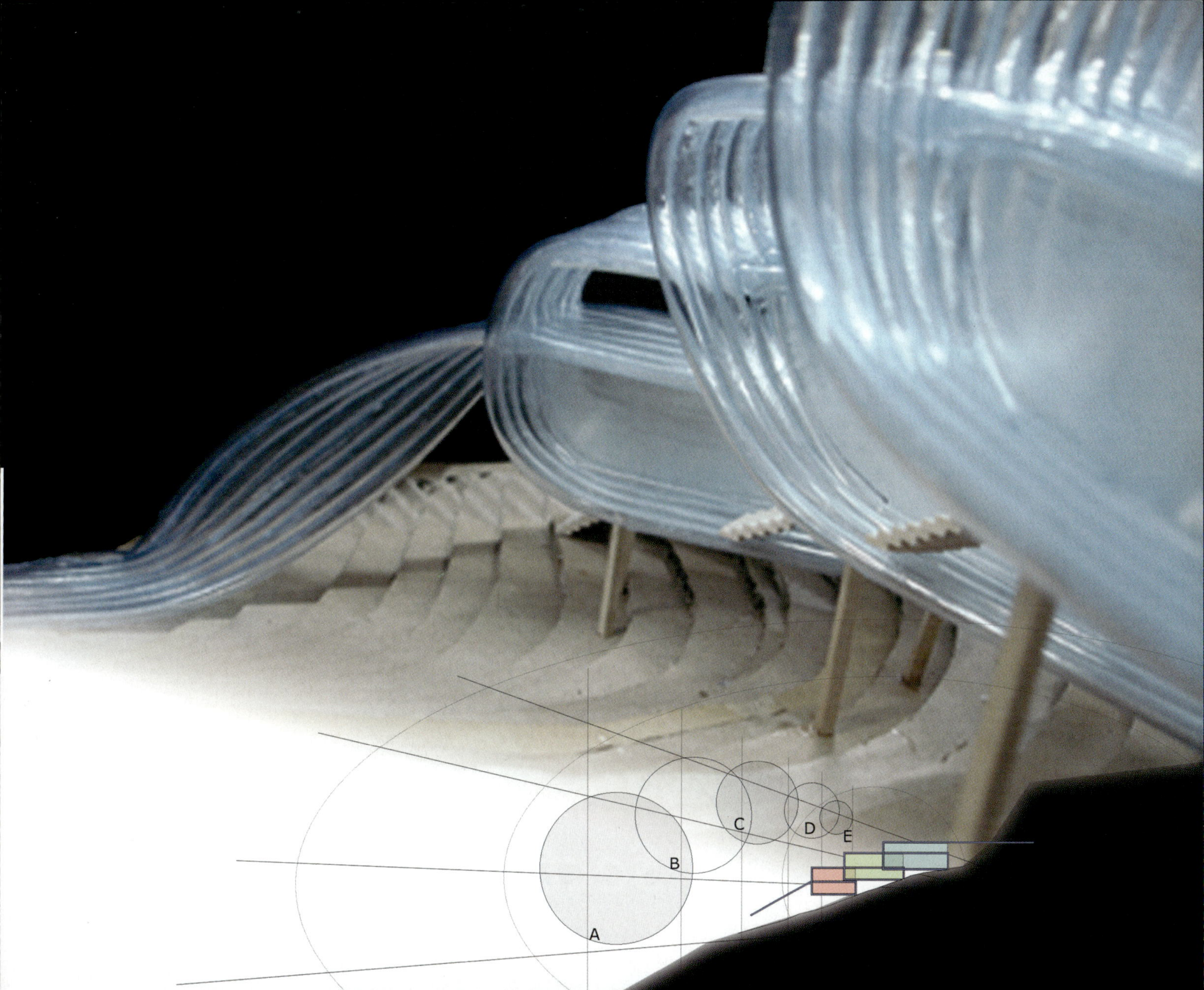
A
B
C
D
E

Sectional Sequence

Architectural Experiments and Lessons

Our site is located at Mt. Namsan that is a boundary between urban and nature. We focused on the longitudinal relationship of the downtown and nature, and the horizontal relationship of the continuous cliffs. For the longitudinal relationship, we considered the given program and visible flow by employing the continuous skin. For horizontal relationship we considered a horizontal connection, an entrance, circulation and a sight of visitors for the Nam-San Tower. Here continuous skins are incorporated to integrate the fabric of whole area harmoniously.

In this project, we first attempt to connect the chosen site to the park. Then, we intend to mix Endo's architectural ideas about transformation, connection and vertical movement of parabola, applying into our project, as shown on diagram.

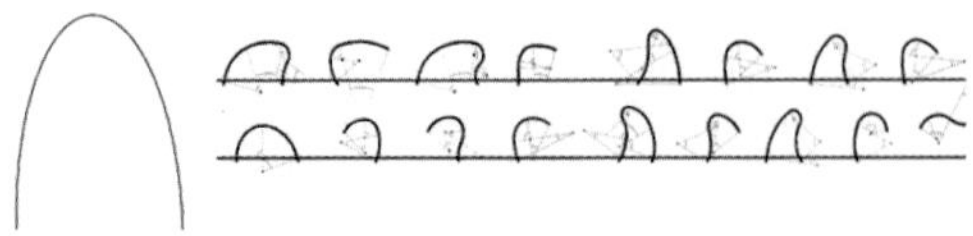

Scaling & Random deformation

Superimposition

Connect Node

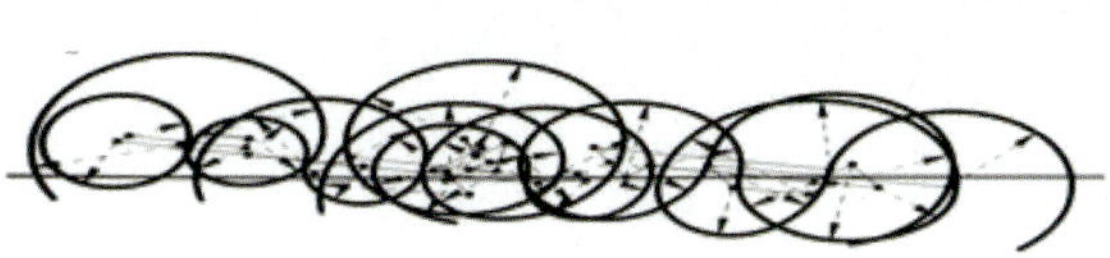

Compounded Surfing

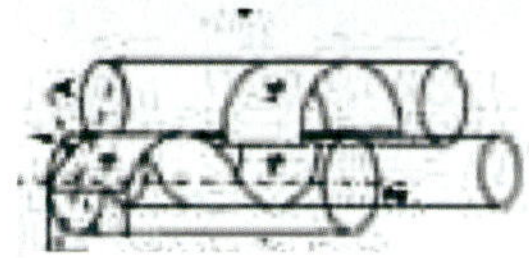

Rotation

Site Analysis

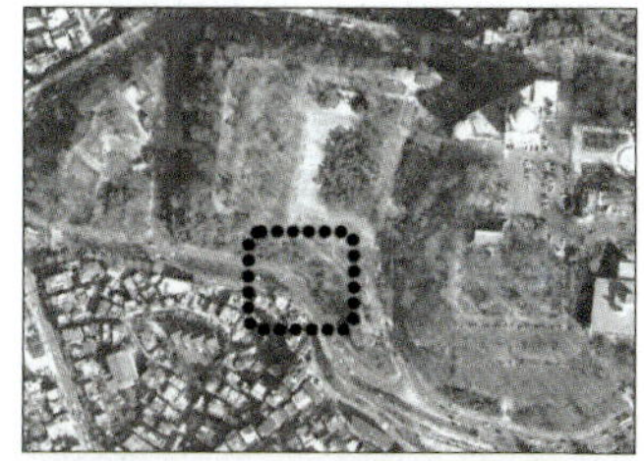

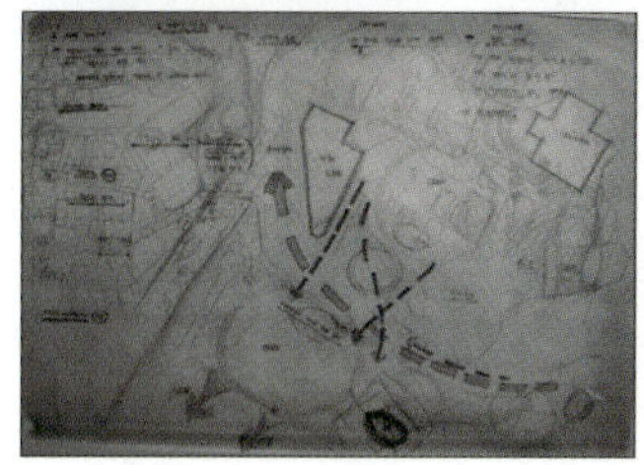

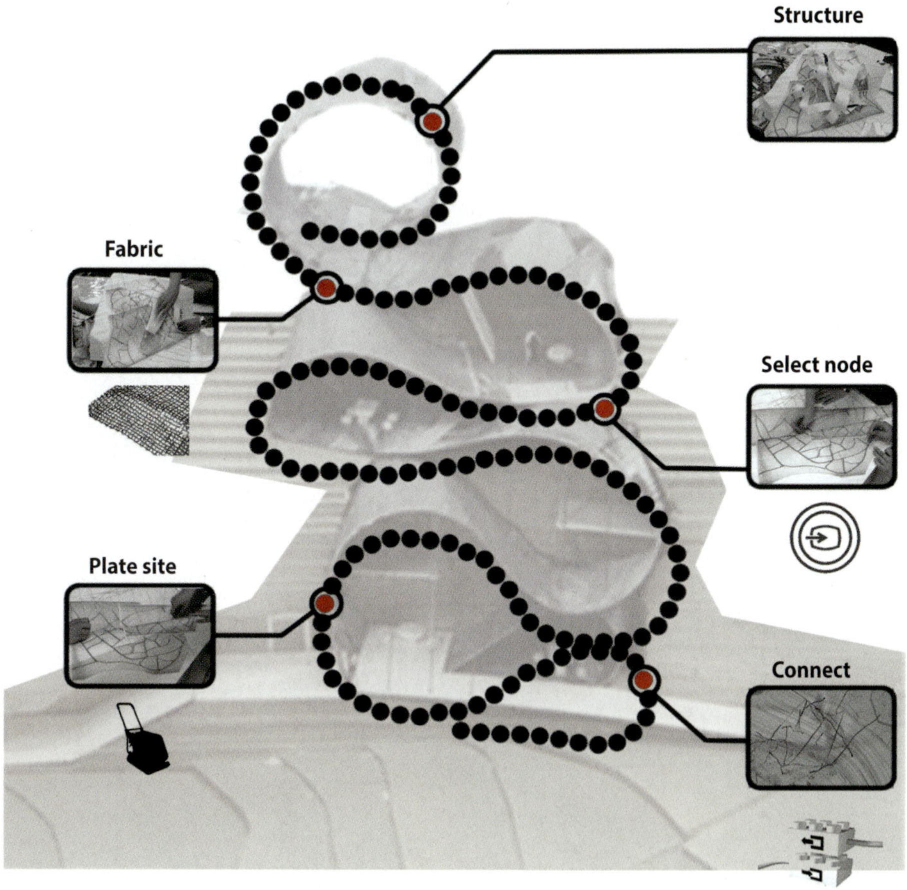

Sketches

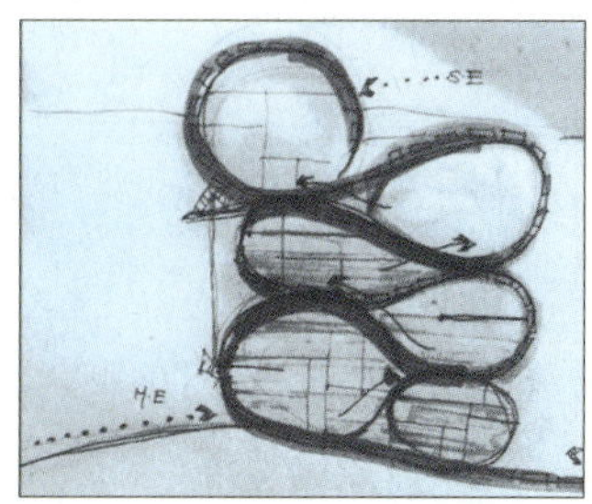

Scenario - tecture

Architectural Experiments and Lessons

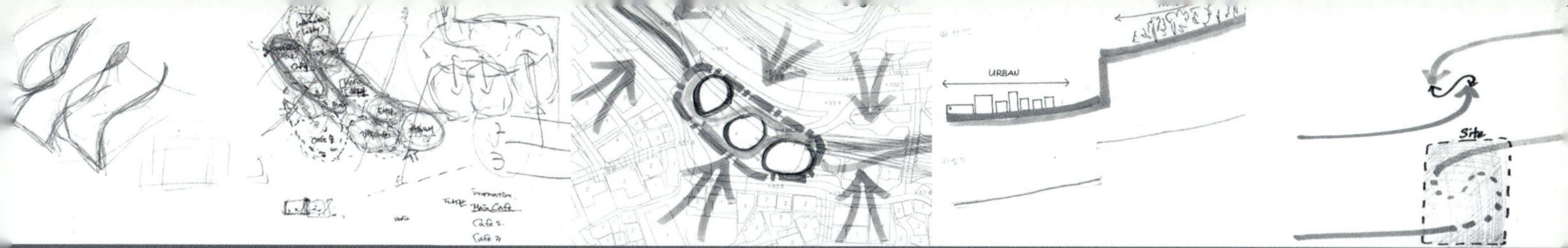

Site Boundary

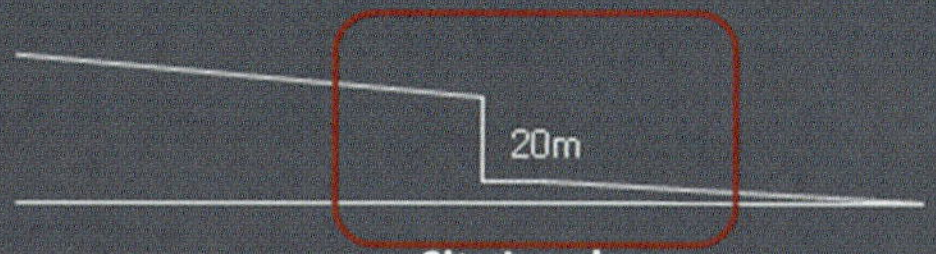

Site Level

Zoning Diagram

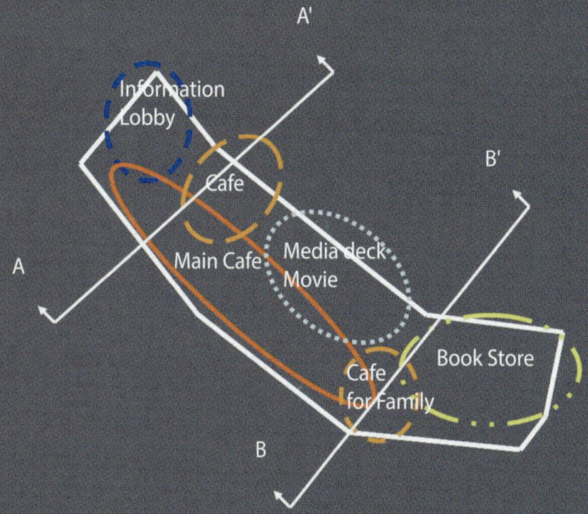

Plan

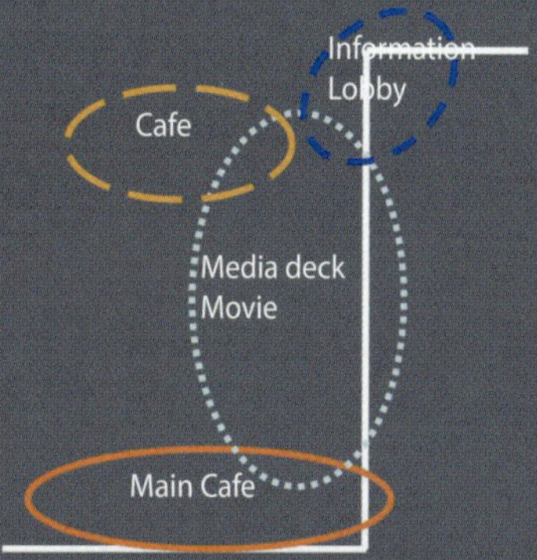

A-A' Section

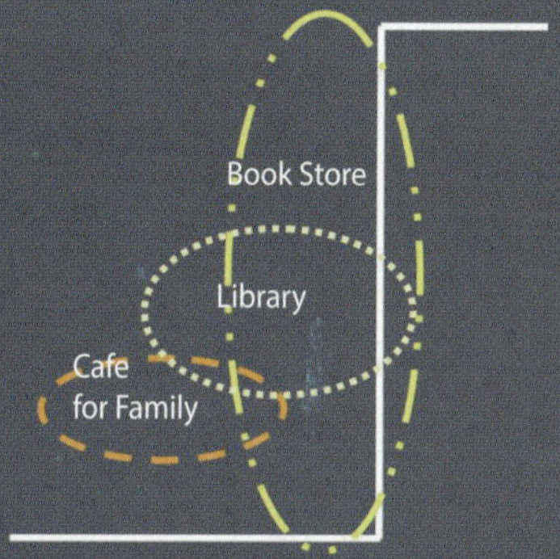

B-B' Section

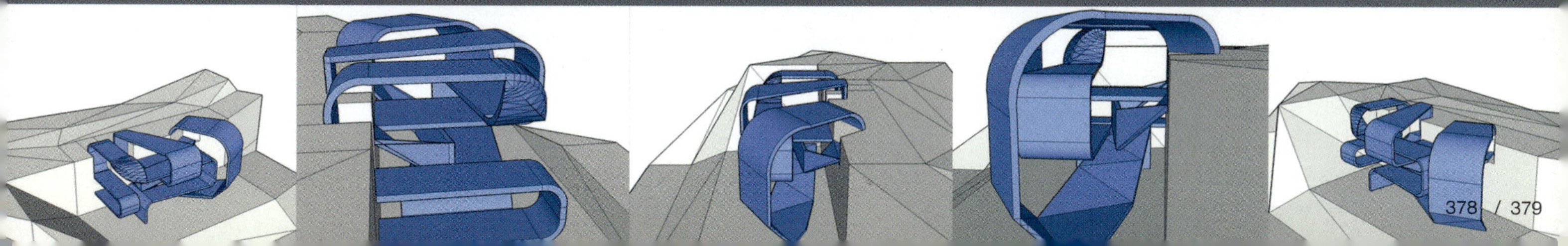

강연

인하대학교 건축학과 교수님, 학생, 건축가 여러분. 제16회 인하대학교 국제 워크숍에 초대하여 주신데 감사드립니다. 제가 20년 전 학생 신분이었을 때 한국을 방문하고 이번이 두 번째로, 이번 방문은 제게 특별히 의미 있는 일입니다,

이제부터 제가 진행하고 있는 작품과 관련된 나의 건축적 생각을 소개하고 더불어 워크숍 주제에 대해 구체적으로 생각할 수 있는 시간을 가지려 합니다.

여러분은 200m²의 넓이 가진 대지를 다루게 될 것입니다. 넓지 않은 면적이지만 그 안에서 다양한 종류의 생각을 진행시키기에 부족함이 없을 것입니다. 오늘 다루고자 하는 주제는 건물의 형태가 아니라 여러 건축의 가능성에 대한 것이기 때문입니다.

우선 20세기에 형성된 모더니즘에 대한 이해를 바탕으로 21세기의 모더니즘에 대해 생각해 보고자 합니다. 여러분도 이 주제에 대해 이해하고 그 속에서의 가능성을 찾을 수 있다고 생각합니다.

모더니즘은 2000년간 유럽 역사를 기반으로 하는 사상입니다. 때문에 그 긴 기간만큼의 축적된 문화를 반영하고 있습니다. 우선 모더니즘의 가능성에 대해 말하고 싶습니다. 모더니즘을 생각할 때 가장 먼저 떠오르는 단어는 '추상'입니다. 다양한 대상으로부터 어떤 것을 추상화시키고, 그를 바탕으로 더 낳은 것을 고안하는 것은 매우 중요한 일입니다. 추상화는 수학과 기하학을 통해 이루어지는데, 그 특성 중 하나는 공간의 단순화 입니다. 우리는 이런 식으로 추상화의 과정에 대해 보다 잘 이해하고 있다고 생각합니다.

20세기와 비교해보았을 때, 오늘날 우리의 생활이 상당부분 변화했기 때문에 모더니즘도 변화를 필요로 합니다. 때문에 하나의 대안적인 모더니즘을 생각하게 되었습니다. 그것이 파라모던 입니다. 파라모던은 관계성에

LECTURE

Faculty, students, and fellow architects, it is my privilege to take part in the 16th INHA International Workshop. Being here in Korea has a special significance for me since the last time I was here was 20 years ago as a student.

Let me start by introducing my thoughts on architecture in relation to some of my current projects and to today's workshop theme lecture.

You will be given a site of 200sq.m in area to handle. Though the area of the site is small, it will be enough so we can incorporate the various ideas of architecture that will be presented throughout the workshop. The subject that we are going to deal with today is not about the form of the building but about various architectural possibilities.

First of all, let us consider 21st century modernism based on the comprehension of modernism developed in the 20th century. By understanding this subject, you will be able to discover many potential possibilities.

Modernism is the philosophy that reflects different European cultures that have been accumulated over the last 2000 years. To begin, I would like to talk about the possibility of modernism. When thinking about modernism, the first thing that comes to mind is the word 'abstract'. Abstracting from various objects and being able to invent something better based on the abstraction are important qualities. While a process of abstraction is embodied through mathematics and geometry, one of the unique characteristics of the abstracting process is the simplification of space. By this approach, we are able to understand the abstracting process better.

Compared to the 20th century, today, our lives are significantly changing. Therefore the notion of modernism also needs to be changing. For that reason, I think of alternative modernism known as Para-modern, which puts an emphasis on the nature of relationship. The nature of relationship

중점을 둡니다. 세상을 이루고 있는 것들의 관계성은 매우 중요하지만, 그것을 건축에 반영한다는 것은 매우 어려운 일입니다. 파라모던은 생각의 방법이고 그것을 건축화하는 방법론의 하나로 스프링텍쳐를 생각했습니다.

저는 작지만 상당히 멋있는 공간을 상상합니다. 지금 까지는 건물을 만들기 위해서 지붕과 보, 벽을 이용하는 것이 당연시 되어 왔지만 저는 다른 요소들로 이루어진 건물을 생각했습니다. 여기 보시는 바와 같이 기존의 전통적인 방법에 변화를 주었습니다.

파라모더니즘의 구체적인 것은 오늘 저녁 워크숍 중에 설명 드리겠습니다. 지금은 추상화 과정에 대한 것을 주로 말하겠습니다. 다음 슬라이드는 자전거를 세워두기 위한 작은 건물입니다. 보시는 사진과 같이 그 지역과 건물이 조화를 이루는 것이 중요합니다. 이것은 신칸센이 지나가는 역과 그것을 이용하는 사람들을 관계 지은 건물입니다. 여기서 외부로 넓게 개방된 공간이 보입니다.

지붕과 벽체를 연결시켰고, 계단을 통해 1, 2층을 연결시키고 있습니다. 저는 이런 연속성을 위해 파형강판이라는 재료를 사용했습니다. 볼트에 의해 파형강판과 강판이 접합됩니다. 매우 아름다운 곡선을 만들어 냈지만 이 재료를 사용한 실제 시공은 그리 어렵지 않았습니다. 이 작업에서는 파형강판을 주로 사용되었지만 강판과 같은 다른 종류의 재료 사용도 가능합니다. 공간과 공간을 서로 연결시키려 파형강판의 조각들을 하나하나 연결해서 큰 공간을 만들어 내는 것이 중요합니다. 여기서는 개구부를 통해 바깥과 내부를 연결하고 있습니다. 3층과 4층이 연결되었고, 1층과 2층의 벽이 연속적으로 변화하고 있음을 보여주고 있습니다. 벽체도 교차되면서 연속성을 보여줍니다. 조금 전에 말씀 드렸던 접점이 기둥 부분에 있습니다.

이것도 파형강판을 이용해 만든 기차역입니다. 일련의 파형강판을 사용하여 공간의 내, 외부를 연결합니다. 여기서 파형강판들 사이의 위치 변화를 통해 보이는 틈들이 달라짐이 중요합니다. 벽체와 문들에 의해 만들어진 일반적 공간과는 큰 차이점을 느낄 수 있을 것입니다. 보여지는 공간의 면들이 지속적으로 변하고 있습니다. 여기서 중요한 것은 외부와 내부를 어떻게 보여지게 할 것인가를 생각하는 것입니다. 바로 거기에 관계성과 연속성이 직접적으로 관련되어 있다고 생각합니다.

마지막으로 내부와 외부의 연속성이 가장 잘 표현되었다고 생각하는 화장실을 보여드리겠습니다. 외부와 내부의 새로운 연결법을 보여줍니다. 이것은 용수철과 같은 연속적인 구조물로서 지붕과 벽과 바닥이 혼합하여 연결되고 있습니다. 비록 이 구조물이 복잡해 보일지 모르지만 실제로는 단순하게 구성되었습니다.

저의 작업은 모더니즘을 부정하려는 것이 아니라, 단지 그 안에서 새로운 가능성을 제시하고자 하는 것입니다. 보셨던 바와 같은 방법으로 내부와 외부를 연결합니다. 벽은 바닥이 되고, 지붕이 되어 끝없는 연결성을 보여주고 있습니다. 이 방법으로, 내부의 인공적 공간과 외부의 자연 공간이 연결되어 있습니다.

that composes the world is very important, but it is also very difficult to reflect that concept in architecture. Para-modern is a way of thinking and I believe that 'Springtecture' is one of the methodologies to embody Para-modern architecture.

I always imagine a small but conspicuously astonishing space. Up to the present, it has been long taken for granted that a roof, beams, walls and columns make up a building. However, I imagine a building composed of other design elements. As you see here in the slide, the traditional method has been transformed.

I will explain more about the specifics of Para-modern later on tonight during the workshop, but for now, I will mainly discuss the abstracting process. The next slide illustrates a small parking-building for bicycles. As you can see in this picture, it is important to create harmony between the building and its surroundings. I intended to make an abstract relationship between the Sinkansen station and the people who use the station. Here, a space that is widely opened to the exterior is shown.

The roof and wall was connected and, the first and the second floor were linked through stairs. For this spatial continuity, I used corrugated material. Corrugated & metal sheet are joined by volt. It was not only beautiful, but the real construction of the curve was not difficult to carry out by using this material. For this project, I mainly used the corrugated sheet; yet, it is also possible to use another material, like metal sheet. Here, it is important to create a huge space by using the method of connecting between pieces of corrugated sheets so to connect one space to another. For here the outer and the inner space are interconnected through openings. As can you see, the third and fourth floor are linked, and walls of the first floor and that of the second floor are successively changing. The crossing walls show the continuity. Also the joints are on the pillar, as I mentioned before.

The corrugated sheet was also used to create space in this Train station. The outer and inner spaces are interconnected by using a series of corrugated sheets. At this point, it is important to note that changing positions and orientations of corrugated sheets produce various possibilities of interstitial openings between the sheets. You can notice the big difference from the usual spaces which are composed by walls and doors. Accordingly, perceived surfaces of the space are continuously varying. Here I believe it is important to think about how to express the interior as well as the exterior. At this point, relationship and continuity are directly related.

Finally, I would like to show you the toilet design where the continuity of inner space and outer space are superbly expressed. This project illustrates a new way of linking inner space and outer space. The roof, walls, and the floor are brought together and are interlinked as a continuous structure like a spiral spring. Although it may look complicated, the real structure was composed in a simple manner.

My work does not intend to deny the philosophy of modernism but to present new possibilities

기존 서구에서는 작은 것들이 집합되어 전체로서의 복잡한 구조물을 구성한다고 생각합니다. 하지만 아시아에는 아시아만의 정체성과 전통들이 있습니다. 서구 문화와는 다르게, 아시아인들은 세상을 구성하는 요소들을 단순한 집합이 아니라 연결된 것으로 보는 것 입니다.

오늘 저는 여러분과 함께 파라모던이라는 개념에 대해 생각할 시간을 가질 것입니다. 워크숍 작업을 위해 주어진 200m²이라는 면적은 작지만 진행하기가 쉽지만은 않을 것 입니다. 내부 공간간의 관계, 건축과 그곳을 방문하는 사람들의 관계를 생각해 보시길 바랍니다.

이러한 관계성을 구체화시킨 다양한 건축을 보길 기대합니다.

감사합니다.

within the philosophy. As explained, I enjoy connecting the inner and the outer with the methodical approach where walls become floor and roof, thus expressing endless continuity. By this method, artificial space of the inside and natural space of the outside have been linked.

Western culture believes that parts are gathered to constitute the complex as a whole. However, the public in Asia have its own distinctive identity and traditions. Different from Western culture, they believe that the parts that constitute the whole world are not a simple congregate but interrelated and interconnected.

Today, I will have some time with you to think about the concept of Para-modern. Perhaps, the given 200sq.m for the workshop project is small but it is not as easy as you may think. I recommend that you consider the relationship between inner and outer space, and between architecture and the people who visit it.

I look forward to seeing various design explorations that reflect this relationship.

Thank you.

Shuhei Endo

슈헤이 엔도와의 인터뷰

슈헤이 엔도는 자신의 건축적 언어와 디자인 방법론을 발전시켜 그의 건축작업에 적용시켜오고 있는 건축가다. 2005년 Architectural Review 지에 실린 글에서 롭 그레고리(Rob Gregory)는 슈헤이 엔도를 독창적 건축언어를 만들고 디자인으로 응용하는 몇 안되는 현대 건축가로 언급하고 있다. 그와의 인터뷰는 인하대학교 건축학과에서 박진호 교수에 의해 진행되었다.

박진호 당신의 작업이 "하나의 완전히 전례 없는 건물의 구문을 가진“ 건축으로 언급되고 있지만, 그럼에도 불구하고 역사적 맥락 속에서 도출된 것으로 보입니다. 만약 그렇다면, 당신이 참조 기준들은 무엇입니까?

슈헤이 엔도 저의 작업은 단순화와 추상화를 실현하고자 하는 현대의 개념과 모호한 공간 구성을 통해 연속적인 공간 조직을 만들어내고자 하는 아시아(일본) 전통에 기인합니다.

박 이전 질문과 같은 맥락에서, 당신의 작업 형성에 영향을 준 건축가나 건축물이 있습니까? 그렇다면 그 이유와 어떤 교훈을 받았습니까?

엔도 나는 판테온과 미스 반 데 로에, 토다이지 사찰의 정원, 일본 전통 주거들을 열거하고 싶습니다. 나는 추상적 건축이라는 생각이 판테온에서 완벽하고 훌륭하게 관철되어 있다고 생각합니다. 이 건축물을 통해서 이 개념이 실현 가능하였다고 처음으로 깨닫게 되었다고 생각합니다. 미스 반 데 로에는 그의 건축 디자인과 담론의 모든 측면에서 단순화와 순수성에 대한 아이디어 구현함으로써 그의 시대에 추상적 표현의 가능성을 최고로 잘 만들어 내었습니다. 저는 그의 작업이 유럽 건축 역사의 완벽한 표현이라 생각합니다. 토다이지 사찰 정원과 전통 일본 주거는 주변 환경으로부터 건축을 분리하는 어떤 명확한 경계를 없앰으로써 추상적인 공간을 만

INTERVIEW WITH SHUHEI ENDO

Jin-Ho Park Although your work has been cited as "a totally unprecedented building syntax", it may be historically bound to. If it is, what are your reference points?

Shuhei Endo My work is derived form both the contemporary notion, which executes the ideas of simplification and abstract expression, and the Asian (Japanese) tradition of creating a continuous spatial organization through the composition of ambiguous space.

Park In line with the previous question, can you name any architect, or archi- tecture, that has influenced on the formation of your work? Then, what are the reasons of this choice and what lessons have you received?

Endo I would list the Pantheon, Mies van der Rohe, the landscaping of Todaiji Temple, and traditional Japanese houses as reference points.

I think that the idea of abstract architecture is perfectly and masterfully articulated at the Pantheon. It is here that we first became aware it was possible to realize this notion.

Mies van der Rohe, in his time, executed the possibilities of abstract expression in architecture to its utmost by employing the ideas of simplification and purification in every aspect of his architectural design and discourse. I consider his work to be a complete manifestation of the history of European architecture.

Both the Todaiji landscape and traditional Japanese housing succeed in creating abstract spaces through the elimination of a clear boundary separating architecture from the surrounding environment. I have learned how an inorganic object

들어내고 있습니다. 저는 여기에서 어떻게 비유기체(건축)와 유기체(자연)가 복수성과 모호성을 만들어 나가고 함께 진화하는지를 배웠습니다.

박 당신의 건축적 사고와 디자인 접근 방식을 설명하기 위하여 Paramodern 건축이라는 용어를 만들었습니다. 그 용어가 의미하는 바가 무엇인지 좀 더 깊이 있게 개념을 설명해 줄 수 있는지요?

엔도 근대화의 타당한 논쟁 중 하나는 건축 현상의 추상화에 관한 논쟁입니다. 나는 이러한 개념을 저의 방식으로 발전시켰고, 그것을 "Paramodern"이라고 명명하였습니다. 추상성과 순수성의 개념이 건축의 가능성을 확장시켰지만, 그것들은 또한 균질화 효과를 가지게 되었다고 생각합니다. 건축은 오히려 가치가 없거나 다소 지루할 정도로까지 나락으로 떨어지게 되었습니다. 제가 저의 디자인 프로세스를 통해서 추구하고 있는 것은, 근대화에서 그 기원을 가지고 있으나 현대의 삶에 이바지하도록 변형된 건축을 해석하는 새로운 방법입니다. 저는 또 다른 모더니즘 혹은 이전 모더니즘 운동에서 방치된 아이디어를 설명하기 위해 "para"라는 단어를 선택하였습니다. 좀 더 명확히 말하자면, 모더니즘 운동의 가장 중요한 업적은 추상적인 표현 기법들의 발전입니다. 건축 공간은 보편적으로 이용 가능하게 되었으며, 이러한 표현 방법(다이어그램)을 통해서 설명되거나 생각될 때 언제나 공유 가능한 정보로써 기능합니다.

저의 "Paramodern"은 이러한 방식을 활용하여 좀 더 표현적이고 이종적인 건축을 생산하는 것을 목표로 합니다. 이러한 원리를 통해서, 우리는 연속적으로 지붕과 벽의 표면을 접음으로써 복수형의 공간을 만들려고 실험합니다. 이 "Rooftecture"는 몇몇의 다양한 기능(지붕, 벽, 바닥)을 가진 연속적인 면들로 구성된 공간인 "Springtecture"로 진화하였고, 여기서 "Paramodern"이라는 정의를 실질적으로 잘 표현하였습니다.

공간 조직 측면에서, Paramodern 공간은 닫힌 객체로서 해석되지 않으면서 안과 밖의 연속성을 통해 이루어집니다. 안과 밖의 연속성은 단순히 공간에 관한 것뿐만이 아니라 개인과 사회의 관계성 이라고 생각합니다. 역사적으로 말해서, 건축은 공간 사이에서 선을 그을 수 있는 장치로써 여겨져 왔습니다. 그러나 제게 있어 건축은 동시대의 사회와 동등하게 발전해야 할 필요성이 있다고 생각합니다. Paramodern 건축은 연속성과 다양성의 개념과 원리를 내포하고 있습니다. 핸드폰과 인터넷이 대중에게 대량으로 보급되면서 우리의 생활은 다양한 방식으로 변하고 있습니다. 근대 사회의 생활과 오늘날의 생활이 서로 다른 점은 무엇보다 개인과 사회가 지속적인 접촉을 하고 있다는 것입니다. 추상적인 표현 기술들과 의사소통 기술들의 발전은 우리가 다른 누군가와의 잠재적인 연결성을 확장해 나가는 현상을 만들어 내고 있는 것입니다. 우리의 삶은 변하고 있습니다. 그러나 아직 건축은 사회로부터 개인을 분리하는 객체로 머무르고 있습니다. 나는 Springtecture 프로젝트들을 통해

(architecture) and an organic subject (nature) continuously evolve together to create plurality and ambiguity.

Park You coined the term, Paramodern architecture, to delineate your architectural thought and design approaches. What do you mean by the term?
Can you explain the notion in depth?

Endo One of the valid arguments of the Modern movement is that of the abstraction of architectural phenomena. I evolved this notion in my own way, and named it "Paramodern". Although the notions of "abstraction" and "purification" expanded the possibility of architecture, they also had a homogenizing effect. Architecture was paired down exceedingly to the point where it became invalid and rather boring. What I seek through my design process is a new way of interpreting architecture that has its origin in the Modern movement yet, it is modified to serve our contemporary lives. I chose the word "para" to describe another Modernism or the ideas that were neglected in the previous Modern movement. To be more precise, the most important achievement of the Modern movement is the development of the techniques of abstract representation. Architectural space becomes universally accessible, and functions as shareable information when it is thought of and articulated though these methods of representation (ie. the diagram).

My "Paramodern" aims to create architecture that is more expressive and heterogeneous through the utilization of these methods. Based on this principle, we experimented with the creation of plural space through the folding of continuous roof and wall surfaces. This "Rooftecture" evolved in to "Springtecture" where space is organized by several continuous surfaces of variable function (roof, wall, floor). Here, we physically represented our "Paramodern" definition.

In terms of spatial organization, Paramodern space is sought through the continuity between inside and outside, not by interpreting it as an enclosed object. The continuity of inside and outside is not simply about space, but also the relationship between the individual and society. Historically speaking, architecture has been perceived as a device to draw a line between these things. However, to me, architecture needs to develop in parallel with contemporary society. Paramodern architecture takes as it principle concepts, the ideas of continuity and multiplicity. Our lifestyle has changed in many ways since mobile phones and the Internet have become available to the mass public. What is different about today's lifestyle from that of the Modern era, is that the individual and society are in constant contact. The development of abstract representational techniques and communication technologies has created a phenomenon, wherein we have expanded our potential connectivity with one another. Our lives have changed. Yet, architecture remains an object separating the individual from society. In the Springtecture projects, I tried to articulate the principle

서 이전의 분리된 요소(지붕, 벽, 바닥)들을 하나의 연속적인 표면으로 통합시킴으로써 Paramodern의 원리를 분명하게 설명하려 하였습니다. 나선형의 형태는 내부 표면을 외부표면으로 전환시키는데, 이러한 과정이 역전되고 반복되어 안과 밖의 경계가 모호해집니다. 다르게 표현하면, 안과 밖이 연속적인 공간이 되는 것입니다. Paramodern은 서양의 모더니즘 운동으로부터 야기된 추상화의 개념과 동양에서 실행된 모호성의 개념이 융합된 것입니다. 이러한 융합의 가능성을 설명하는 건축이 Paramodern 건축이라고 생각합니다.

박 제가 이해하기에는 Paramodern 건축 개념은 근대 건축가들과 그들 건축이론 사이에서의 일련의 노력과 관련 있어 보입니다. 아돌프 루스의 Raumplan과 쉰들러의 Space Architecture가 머리에 떠오릅니다. 케네스 프램톤은 이 개념을 곡면 형상이 공간의 형태를 감싸는 잼퍼의 피복론에 비유하였는데, 다른 이론들이 이 Paramodern 건축 개념에 어떤 영향을 끼쳤나요?

엔도 Paramodern의 개념은 역사적으로 이전 건축 이론들을 공부하는 과정에서 나온 것입니다. 이것은 단순화의 생각을 깊게 반영한 건축 이론들에 뿌리를 두고 있습니다.

박 몇몇 건축가들은 각자의 프로젝트 마다 다른 목소리를 찾으려 합니다. 반면, 당신은 당신의 건축적 목소리를 일관되게 추구하는 것 같습니다.

엔도 모든 프로젝트에서 건축가에게 주어지는 요구사항은 프로그램의 기능과 경제적 요구조건들을 충족시키면서, 건축물과 주변 문맥과의 관계를 도출해 내기 위한 최선의 방법을 찾습니다. 또한 생태학적인 고려사항들은 이러한 과정의 피할 수 없는 부분이지요. 그러므로 많은 프로젝트는 공통된 언어로 표현될 필요가 없을지라도, 몇 가지 공통된 특징을 포함합니다. 궁극적으로, 나의 의도는 획일화된 이미지를 생산하지 않는 것에 있습니다.

박 당신은 어떻게 새로운 아이디어를 찾는지요?

엔도 새로운 생각은 새로운 프로젝트로부터 기인합니다. 때때로 그 아이디어들이 쉽게 떠오르기도 하지만, 그렇지 않을 때도 있습니다. 건축주와 대지는 나에게 새로운 길을 모색할 수 있도록 영감을 줍니다. 그러나 편견을 갖지 않는 것이 중요합니다.

박 당신은 건축적인 구성을 합리적으로 풀어 나가려는 경향이 있는 것처럼 보입니다.

엔도 구조는 중력과의 관계를 설정하는데 있어 가장 중요한 부분입니다. 철, 콘크리트, 목재는 우리가 그

of Paramodern by integrating previously separated elements (roof, wall, floor) into a single continuous surface. The spiral form turns an interior surface into an exterior surface, and by reversing and repeating the process, the boundary between inside and outside becomes ambiguous; in other words, inside and outside become a continuous space. Paramodern is a hybrid of the notion of abstraction that sprung from the Modern movement in the West, and the notion of ambiguity executed in the East. The architecture that articulates the possibility of this hybrid is Paramodern architecture.

Park To me, the notion, Paramodern architecture, relates to a series of efforts among modern architects and their theories. Adolf Loos' Raumplan and R.M. Schindler's Space Architecture come to mind. Kenneth Frampton compares this notion to Semper's theory of cladding where curvilinear surface geometry wraps up the space form. How do other theories influence the notion?

Endo The notion of Paramodern came about in the process of studying previous architectural theories in history.
It has its roots in architectural theories that have deep insight into the ideas of simplification.

Park Some architects try to find different voices in each of their projects. Nevertheless, you seem to be consistent with your architectural voice.

Endo In every project, the requirement given to an architect is to find the best way to establish a relationship between architecture and context, as well as fulfilling the functional and economic demands of the program. Additionally, ecological considerations are an unavoidable part of the process. Therefore, many projects contain some common characteristics, although they are not necessarily articulated with the same language. Ultimately, my intention is to not produce homogenous images.

Park How do you search for a new idea?

Endo New ideas come with new projects. Sometimes the idea is easy to find, and other times it is not. Clients and sites inspire me to explore new paths, but it is important to avoid preconceptions.

Park You seem to have a tendency of rationalizing architectural composition.

Endo Structure is all about establishing a relationship with gravity. Steel, concrete, and timber are the main material with which we can begin to do so. I think steel has tremendous potential as a structural material, and the same could be said for timber. Concrete is a 20th century material with excessive properties. It is an unattractive

렇게 할 수 있도록 해주는 주요 재료들입니다. 나는 철이 구조재로써 엄청난 잠재력을 가지고 있다고 생각합니다. 그리고 목재 또한 그러합니다. 콘크리트는 엄청난 성질을 가진 20세기 재료이나 나에게 있어 매력적인 재료는 아닙니다.

박 저는 개인적으로 공간 형태를 만드는 형태론적 방법론과 기하학에 관심을 가지고 있습니다. 게다가 당신은 곡면을 만들기 위해서 기하학을 사용한다고 언급하였습니다. 당신의 작업에 특별히 사용하는 기하학이 있는지요? 이것들은 어떤 이론이나 역사적인 교훈에 기초하는지, 아니면 다른 어떤 출처에서 파생된 것인지요?

엔도 저는 간단한 곡선이나 면들을 사용합니다. 왜냐하면 구조적으로 합리화하기 쉽기 때문이지요. 저는 기하학적인 상징성과 과거에 이론화된 가치들을 반드시 언급할 필요가 없다고 봅니다. 구조 시스템을 선택하는데 있어서 가장 중요한 요소는 그 구조가 하중이나 다른 힘들을 땅으로 잘 전달될 수 있는지이기 때문이다. 옳은 것을 선택하기 위해서는 우리는 많은 구조 시스템들을 실험하고 모의실험도 하기도 합니다.

박 당신의 작업들은 특정 공간 구성을 조직하거나 정의하기 위해 'Springtecture', 'Bubbletecture', 'Rooftecture'와 같은 강한 주제 요소를 가지고 있는 것 같습니다. 각각의 작업들을 개념적으로 발전시키기 위해서 첫 번째 작업으로 기하학을 사용하는지요? 아니면, 당신의 아이디어와 형태를 위한 특정 이미지를 구성한 후에 기하학을 사용하는지요?

엔도 구조적, 기능적 요구사항들을 반영한 후에 우리가 선택한 구조 시스템에 맞는 가장 적절한 기하학을 적용합니다.

박 기하학을 어떻게 다양하게 구부러지고 둥근 형태들의 초점과 곡률을 어떻게 결정하는지요? 같은 기하학을 각각의 프로젝트에 지속적으로 사용하는지, 아니면 프로젝트 마다 다른 기하학을 사용하는지요?

엔도 기하학적 구성은 간단한 곡선과 직선들을 어떻게 사용하느냐에 따라 다양해집니다. 이 두 가지는 공간을 만드는데 매우 유용합니다. 왜냐하면 그것들은 종이 위에서 힘의 흐름을 도식적으로 표현하는 타고난 장점이 있기 때문이지요. 이 선들을 사용함에 있어 저의 프로젝트들 중 상당수는 간단한 방식으로부터 도출되는데 그렇다고 해서 하나의 기하학적 모양을 반복 사용하지는 않습니다.

박 당신의 건축은 대지와 깊은 관계를 맺고 있는 것 같습니다. 주변 문맥으로서의 풍경과 장소가 당신의 'Paramodern 건축' 안에서 어떻게 기능하는지요?

material to me.

Park I am personally interested in formal methodologies and geometries in creating space forms. Besides, you mentioned that you use geometry for the creation of curved surfaces. What geometry do you particularly use in your own work? Are these based on any theoretical or historical lessons? Or are these derived from any other sources?

Endo I use simple curved lines and planes because they are easy to rationalize structurally. I do not necessarily refer to the geometrical symbolism or values that others have theorized in the past. The most important factor in making a choice of structural system is whether or not the system can transfer the loads and other forces to the ground. In order to pick the right one, we simulate and experiment with many structural systems.

Park I think each of your work has strong thematic elements to define or organize spatial composition. Let's say 'Springtecture', 'Bubbletecture," Roofte cture, etc. Do you first work with the geometry in the thematic development of each project, or the geometry comes after you made up your idea and certain image of forms?

Endo After rationalizing structural and functional requirements, we settle on the specific geometry that is most fit for the structural system we have chosen.

Park In various curved or circular shapes, how do you determine the geometry, in particular, a radius and a focal point of each circular form? Do you consistently use the same geometry in each of your project? Or is it different from project by project?

Endo The geometric composition varies depending on how you use basic straight and curved lines. These two are very useful in terms of space making because they have the inherit ability to represent the flow of loads diagrammatically on paper. In terms of the use of these two, many of my projects are derived from a common scheme, but they are not the multiples of a single geometrical shape.

Park It seems that your architecture is also rooted in the soil where a building arises. How does landscape and place as the context function in your 'Paramod
ern architecture'?

Endo The Paramodern focuses on the physical characteristic of site rather than on its historical values or connotations. Changes in topography and circulation of site determine the design.

엔도 Paramodern은 대지의 역사적 가치나 함축적인 의미보다 대지의 물리적 특징에 중점을 두고 있습니다. 대지의 순환이나 지형의 변화가 그 디자인을 결정합니다.

박 철제 판이나 틀은 웨스 존스나 네일 데나리와 같은 현대 건축가들 사이에서 선호되고 있습니다. 당신 또한 공간 형태의 기하학적인 복합성을 만들어 내기 위해 아연 도금 철판을 선택했는데, 왜 이와 같은 선택을 하였는지요?

엔도 저는 자주 아연 도금 철판을 선택하였습니다. 왜냐하면 그것들은 어느 정도 구조적 이점을 가지고 있으며 마감재로써 사용될 수 있기 때문입니다. 또한 구하기도 쉽고 경제적으로 지속성이 있습니다.

박 아연 도금 철판 이외에 새로운 재료들을 당신의 미래 작업에 사용할 의향이 있는지요? 어떤 특정 재료가 특정한 기하학적 형태를 만들어 낼 수 있을 거라 생각하는지요?

엔도 몇몇 작업들에서 나는 물결의 굴곡진 철제 판을 사용하는 것 대신에 각진 철제 판을 사용했었습니다. 나는 또한 철, 목재 또는 케이블을 통해서 기하학적 패턴을 만듦으로써 Paramodern 공간을 만들어 내는 것에 관심을 가지고 있습니다. 최근에 우리는 두 개의 작업을 시공하고 있는데, 하나는 주요 구조재료로써 철을 사용했고, 다른 하나는 목재를 이용하였습니다.

박 이 선택이 다른 작업의 요소, 가령 기능, 구조, 개념 등과 관계되어 있나요?

엔도 재료를 선택하는데 있어 어떤 방식이 있지는 않습니다. 특정 프로그램의 요구 사항과 개념에 맞추어 결정합니다. 그러나 구조시스템을 결정하는데 있어 작품의 스케일이 특히 중요하게 고려됩니다.

박 Springtecture에서 살고 있는 주민과 이야기 해본 적이 있나요? 그들은 철제 판으로 만들어진 공간에서 사는 것에 대해 어떻게 생각하고 있는지요?

엔도 건축주들은 이 작품이 실험적인 프로젝트라는 것을 알고 있습니다. 우리와 함께 Paramodern에 대한 아이디어를 추구하여 주었고, 그들은 또한 안락함을 디자인에서의 부차적인 요소로 이해하였습니다.

박 Bubbletecture에서 당신은 다른 재료 (목구조와 그것의 조인트)로 다른 기하학을 실험하였습니다. 변화를 준 특별한 이유가 있는지요?

엔도 나는 어린이들에게 가장 친숙할 수 있도록 재료를 사용하고 싶었습니다. 나는 가공하지 않은 목재를

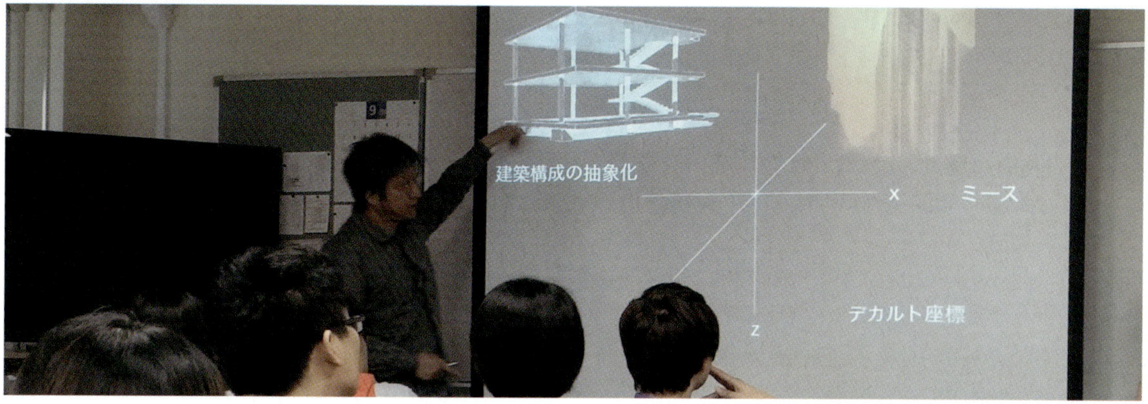

Park Metal sheet and frame have been favored among contemporary arch itects, like Wes Jones and Neil Denari. You also choose galvanized corrugated metal sheet to accomplish the geometrical complexities of the spatial form in your design. Why do you make such a choice?

Endo I often choose to use galvanized corrugated metals because they have certain structural properties and, they can be used as a finish material. They are also affordable and economically stable.

Park Other than galvanized corrugated metal sheet, do you intend to use any new materials in your future work? Do you believe that any particular materials aid for particular geometric forms?

Endo In some projects, I have used angular iron sheets instead of the wavy corrugated steel sheets. I also am interested in creating Paramodern space by forming iron, timber, or cables into geometric patterns. Currently we are constructing two projects, one uses iron as the main structural material, while the other is using timber.

Park What is the relation of this choice to the other project's elements such as function, structure, concept, etc?

Endo There isn't any method in terms of choosing materials. The choice is made based on spatial and programmatic requirements and concepts. However, the scale of a project plays an exceptionally important role in determining its structural system.

선택하였는데 그 이유는 그 모양과 질감이 어린이들에게 친숙하기 때문입니다. 우리의 다른 여러 프로젝트처럼, 간단한 기하학은 공간을 조직하는 방법으로써 사용하였습니다. 트러스 구조는 반구형 공간을 구성하는데 주로 사용됩니다.

박 당신은 특정 재료를 사용하는 것이 당신의 작업의 정체성을 두드러지게 한다고 생각하나요? 당신의 작업에서 새로운 정체성을 만들기 위해 새로운 재료를 사용할 수 있는가요?

엔도 특정재료를 사용하는 것이 반드시 건축가의 정체성을 확립시켜주지 않는다고 생각합니다. 지각은 사용자가 저의 작업에 대해 친숙한지, 친숙하지 않은지에 대해서 영향을 받습니다. 그러나 공간의 정체성을 결정하는 가장 중요한 요소는 그것의 질입니다. 공간은 재료의 구성을 통해서 인식되며, 그리고 나는 새로운 재료와 어우러지는 새로운 구조 시스템을 조직할 때, 새로운 종류의 정체성이 만들어 진다고 믿습니다.

박 당신의 건축적인 언어를 고려했을 때 어떤 재료가 가장 작업하기 어려운가요?

엔도 조적식 구조입니다. 그것은 안과 밖의 애매한 경계에 초점을 맞출 때 많은 불리한 점들이 있으나 나는 이 시스템의 잠재성을 알고 있습니다.

박 당신은 새로운 아이디어를 실현하기 위해서 특정 기술을 이용하여 특정 재료를 실험하나요?

엔도 저는 새로운 재료와 구조 시스템을 실험하는 것을 좋아합니다.

박 자연광은 건축적인 공간을 창조하는데 중요한 매개체이라 생각합니다. 당신의 건축에서 자연광에 대해서 특별히 생각한 것이 있으신지요? 그리고 또한 아연 도금 철판과 같은 반사되는 재료를 사용하는 것과 관련하여 자연광을 어떻게 조절하는지요?

엔도 자연광은 복수의 문제들과 개방성을 고려할 때 가장 기초적인 요소입니다. 아연 도금 철판은 1년에서 2년 사이에 광택의 성질을 상실됩니다. 그리고 저는 그 표면이 내부공간의 이상적인 빛의 상태를 만든다고 생각합니다.

박 당신의 미래 작업들에서도 Paramodern 건축의 개념을 지속적으로 차용할 생각이신지요?

엔도 당연합니다. Paramodern 개념은 저의 삶입니다.

Park Have you talked to the residents of the Springtecture? How do they think about living in such a space with the metal sheet?

Endo The client knew that was an experimental project. They were willing to pursue the idea of the Paramodern with us, and they understood that comfort was a secondary element in the design.

Park In Bubbletecture, you experimented with different material (the wooden structure and its joists) and different geometry. Do you have any reasons for the shift?

Endo I wanted to use the materials that were the most familiar to children. I chose to use unprocessed timber because its appearance and texture are familiar to children. Like with our other projects, a simple geometry acts as a device to organize space: the truss system is used mainly to compose dome shaped spaces.

Park Do you think that the use of particular materials can emphasize the identity of your work, or can you use new materials to create a new identity of your work?

Endo Use of a particular material doesn't necessarily establish the identity of an architect. Perception is influenced depending on whether a user is familiar or unfamiliar with my work, but the most important element that determines the identity of a space is its quality. Space becomes something recognizable through the composition of materials, and so I believe a new kind of identity will be produced when a new material is orchestrated with a new structural system.

Park Which materials are the most difficult to work with considering your architectural language?

Endo Masonry construction. It has a lot of disadvantages when focusing on the ambiguous boundary between inside and outside, however I recognize the potential of the system.

Park Do you test particular materials with particular technologies to come up with new ideas?

Endo I'd like to experiment with new materials and structural systems.

Park Natural light is a significant medium for the creation of architectural space. Do you have any particular thought about natural light in your architecture. And also, how do you control natural light with regard to the use of reflecting materials like, galvanized corrugated metal sheet?

Endo Natural lighting is an essential element in considering plurality and openness.

박 당신이 좋아하는 현대 작품들이 있으면 예를 들어 주실 수 있으신지요?

엔도 루이스 칸의 몇몇 작업들과 겐죠 단케의 도쿄 요요기 스타디움 등 입니다.

박 현재 작업하고 있는 프로젝트는 무엇인지요? 이 프로젝트들 사이에서 어떤 특별한 도전적인 시도를 하고 계신지요?

엔도 Eco House(생태학을 공부하는 센터) 프로젝트에서 우리는 목조 입체 구조 시스템을 사용하고 있습니다. 그리고 오사카 성 공원의 파빌리온 프로젝트에서는 15mm~36mm 두께의 철제 판을 천정에 매달고 있습니다.

박 마지막 질문입니다. 인하대학교 학생들과 함께 워크숍을 진행하는 동안 어떤 인상을 받았는지요? 인하대학교 학생들의 독특한 점이나 혹은 다른 도시의 워크숍과는 차이점을 발견한 게 있으신지요?

엔도 저는 건축에 대한 학생들의 열정과 노력에 감명을 받았습니다. 저는 새로운 건축 언어에 대해 열망하는 눈과 귀 뿐만 아니라, 한국 전통 건축에 대한 지식으로부터 발전하는 창조적인 프로젝트를 볼 수 있기를 기대합니다.

Endo Galvanized corrugated copper sheet loses its glossy quality in one to two years, and I think that surface creates an ideal lighting condition for interior space.

Park Do you think that you will continue to employ the notion of Paramodern architecture in your future projects?

Endo Yes. Paramodern is my life work.

Park Can we cite a few contemporary works that you are particularly fond of?

Endo Several projects by Louis Kahn, and Tokyo Yoyogi Stadium by Kenzo Tange.

Park What are the projects that you are currently working on? Among these projects, any particular challenges that you take?

Endo On the Eco House (Learning Center for Ecological Studies) project, we are using a timber space-frame structural system. And for the Pavilion project at Osaka Castle Park, we are suspending steel sheets (15mm~36mm).

Park One last question. While you work with students at Inha University, what impression have you received from the workshop? Have you observed anything unique to students at Inha University, Korea or at least different from other workshops in different cities?

Endo I was impressed by the students' passion and enthusiasm for architecture. I'm looking forward to seeing creative projects evolve out of their knowledge of traditional Korean architecture, in addition to their keen eyes and ears for new architectural language.

박진호

UCLA에서 박사학위를 받고 미국 하와이주립대학교 건축대학에서 조교수 및 부교수(종신교수)를 거쳐, 인하대학교 공과대학 건축학과 교수로 재직 중이다. Nexus Network Journal(A&HCI)의 편집위원을 거쳐 현재 Open House International(SSCI)의 편집위원을 맡고 있다. 최근 저서로는 *Designing the Ecocity in the Sky* (Images Publishing, 2014), *현대건축의 단면과 장면* (시공문화사, 2013) 그리고 *Graft in Architecture: Recreating Spaces* (Images Publishing, 2013) 등이 있다.

창의적 디자인을 위한 건축적 실험과 교훈
Architectural Experiments and Lessons toward Innovative Designs

박진호 / Jin-Ho Park
Design Research and Innovation Laboratory

초판 2015년 4월 24일 발행

발행인 김기현
발행처 시공문화사 ***Spacetime***
등 록 1993년 3월 12일
주 소 서울시 서대문구 독립문공원길 13 극동프라자 5층
전 화 02) 3147-1212, 2323
전 송 02) 3147-2626
ISBN 978-89-5592-323-0
http://www.spacetime.co.kr
spacetime@korea.com

정가 24,000 원

● 이 저서는 2015년도 인하대학교의 지원에 의하여 연구되었음.